JIANZHUDIJI JICHU SHEJI JISUAN SHILI

建筑地基基础设计计算实例

于景杰　俞宾辉　栾焕强　编著

中国水利水电出版社
www.waterpub.com.cn
知识产权出版社
www.cnipr.com

内容提要

本书共分六章，包括地基工程，基础工程，地基处理，基坑支护，挡土墙，以及场地、地基和基础抗震等内容。书中附有地基基础设计计算实例共计86例。

本书理论联系实际，力求精选内容，简明扼要，简化推导。每章均附有各类计算例题，以加深对内容的理解和掌握，充分体现了“应用性、实用性、综合性、先进性”的原则，较全面、系统地介绍了地基基础工程设计的有关内容。

本书是广大建筑工程技术人员解决工程实际问题的工具书，可供从事建筑工程设计、施工、监理和质量监督等有关工程技术人员参考查阅；也可作为高等院校土木工程专业师生的教学用书以及学习和毕业设计参考书；还可作为注册岩土工程师、注册结构工程师的专业考试复习用书。

选题策划： 阳　淼　张宝林　E-mail：yangsanshui@vip.sina.com；z_baolin@263.net

责任编辑： 阳　淼　张宝林

文字编辑： 张　冰

图书在版编目（CIP）数据

建筑地基基础设计计算实例/于景杰，俞宾辉，栾焕强编著．—北京：中国水利水电出版社：知识产权出版社，2008

ISBN 978-7-5084-5922-6

Ⅰ．建…　Ⅱ．①于…②俞…③栾…　Ⅲ．①地基—基础（工程）—建筑设计②地基—基础（工程）—工程计算　Ⅳ．TU47

中国版本图书馆CIP数据核字（2008）第150664号

建筑地基基础设计计算实例

于景杰　俞宾辉　栾焕强　编著

中国水利水电出版社　出版发行（北京市西城区三里河路6号；电话：010-68367658）
知识产权出版社　出版发行（北京市海淀区马甸南村1号；电话：010-82005070）

北京科水图书销售中心零售（电话：010-88383994、63202643）

全国各地新华书店和相关出版物销售网点经售

中国水利水电出版社微机排版中心排版

北京市兴怀印刷厂印刷

140mm×203mm　32开本　12.375印张　333千字

2008年11月第1版　2008年11月第1次印刷

印数：0001—4000册

定价：**28.00**元

前言

地基基础工程是建筑工程的重要组成部分，工程技术复杂，难度大，工期长。建筑技术领域新技术、新材料和新工艺的不断发展，促使许多新的设计规范、技术规程及有关技术规定相继发布实施。为了能够在地基基础工程设计中更好地应用新规程、新规范，推广新技术，解决工程设计中的问题，提高设计和施工质量，作者编写了本书，以满足建筑工程设计与施工实践的需要。

本书根据《建筑地基基础设计规范》(GB50007—2002)、《建筑地基处理技术规范》(JGJ79—2002)、《建筑基坑支护技术规程》(JGJ120—99)、《建筑边坡工程技术规范》(GB50330－2002)和《建筑抗震设计规范》(GB50011－2001)等规程、规范编写。

全书共分六章，包括地基工程，基础工程，地基处理，基坑支护，挡土墙，以及场地、地基和基础抗震等内容。书中附有地基基础设计计算实例共计86例：其中地基工程18例，基础工程12例，地基处理27例，基坑支护15例，挡土墙7例，场地、地基和基础抗震7例。

本书在编写过程中注重理论联系实际，力求精选内容，简明扼要，简化推导。每章均附有各类计算例题，以加深对内容的理解和掌握，充分体现了“应用性、实用性、综合性、先进性”的原则，较全面、系统地介绍了地基基础工程设计的有关内容，是广大建筑工程技术人员解决工程实际问题的工具书。本书可供从事建筑工程设计、施工、监理和质量监督等有关工程技术人员参考查阅；也可作为高等院校土木工程专业师生的教学用书以及学习和毕业设计参考书；还可作为注册岩土工程师、注册结构工程师的专业考试复习用书。

本书第一章和第二章由俞宾辉编写；第三章、第四章和第六章由于景杰编写；第五章由栾焕强编写。

由于作者水平及能力所限，书中不足之处在所难免，恳请各位读者批评指正。

作者

2008年6月

目录

第一章 地基工程

第一节 基本规定

一、地基基础设计等级及相关规定

根据地基复杂程度、建筑物规模和功能特征以及由于地基问题可能造成建筑物破坏或影响正常使用的程度，可将地基基础设计分为三个设计等级，设计时应根据具体情况，按表1－1选用。

表1－1 地基基础设计等级

设计等级	建筑和地基类型
甲级	（1）重要的工业与民用建筑物。 （2）30层以上大的高层建筑。 （3）体型复杂，层数相差超过10层的高低层连成一体建筑物。 （4）大面积的多层地下建筑物（如地下车库、商场和运动场等）。 （5）对地基变形有特殊要求的建筑物。 （6）复杂地质条件下的坡上建筑物（包括高边坡）。 （7）对原有工程影响较大的新建建筑物。 （8）场地和地基条件复杂的一般建筑物。 （9）位于复杂地质条件及软土地区的2层及2层以上地下室的基坑工程
乙级	除甲级、丙级以外的工业与民用建筑物
丙级	（1）场地和地基条件简单、荷载分布均匀的7层及7层以下民用建筑及一般工业建筑物。 （2）次要的轻型建筑物

根据建筑物地基基础设计等级及长期荷载作用下地基变形对上部结构的影响程度，地基基础设计应符合以下规定：

(1) 所有建筑物的地基计算均应满足承载力计算的有关规定。

(2) 设计等级为甲级、乙级的建筑物，均应按地基变形设计。

(3) 在表 1-2 所列范围内，设计等级为丙级的建筑物可不作变形验算，如有下列情况之一时，仍应作变形验算：

1) 地基承载力特征值小于 130kPa，且体型复杂的建筑。

2) 在基础上及其附近有地面堆载或相邻基础荷载差异较大，可能引起地基产生过大的不均匀沉降时。

表 1-2　可不作地基变形计算设计等级为丙级的建筑物范围

<table>
<tr><td rowspan="2">地基主要受力层情况</td><td colspan="3">地基承载力特征值 f_{ak}(kPa)</td><td>$60 \leqslant f_{ak} < 80$</td><td>$80 \leqslant f_{ak} < 100$</td><td>$100 \leqslant f_{ak} < 130$</td><td>$130 \leqslant f_{ak} < 160$</td><td>$160 \leqslant f_{ak} < 200$</td><td>$200 \leqslant f_{ak} < 300$</td></tr>
<tr><td colspan="3">各土层坡度（%）</td><td>≤5</td><td>≤5</td><td>≤10</td><td>≤10</td><td>≤10</td><td>≤10</td></tr>
<tr><td rowspan="8">建筑类型</td><td colspan="3">砌体承重结构、框架结构（层数）</td><td>≤5</td><td>≤5</td><td>≤5</td><td>≤6</td><td>≤6</td><td>≤7</td></tr>
<tr><td rowspan="4">单层排架结构（6m柱距）</td><td rowspan="2">单跨</td><td>吊车额定起重量（t）</td><td>5～10</td><td>10～15</td><td>15～20</td><td>20～30</td><td>30～50</td><td>50～100</td></tr>
<tr><td>厂房跨度（m）</td><td>≤12</td><td>≤18</td><td>≤24</td><td>≤30</td><td>≤30</td><td>≤30</td></tr>
<tr><td rowspan="2">多跨</td><td>吊车额定起重量（t）</td><td>3～5</td><td>5～10</td><td>10～15</td><td>15～20</td><td>20～30</td><td>30～75</td></tr>
<tr><td>厂房跨度（m）</td><td>≤12</td><td>≤18</td><td>≤24</td><td>≤30</td><td>≤30</td><td>≤30</td></tr>
<tr><td colspan="2">烟囱</td><td>高度（m）</td><td>≤30</td><td>≤40</td><td>≤50</td><td colspan="2">≤75</td><td>≤100</td></tr>
<tr><td colspan="2" rowspan="2">水塔</td><td>高度（m）</td><td>≤15</td><td>≤20</td><td>≤30</td><td colspan="2">≤30</td><td>≤30</td></tr>
<tr><td>容积（m^3）</td><td>≤50</td><td>50～100</td><td>100～200</td><td>200～300</td><td>300～500</td><td>500～1000</td></tr>
</table>

注　1. 地基主要受力层系指条形基础底面下深度为 $3b$（b 为基础底面宽度），独立基础下为 $1.5b$，且厚度均不小于 5m 的范围（2 层以下一般的民用建筑除外）。

2. 地基主要受力层中如有承载力特征值小于 130kPa 的土层时，表中砌体承重结构的设计，应符合本章第四节的有关要求。

3. 表中砌体承重结构和框架结构均指民用建筑，对于工业建筑可按厂房高度、荷载情况折合成与其相当的民用建筑层数。

4. 表中吊车额定起重量、烟囱高度和水塔容积的数值系指最大值。

3）软弱地基上的建筑物存在偏心荷载时。

4）相邻建筑距离过近，可能发生倾斜时。

5）地基内有厚度较大或厚薄不均的填土，其自重固结未完成时。

（4）对经常受水平荷载作用的高层建筑、高耸结构和挡土墙等，以及建造在斜坡上或边坡附近的建筑物和构筑物，尚应验算其稳定性。

（5）基坑工程应进行稳定性验算。

（6）当地下水埋藏较浅，建筑地下室或地下构筑物存在上浮问题时，尚应进行抗浮验算。

二、岩土工程勘察的相关规定

地基基础设计前，应进行岩土工程勘察，并应符合以下规定：

（1）岩土工程勘察报告应提供下列资料：

1）有无影响建筑场地稳定性的不良地质条件及其危害程度。

2）建筑物范围内的地层结构及其均匀性，以及各岩土层的物理力学性质。

3）地下水埋藏情况、类型和水位变化幅度及规律，以及对建筑材料的腐蚀性。

4）在抗震设防区应划分场地土类型和场地类别，并对饱和砂土及粉土进行液化判别。

5）对可供采用的地基基础设计方案进行论证分析，提出经济合理的设计方案建议；提供与设计要求相对应的地基承载力及变形计算参数，并对设计与施工应注意的问题提出建议。

6）当工程需要时，尚应提供以下资料：

a. 深基坑开挖的边坡稳定计算和支护设计所需的岩土技术参数，论证其对周围已有建筑物和地下设施的影响。

b. 基坑施工降水的有关技术参数及施工降水方法的建议。

c. 提供用于计算地下水浮力的设计水位。

（2）地基评价宜采用钻探取样、室内土工试验、触探并结合其他原位测试方法进行。设计等级为甲级的建筑物应提供载荷试验指标、抗剪强度指标、变形参数指标和触探资料；设计等级为乙级的建筑物应提供抗剪强度指标、变形参数指标和触探资料；设计等级为丙级的建筑物应提供触探及必要的钻探和土工试验资料。

(3) 建筑物地基均应进行施工验槽。如地基条件与原勘察报告不符，应进行施工勘察。

三、荷载效应最不利组合与相应的抗力限值的相关规定

地基基础设计时，所采用的荷载效应最不利组合与相应的抗力限值应符合以下规定：

(1) 按地基承载力确定基础底面积及埋置深度或按单桩承载力确定桩数时，传至基础或承台底面上的荷载效应应按正常使用极限状态下荷载效应的标准组合。相应的抗力应采用地基承载力特征值或单桩承载力特征值。

(2) 计算地基变形时，传至基础底面上的荷载效应应按正常使用极限状态下荷载效应的准永久组合，不应计入风荷载和地震作用。相应的限值应为地基变形允许值。

(3) 计算挡土墙土压力、地基或斜坡稳定及滑坡推力时，荷载效应应按承载能力极限状态下荷载效应的基本组合，但其分项系数均为 1.0。

(4) 在确定基础或桩台高度、支挡结构截面，计算基础或支挡结构内力，以及确定配筋和验算材料强度时，上部结构传来的荷载效应组合和相应的基底反力，应按承载能力极限状态下荷载效应的基本组合，采用相应的分项系数。

当需要验算基础裂缝宽度时，应按正常使用极限状态荷载效应标准组合。

(5) 基础设计安全等级、结构设计使用年限和结构重要性系数应按有关规范的规定采用，但结构重要性系数 γ_0 不应小于 1.0。

正常使用极限状态下，荷载效应的标准组合值 S_k 应用下式表示：

$$S_k = S_{Gk} + S_{Q1k} + \psi_{c2} S_{Q2k} + \cdots + \psi_{cn} S_{Qnk} \quad (1-1)$$

式中：S_{Gk}为按永久荷载标准值G_k计算的荷载效应值；S_{Qik}为按可变荷载标准值Q_{ik}计算的荷载效应值；ψ_{ci}为可变荷载Q_i的组合值系数，按现行《建筑结构荷载规范》（GB50009—2001）的规定取值。

荷载效应的准永久组合值S_k应用下式表示：

$$S_k = S_{Gk} + \psi_{q1} S_{Q1k} + \psi_{q2} S_{Q2k} + \cdots + \psi_{qn} S_{Qnk} \quad (1-2)$$

式中：ψ_{qi}为准永久值系数，按现行《建筑结构荷载规范》（GB50009—2001）的规定取值。

承载能力极限状态下，由可变荷载效应控制的基本组合设计值S，应用下式表示：

$$S = \gamma_G S_{Gk} + \gamma_{Q1} S_{Q1k} + \gamma_{Q2} \psi_{c2} S_{Q2k} + \cdots + \gamma_{Qn} \psi_{cn} S_{Qnk} \quad (1-3)$$

式中：γ_G为永久荷载的分项系数，按现行《建筑结构荷载规范》（GB50009—2001）的规定取值；γ_{Qi}为第i个可变荷载的分项系数，按现行《建筑结构荷载规范》（GB50009—2001）的规定取值。

对由永久荷载效应控制的基本组合，也可采用简化规则，荷载效应基本组合的设计值S按下式确定：

$$S = 1.35 S_k \leqslant R \quad (1-4)$$

式中：R为结构构件抗力的设计值，按有关建筑结构设计规范的规定确定；S_k为荷载效应的标准组合值。

第二节　地基岩土的分类及工程特性指标

一、岩土的分类

作为建筑地基的岩土，可分为岩石、碎石土、砂土、黏性土、粉土和人工填土。

（一）岩石

岩石应为颗粒间牢固联结，呈整体或具有节理裂隙的岩体。

作为建筑物地基，除应确定岩石的地质名称外，尚应按以下要求划分其坚硬程度和完整程度。

岩石的坚硬程度应根据岩块的饱和单轴抗压强度 f_{rk} 按表1－3分为坚硬岩、较硬岩、较软岩、软岩和极软岩。当缺乏饱和单轴抗压强度资料或不能进行该项试验时，可在现场通过观察定性划分。岩石坚硬程度的定性划分应符合表1－4的规定。岩石的风化程度可分为未风化、微风化、中风化、强风化和全风化。

表 1－3　　岩石坚硬程度的划分　　单位：MPa

坚硬程度类别	坚硬岩	较硬岩	较软岩	软岩	极软岩
饱和单轴抗压强度标准值 f_{rk}	$f_{rk}>60$	$60\geqslant f_{rk}>30$	$30\geqslant f_{rk}>15$	$15\geqslant f_{rk}>5$	$f_{rk}\leqslant 5$

表 1－4　　岩石坚硬程度的定性划分

名　称		定 性 鉴 定	代 表 性 岩 石
硬质岩	坚硬岩	锤击声清脆，有回弹，震手，难击碎； 基本无吸水反应	未风化～微风化的花岗岩、闪长岩、辉绿岩、玄武岩、安山岩、片麻岩、石英岩、硅质砾岩、石英砂岩和硅质石灰岩等
	较硬岩	锤击声较清脆，有轻微回弹，稍震手，较难击碎； 有轻微吸水反应	(1) 微风化的坚硬岩。 (2) 未风化～微风化的大理岩、板岩、石灰岩和钙质砂岩等
软质岩	较软岩	锤击声不清脆，无回弹，较易击碎； 指甲可刻出印痕	(1) 中风化的坚硬岩和较硬岩。 (2) 未风化～微风化的凝灰岩、千枚岩、砂质泥岩和泥灰岩等
	软岩	锤击声哑，无回弹，有凹痕易击碎； 浸水后可捏成团	(1) 强风化的坚硬岩和较硬岩。 (2) 中风化的较软岩。 (3) 未风化～微风化的泥质砂岩和泥岩等
极软岩		锤击声哑，无回弹，有较深凹痕，手可捏碎； 浸水后可捏成团	(1) 风化的软岩。 (2) 全风化的各种岩石。 (3) 各种半成岩

岩体完整程度应按表 1－5 划分为完整、较完整、较破碎、破碎和极破碎。当缺乏试验数据时，可按表 1－6 的规定执行。

表 1－5　岩体完整程度划分

完整程度等级	完整	较完整	较破碎	破碎	极破碎
完整性指数	＞0.75	0.75～0.55	0.55～0.35	0.35～0.15	＜0.15

注　完整性指数为岩体纵波波速与岩块纵波波速之比的平方。选定岩体、岩块测定波速时应有代表性。

表 1－6　缺乏试验数据时岩体完整程度的划分

完整程度等级	结构面组数	控制性结构面平均间距(m)	代表性结构类型
完整	1～2	＞1.0	整状结构
较完整	2～3	0.4～1.0	块状结构
较破碎	＞3	0.2～0.4	镶嵌状结构
破碎	＞3	＜0.2	碎裂状结构
极破碎	无序	—	散体状结构

（二）碎石土

碎石土为粒径大于 2mm 的颗粒含量超过全重 50％的土。碎石土可按表 1－7 分为漂石、块石、卵石、碎石、圆砾和角砾。

表 1－7　碎石土的分类

土的名称	颗粒形状	粒组含量
漂石	圆形及亚圆形为主	粒径大于 200mm 的颗粒含量超过 50％
块石	棱角形为主	
卵石	圆形及亚圆形为主	粒径大于 20mm 的颗粒含量超过 50％
碎石	棱角形为主	
圆砾	圆形及亚圆形为主	粒径大于 2mm 的颗粒含量超过 50％
角砾	棱角形为主	

注　分类时应根据粒组含量栏从上到下以最先符合者确定。

碎石土的密实度，可按表 1－8 分为松散、稍密、中密和密实。

表 1－8　　碎石土的密实度

重型圆锥动力触探锤击数 $N_{63.5}$	密实度	重型圆锥动力触探锤击数 $N_{63.5}$	密实度
$N_{63.5} \leqslant 5$	松散	$10 < N_{63.5} \leqslant 20$	中密
$5 < N_{63.5} \leqslant 10$	稍密	$N_{63.5} > 20$	密实

注　1. 本表适用于平均粒径不大于 50mm 且最大粒径不超过 100mm 的卵石、碎石、圆砾和角砾。对于平均粒径大于 50mm 或最大粒径大于 100mm 的碎石土，可按表 1－9 鉴别其密实度。

2. 表内 $N_{63.5}$ 为经综合修正后的平均值。

表 1－9　　碎石土密实度野外鉴别方法

密实度	骨架颗粒含量和排列	可挖性	可钻性
密实	骨架颗粒含量大于总重的 70%，呈交错排列，连续接触	锹镐挖掘困难，用撬棍方能松动，井壁一般较稳定	钻进极困难，冲击钻探时，钻杆、吊锤跳动剧烈，孔壁较稳定
中密	骨架颗粒含量等于总重的 60%～70%，呈交错排列，大部分接触	锹镐可挖掘，井壁有掉块现象，从井壁取出大颗粒处，能保持颗粒凹面形状	钻进较困难，冲击钻探时，钻杆、吊锤跳动不剧烈，孔壁有坍塌现象
稍密	骨架颗粒含量等于总重的 55%～60%，排列混乱，大部分不接触	锹可以挖掘，井壁易坍塌，从井壁取出大颗粒后，砂土立即坍落	钻进较容易，冲击钻探时，钻杆稍有跳动，孔壁易坍塌
松散	骨架颗粒含量小于总重的 55%，排列十分混乱，绝大部分不接触	锹易挖掘，井壁极易坍塌	钻进很容易，冲击钻探时，钻杆无跳动，孔壁极易坍塌

注　1. 骨架颗粒系指与表 1－7 相对应粒径的颗粒。

2. 碎石土的密实度应按表列各项要求综合确定。

（三）砂土

砂土为粒径大于 2mm 的颗粒含量不超过全重 50%、粒径大于 0.075mm 的颗粒超过全重 50%的土。砂土可按表 1-10 分为砾砂、粗砂、中砂、细砂和粉砂。

表 1-10　　砂土的分类

土的名称	粒组含量
砾　砂	粒径大于 2mm 的颗粒含量占全重 25%～50%
粗　砂	粒径大于 0.5mm 的颗粒含量超过全重 50%
中　砂	粒径大于 0.25mm 的颗粒含量超过全重 50%
细　砂	粒径大于 0.075mm 的颗粒含量超过全重 85%
粉　砂	粒径大于 0.075mm 的颗粒含量超过全重 50%

注　分类时应根据粒组含量栏从上到下以最先符合者确定。

砂土的密实度，可按表 1-11 分为松散、稍密、中密和密实。

表 1-11　　砂土的密实度

标准贯入试验锤击数 N	密实度	标准贯入试验锤击数 N	密实度
$N \leqslant 10$	松散	$15 < N \leqslant 30$	中密
$10 < N \leqslant 15$	稍密	$N > 30$	密实

注　当用静力触探探头阻力判定砂土的密实度时，可根据当地经验确定。

（四）黏性土

黏性土为塑性指数 $I_p > 10$ 的土，可按表 1-12 分为黏土、粉质黏土。

表 1-12　　黏性土的分类

塑性指数 I_p	土的名称
$I_p > 17$	黏土
$10 < I_p \leqslant 17$	粉质黏土

注　塑性指数由相应于 76g 圆锥体沉入土样中深度为 10mm 时测定的液限计算而得。

黏性土的状态，可按表1-13分为坚硬、硬塑、可塑、软塑和流塑。

表1-13　　黏性土的状态

液性指数 I_L	状态	液性指数 I_L	状态
$I_L \leqslant 0$	坚硬	$0.75 < I_L \leqslant 1$	软塑
$0 < I_L \leqslant 0.25$	硬塑	$I_L > 1$	流塑
$0.25 < I_L \leqslant 0.75$	可塑		

注　当用静力触探探头阻力或标准贯入试验锤击数判定黏性土的状态时，可根据当地经验确定。

淤泥为在静水或缓慢的流水环境中沉积，并经生物化学作用形成，其天然含水量大于液限，天然孔隙比不小于1.5的黏性土。天然含水量大于液限而天然孔隙比小于1.5但不小于1.0的黏性土或粉土为淤泥质土。

红黏土为碳酸盐岩系的岩石经红土化作用形成的高塑性黏土，其液限一般大于50。红黏土经再搬运后仍保留其基本特征，其液限大于45的土为次生红黏土。

膨胀土为土中黏粒成分主要由亲水性矿物组成，同时具有显著的吸水膨胀和失水收缩特性，其自由膨胀率不小于40%的黏性土。

湿陷性土为浸水后产生附加沉降，其湿陷系数不小于0.015的土。

(五) 粉土

粉土为介于砂土与黏性土之间，塑性指标 $I_p \leqslant 10$ 且粒径大于0.075mm的颗粒含量不超过全重50%的土。

(六) 人工填土

人工填土根据其组成和成因，可分为素填土、压实填土、杂填土和冲填土。

素填土为由碎石土、砂土、粉土和黏性土等组成的填土。经过压实或夯实的素填土为压实填土。杂填土为含有建筑垃圾、工业废料和生活垃圾等杂物的填土。冲填土为由水力冲填泥沙形成的填土。

二、岩土工程特性指标

土的工程特性指标应包括强度指标、压缩性指标以及静力触探探头阻力、标准贯入试验锤击数、载荷试验承载力等其他特性指标。

地基土工程特性指标的代表值应分别为标准值、平均值和特征值。抗剪强度指标应取标准值，压缩性指标应取平均值，载荷试验承载力应取特征值。

（一）抗剪强度指标

土的抗剪强度指标，可采用原状土室内剪切试验、无侧限抗压强度试验、现场剪切试验和十字板剪切试验等方法测定。当采用室内剪切试验确定时，应选择三轴压缩试验中的不固结不排水试验。经过预压固结的地基可采用固结不排水试验。每层土的试验数量不得少于 6 组。室内试验抗剪强度指标内摩擦角标准值 φ_k、黏聚力标准值 c_k 可按以下规定计算：

（1）根据室内 n 组三轴压缩试验的结果，按下列公式计算某一土性指标的变异系数、试验平均值和标准差：

$$\delta=\sigma/\mu \tag{1-5}$$

$$\mu=\frac{\sum_{i=1}^{n}\mu_i}{n} \tag{1-6}$$

$$\sigma=\sqrt{\frac{\sum_{i=1}^{n}\mu_i^2-n\mu^2}{n-1}} \tag{1-7}$$

式中：δ 为变异系数；μ 为试验平均值；σ 为标准差。

（2）按下列公式计算内摩擦角和黏聚力的统计修正系数 ψ_φ、ψ_c：

$$\psi_\varphi=1-\left(\frac{1.704}{\sqrt{n}}+\frac{4.678}{n^2}\right)\delta_\varphi \tag{1-8}$$

$$\psi_c=1-\left(\frac{1.704}{\sqrt{n}}+\frac{4.678}{n^2}\right)\delta_c \tag{1-9}$$

式中：ψ_φ 为内摩擦角的统计修正系数；ψ_c 为黏聚力的统计修正系数；δ_φ 为内摩擦角的变异系数；δ_c 为黏聚力的变异系数。

（3）可按下列公式计算内摩擦角标准值 φ_k、黏聚力标准值 c_k：

$$\varphi_k = \psi_\varphi \varphi_m \tag{1-10}$$

$$c_k = \psi_c c_m \tag{1-11}$$

式中：φ_m 为内摩擦角的试验平均值；c_m 为黏聚力的试验平均值。

在验算坡体的稳定性时，对于已有剪切破裂面或其他软弱结构的抗剪强度，应进行野外大型剪切试验。

（二）土的压缩性指标

土的压缩性指标可采用原状土室内压缩试验、原位浅层或深层平板载荷试验和旁压试验确定。

当采用室内压缩试验确定压缩模量时，试验所施加的最大压力应超过土自重压力与预计的附加压力之和，试验成果用 $e-p$ 曲线表示。当考虑土的应力历史进行沉降计算时，应进行高压固结试验，确定先期固结压力、压缩指数，试验成果用 $e-\lg p$ 曲线表示。为确定回弹指数，应在估计的先期固结压力之后进行一次卸载，再继续加荷至预定的最后一级压力。

地基土的压缩性可按 $p_1=100\text{kPa}$、$p_2=200\text{kPa}$ 时相对应的压缩系数值 a_{1-2} 划分为低、中、高压缩性，并应按以下规定进行评价：

（1）当 $a_{1-2}<0.1\text{MPa}^{-1}$ 时，为低压缩性土。

（2）当 $0.1\text{MPa}^{-1}\leqslant a_{1-2}<0.5\text{MPa}^{-1}$ 时，为中压缩性土。

（3）当 $a_{1-2}\geqslant 0.5\text{MPa}^{-1}$ 时，为高压缩性土。

当考虑基坑开挖卸荷和再加荷时，应进行回弹再压缩试验，其压力的施加应与实际的加卸荷状况一致。

（三）载荷试验

载荷试验包括浅层平板载荷试验和深层平板载荷试验。浅层平板载荷试验适用于浅层地基，深层平板载荷试验适用于深层地基。两种载荷试验的试验要求应分别符合以下规定。

1. 浅层平板载荷试验要点

浅层平板载荷试验应符合以下规定：

(1) 地基土浅层平板载荷试验可适用于确定浅部地基土层的承压板下应力主要影响范围内的承载力。承压板面积不应小于 $0.25m^2$，对于软土不应小于 $0.5m^2$。

(2) 试验基坑宽度不应小于承压板宽度或直径的3倍。应保持试验土层的原状结构和天然湿度。宜在拟试压表面用粗砂或中砂层找平，其厚度不超过20mm。

(3) 加荷分级不应少于8级。最大加载量不应小于设计要求的2倍。

(4) 每级加荷后，第一个小时内按间隔10min、10min、10min、15min、15min测读沉降量，以后为每隔半小时测读一次沉降量。当在连续2h内，每小时的沉降量小于0.1mm时，则认为已趋稳定，可加下一级荷载。

(5) 当出现下列情况之一时，即可终止加载：

1) 承压板周围的土明显地侧向挤出。

2) 沉降 s 急骤增大，荷载-沉降（$p-s$）曲线出现陡降段。

3) 在某一级荷载下，24h内沉降速率不能达到稳定。

4) 沉降量与承压板宽度或直径之比大于或等于0.06。

当满足上述1)～3)三种情况之一时，其对应的前一级荷载定为极限荷载。

(6) 承载力特征值的确定应符合下列规定：

1) 当 $p-s$ 曲线上有比例界限时，取该比例界限所对应的荷载值。

2) 当极限荷载小于对应比例界限的荷载值的2倍时，取极限荷载值的一半。

3) 当不能按上述两项要求确定时，若压板面积为0.25～$0.50m^2$，可取 $s/b=0.01$～0.015所对应的荷载，但其值不应大于最大加载量的一半。

(7) 同一土层参加统计的试验点不应少于3点，当试验实测值的极差不超过其平均值的30%时，取此平均值作为该土层的地基承载力特征值 f_{ak}。

2. 深层平板载荷试验要点

深层平板载荷试验应符合以下规定：

(1) 深层平板载荷试验可适用于确定深部地基土层及大直径桩桩端土层在承压板下应力主要影响范围内的承载力。

(2) 深层平板载荷试验的承压板采用直径为0.8m的刚性板，紧靠承压板周围外侧的土层高度应不少于80cm。

(3) 加荷等级可按预估极限承载力的1/10～1/15分级施加。

(4) 每级加荷后，第一个小时内按间隔10min、10min、10min、15min、15min测读沉降量，以后为每隔半小时测读一次沉降量。当在连续2h内，每小时的沉降量小于0.1mm时，则认为已趋稳定，可加下一级荷载。

(5) 当出现下列情况之一时，即可终止加载：

1) 沉降 s 急骤增大，荷载-沉降（$p-s$）曲线上有可判定极限承载力的陡降段，且沉降量超过 $0.04d$（d 为承压板直径）。

2) 在某一级荷载下，24h内沉降速率不能达到稳定。

3) 本级沉降量大于前一级沉降量的5倍。

4) 当持力层土层坚硬，沉降量很小时，最大加载量不小于设计要求的2倍。

(6) 承载力特征值的确定应符合下列规定：

1) 当 $p-s$ 曲线上有比例界限时，取该比例界限所对应的荷载值。

2) 满足（5）中1）～3）的终止加载条件之一时，其对应的前一级荷载定为极限荷载。当该值小于对应比例界限的荷载值的2倍时，取极限荷载值的一半。

3) 当不能按上述两项要求确定时，可取 $s/d=0.01\sim0.015$ 所对应的荷载值，但其值不应大于最大加载量的一半。

(7) 同一土层参加统计的试验点不应少于3点，当试验实测值的极差不超过平均值的30%时，取此平均值作为该土层的地

基承载力特征值 f_{ak}。

第三节 地 基 计 算

一、基础埋置深度

基础的埋置深度，应按以下条件确定：

(1) 建筑物的用途，有无地下室、设备基础和地下设施，基础的型式和构造。

(2) 作用在地基上的荷载大小和性质。

(3) 工程地质和水文地质条件。

(4) 相邻建筑物的基础埋置深度。

(5) 地基土冻胀和融陷的影响。

在满足地基稳定和变形要求的前提下，地基宜浅埋，当上层地基的承载力大于下层土时，宜利用上层作持力层。除岩石地基外，基础埋置深度不宜小于 0.5m。

高层建筑筏形和箱形基础的埋置深度应满足地基承载力、变形和稳定性要求。在抗震设防区，除岩石地基外，天然地基上的箱形和筏形基础其埋置深度不宜小于建筑物高度的1/15；桩箱或桩筏基础的埋置深度（不计桩长）不宜小于建筑物高度的 1/18～1/20。位于岩石地基上的高层建筑，其基础埋置深度应满足抗滑要求。

基础宜埋置在地下水位以上，当必须埋置在地下水位以下时，应采取地基土在施工时不受扰动的措施。当基础埋置在易风化的岩层上，施工时应在基坑开挖后立即铺筑垫层。

当存在相邻建筑物时，新建建筑物的基础埋置深度不宜大于原有建筑基础。当埋置大于原有建筑基础时，两基础间应保持一定净距，其数值应根据原有建筑荷载大小、基础形式和土质情况确定。若上述要求不能满足，应采取分段施工，设临时加固支撑、打板桩和地下连续墙等施工措施，或加固原有建筑物地基。

确定基础埋置深度应考虑地基的冻胀性。地基的冻胀性类别应根据冻土层的平均冻胀率 η 的大小，按表 1－14 分为不冻胀、弱冻胀、冻胀、强冻胀和特强冻胀。

表 1－14　　　　地基土的冻胀性分类

土的名称	冻前天然含水量 w(%)	冻结期间地下水位距冻结面的最小距离 h_w(m)	平均冻胀率 η(%)	冻胀等级	冻胀类别
碎（卵）石，砾砂、粗砂、中砂（粒径小于 0.075mm 颗粒含量大于 15%），细砂（粒径小于 0.075mm 颗粒含量大于 10%）	$w\leqslant 12$	>1.0	$\eta\leqslant 1$	Ⅰ	不冻胀
		≤1.0	$1<\eta\leqslant 3.5$	Ⅱ	弱冻胀
	$12<w\leqslant 18$	>1.0			
		≤1.0	$3.5<\eta\leqslant 6$	Ⅲ	冻胀
	$w>18$	>0.5			
		≤0.5	$6<\eta\leqslant 12$	Ⅳ	强冻胀
粉砂	$w\leqslant 14$	>1.0	$\eta\leqslant 1$	Ⅰ	不冻胀
		≤1.0	$1<\eta\leqslant 3.5$	Ⅱ	弱冻胀
	$14<w\leqslant 19$	>1.0			
		≤1.0	$3.5<\eta\leqslant 6$	Ⅲ	冻胀
	$19<w\leqslant 23$	>1.0			
		≤1.0	$6<\eta\leqslant 12$	Ⅳ	强冻胀
	$w>23$	不考虑	$\eta>12$	Ⅴ	特强冻胀
粉土	$w\leqslant 19$	>1.5	$\eta\leqslant 1$	Ⅰ	不冻胀
		≤1.5	$1<\eta\leqslant 3.5$	Ⅱ	弱冻胀
	$19<w\leqslant 22$	>1.5			
		≤1.5	$3.5<\eta\leqslant 6$	Ⅲ	冻胀
	$22<w\leqslant 26$	>1.5			
		≤1.5	$6<\eta\leqslant 12$	Ⅳ	强冻胀
	$26<w\leqslant 30$	>1.5			
		≤1.5	$\eta\leqslant 12$	Ⅴ	特强冻胀
	$w>30$	不考虑			

续表

<table>
<tr><th>土的名称</th><th>冻前天然含水量
w(%)</th><th>冻结期间地下水位距冻结面的最小距离
h_w(m)</th><th>平均冻胀率
η(%)</th><th>冻胀等级</th><th>冻胀类别</th></tr>
<tr><td rowspan="9">黏性土</td><td rowspan="2">$w \leqslant w_p+2$</td><td>>2.0</td><td>$\eta \leqslant 1$</td><td>Ⅰ</td><td>不冻胀</td></tr>
<tr><td>≤2.0</td><td rowspan="2">$1 < \eta \leqslant 3.5$</td><td rowspan="2">Ⅱ</td><td rowspan="2">弱冻胀</td></tr>
<tr><td rowspan="2">$w_p+2 < w \leqslant w_p+5$</td><td>>2.0</td></tr>
<tr><td>≤2.0</td><td rowspan="2">$3.5 < \eta \leqslant 6$</td><td rowspan="2">Ⅲ</td><td rowspan="2">冻胀</td></tr>
<tr><td rowspan="2">$w_p+5 < w \leqslant w_p+9$</td><td>>2.0</td></tr>
<tr><td>≤2.0</td><td rowspan="2">$6 < \eta \leqslant 12$</td><td rowspan="2">Ⅳ</td><td rowspan="2">强冻胀</td></tr>
<tr><td rowspan="2">$w_p+9 < w \leqslant w_p+15$</td><td>>2.0</td></tr>
<tr><td>≤2.0</td><td rowspan="2">$\eta > 12$</td><td rowspan="2">Ⅴ</td><td rowspan="2">特强冻胀</td></tr>
<tr><td>$w > w_p+15$</td><td>不考虑</td></tr>
</table>

注 1. w_p 为塑限含水量，%；w 为在冻土层内冻前天然含水量的平均值。
2. 盐渍化冻土不在表列。
3. 塑性指数 $I_p > 22$ 时，冻胀性降低一级。
4. 粒径小于 0.005mm 的颗粒含量大于 60% 时，为不冻胀土。
5. 碎石类土当充填物大于全部质量的 40% 时，其冻胀性按充填物土的类别判断。
6. 碎石土、砾砂、粗砂、中砂（粒径小于 0.075mm 颗粒含量不大于 15%）、细砂（粒径小于 0.075mm 颗粒含量不大于 10%）均按不冻胀考虑。

季节性冻土地基的设计冻深 z_d 应按下式计算：

$$z_d = z_0 \psi_{zs} \psi_{zw} \psi_{ze} \qquad (1-12)$$

式中：z_d 为设计冻深；z_0 为标准冻深，系采用在地表平坦、裸露、城市之外的空旷场地中不少于 10 年实测最大冻深的平均值，当无实测资料时，按《建筑地基基础设计规范》（GB50007—2002）附录 F 中国季节性冻土标准冻深线图采用；ψ_{zs} 为土的类别对冻深的影响系数，按表 1-15 取用；ψ_{zw} 为土的冻胀性对冻深的影响系数，按表 1-16 取用；ψ_{ze} 为环境对冻深的影响系数，按表 1-17 取用。

若当地有多年实测资料时，也可取 z_d 为

$$z_d = h' - \Delta z$$

式中：h'、Δz 分别为实测冻土层厚度、地表冻胀量。

表 1-15　　土的类别对冻深的影响系数

土的类别	影响系数 ψ_{zs}	土的类别	影响系数 ψ_{zs}
黏性土	1.00	中砂、粗砂、砾砂	1.30
细砂、粉砂、粉土	1.20	碎石土	1.40

表 1-16　　土的冻胀性对冻深的影响系数

冻胀性	影响系数 ψ_{zw}	冻胀性	影响系数 ψ_{zw}	冻胀性	影响系数 ψ_{zw}
不冻胀	1.00	冻胀	0.90	特强冻胀	0.80
弱冻胀	0.95	强冻胀	0.85		

表 1-17　　环境对冻深的影响系数

周围环境	影响系数 ψ_{ze}	周围环境	影响系数 ψ_{ze}
村、镇、旷野	1.00	城市市区	0.90
城市近郊	0.95		

注　环境影响系数一项，当城市市区人口为 20 万～50 万时，按城市近郊取值；当城市市区人口大于 50 万～100 万时，按城市市区取值；当城市市区人口超过 100 万时，按城市市区取值，5km 以内的郊区应按城市近郊取值。

当建筑基础底面之下允许有一定厚度的冻土层，可用下式计算基础的最小埋置深度：

$$d_{min} = z_d - h_{max} \tag{1-13}$$

式中：h_{max} 为基础底面下允许残留冻土层的最大厚度，按表 1-18查取。

当有充分依据时，基底下允许残留冻土层厚度也可根据当地经验确定。

在冻胀、强冻胀、特强冻胀地基上，应采用以下防冻害措施：

表 1-18　　建筑基底下允许残留冻土层厚度 h_{max}　　单位：m

冻胀性	基础形式	采暖情况	基底平均压力(kPa)						
			90	110	130	150	170	190	210
弱冻胀土	方形基础	采暖	—	0.94	0.99	1.04	1.11	1.15	1.20
		不采暖	—	0.78	0.84	0.91	0.97	1.04	1.10
	条形基础	采暖	—	>2.50	>2.50	>2.50	>2.50	>2.50	>2.50
		不采暖	—	2.20	2.50	>2.50	>2.50	>2.50	>2.50
冻胀土	方形基础	采暖	—	0.64	0.70	0.75	0.81	0.86	—
		不采暖	—	0.55	0.60	0.65	0.69	0.74	—
	条形基础	采暖	—	1.55	1.79	2.03	2.26	2.50	—
		不采暖	—	1.15	1.35	1.55	1.75	1.95	—
强冻胀土	方形基础	采暖	—	0.42	0.47	0.51	0.56	—	—
		不采暖	—	0.36	0.40	0.43	0.47	—	—
	条形基础	采暖	—	0.74	0.88	1.00	1.13	—	—
		不采暖	—	0.56	0.66	0.75	0.84	—	—
特强冻胀土	方形基础	采暖	0.30	0.34	0.38	0.41	—	—	—
		不采暖	0.24	0.27	0.31	0.34	—	—	—
	条形基础	采暖	0.43	0.52	0.61	0.70	—	—	—
		不采暖	0.33	0.40	0.47	0.53	—	—	—

注　1. 本表只计算法向冻胀力，如果基侧存在切向冻胀力，应采取防切向力措施。

2. 本表不适用于宽度小于 0.6m 的基础，矩形基础可取短边尺寸按方形基础计算。

3. 表中数据不适用于淤泥、淤泥质土和欠固结土。

4. 表中基底平均压力数值为永久荷载标准值乘以 0.9，可以内插。

(1) 对在地下水位以上的基础，基础侧面应回填非冻胀性的中砂或粗砂，其厚度不应小于 10cm。对在地下水位以下的基础，可采用桩基础、自锚式基础（冻土层下有扩大板或扩底短桩）或采取其他有效措施。

(2) 宜选择地势高、地下水位低、地表排水良好的建筑场地。对低洼场地，宜在建筑四周向外1倍冻深距离范围内，使室外地坪至少高出自然地面300～500mm。

(3) 防止雨水、地表水、生产废水和生活污水侵入建筑地基，应设置排水设施。在山区应设截水沟或在建筑物下设置暗沟，以排走地表水和潜水流。

(4) 在强冻胀性和特强冻胀性地基上，其基础结构应设置钢筋混凝土圈梁和基础梁，并控制上部建筑的长高比，增强房屋的整体刚度。

(5) 当独立基础连系梁下或桩基础承台下有冻土时，应在梁或承台下留有相当于该土层冻胀量的空隙，以防止因土的冻胀将梁或承台拱裂。

(6) 外门斗、室外台阶和散水坡等部位宜与主体结构断开，散水坡分段不宜超过1.5m，坡度不宜小于3%，其下宜填入非冻胀性材料。

(7) 对跨年度施工的建筑，入冬前应对地基采取相应的防护措施；按采暖设计的建筑物，当冬季不能正常采暖，也应对地基采取保温措施。

二、承载力计算

(一) 基础底面压力的要求与计算

基础底面的压力，应符合以下要求。

当轴心荷载作用时，有

$$p_k \leqslant f_a \tag{1-14}$$

式中：p_k 为相应于荷载效应标准组合时，基础底面处的平均压力值；f_a 为修正后的地基承载力特征值。

当偏心荷载作用时，除符合式(1-14)的要求外，尚应符合下式要求：

$$p_{kmax} \leqslant 1.2 f_a \tag{1-15}$$

式中：p_{kmax} 为相应于荷载效应标准组合时，基础底面边缘的最大压力值。

基础底面的压力，可按下列公式确定。

当轴心荷载作用时，有

$$p_k=\frac{F_k+G_k}{A} \quad (1-16)$$

对于一般基础：　　$G_k=\gamma_G A d$

式中：F_k 为相应于荷载效应标准组合时，上部结构传至基础顶面的竖向力值，kN；G_k 为基础自重和基础上的土重，kN；γ_G 为基础及回填土之平均重度，一般取 $20kN/m^3$，地下水位以下部分应扣去浮力为 $10kN/m^3$；d 为基础埋置深度，m，从设计地面或室内外平均设计地面算起；A 为基础底面面积。

当偏心荷载作用时，有

$$p_{kmax}=\frac{F_k+G_k}{A}+\frac{M_k}{W}=\frac{F_k+G_k}{lb}\left(1+\frac{6e}{b}\right) \quad (1-17)$$

$$p_{kmin}=\frac{F_k+G_k}{A}-\frac{M_k}{W}=\frac{F_k+G_k}{lb}\left(1-\frac{6e}{b}\right) \quad (1-18)$$

其中　　$e=M_k/(F_k+G_k)$

式中：M_k 为相应于荷载效应标准组合时，作用于基础底面的力矩值；W 为基础底面的抵抗矩；p_{kmin} 为相应于荷载效应标准组合时，基础底面边缘的最小压力值；e 为相应于荷载 F_k+G_k 的偏心距；l 为垂直于力矩作用方向的基础底面边长；b 为力矩作用方向的基础底面边长。

按式（1－17）和式（1－18）计算，基底压力分布有以下三种情况：

（1）当 $e<b/6$ 时，p_{kmin} 为正值，基底压力为梯形分布。

（2）当 $e=b/6$ 时，$p_{kmin}=0$，基底压力为三角形分布。

（3）当 $e>b/6$ 时，p_{kmin} 为负值，表示基础底面与地基之间一部分出现拉应力。但实际上，在地基土与基础之间不可能存在拉应力，因此基础底面下的压力将重新分布（见图 1－1）。这时，可根据力的平衡原理确定基础底面的受压宽度和应力大小（见图 1－1）。

当偏心距 $e>b/6$ 时（见图 1－1），p_{kmax} 应按下式计算：

$$p_{kmax}=\frac{2(F_k+G_k)}{3la} \qquad (1-19)$$

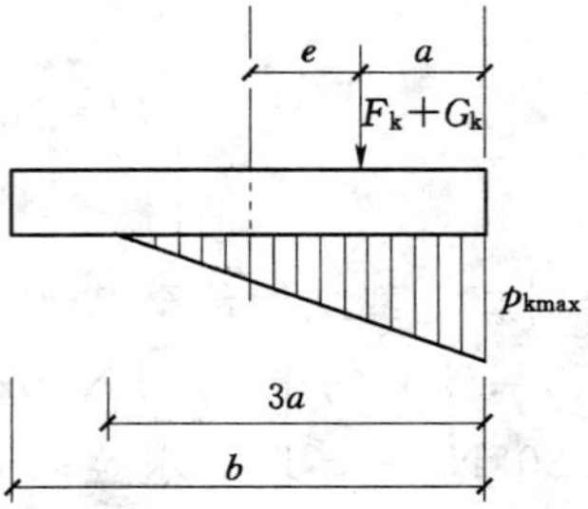

图 1-1　偏心荷载（$e>b/6$）下基底压力计算示意

式中：a 为合力作用点至基础底面最大压力边缘的距离。

【例 1-1】 柱基础底面尺寸为 1.2m×1.0m，作用在基础底面的偏心荷载 $F_k+G_k=150$kN［见图 1-2（a）］。如果偏心距分别为 0.1m、0.2m 和 0.3m，试确定基础底面应力数值，并绘出应力分布图。

解：

（1）当偏心距 $e=0.1$m 时，因为 $e=0.1\text{m}<b/6=1.2/6=0.2$m，故基础底面最大应力和最小应力分别为

$$p_{kmax}=\frac{F_k+G_k}{lb}\left(1+\frac{6e}{b}\right)=\frac{150}{1.0\times1.2}\left(1+\frac{6\times0.1}{1.2}\right)=187.5\text{kN/m}^2$$

$$p_{kmin}=\frac{F_k+G_k}{lb}\left(1-\frac{6e}{b}\right)=\frac{150}{1.0\times1.2}\left(1-\frac{6\times0.1}{1.2}\right)=62.5\text{kN/m}^2$$

此时，应力分布图如图 1-2（b）所示。

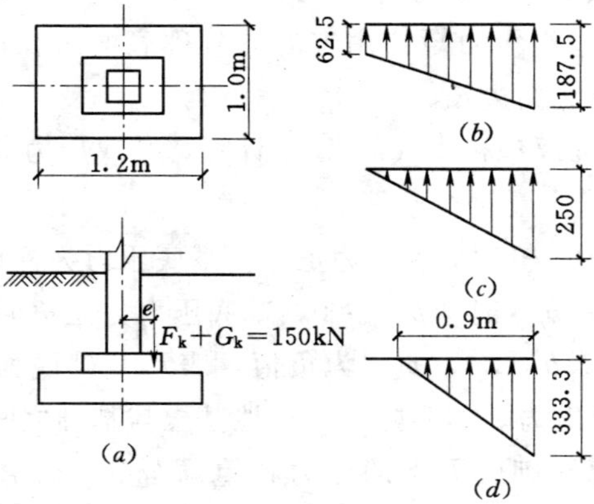

图 1-2　［例 1-1］图

（2）当偏心距 $e=0.2$m 时，因为 $e=0.2\text{m}=b/6=0.2$m，故

基础底面最大应力和最小应力分别为

$$p_{kmax}=\frac{150}{1.2\times1.0}\left(1+\frac{6\times0.2}{1.2}\right)=250\text{kN/m}^2$$

$$p_{kmin}=\frac{150}{1.2\times1.0}\left(1-\frac{6\times0.2}{1.2}\right)=0\text{kN/m}^2$$

此时，应力分布图如图 1-2（*c*）所示。

（3）当偏心距 $e=0.3$m 时，因为 $e=0.3\text{m}>b/6=0.2$m，故基础底面最大应力为

$$p_{kmax}=\frac{2(F_k+G_k)}{3la}=\frac{2\times150}{3\times1.0\times\left(\frac{1.2}{2}-0.3\right)}=333.3\text{kN/m}^2$$

基础受压宽度计算为

$$b'=3a=3\left(\frac{b}{2}-e\right)=3\left(\frac{1.2}{2}-0.3\right)=0.9\text{m}$$

此时，应力分布图如图 1-2（*d*）所示。

（二）一般地基承载力特征值的确定方法与修正

地基承载力特征值可由载荷试验或其他原位测试、公式计算，并结合工程实践经验等方法综合确定。

当基础宽度大于 3m 或埋置深度大于 0.5m 时，利用载荷试验或其他原位测试、经验值等方法确定的地基承载力特征值，尚应按下式修正：

$$f_a=f_{ak}+\eta_b\gamma(b-3)+\eta_d\gamma_m(d-0.5) \quad (1-20)$$

式中：f_a 为修正后的地基承载力特征值；f_{ak} 为地基承载力特征值；η_b、η_d 分别为基础宽度、埋置深度的地基承载力修正系数，按基底下土的类别查表 1-19 取值；γ 为基础底面以下土的重度，地下水位以下取浮重度；b 为基础底面宽度，m，若基础底面宽度小于 3m 按 3m 取值，若大于 6m 按 6m 取值；γ_m 为基础底面以上土的加权平均重度，地下水位以下取浮重度；d 为基础埋置深度，m，一般自室外地面标高算起。

在填方平整地区，基础埋置深度可自填土地面标高算起，但填土在上部结构施工后完成时，应从天然地面标高算起。对于地

下室，如采用箱形基础或筏基时，基础埋置深度自室外地面标高算起；当采用独立基础或条形基础时，应从室内地面标高算起。

表 1-19　　承载力修正系数

土的类别		η_b	η_d
淤泥和淤泥质土		0	1.0
人工填土；e 或 I_L 不小于 0.85 的黏性土		0	1.0
红黏土	含水比 $\alpha_w>0.8$	0	1.2
	含水比 $\alpha_w\leqslant 0.8$	0.15	1.4
大面积压实填土	压实系数大于 0.95、黏粒含量 $\rho_c\geqslant 10\%$ 的粉土	0	1.5
	最大干密度大于 2.1t/m^3 的级配砂石	0	2.0
粉土	黏粒含量 $\rho_c\geqslant 10\%$ 的粉土	0.3	1.5
	黏粒含量 $\rho_c<10\%$ 的粉土	0.5	2.0
e 及 I_L 均小于 0.85 的黏性土		0.3	1.6
粉砂、细砂（不包括很湿与饱和时的稍密状态）		2.0	3.0
中砂、粗砂、砾砂和碎石土		3.0	4.4

注　1. 强风化和全风化的岩石，可参照所风化成的相应土类取值，其他状态下的岩石不修正。

2. 地基承载力特征值按深层平板载荷试验确定时，η_d 取 0。

【例 1-2】 某建筑物的箱形基础宽 8.5m，长 20m，持力层情况如图 1-3 所示，其承载力特征值 $f_{ak}=189$kPa，箱形基础埋置深度 $d=4$m，已知地下水位在地面下 2m 处，试确定黏土持力层的承载力特征值。

解：

因箱形基础宽度 $b=8.5\text{m}>6.0\text{m}$，故按 6m 考虑；$d=4$m，持力层为黏土，$I_L=0.73<0.85$，$e=0.83<0.85$，故查表1-19可得 $\eta_b=0.3$，$\eta_d=1.6$。

因基础埋在地下水位以下，故持力层的 γ 取有效重度为

$$\gamma'=19.2-10=9.2\text{kN/m}^3$$

土层	土的类别	层底深度（m）	地面标高 ±0.00	土工试验结果
Ⅰ	填土	1.80		$\gamma=17.8kN/m^3$
Ⅱ	黏土	2.00		$I_L=0.73$ $e=0.83$ 水位以上： $\gamma=18.9kN/m^3$ 水位以下： $\gamma=19.2kN/m^3$

图 1-3 ［例 1-2］图

$$\gamma_m=\frac{\sum_1^3\gamma_i h_i}{\sum_1^3 h_i}$$

$$=\frac{17.8\times1.8+18.9\times0.2+(19.2-10)\times2}{1.8+0.2+2}$$

$$=13.6kN/m^3$$

$$f_a=f_{ak}+\eta_b\gamma(b-3)+\eta_d\gamma_m(d-0.5)$$

$$=189+0.3\times9.2\times(6-3)+1.6\times13.6\times(4-0.5)$$

$$=189+8.28+76.16$$

$$=273.4kPa$$

【例 1-3】 某柱基础，作用于设计地面处的柱荷载设计值、基础尺寸、埋置深度及地基条件如图 1-4 所示，地下水位在 2.3m 处，试验算持力层的强度。

解：

$b=3m$，$d=2.3m$，持力层为黏土，因为 $I_L=0.74<0.85$，$e=0.80<0.85$，所以查表 1-19 可得 $\eta_b=0.3$，$\eta_d=1.6$。

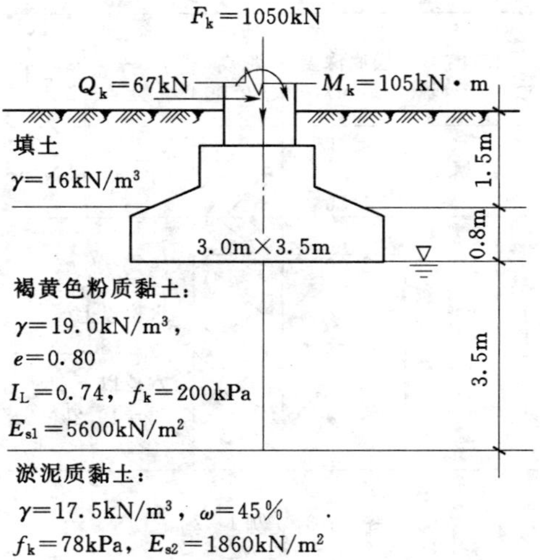

图 1-4 [例 1-3] 图

基底以上土的加权平均重度为

$$\gamma_m = \frac{\sum_1^2 \gamma_i h_i}{\sum_1^2 h_i} = \frac{16 \times 1.5 + 19 \times 0.8}{2.3} = 17.0\ kN/m^3$$

持力层承载力特征值为

$$\begin{aligned} f_a &= f_{ak} + \eta_b \gamma (b-3) + \eta_d \gamma_m (d-0.5) \\ &= 200 + 0.3 \times (19-10) \times (3-3) + 1.6 \times 17.0 \times (2.3-0.5) \\ &= 200 + 0 + 48.96 \\ &= 249kPa \end{aligned}$$

基底平均压力为

$$\begin{aligned} p_k &= \frac{F_k + G_k}{A} \\ &= \frac{1050 + 3 \times 3.5 \times 2.3 \times 20}{3 \times 3.5} \\ &= 146kPa < f_a = 249kPa \end{aligned}$$

满足要求。

基底最大压力的计算如下：

$$M=105+67\times2.3=259.1\text{kN}\cdot\text{m}$$

$$\begin{aligned}e&=\frac{M}{F_k+G_k}\\&=\frac{259.1}{1050+3\times3.5\times2.3\times20}\\&=\frac{259.1}{1533}\\&=0.169\text{m}<b/6=3.5/6=0.583\text{m}\end{aligned}$$

故

$$\begin{aligned}p_{kmax}&=\frac{F_k+G_k}{lb}\left(1+\frac{6e}{b}\right)\\&=\frac{1533}{3.0\times3.5}\left(1+\frac{6\times0.169}{3.5}\right)\\&=188.3\text{kPa}<1.2f_a=1.2\times249=298.8\text{kPa}\end{aligned}$$

所以持力层的承载力满足要求。

（三）基础底面尺寸的确定

1. 轴心荷载作用下的基础底面尺寸确定

根据地基承载力验算式（1-14）和式（1-16），经过变换得矩形基础底面积为

$$A\geqslant\frac{F_k}{f_a-\gamma_G d} \tag{1-21}$$

对于条形基础，可沿基础长方向取一单位长度进行计算，荷载也同样按单位长度计算，条形基础宽度为

$$b\geqslant\frac{F_k}{f_a-\gamma_G d} \tag{1-22}$$

在利用式（1-21）和式（1-22）进行计算时，由于基础尺寸还没有确定，可先按未经宽度修正的承载力特征值进行计算，初步确定基础底面尺寸，根据第一次计算得到的基础底面尺寸，再对地基承载力进行修正，直至设计出最佳的基础底面尺寸。

2. 偏心荷载作用下的基础底面尺寸确定

偏心荷载作用下的基础底面尺寸确定不能用公式直接写出，

通常的计算方法如下：

（1）按轴心荷载作用条件，利用式（1－21）初步估算所需的基础底面积 A。

（2）根据偏心距的大小，将基础的底面积增大10%～30%，并以适当的比例确定基础底面的长度和宽度。

（3）按式（1－17）和式（1－18）或按式（1－19）计算基底最大压力和最小压力，并使其满足式（1－14）和式（1－15）的要求。

这一计算过程可能要经过几次试算方能最后确定合适的基础底面尺寸。

3. 计算实例

【例1－4】 某承重墙下条形基础，埋置深度0.8m，上部结构传至基础顶面的竖向力值 $F_k=188$kN/m，地基为黏性土，$I_L=0.85$，$\gamma=19$kN/m^3，地基承载力特征值 $f_{ak}=145$kPa。试求出条形基础的最小宽度 b。

解：

（1）先按 f_{ak} 初步确定基础底面尺寸，即

$$b\geqslant\frac{F_k}{f_{ak}-\gamma_G d}=\frac{188}{145-20\times0.8}=1.46\text{m}$$

取 $b=1.4$m。

（2）地基承载力特征值修正。$I_L=0.85$，查表1－19可得 $\eta_b=0$，$\eta_d=1.0$，则

$$\begin{aligned}f_a&=f_{ak}+\eta_b\gamma(b-3)+\eta_d\gamma_m(d-0.5)\\&=145+0+1.0\times19\times(0.8-0.5)\\&=150.7\text{kPa}\end{aligned}$$

（3）计算基础宽度，得

$$b\geqslant\frac{F_k}{f_a-\gamma_G d}=\frac{188}{150.7-0.8\times20}=\frac{188}{134.7}=1.40\text{m}$$

故取 $b=1.4$m，满足要求。

【例1－5】 图1－5为有吊车的工业厂房柱下基础，各种必

要的数据附于该图中。地基为粉质黏土，$\gamma=19\text{kN/m}^3$，$e=0.9$，$f_{ak}=220\text{kPa}$。试确定矩形基础的底面尺寸。

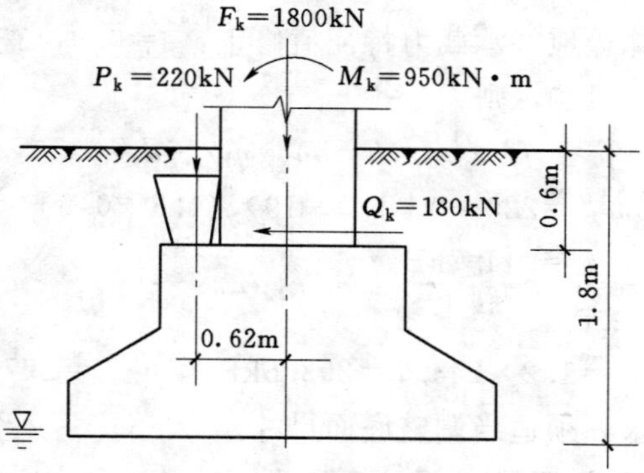

图 1-5 ［例 1-5］图

解：

（1）按轴心荷载作用条件，初步估算所需的基础底面积 A，即

$$A'\geqslant\frac{F_k}{f_{ak}-\gamma_G d}=\frac{1800+220}{220-20\times1.8}=\frac{2020}{184}=10.98\text{m}^2$$

（2）考虑到荷载的偏心，将底面增大 25%，即

$$A=1.25A'=1.25\times10.98=13.7\text{m}^2$$

取基础的边长比为 $b/l=2$，故 $A=bl=2l^2=13.7\text{m}^2$，解得

$$b=5.2\text{m},\ l=2.6\text{m}$$

（3）计算基底最大压力。基础及其回填土重量为

$$G_k=20\times5.2\times2.6\times1.8=487\text{kN}$$

基底处总的竖向荷载为

$$F_k+G_k=1800+220+487=2507\text{kN}$$

基底处总的力矩荷载为

$$M_k=950+180\times1.2+220\times0.62=1302\text{kN}\cdot\text{m}$$

偏心距为

$$e=\frac{M_k}{F_k+G_k}=\frac{1302}{2507}=0.519\text{m}<b/6=0.867\text{m}$$

基底最大压力为

$$p_{kmax}=\frac{F_k+G_k}{lb}\left(1+\frac{6e}{b}\right)=\frac{2507}{2.6\times5.2}\left(1+\frac{6\times0.519}{5.2}\right)=297kPa$$

（4）验算。地基承载力特征值修正：$e=0.9$，查表 1-19 可得 $\eta_b=0$，$\eta_d=1.0$，则

$$\begin{aligned}f_a&=f_{ak}+\eta_b\gamma(b-3)+\eta_d\gamma_m(d-0.5)\\&=220+0+1.0\times19\times(1.8-0.5)\\&=244.7kPa\end{aligned}$$

由于

$$1.2f_a=1.2\times244.7=293.6kPa<p_{kmax}=297kPa$$

故不符合要求，须适当调整底面尺寸。

（5）调整底面尺寸后再算。取 $b=5.3m$，$l=2.65m$，于是有

$$G_k=20\times5.3\times2.65\times1.8=506kN$$

$$F_k+G_k=1800+220+506=2526kN$$

$$e=\frac{M_k}{F_k+G_k}=\frac{1302}{2526}=0.515m<b/6=0.867$$

$$p_{kmax}=\frac{2526}{2.65\times5.3}\left(1+\frac{6\times0.515}{5.3}\right)=285kPa<1.2f_a=293.6kPa$$

故设计满足要求。

【例 1-6】 已知作用于图 1-6 所示单元底面形心处的总竖向荷载为 $F_k+G_k=370kN$，向墙垛一侧方向作用的总力矩荷载为 $M_k=22kN\cdot m$，地基为粉土，$\gamma=18.5kN/m^3$，$\rho_c=11\%$，$f_{ak}=220kPa$。试验算图 1-6 所示带壁柱基础的底面尺寸是否合适。

解：

底面积为

$$A=1\times3+1\times0.4=3.4m^2$$

形心轴线到外墙边的距离为

$$y_1=\frac{1\times3\times0.5+1\times0.4\times(1+0.2)}{A}=\frac{1.98}{3.4}=0.58m$$

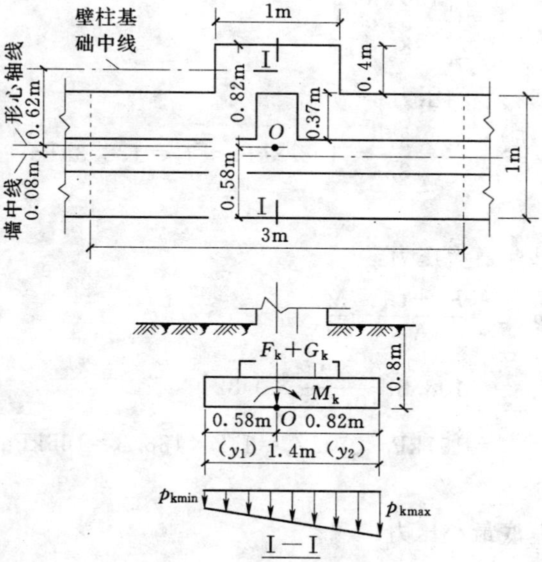

图 1-6 ［例 1-6］图

形心轴线至墙垛边的距离为

$$y_2 = 1.4 - y_1 = 1.4 - 0.58 = 0.82\text{m}$$

形心轴线至墙中线的距离为

$$0.58 - 0.5 = 0.08\text{m}$$

形心轴线至墙垛中线的距离为

$$0.5 + 0.2 - 0.08 = 0.62\text{m}$$

底面对形心轴线的惯性矩为

$$I = \left(\frac{3\times1^3}{12} + 1\times3\times0.08^2\right) + \left(\frac{1\times0.4^3}{12} + 1\times0.4\times0.62^2\right)$$

$$= 0.428\text{m}^2$$

地基承载力特征值修正：粉土，$\rho_c = 11\% > 10\%$，查表 1-19可得 $\eta_b = 0.3$，$\eta_d = 1.5$，基础宽度小于 3m，$b=3$，则

$$f_a = f_{ak} + \eta_b\gamma(b-3) + \eta_d\gamma_m(d-0.5)$$

$$= 130 + 0 + 1.5\times18.5\times(0.8-0.5)$$

$$=130+8.3$$
$$=138.3\text{kPa}$$

验算基底平均压力：

$$p_k=\frac{F_k+G_k}{A}=\frac{370}{3.4}=108.8\text{kPa}<f_a=138.3\text{kPa}$$

满足要求。

验算基底最大压力：

$$p_{kmax}=\frac{F_k+G_k}{A}+\frac{M_k}{I}y_2$$
$$=108.8+\frac{22}{0.428}\times0.82$$
$$=151\text{kPa}<1.2f_a=1.2\times138.3=166\text{kPa}$$

满足要求。

验算基底最小压力：

$$p_{kmin}=\frac{F_k+G_k}{A}-\frac{M_k}{I}y_1=108.8-\frac{22}{0.428}\times0.58=79\text{kPa}>0$$

表明偏心受压公式适用。

根据以上验算可知，图 1－6 所示基底尺寸满足地基承载力要求。

【例 1－7】 如图 1－7 所示，设计某工业厂房柱基础。已知：柱截面尺寸 500mm×1000mm，上部荷载 $F_k=2300\text{kN}$，作用于基础上的弯矩 $M_k=800\text{kN}\cdot\text{m}$，剪力 $Q_k=50\text{kN}$，基础埋置深度 2m。地质条件：上部为填土，厚 0.8m，$\gamma=16\text{kN/m}^3$；其下为一般黏性土，$\gamma=17.5\text{kN/m}^3$，$e=0.8$，$I_L=0.5$，$I_p=10$，$f_{ak}=220\text{kPa}$。

解：

（1）先按中心受压初步估算所需的基础底面积 A：

$$A'\geqslant\frac{F_k}{f_{ak}-\gamma_G d}=\frac{2300}{220-20\times2.0}=\frac{2300}{180}=12.78\text{m}^2$$

（2）考虑到荷载的偏心，将底面增大 30%，即

$$A=1.3A'=1.3\times12.78=16.61\text{m}^2$$

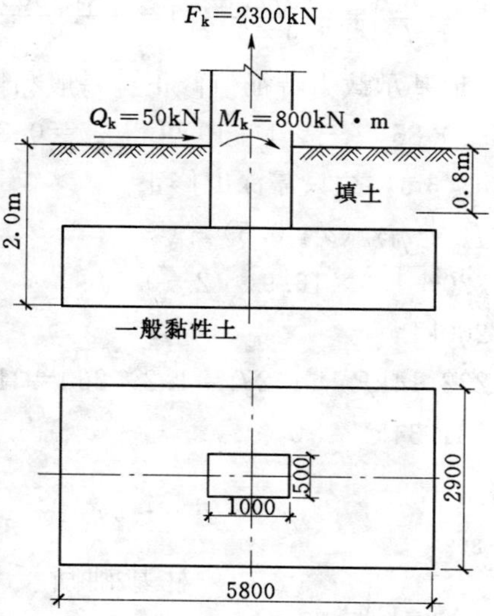

图 1-7 [例 1-7] 图

取基础的边长比为 $b/l=2$，故 $A=bl=2l^2=16.61$，取 $b=5.8m$，$l=2.9m$（与柱截面相应）。此时基底面积为

$$A=5.8\times2.9=16.82m^2>16.61m^2$$

（3）计算基底最大压力。基础及其回填土重量为

$$G_k=20\times5.8\times2.9\times2=672.8kN$$

基底处总的竖向荷载为

$$F_k+G_k=2300+672.8=2972.8kN$$

基底处总的力矩荷载为

$$M_k=800+50\times2=900kN\cdot m$$

偏心距为

$$e=\frac{M_k}{F_k+G_k}=\frac{900}{2972.8}=0.303m<b/6=0.967m$$

基底最大压力和基底最小压力分别为

$$p_{kmax}=\frac{F_k+G_k}{lb}\left(1+\frac{6e}{b}\right)=\frac{2972.8}{2.9\times5.8}\left(1+\frac{6\times0.303}{5.8}\right)=232.14kPa$$

$$p_{kmin}=\frac{F_k+G_k}{lb}\left(1-\frac{6e}{b}\right)=\frac{2972.8}{2.9\times5.8}\left(1-\frac{6\times0.303}{5.8}\right)=121.34\text{kPa}$$

（4）验算。地基承载力特征值修正：一般黏性土，$e=0.8<0.85$，$I_L=0.5<0.85$，查表 1－19 可得 $\eta_b=0.3$，$\eta_d=1.6$。基础宽度 $l=2.9\text{m}<3\text{m}$，故只需深度修正。

$$\begin{aligned}f_a&=f_{ak}+\eta_d\gamma_m(d-0.5)\\&=220+1.6\times16.9\times(2-0.5)\\&=260\text{kPa}\end{aligned}$$

$$p_{kmax}=232.14\text{kPa}<1.2f_a=1.2\times260=312\text{kPa}$$

$$p_{kmin}=121.34\text{kPa}>0$$

设计满足要求。

【例 1－8】 已知某厂房柱基础所受到的荷载如图 1－8所示。地基为较均匀的黏性土，其 e 及 I_L 均小于 0.85，$\gamma_m=19\text{kN/m}^3$，地基承载力特征值 $f_{ak}=180\text{kPa}$。试确定基础底面尺寸。

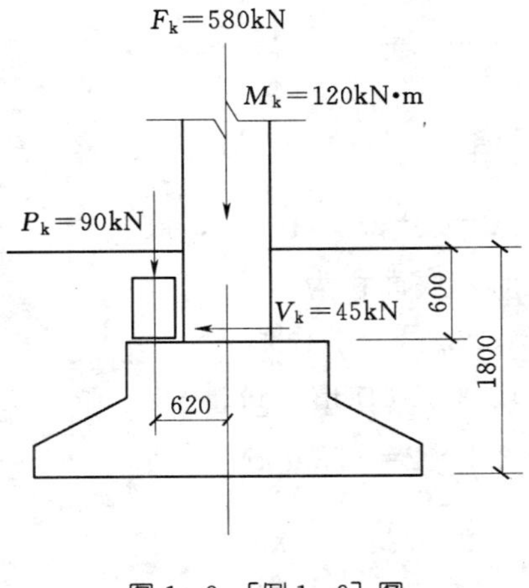

图 1－8 ［例 1－8］图

解：

（1）地基承载力特征值修正：一般黏性土，其 e 及 I_L 均小于 0.85，查表 1－19 可得 $\eta_b=0.3$，$\eta_d=1.6$，则

$$f_a=f_{ak}+\eta_d\gamma_m(d-0.5)=180+1.6\times19\times(1.8-0.5)=219.5\text{kPa}$$

（2）先按中心受压初步估算所需的基础底面积：

$$A'\geqslant\frac{F_k}{f_{ak}-\gamma_G d}=\frac{580+90}{219.5-20\times1.8}=3.65\text{m}^2$$

（3）考虑到荷载的偏心，将底面增大 40%，即

$$A=1.4A'=1.4\times3.65=5.1\text{m}^2$$

取基础的边长比为 $b/l=1.6$，故

$$l=\sqrt{\frac{5.1}{1.6}}=1.79\text{m}$$

取 $l=1.8$m，则 $b=2.9$m。

（4）计算基底最大压力。基础及其回填土重量为

$$G_k=20\times1.8\times2.9\times1.8=187.92\text{kN}$$

基底处总的竖向荷载为

$$F_k+G_k=580+90+187.92=857.92\text{kN}$$

基底处总的力矩荷载为

$$M_k=120+90\times0.62+(1.8-0.6)\times45=229.8\text{kN}\cdot\text{m}$$

偏心距为

$$e=\frac{M_k}{F_k+G_k}=\frac{229.8}{857.92}=0.27\text{m}<b/6=0.48\text{m}$$

基底最大压力和基底最小压力分别为

$$p_{\text{kmax}}=\frac{F_k+G_k}{lb}\left(1+\frac{6e}{b}\right)=\frac{857.92}{2.9\times1.8}\left(1+\frac{6\times0.27}{2.9}\right)=256.2\text{kPa}$$

$$p_{\text{kmin}}=\frac{F_k+G_k}{lb}\left(1-\frac{6e}{b}\right)=\frac{857.92}{2.9\times1.8}\left(1-\frac{6\times0.27}{2.9}\right)=72.5\text{kPa}$$

（5）验算：

$$p_{\text{kmax}}=256.2\text{kPa}<1.2f_a=263.4\text{kPa}$$

$$p_{\text{kmin}}=72.5\text{kPa}>0$$

设计满足要求。

【例 1-9】 确定一带壁柱墙的基础底面尺寸。已知基础埋置深度 1.25m，地基为黏性土（$\eta_b=0$，$\eta_d=1.0$），$\gamma_m=16\text{kN/m}^3$，$f_{ak}=105$kPa。墙的宽度、长度和壁柱尺寸如图 1-9 所示，相邻壁柱的中心距为 3.3m，作用于基础顶面的竖向力 $F_k=392$kN，$M_k=14.7\text{kN}\cdot\text{m}$，试设计此偏压基础。

解：

（1）深度修正后的地基承载力特征值为

$$f_a=f_{ak}+\eta_d\gamma_m(d-0.5)=105+1.0\times16\times(1.25-0.5)=117\text{kPa}$$

（2）估算基础底面积。

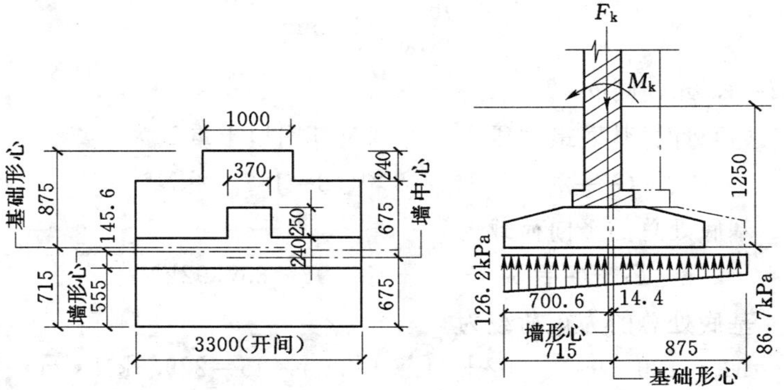

图 1-9 ［例 1-9］图

$$A \geqslant \frac{F_k}{f_a - \gamma_G d} = \frac{392}{117 - 20 \times 1.25} = 4.26\text{m}^2$$

偏心受压取 $A = 4.26 \times 1.1 = 4.69\text{m}^2$。

按构造确定壁柱基底面积为 $0.24 \times 1 = 0.24\text{m}^2$，故基础宽度为

$$b = \frac{4.69 - 0.24}{3.3} = 1.35\text{m}$$

于是沿墙纵向 3.3m 长的基础底面积为

$$A = 3.3 \times 1.35 + 0.24 \times 1 = 4.7\text{m}^2$$

（3）确定 T 形基础底面的形心的位置。按材料力学求截面形心的方法，T 形截面墙形心位置为

$$y_{01} = \frac{3.3 \times 0.24 \times 0.12 + 0.25 \times 0.37 \times 0.365}{3.3 \times 0.24 + 0.25 \times 0.37} = 0.1456\text{m}$$

T 形截面基础形心位置为

$$y_0 = \frac{3.3 \times 1.35 \times 1.35/2 + 0.24 \times 1 \times (1.35 + 0.24/2)}{3.3 \times 1.35 + 0.24 \times 1}$$

$$= \frac{3.36}{4.7}$$

$$= 0.715\text{m}$$

基础形心与墙中线的距离为

$$y_0-\frac{b}{2}=0.715-\frac{1.35}{2}=0.040\text{m}$$

基础形心与T形截面墙形心的距离，即竖向荷载 F_k 的偏心距为

$$\begin{aligned}e_0&=y_0-\left(\frac{b}{2}-0.12+y_{01}\right)\\&=0.715-\left(\frac{1.35}{2}-0.12+0.1456\right)\\&=0.0144\text{m}\end{aligned}$$

(4) 荷载计算。现将各力向基础形心简化，得附加偏心力矩为

$$392\times0.0144=5.65\text{kN}\cdot\text{m}$$

$$M_k'=14.7+5.65=20.35\text{kN}\cdot\text{m}$$

$$F_k+G_k=392+20\times1.25\times4.7=509.5\text{kN}$$

(5) 验算基底尺寸。

$$p_k=\frac{F_k+G_k}{A}=\frac{509.5}{4.7}=108.4\text{kPa}<f_a=117\text{kPa}$$

按材料力学惯性矩平行移轴公式，得

$$\begin{aligned}I_0&=\frac{1}{12}\times3.3\times1.35^3+3.3\times1.35\times0.040^2\\&\quad+\frac{1}{12}\times1\times0.24^3+1\times0.24\times0.755^2\\&=0.82\text{m}^4\end{aligned}$$

$$\begin{aligned}p_{k\max}&=\frac{F_k+G_k}{A}+\frac{M_k'}{I_0}y_0\\&=\frac{509.5}{4.7}+\frac{20.35}{0.82}\times0.715\\&=126.2\text{kPa}\leqslant1.2f_a=1.2\times117=140.4\text{kPa}\end{aligned}$$

$$\begin{aligned}p_{k\min}&=\frac{F_k+G_k}{A}-\frac{M_k'}{I_0}y_0'\\&=\frac{509.5}{4.7}-\frac{20.35}{0.82}\times0.875\\&=86.7\text{kPa}>0\end{aligned}$$

满足设计要求。

(四) 特定地基承载力特征值的确定

当偏心距 e 不大于 0.033 倍基础底面宽度时，根据土的抗剪强度指标确定地基承载力特征值可按下式计算，并应满足变形要求：

$$f_a = M_b \gamma b + M_d \gamma_m d + M_c c_k \tag{1-23}$$

式中：f_a 为由土的抗剪强度指标确定的地基承载力特征值；M_b、M_d、M_c 分别为承载力系数，按表 1-20 确定；b 为基础底面宽度，大于 6m 时按 6m 取值，对于砂土小于 3m 时按 3m 取值；c_k 为基底下 1 倍短边宽深度内土的黏聚力标准值。

表 1-20　　承载力系数 M_b、M_d、M_c

土的内摩擦角标准值 φ_k (°)	M_b	M_d	M_c
0	0	1.00	3.14
2	0.03	1.12	3.32
4	0.06	1.25	3.51
6	0.10	1.39	3.71
8	0.14	1.55	3.93
10	0.18	1.73	4.17
12	0.23	1.94	4.42
14	0.29	2.17	4.69
16	0.36	2.43	5.00
18	0.43	2.72	5.31
20	0.51	3.06	5.66
22	0.61	3.44	6.04
24	0.80	3.87	6.45
26	1.10	4.37	6.90
28	1.40	4.93	7.40
30	1.90	5.59	7.95
32	2.60	6.35	8.55
34	3.40	7.21	9.22

续表

土的内摩擦角标准值 φ_k (°)	M_b	M_d	M_c
36	4.20	8.25	9.97
38	5.00	9.44	10.80
40	5.80	10.84	11.73

注 φ_k 为基底下 1 倍短边宽深度内土的内摩擦角标准值。

【例 1-10】 某建筑物基础宽度 $b=3.5\text{m}$，长度 $l=4.0\text{m}$，埋置深度 $d=3.0\text{m}$。承受上部结构荷载 $F_k=2800\text{kN}$，$M_k=80\text{kN}\cdot\text{m}$。其地基土层的分布如图 1-10 所示。现从粉质黏土层中取原状土样进行三轴剪切试验，测得抗剪强度参数的试验数据如表 1-21 所示。试确定粉质黏土层的地基承载力。

表 1-21　　　　粉质黏土测试数据

测试项目	数　据	样本数 n	平均值 μ
黏聚力 c（kPa）	12.32　10.98　12.13 11.80　13.08　12.67	6	12.16
内摩擦角 φ（°）	26.11　25.09　25.75 27.98　26.73　26.05	6	26.285

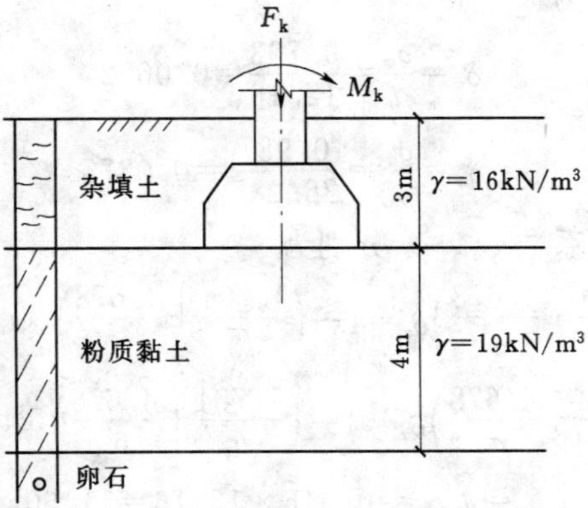

图 1-10 ［例 1-10］图

解：

由 $e=\frac{M_k}{F_k+G_k}=\frac{80}{2800+3.5\times4\times3.0\times20}=0.022\text{m}<0.033b=0.033\times3.5=0.116\text{m}$ 得知，可以采用式（1-23）计算地基承载力。

（1）计算粉质黏土层的抗剪强度参数 c、φ 的标准值。标准差为

$$\sigma_c=\sqrt{\frac{\sum_{i=1}^{n}\mu_i^2-n\mu^2}{n-1}}$$

$$=\sqrt{\frac{12.32^2+10.98^2+12.13^2+11.80^2+13.08^2+12.67^2-6\times12.16^2}{6-1}}$$

$$=\sqrt{\frac{890.335-887.194}{5}}$$

$$=0.793$$

$$\sigma_\varphi=\sqrt{\frac{26.11^2+25.09^2+25.75^2+27.98^2+26.73^2+26.05^2-6\times26.285^2}{6-1}}$$

$$=\sqrt{\frac{4150.279-4145.407}{5}}$$

$$=0.987$$

变异系数为

$$\delta_c=\frac{\sigma_c}{\mu_c}=\frac{0.793}{12.16}=0.0652$$

$$\delta_\varphi=\frac{\sigma_\varphi}{\mu_\varphi}=\frac{0.987}{26.285}=0.0375$$

统计修正系数 ψ_φ、ψ_c 分别为

$$\psi_c=1-\left(\frac{1.704}{\sqrt{n}}+\frac{4.678}{n^2}\right)\delta_c=1-\left(\frac{1.704}{\sqrt{6}}+\frac{4.678}{6^2}\right)\times0.0652=0.946$$

$$\psi_\varphi=1-\left(\frac{1.704}{\sqrt{n}}+\frac{4.678}{n^2}\right)\delta_\varphi=1-\left(\frac{1.704}{\sqrt{6}}+\frac{4.678}{6^2}\right)\times0.0375=0.969$$

$$c_k=\psi_c c_m=0.946\times12.16=11.50\text{kPa}$$

$$\varphi_k=\psi_\varphi\varphi_m=0.969\times26.285^\circ=25.47^\circ$$

(2) 利用理论公式［即式（1-23）］计算地基承载力特征值。由于 $\varphi_k=25.47°$，查表 1-20 得

$$M_b=0.8+\frac{25.47-24}{26-24}\times(1.10-0.8)=1.02$$

$$M_d=3.87+\frac{25.47-24}{26-24}\times(4.37-3.87)=4.238$$

$$M_c=6.45+\frac{25.47-24}{26-24}\times(6.90-6.45)=6.781$$

又已知 $\gamma=19kN/m^3$，$\gamma_m=16kN/m^3$，$b=3.5m$，$d=3m$，则

$$\begin{aligned}f_a&=M_b\gamma b+M_d\gamma_m d+M_c c_k\\&=1.02\times19\times3.5+4.238\times16\times3.0+6.781\times11.50\\&=349.2kPa\end{aligned}$$

岩石地基承载力特征值，可按岩基载荷试验方法确定。对完整、较完整和较破碎的岩石地基承载力特征值，可根据室内和单轴抗压强度按下式计算：

$$f_a=\psi_r f_{rk} \tag{1-24}$$

式中：f_a 为岩石地基承载力特征值，kPa；f_{rk} 为岩石饱和单轴抗压强度标准值，kPa，可按岩石单轴抗压强度试验要点确定；ψ_r 为折减系数，根据岩体完整程度以及结构面的间距、宽度、产状和组合，由地区经验确定，无经验时，对完整岩体可取 0.5，对较完整岩体可取 0.2～0.5，对较破碎岩体可取 0.1～0.2。

在此说明两点：一是上述折减系数值未考虑施工因素及建筑物使用后风化作用的继续；二是对于黏土质岩，在确定施工期及使用期不致遭水浸泡时，也可采用天然湿度的试样，不进行饱和处理。

对于破碎、极破碎的岩石地基承载力特征值，可根据地区经验取值，无地区经验时，可根据平板载荷试验确定。

(五) 岩基载荷试验要点

岩基载荷试验要点如下：

(1) 岩基载荷试验适用于确定完整、较完整、较破碎岩基作

为天然地基或桩基础持力层时的承载力。

(2) 采用圆形刚性承压板，直径为300mm。当岩石埋藏深度较大时，可采用钢筋混凝土桩，但桩周需采取措施以消除桩身与土之间的摩擦力。

(3) 测量系统的初始稳定读数观测。加压前，每隔10min读数一次，连续三次读数不变可开始试验。

(4) 加载方式。单循环加载，荷载逐级递增直到破坏，然后分级卸载。

(5) 荷载分级。第一级加载值为预估设计荷载的1/5，以后每级为1/10。

(6) 沉降量测读。加载后立即读数，以后每10min读数一次。

(7) 稳定标准。连续三次读数之差均不大于0.01mm。

(8) 终止加载条件。当出现下述现象之一时，即可终止加载：

1) 沉降量读数不断变化，在24h内，沉降速率有增大的趋势。

2) 压力加不上或勉强加上而不能保持稳定。

注意： 若限于加载能力，荷载也应增加到不少于设计要求的2倍。

(9) 卸载观测。每级卸载为加载时的2倍，如为奇数，第一级可为3倍。每级卸载后，隔10min测读一次，测读三次后可卸下一级荷载。全部卸载后，当测读到半小时回弹量小于0.01mm时，即认为稳定。

(10) 岩石地基承载力的确定。

1) 对应于$p-s$曲线上起始直线段的终点为比例界限。符合终止加载条件的前一级荷载为极限荷载。将极限荷载除以3的安全系数，所得值与对应于比例界限的荷载相比较，取小值。

2) 每个场地载荷试验的数量不应少于3个，取最小值作为岩石地基承载力特征值。

3）岩石地基承载力不进行深宽修正。

（六）岩石单轴抗压强度试验要点

岩石单轴抗压强度试验要点如下：

（1）试料可用钻孔的岩心或坑、槽探中采取的岩块。

（2）岩样尺寸一般为 ϕ50mm×100mm，数量不应少于 6 个，进行饱和处理。

（3）在压力机上以 500～800kPa/s 的加载速度加载，直到试样破坏为止，记下最大加载，做好试验前后的试样描述。

（4）根据参加统计的一组试样的试验值计算其平均值、标准差和变异系数，取岩石饱和单轴抗压强度的标准值为

$$f_{rk}=\psi f_{rm} \tag{1-25}$$

$$\psi=1-\left(\frac{1.704}{\sqrt{n}}+\frac{4.678}{n^2}\right)\delta \tag{1-26}$$

式中：f_{rm} 为岩石饱和单轴抗压强度平均值；f_{rk} 为岩石饱和单轴抗压强度标准值；ψ 为统计修正系数；n 为试样个数；δ 为变异系数。

（七）软弱下卧层的验算

当地基受力层范围内有软弱下卧层时，应按下式验算：

$$p_z+p_{cz}\leqslant f_{az} \tag{1-27}$$

式中：p_z 为相应于荷载效应标准组合时，软弱下卧层顶面处的附加压力值；p_{cz} 为软弱下卧层顶面处土的自重压力值；f_{az} 为软弱下卧层顶面处经深度修正后地基承载力特征值。

对于条形基础和矩形基础，式（1－27）中的 p_z 值可按下列公式简化计算：

条形基础，有

$$p_z=\frac{\mathrm{b}(p_k-p_c)}{b+2z\tan\theta} \tag{1-28}$$

矩形基础，有

$$p_z=\frac{lb(p_k-p_c)}{(b+2z\tan\theta)(l+2z\tan\theta)} \tag{1-29}$$

式中：b 为矩形基础或条形基础底边的宽度；l 为矩形基础底边的长度；p_c 为基础底面处土的自重压力值；z 为基础底面至软弱下卧层顶面的距离；θ 为地基压力扩散线与垂直线的夹角，可按表 1－22 采用。

表 1－22　　地基压力扩散角 θ

E_{s1}/E_{s2}	z/b	
	0.25	0.50
3	6°	23°
5	10°	25°
10	20°	30°

注　1. E_{s1} 为上层土压缩模量；E_{s2} 为下层土压缩模量。
2. $z/b<0.25$ 时，取 $\theta=0°$，必要时，宜由试验确定；$z/b>0.50$ 时，θ 值不变。

对于沉降已经稳定的建筑或经过预压的地基，可适当提高地基承载力。

（八）计算实例

【例 1－11】 某柱基础，作用于设计地面处的柱荷载设计值、基础尺寸、埋置深度及地基条件如图 1－11 所示，地下水位在 2.3m 处，试验算软弱下卧层的强度。

解：

（1）下卧层承载力特征值计算。因为下卧层系淤泥质土，查表 1－19 可得 $\eta_d=1.0$。

下卧层顶面埋置深度为

$$d'=d+z=2.3+3.5=5.8\text{m}$$

土的平均重度为

$$\gamma_m=\frac{16\times1.5+19\times0.8+(19-10)\times3.5}{1.5+0.8+3.5}=\frac{70.7}{5.8}=12.19\text{kN/m}^3$$

下卧层承载力特征值只进行深度修正，即

$$\begin{aligned}f_{az}&=f_{ak}+\eta_d\gamma_m(d-0.5)\\&=78+1.0\times12.19\times(5.8-0.5)\\&=142.6\text{kPa}\end{aligned}$$

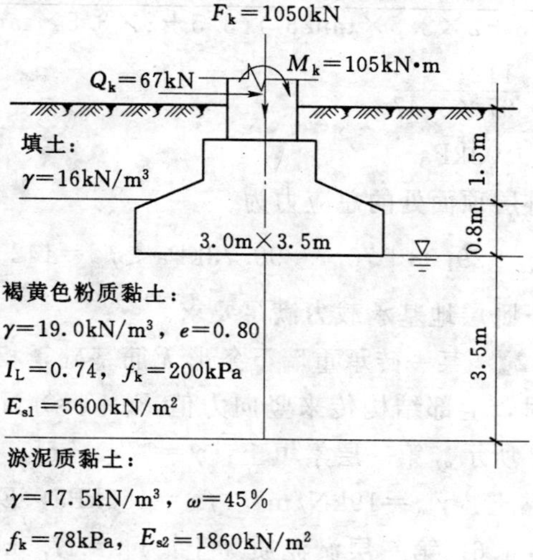

图 1-11 ［例 1-11］图

(2) 下卧层顶面处应力验算。自重应力为

$$p_{cz}=16\times1.5+19\times0.8+(19-10)\times3.5=70.7kPa$$

附加应力按扩散角计算，即

$$E_{s1}/E_{s2}=\frac{5600}{1860}=3$$

$$z/b=\frac{3.5}{3}=1.17>0.50$$

查表 1-22 得 $\theta=23°$。

基底平均压力为

$$p_k=\frac{F_k+G_k}{A}=\frac{1050+3\times3.5\times2.3\times20}{3\times3.5}=146kPa$$

基础底面处土的自重压力值为

$$p_c=16\times1.5+19\times0.8=39.2kPa$$

软弱下卧层顶面处的附加应力为

$$p_z=\frac{lb(p_k-p_c)}{(b+2z\tan\theta)(l+2z\tan\theta)}$$

$$=\frac{3\times3.5\times(146-39.2)}{(3+2\times3.5\times\tan23^{\circ})(3.5+2\times3.5\times\tan23^{\circ})}$$

$$=\frac{1121.4}{5.97\times6.47}$$

$$=29.03\text{kPa}$$

软弱下卧层顶面处的总应力为

$$p_z+p_{cz}=29.03+70.7=99.73\text{kPa}<f_{az}=142.6\text{kPa}$$

所以，软弱下卧层地基承载力满足要求。

【例 1-12】 某一砖承重墙下条形无筋基础，相应于荷载效应标准组合时，上部结构传来竖向力值 $F_k=180\text{kN/m}$，地质资料如图 1-12 所示。第一层素填土：$\gamma=17\text{kN/m}^3$，$f_{ak}=90\text{kPa}$；第二层粉质黏土：$\gamma_{sat}=19\text{kN/m}^3$，$f_{ak}=155\text{kPa}$，$E_s=5.1\text{MPa}$，$\eta_b=0.3$，$\eta_d=1.6$；第三层淤泥质黏土：$\gamma_{sat}=17.5\text{kN/m}^3$，$f_{ak}=100\text{kPa}$，$E_s=1.7\text{MPa}$，$\eta_b=0$，$\eta_d=1.0$。基础埋置深度为 1.0m，基础底宽度为 1.25m，试验算基础宽度及软弱下卧层强度。

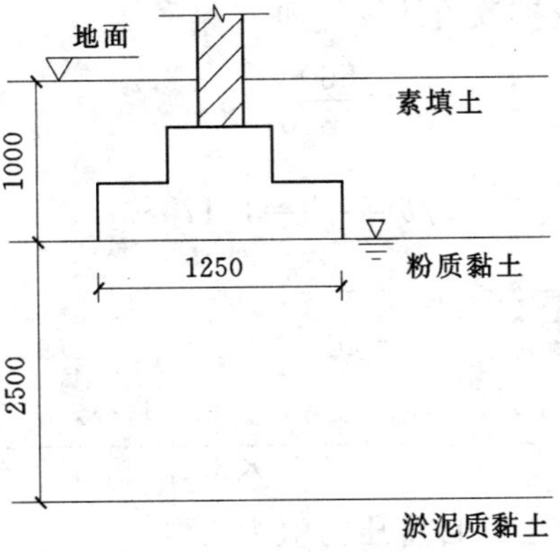

图 1-12 [例 1-12] 图

解：

(1) 地基承载力特征值修正。

$$f_a = f_{ak} + \eta_b \gamma (b-3) + \eta_d \gamma_m (d-0.5)$$
$$= 155 + 0 + 1.6 \times 17 \times (1.0 - 0.5)$$
$$= 169\text{kPa}$$

(2) 验算基础底宽度。

$$b \geqslant \frac{F_k}{f_a - \gamma_G d} = \frac{180}{169 - 1 \times 20} = 1.21\text{m} < 1.25\text{m}$$

说明基础宽度符合要求。

(3) 基底处平均压力为

$$p_k = \frac{F_k + G_k}{A} = \frac{180 + 1 \times 1 \times 1.25 \times 20}{1.25 \times 1} = 164\text{kPa}$$

基础底面处土的自重压力值为

$$p_c = 17 \times 1 = 17\text{kPa}$$

(4) 下卧层顶面处应力计算。自重应力为

$$p_{cz} = 17 \times 1 + (19 - 10) \times 2.5 = 39.5\text{kPa}$$

附加应力按扩散角计算，即

$$E_{s1}/E_{s2} = \frac{5.1}{1.7} = 3$$

$$z/b = \frac{2.5}{1.25} = 2.0 > 0.50$$

查表 1-22 得 $\theta = 23°$。

$$p_z = \frac{b(p_k - p_c)}{b + 2z\tan\theta} = \frac{1.25 \times (164 - 17)}{1.25 + 2 \times 2.5\tan 23°} = 54.48\text{kPa}$$

(5) 下卧层顶面以上土的加权平均重度为

$$\gamma_m = \frac{17 \times 1 + (19 - 10) \times 2.5}{1 + 2.5} = 11.29\text{kN/m}^3$$

(6) 下卧层承载力特征值计算。下卧层顶面埋置深度为

$$d' = d + z = 1 + 2.5 = 3.5\text{m}$$

下卧层承载力特征值只进行深度修正，即

$$f_{az} = f_{ak} + \eta_d \gamma_m (d - 0.5)$$
$$= 100 + 1.0 \times 11.29 \times (3.5 - 0.5)$$
$$= 133.87\text{kPa}$$

(7) 验算下卧层强度。软弱下卧层顶面处的总应力为

$$p_z + p_{cz} = 54.48 + 39.5 = 94\text{kPa} < f_{az} = 133.87\text{kPa}$$

所以，软弱下卧层地基承载力满足要求。

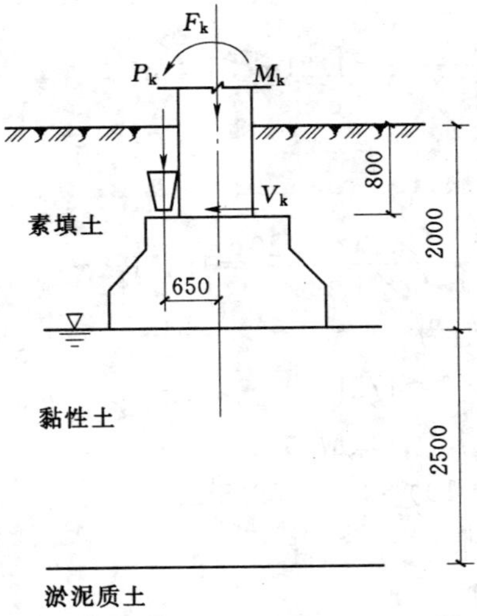

图 1-13 [例 1-13] 图

【例 1-13】 已知某厂房柱作用于基础上的荷载及地基土层剖面如图 1-13 所示，上层土为素填土，$\gamma = 17.5\text{kN/m}^3$，厚度 2.0m。持力层为黏性土，厚度 2.5m，$\gamma_{sat} = 18\text{kN/m}^3$，$e = 0.7$，$I_L = 0.78$，压缩模量 $E_s = 9\text{MPa}$，承载力特征值 $f_{ak} = 195\text{kPa}$。下层土为淤泥质土，$E_s = 1.8\text{MPa}$，$f_{ak} = 78\text{kPa}$。$F_k = 1350\text{kN}$，$M_k = 650\text{kN} \cdot \text{m}$，$P_k = 170\text{kN}$，$V_k = 140\text{kN}$。试确定矩形基础底面尺寸。

解：

(1) 先按中心受压初步估算所需的基础底面积 A。于是有

$$A' \geqslant \frac{F_k}{f_{ak} - \gamma_G d} = \frac{1350 + 170}{195 - 20 \times 2.0} = 9.8\text{m}^2$$

考虑到荷载的偏心，将底面增大 20%，即

$$A = 1.2A' = 1.2 \times 9.8 = 11.76\text{m}^2$$

取基础的边长比为 $b/l = 2$，故

$$A = bl = 2l^2 = 11.76$$

取 $l = 2.5\text{m}$，$b = 5.0\text{m}$。

(2) 地基承载力特征值修正。持力层为黏性土，$e = 0.7 < 0.85$，$I_L = 0.78 < 0.85$，查表 1-19 可得 $\eta_b = 0.3$，$\eta_d = 1.6$。

由于基础宽度 $l = 2.5\text{m} < 3\text{m}$，故只需深度修正，即

$$f_a = f_{ak} + \eta_d \gamma_m (d - 0.5) = 195 + 1.6 \times 17.5 \times (2 - 0.5) = 237\text{kPa}$$

(3) 验算基底压力。基础及其回填土重量为

$$G_k = 20 \times 2.5 \times 5.0 \times 2 = 500\text{kN}$$

基底处总的竖向荷载为

$$F_k + G_k = 1350 + 170 + 500 = 2020\text{kN}$$

基底处总的力矩荷载为

$$M_k = 650 + 170 \times 0.65 + 140 \times (2.0 - 0.8) = 928.5\text{kN} \cdot \text{m}$$

偏心距为

$$e = \frac{M_k}{F_k + G_k} = \frac{928.5}{2020} = 0.46\text{m} < b/6 = 0.83\text{m}$$

$$p_k = \frac{F_k + G_k}{A} = \frac{2020}{2.5 \times 5.0} = 161.6\text{kPa} < f_a = 237\text{kPa}$$

计算基底最大压力和基底最小压力分别为

$$p_{kmax} = \frac{F_k + G_k}{lb}\left(1 + \frac{6e}{b}\right)$$

$$= 161.6 \times \left(1 + \frac{6 \times 0.46}{5.0}\right)$$

$$= 250.8\text{kPa} < 1.2 f_a = 1.2 \times 237 = 284.4\text{kPa}$$

$$p_{kmin} = \frac{F_k + G_k}{lb}\left(1 - \frac{6e}{b}\right) = 161.6 \times \left(1 - \frac{6 \times 0.46}{5.0}\right) = 72.4\text{kPa} > 0$$

满足设计要求。

(4) 软弱下卧层验算。首先计算下卧层承载力特征值。下卧层顶面埋置深度为

$$d' = d + z = 2 + 2.5 = 4.5\text{m}$$

$$\gamma_m = \frac{17.5 \times 2 + 8.2 \times 2.5}{2 + 2.5} = 12.3\text{kN/m}^3$$

下卧层承载力特征值只进行深度修正，下卧层土为淤泥质土，查表 1-19 得 $\eta_d = 1.0$，所以

$$f_{az} = f_{ak} + \eta_d \gamma_m (d - 0.5)$$

$$= 78 + 1.0 \times 12.3 \times (4.5 - 0.5)$$

$$= 127.3\text{kPa}$$

下卧层顶面处自重应力为

$$p_{cz}=17.5\times2+8.2\times2.5=55.5\text{kPa}$$

附加应力按扩散角计算，即

$$E_{s1}/E_{s2}=\frac{9}{1.8}=5$$

$$z/b=\frac{2.5}{2.5}=1>0.50$$

查表1-22得$\theta=25°$。

下卧层顶面处附加应力为

$$\begin{aligned}p_z&=\frac{bl(p_k-p_c)}{(b+2z\tan\theta)(l+2z\tan\theta)}\\&=\frac{2.5\times5.0\times(161.6-17.5\times2)}{(2.5+2\times2.5\tan25°)\times(5.0+2\times2.5\tan25°)}\\&=44.7\text{kPa}\end{aligned}$$

软弱下卧层顶面处的总应力为

$$p_z+p_{cz}=44.7+55.5=100.2\text{kPa}<f_{az}=127.3\text{kPa}$$

满足要求。

因此，基础底面尺寸可采用$bl=5.0\text{m}\times2.5\text{m}$。

三、变形计算

(一) 变形计算的一般规定

地基变形特征可分为沉降量、沉降差、倾斜和局部倾斜。

在计算地基变形时，应符合以下规定：

(1) 由于建筑地基不均匀、荷载差异很大、体型复杂等因素引起的地基变形，对于砌体承重结构，应由局部倾斜值控制；对于框架结构和单层排架结构，应由相邻柱基的沉降差控制；对于多层或高层建筑和高耸结构，应由倾斜值控制；必要时，尚应控制平均沉降量。

(2) 在必要情况下，需要分别预估建筑物在施工期间和使用期间的地基变形值，以便预留建筑物有关部分之间的净空，选择连接方法和施工顺序。一般多层建筑物在施工期间完成的沉降量，对于砂土可认为其最终沉降量已完成80%以上，对于其他低压缩性土可认为已完成最终沉降量的50%～80%，对于中压缩性土可认为已完成 20％～50％，对于高压缩性土可认为已完成 5％～20％。

建筑物的地基变形计算值，不应大于地基变形允许值。建筑物的地基变形允许值，按表 1－23 的规定采用。对表 1－23 中未包括的建筑物，其地基变形允许值应根据上部结构对地基变形的适应能力和使用上的要求确定。

表 1－23　　　建筑物的地基变形允许值

<table>
<tr><th colspan="2" rowspan="2">变形特征</th><th colspan="2">地基土类型</th></tr>
<tr><th>中、低压缩性土</th><th>高压缩性土</th></tr>
<tr><td colspan="2">砌体承重结构基础的局部倾斜</td><td>0.002</td><td>0.003</td></tr>
<tr><td rowspan="3">工业与民用建筑相邻柱基的沉降差</td><td>框架结构</td><td>$0.002l$</td><td>$0.003l$</td></tr>
<tr><td>砌体墙填充的边排柱</td><td>$0.0007l$</td><td>$0.001l$</td></tr>
<tr><td>当基础不均匀沉降时不产生附加应力的结构</td><td>$0.005l$</td><td>$0.005l$</td></tr>
<tr><td colspan="2">单层排架结构（柱距为 6m）柱基的沉降量（mm）</td><td>（120）</td><td>200</td></tr>
<tr><td rowspan="2">桥式吊车轨面的倾斜（按不调整轨道考虑）</td><td>纵向</td><td colspan="2">0.004</td></tr>
<tr><td>横向</td><td colspan="2">0.003</td></tr>
<tr><td rowspan="4">多层和高层建筑的整体倾斜</td><td>$H_g \leqslant 24$</td><td colspan="2">0.004</td></tr>
<tr><td>$24 < H_g \leqslant 60$</td><td colspan="2">0.003</td></tr>
<tr><td>$60 < H_g \leqslant 100$</td><td colspan="2">0.0025</td></tr>
<tr><td>$H_g > 100$</td><td colspan="2">0.002</td></tr>
<tr><td colspan="2">体型简单的高层建筑基础的平均沉降量（mm）</td><td colspan="2">200</td></tr>
<tr><td rowspan="6">高耸结构基础的倾斜</td><td>$H_g \leqslant 20$</td><td colspan="2">0.008</td></tr>
<tr><td>$20 < H_g \leqslant 50$</td><td colspan="2">0.006</td></tr>
<tr><td>$50 < H_g \leqslant 100$</td><td colspan="2">0.005</td></tr>
<tr><td>$100 < H_g \leqslant 150$</td><td colspan="2">0.004</td></tr>
<tr><td>$150 < H_g \leqslant 200$</td><td colspan="2">0.003</td></tr>
<tr><td>$200 < H_g \leqslant 250$</td><td colspan="2">0.002</td></tr>
</table>

续表

变 形 特 征		地基土类型	
		中、低压缩性土	高压缩性土
高耸结构基础的沉降量（mm）	$H_g \leqslant 100$	400	
	$100 < H_g \leqslant 200$	300	
	$200 < H_g \leqslant 250$	200	

注 1. 本表数值为建筑物地基实际最终变形允许值。
2. 有括号者仅适用于中压缩性土。
3. l 为相邻基的中心距离，mm；H_g 为自室外地面起算的建筑物高度，m。
4. 倾斜指基础倾斜方向两端点的沉降差与其距离的比值。
5. 局部倾斜指砌体承重结构沿纵向 6～10m 内基础两点的沉降差与其距离的比值。

（二）变形的计算方法

地基最终沉降量是指地基在建筑物荷载作用下达到压缩稳定时地基表面的沉降量。计算地基最终沉降量的目的在于确定建筑物的最大沉降量、沉降差和倾斜，将其控制在容许范围以内，以保证建筑物的安全和正常使用。地基沉降量的计算方法有多种，常用的有分层总和法和规范法（应力面积法）。

1. *分层总和法*

分层总和法是在地基沉降计算深度范围内将地基划分为若干分层，计算各分层的压缩量，最后求其总和的方法。

（1）分层总和法的计算方法如下。

基本假定：地基土受荷载后只产生竖向压缩，无侧向变形（膨胀），即采用侧限条件下的压缩试验指标计算地基的沉降量；取基底中心点下的附加应力计算地基的变形。

现取地基中心点下截面为 A 的小柱进行分析，如图 1－14 所示，在基底下 z_i 深度处取一土层，其层厚为 h_i。施工前，该土层仅受到自重应力作用，自重应力平均值为 p_{1i}；施工结束时，土中增加了附加应力，附加应力平均值为 Δp_i。此时，该土层受到的总的压力为 $p_{2i} = p_{1i} + \Delta p_i$。由施工前后土中应力变化，即由 p_{1i}增至 p_{2i}引起的该层变形量可利用下式计算：

$$\Delta s_i=\frac{e_{1i}-e_{2i}}{1+e_{1i}}h_i \tag{1-30}$$

其中
$$e_{1i}-e_{2i}=a_i(p_{2i}-p_{1i})=a_i\Delta p_i \tag{1-31}$$

则有

$$\Delta s_i=\frac{a_i\Delta p_i}{1+e_{1i}}h_i=\frac{a_i}{1+e_{1i}}\bar{\sigma}_{zi}h_i=\frac{\bar{\sigma}_{zi}}{E_{si}}h_i \tag{1-32}$$

式中：Δs_i 为第 i 分层的沉降量，mm；h_i 为第 i 分层土的厚度，m；e_{1i} 为第 i 分层土在平均自重应力 p_{1i} 作用下的孔隙比；e_{2i} 为第 i 分层土在平均总压力 $p_{2i}=p_{1i}+\Delta p_i$ 作用下的孔隙比；a_i 为第 i 分层的压缩系数，MPa；E_{si} 为第 i 分层的侧限压缩模量，MPa；$\bar{\sigma}_{zi}$ 为第 i 分层平均附加应力。

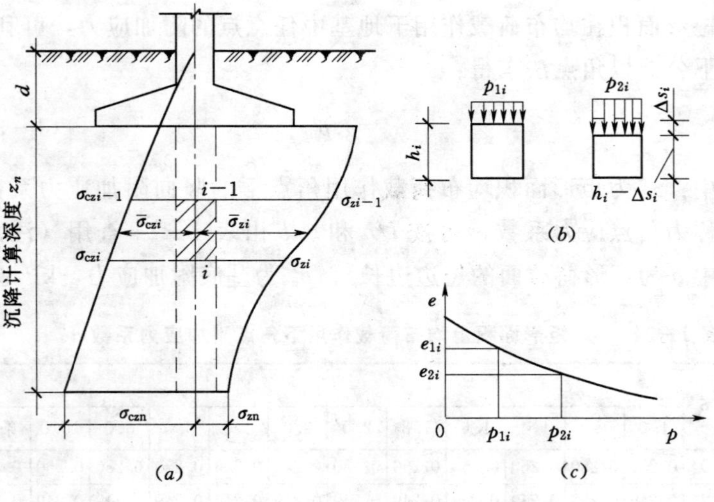

图 1-14 分层总和法

e_{1i} 和 e_{2i} 值根据 p_{1i} 和 p_{2i} 从压缩曲线上查取。地基最终沉降量应为各分层变形量的总和。

$$s=\Delta s_1+\Delta s_2+\cdots+\Delta s_n=\sum_{i=1}^{n}\Delta s_i \tag{1-33}$$

$$s=\sum_{i=1}^{n}\frac{e_{1i}-e_{2i}}{1+e_{1i}}h_i=\sum_{i=1}^{n}\frac{\bar{\sigma}_{zi}}{E_{si}}h_i \tag{1-34}$$

式中：s 为地基最终沉降量，mm。

由于土中附加应力随深度的增加而逐渐减小，达到一定深度后，土层的压缩变形可忽略不计。设地基沉降计算深度为 z_n，则 z_n 一般取地基附加应力 σ_{zn} 等于自重应力 σ_{czn} 的 0.2（$\sigma_{zn}/\sigma_{czn}=0.2$）处，若在该深度以下还有高压缩性土，则应继续向下算至 $\sigma_{zn}/\sigma_{czn}=0.1$ 处。

沉降计算深度范围内地基的分层厚度一般取 $h_i<0.4b$（b 为基础宽度），对压缩性不同的天然土层和地下水位面等均应取为分层界面。由于基底附近附加应力数值大且沿深度变化大，分层厚度可小些。

（2）矩形面积均布荷载作用下任意点下的竖向附加应力。若求矩形面积在均布荷载作用下地基中任意点的附加应力，可利用以下公式以角点法求得：

$$\sigma_z=\alpha_c p_0 \tag{1-35}$$

式中：α_c 为矩形面积均布荷载作用角点下的竖向附加应力系数，简称为角点应力系数，可按 l/b 和 z/b 由表 1-24 查用（注意：其中 b 为矩形荷载面的短边边长）；p_0 为基底附加应力，kPa。

表 1-24　　矩形面积上均布荷载作用下角点附加应力系数 α

z/b	l/b											
	1.0	1.2	1.4	1.6	1.8	2.0	3.0	4.0	5.0	6.0	10.0	条形
0.0	0.250	0.250	0.250	0.250	0.250	0.250	0.250	0.250	0.250	0.250	0.250	0.250
0.2	0.249	0.249	0.249	0.249	0.249	0.249	0.249	0.249	0.249	0.249	0.249	0.249
0.4	0.240	0.242	0.243	0.243	0.244	0.244	0.244	0.244	0.244	0.244	0.244	0.244
0.6	0.223	0.228	0.230	0.232	0.232	0.233	0.234	0.234	0.234	0.234	0.234	0.234
0.8	0.200	0.207	0.212	0.215	0.216	0.218	0.220	0.220	0.220	0.220	0.220	0.220
1.0	0.175	0.185	0.191	0.195	0.198	0.200	0.203	0.204	0.204	0.204	0.205	0.205
1.2	0.152	0.163	0.171	0.176	0.179	0.182	0.187	0.188	0.189	0.189	0.189	0.189
1.4	0.131	0.142	0.151	0.157	0.161	0.164	0.171	0.173	0.174	0.174	0.174	0.174
1.6	0.112	0.124	0.133	0.140	0.145	0.148	0.157	0.159	0.160	0.160	0.160	0.160
1.8	0.097	0.108	0.117	0.124	0.129	0.133	0.143	0.146	0.147	0.148	0.148	0.148

续表

z/b	l/b											
	1.0	1.2	1.4	1.6	1.8	2.0	3.0	4.0	5.0	6.0	10.0	条形
2.0	0.084	0.095	0.103	0.110	0.116	0.120	0.131	0.135	0.136	0.137	0.137	0.137
2.2	0.073	0.083	0.092	0.098	0.104	0.108	0.121	0.125	0.126	0.127	0.128	0.128
2.4	0.064	0.073	0.081	0.088	0.093	0.098	0.111	0.116	0.118	0.118	0.119	0.119
2.6	0.057	0.065	0.072	0.079	0.084	0.089	0.102	0.107	0.110	0.111	0.112	0.112
2.8	0.050	0.058	0.065	0.071	0.076	0.080	0.094	0.100	0.102	0.104	0.105	0.105
3.0	0.045	0.052	0.058	0.064	0.069	0.073	0.087	0.093	0.096	0.097	0.099	0.099
3.2	0.040	0.047	0.053	0.058	0.063	0.067	0.081	0.087	0.090	0.092	0.093	0.094
3.4	0.036	0.042	0.048	0.053	0.057	0.061	0.075	0.081	0.085	0.086	0.088	0.089
3.6	0.033	0.038	0.043	0.044	0.052	0.056	0.069	0.076	0.080	0.082	0.084	0.084
3.8	0.030	0.035	0.040	0.044	0.048	0.052	0.065	0.072	0.075	0.077	0.080	0.080
4.0	0.027	0.032	0.036	0.040	0.044	0.048	0.060	0.067	0.071	0.073	0.076	0.076
4.2	0.025	0.029	0.033	0.037	0.041	0.044	0.056	0.063	0.067	0.070	0.072	0.073
4.4	0.023	0.027	0.031	0.034	0.038	0.041	0.053	0.060	0.064	0.066	0.069	0.070
4.6	0.021	0.025	0.028	0.032	0.035	0.038	0.049	0.056	0.061	0.063	0.066	0.067
4.8	0.019	0.023	0.026	0.029	0.032	0.035	0.046	0.053	0.058	0.060	0.064	0.064
5.0	0.018	0.021	0.024	0.027	0.030	0.033	0.043	0.050	0.055	0.057	0.06	0.062
6.0	0.013	0.015	0.017	0.020	0.022	0.024	0.033	0.039	0.043	0.046	0.051	0.052
7.0	0.009	0.011	0.013	0.015	0.016	0.018	0.025	0.031	0.035	0.038	0.043	0.045
8.0	0.007	0.009	0.010	0.011	0.013	0.014	0.020	0.025	0.028	0.031	0.037	0.039
9.0	0.006	0.007	0.008	0.009	0.010	0.011	0.016	0.020	0.024	0.026	0.032	0.035
10.0	0.005	0.006	0.007	0.007	0.008	0.009	0.013	0.017	0.020	0.022	0.028	0.032
12.0	0.003	0.004	0.005	0.005	0.006	0.006	0.009	0.012	0.014	0.017	0.022	0.026
14.0	0.002	0.003	0.003	0.004	0.004	0.005	0.007	0.009	0.011	0.013	0.018	0.023
16.0	0.002	0.002	0.003	0.003	0.003	0.004	0.005	0.007	0.009	0.010	0.014	0.020
18.0	0.001	0.002	0.002	0.002	0.003	0.003	0.004	0.006	0.007	0.008	0.012	0.018
20.0	0.001	0.001	0.002	0.002	0.002	0.002	0.004	0.005	0.006	0.007	0.010	0.016
25.0	0.001	0.001	0.001	0.001	0.001	0.002	0.002	0.003	0.004	0.004	0.007	0.013
30.0	0.001	0.001	0.001	0.001	0.001	0.001	0.002	0.002	0.003	0.003	0.005	0.011
35.0	0.000	0.000	0.001	0.001	0.001	0.001	0.001	0.002	0.002	0.002	0.004	0.009
40.0	0.000	0.000	0.000	0.000	0.001	0.001	0.001	0.001	0.001	0.002	0.003	0.008

注 l 为基础长度，m；b 为基础宽度，m；z 为计算点离基础底面垂直距离，m。

角点法的应用可分为以下四种情况（见图 1－15）。

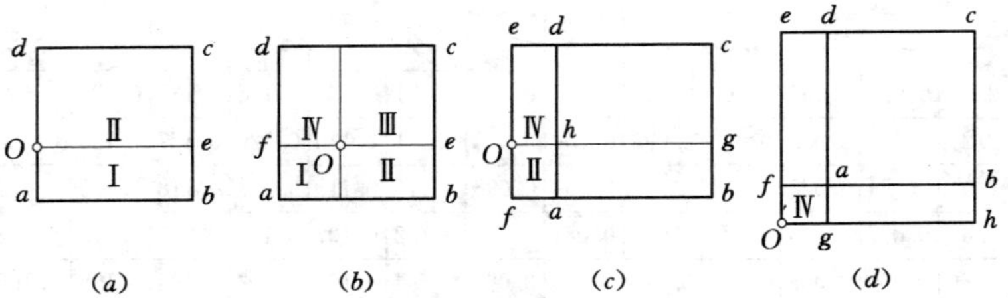

图 1－15　以角点法计算在矩形面积上均布荷载作用下的地基附加应力
(*a*) 计算点 *O* 在荷载面边缘；(*b*) 计算点 *O* 在荷载面内；
(*c*) 计算点 *O* 在荷载面边缘外；(*d*) 计算点 *O* 在荷载面角点外侧

1）计算点 *O* 在荷载面边缘，则

$$\sigma_z=(\alpha_{c\mathrm{I}}+\alpha_{c\mathrm{II}})p_0 \tag{1-36}$$

计算时，以 *O* 为公共角点将荷载面划分为Ⅰ和Ⅱ两个矩形，按 $l_{\mathrm{I}}/b_{\mathrm{I}}$ 和 z/b_{I} 查 $\alpha_{c\mathrm{I}}$，按 $l_{\mathrm{II}}/b_{\mathrm{II}}$ 和 z/b_{II} 查 $\alpha_{c\mathrm{II}}$。必须注意，b 为矩形荷载面的短边边长。

2）计算点 *O* 在荷载面内，则

$$\sigma_z=(\alpha_{c\mathrm{I}}+\alpha_{c\mathrm{II}}+\alpha_{c\mathrm{III}}+\alpha_{c\mathrm{IV}})p_0 \tag{1-37}$$

荷载面中心点下的附加应力为

$$\sigma_z=4\alpha_{c\mathrm{I}}p_0 \tag{1-38}$$

3）计算点 *O* 在荷载面边缘以外，则

$$\sigma_z=(\alpha_{c\mathrm{I}}-\alpha_{c\mathrm{II}}+\alpha_{c\mathrm{III}}-\alpha_{c\mathrm{IV}})p_0 \tag{1-39}$$

荷载面由Ⅰ($Ofbg$)与Ⅱ($Ofah$)之差、Ⅲ($Oecg$)与Ⅳ($Oedh$)之差组成。因荷载只作用于 $abcd$ 上，Ⅱ和Ⅳ上没有荷载，所以应减去。

4）计算点 *O* 在荷载面角点外侧，则

$$\sigma_z=(\alpha_{c\mathrm{I}}-\alpha_{c\mathrm{II}}-\alpha_{c\mathrm{III}}+\alpha_{c\mathrm{IV}})p_0 \tag{1-40}$$

新划分的矩形为Ⅰ($Ohce$)、Ⅱ($Ogde$)、Ⅲ($Ohbf$)与Ⅳ($Ogaf$)。

【例 1-14】 已知某中心受压柱下基础底面尺寸为 2.5m×3m（见图 1-16），基底压力 $p=147\text{kPa}$，$\gamma=18\text{kN/m}^3$。试用角点法求基础中心 O 点下不同深度的地基附加应力和边外 O' 点在 $z=3\text{m}$ 深处的附加应力。

解：

（1）计算基底附加压力：

$$p_0=p-\gamma d=147-18\times1.5=120\text{kPa}$$

（2）计算 O 点下的附加压力：通过 O 点将基础分为四个相等的矩形，求小矩形 $Oade$ 的角点应力系数 $\alpha_{c\text{I}}$。由于 $l/b=1.5/1.25=1.2$，所以当 $z=1\text{m}$ 时，$z/b=1/1.25=0.8$，查表 1-24 得 $\alpha_{c\text{I}}=0.207$，则

$$\sigma_z=4\alpha_{c\text{I}}\,p_0=4\times0.207\times120=99\text{kPa}$$

当 $z=2\text{m}$ 时，$z/b=2/1.25=1.6$，查表 1-24 得 $\alpha_{c\text{I}}=0.124$，则

$$\sigma_z=4\alpha_{c\text{I}}\,p_0=4\times0.124\times120=60\text{kPa}$$

$z=3\text{m}$、4m、5m、6m，过程略，如表 1-25 所示。附加应力分布如图 1-16所示。

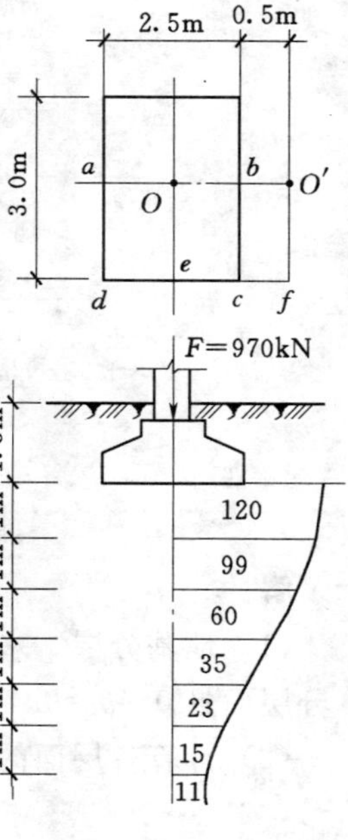

图 1-16 ［例 1-14］图

（3）计算 O' 点下的 σ_z。通过 O' 点作矩形 $O'adf$ 和 $O'bcf$，其应力系数分别用 $\alpha_{c\text{I}}$、$\alpha_{c\text{II}}$ 表示。

1）求 $\alpha_{c\text{I}}$：$l/b=3/1.5=2$，$z/b=3/1.5=2$，查得 $\alpha_{c\text{I}}=0.120$。

2）求 $\alpha_{c\text{II}}$：$l/b=1.5/0.5=3$，$z/b=3/0.5=6$，查得 $\alpha_{c\text{II}}=0.0323$。

$$\begin{aligned}\sigma_z&=2(\alpha_{c\text{I}}-\alpha_{c\text{II}})\,p_0\\&=2\times(0.120-0.033)\times120\\&=21\text{kPa}\end{aligned}$$

表 1-25　　σ_z 计算表

l/b	z	z/b	α_{cl}	$\sigma_z=4\alpha_{cl}p_0$ (kPa)
1.2	1	0.8	0.207	99
	2	1.6	0.124	60
	3	2.4	0.073	35
	4	3.2	0.047	23
	5	4.0	0.032	15
	6	4.8	0.023	11

【例 1-15】 试用分层总和法求［例 1-14］中所示基础的最终沉降量。有关资料如图 1-17 和图 1-18 所示。

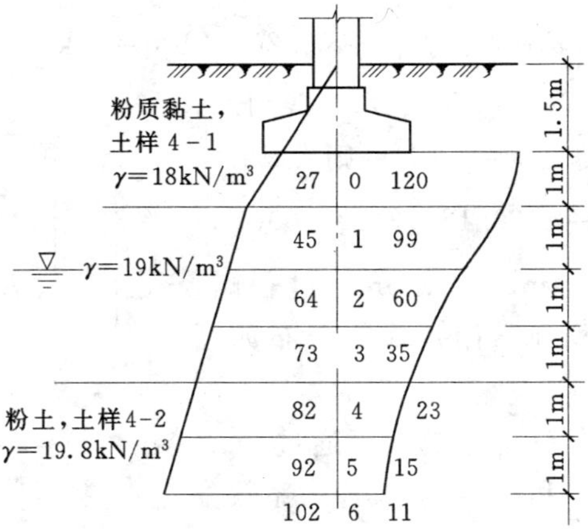

图 1-17　［例 1-15］图

解：

（1）地基分层。水位面及粉质黏土与粉土的分界面须作为计算分层面且 $0.4b=0.4\times2.5=1.0$m，故分层厚度取 1.0m。

（2）计算各层面的自重应力。自基底向下将各层面依次编号 0，1，2，…

0 点：自重应力为

$$\sigma_{cz}=\gamma d=18\times1.5=27\text{kPa}$$

1 点：自重应力为

$\sigma_{cz}=27+18\times1=45\text{kPa}$

2 点：自重应力为

$\sigma_{cz}=45+19\times1=64\text{kPa}$

3～6 点的 σ_{cz} 如图 1－17 所示。

（3）计算各层面的附加应力。基础中心点下的附加应力 σ_z 如图 1－17 所示，计算过程见［例 1－14］。

（4）确定沉降计算深度。6m 深处 $\sigma_z=11\text{kPa}<0.2\sigma_{cz}=0.2\times102=20.4\text{kPa}$，所以沉降计算深度取 $z_n=6\text{m}$。

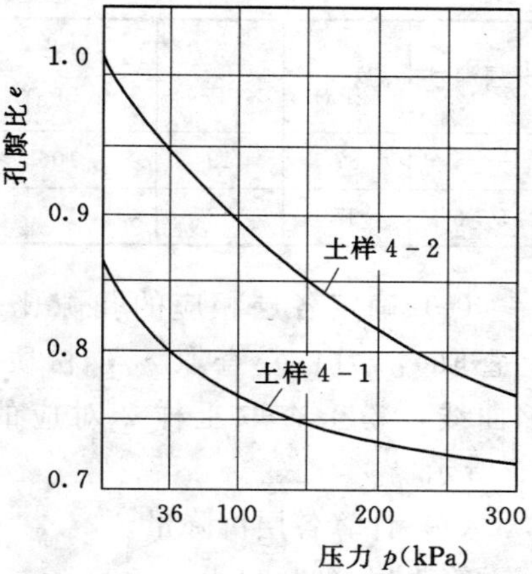

图 1－18　土样的压缩曲线

（5）计算各层自重应力和附加应力的平均值及 p_{1i} 和 p_{2i}。

第 1 层（0—1）：

$$\bar{\sigma}_{cz}=\frac{\sigma_{cz(i-1)}+\sigma_{czi}}{2}=\frac{27+45}{2}=36\text{kPa}$$

$$\bar{\sigma}_{z}=\frac{\sigma_{z(i-1)}+\sigma_{zi}}{2}=\frac{120+99}{2}=110\text{kPa}$$

$$p_{1i}=\bar{\sigma}_{cz}=36\text{kPa}$$

$$p_{2i}=\bar{\sigma}_{cz}+\bar{\sigma}_{z}=36+110=146\text{kPa}$$

其余各层计算结果列入表 1－26。

表 1－26　　基础沉降量计算

分层编号	$\bar{\sigma}_{cz}$ (kPa)	$\bar{\sigma}_{z}$ (kPa)	$p_{2i}=\bar{\sigma}_{cz}+\bar{\sigma}_{z}$ (kPa)	e_{1i}	e_{2i}	$\Delta s_i=\frac{e_{1i}-e_{2i}}{1+e_{1i}}h_i$ (mm)
0—1	36	110	146	0.812	0.750	34.2
1—2	55	80	135	0.790	0.758	17.9
2—3	69	48	117	0.789	0.763	14.5
3—4	78	29	107	0.780	0.769	6.2

续表

分层编号	$\bar{\sigma}_{cz}$ (kPa)	$\bar{\sigma}_z$ (kPa)	$p_{2i}=\bar{\sigma}_{cz}+\bar{\sigma}_z$ (kPa)	e_{1i}	e_{2i}	$\Delta s_i=\frac{e_{1i}-e_{2i}}{1+e_{1i}}h_i$ (mm)
4—5	87	19	106	0.910	0.890	10.5
5—6	97	13	110	0.890	0.883	3.7

(6) 确定各层相应的孔隙比。由各分层的 p_{1i} 从压缩曲线上查取 e_{1i}，由 p_{2i} 查取 e_{2i}，粉质黏土应查取土样 1 对应的压缩曲线，粉土查取土样 2 对应的压缩曲线，其结果如表 1-26 所示。

(7) 计算各层沉降量。

第 1 层（0—1）：

$$\Delta s_1=\frac{e_{1i}-e_{2i}}{1+e_{1i}}h_1=\frac{0.812-0.750}{1+0.812}\times1000=34.2\text{mm}$$

其余各层计算结果列于表 1-26。

(8) 计算地基最终沉降量。

$$s=\sum_{i=1}^{n}\Delta s_i=34.2+17.9+14.5+6.2+10.5+3.7=87\text{mm}$$

2. 规范法

规范法即《建筑地基基础设计规范》（GB50007—2002）中的计算方法，是根据分层总和法基本公式导出的一种沉降量计算的简化方法。由分层总和法式（1-32）可知，计算单层沉降量为 $\Delta s_i=\bar{\sigma}_{zi}h_i/E_{si}$，从图 1-19 中可看出 $\bar{\sigma}_{zi}h_i$ 即为 i 层土附加应力图形面积，即

$$\bar{\sigma}_{zi}h_i=A_{cdfe}=A_{abfe}-A_{abdc} \tag{1-41}$$

式中：A_{cdfe} 为 $cdfe$ 附加应力图形面积；A_{abfe} 为 $abfe$ 附加应力图形面积；A_{abdc} 为 $abdc$ 附加应力图形面积。

令 $$\bar{\sigma}_{zi}=\bar{\alpha}_i p_0$$

则 $$A_{abfe}=\bar{\alpha}_i p_0 z_i$$

$$A_{abdc}=\bar{\alpha}_{i-1}p_0 z_{i-1}$$

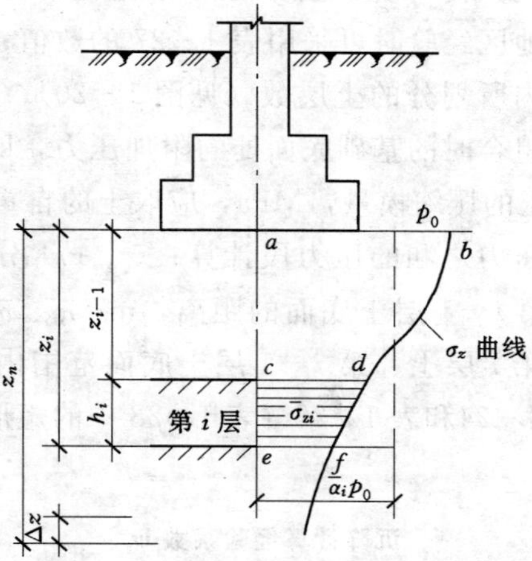

图 1-19　平均附加应力系数的意义

即用深度范围内平均附加应力与深度乘积所得矩形面积替代曲边梯形面积

$$\overline{\alpha}_i = \frac{A_{abfe}}{p_0 z_i}$$

$$\overline{\alpha}_{i-1} = \frac{A_{abdc}}{p_0 z_{i-1}}$$

将 $\overline{\alpha}_i$ 制成表格，以供查用。

由以上公式可求得地基总变形量 s' 为

$$s' = \sum_{i=1}^{n} \Delta s_i \doteq \sum_{i=1}^{n} \frac{p_0}{E_{si}} (z_i \overline{\alpha}_i - z_{i-1} \overline{\alpha}_{i-1}) \tag{1-42}$$

在总结我国大量观测资料基础之上，对上式结果进行修正，引入沉降计算经验系数 ψ_s，即为《建筑地基基础设计规范》（GB50007—2002）规定的下述内容。

计算地基变形时，地基内的应力分布，可采用各向同性均质线性变形体理论。其最终变形量可按下式计算：

$$s = \psi_s s' = \psi_s \sum_{i=1}^{n} \frac{p_0}{E_{si}} (z_i \overline{\alpha}_i - z_{i-1} \overline{\alpha}_{i-1}) \tag{1-43}$$

式中：s 为地基最终变形量，mm；s' 为按分层总和法计算出的地基变形量；ψ_s 为沉降计算经验系数，根据地区沉降观测资料及经验确定，无地区经验时可采用表 1-27 的数值；n 为地基变形计算深度范围内所划分的土层数（见图 1-20）；p_0 为对应于荷载效应准永久组合时的基础底面处的附加压力，kPa；E_{si} 为基础底面下第 i 层土的压缩模量，MPa，应取土的自重压力至土的自重压力与附加压力之和的压力段计算；z_i、z_{i-1} 分别为基础底面至第 i 层土、第 $i-1$ 层土底面的距离，m；$\overline{\alpha}_i$、$\overline{\alpha}_{i-1}$ 分别为基础底面计算点至第 i 层土、第 $i-1$ 层土底面范围内平均附加压力系数，可按表1-24和表 1-28（表 1-28 中的矩形如图 1-21 所示）采用。

表 1-27　　沉降计算经验系数 ψ_s

$\overline{E}_s$（MPa） / 基底附加压力	2.5	4.0	7.0	15.0	20.0
$P_0 \geqslant f_{ak}$	1.4	1.3	1.0	0.4	0.2
$P_0 \leqslant 0.75 f_{ak}$	1.1	1.0	0.7	0.4	0.2

注　$\overline{E}_s$ 为变形计算深度范围内压缩模量的当量值，应按下式计算：

$$\overline{E}_s = \frac{\sum A_i}{\sum \frac{A_i}{E_{si}}}$$

式中：A_i 为第 i 层土附加应力系数沿土层深度的积分值。

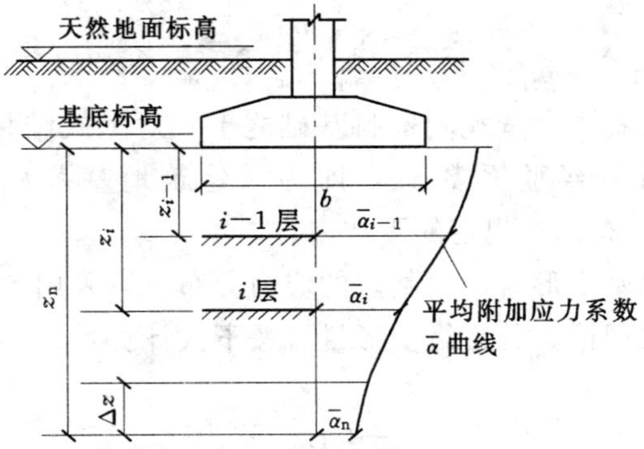

图 1-20　基础沉降计算的分层示意

表 1－28　矩形面积上均布荷载作用下角点的平均附加应力系数 $\bar{\alpha}$

z/b \ l/b	1.0	1.2	1.4	1.6	1.8	2.0	2.4	2.8	3.2	3.6	4.0	5.0	10.0
0.0	0.2500	0.2500	0.2500	0.2500	0.2500	0.2500	0.2500	0.2500	0.2500	0.2500	0.2500	0.2500	0.2500
0.2	0.2496	0.2497	0.2497	0.2498	0.2498	0.2498	0.2498	0.2498	0.2498	0.2498	0.2498	0.2498	0.2498
0.4	0.2474	0.2479	0.2481	0.2483	0.2483	0.2484	0.2485	0.2485	0.2485	0.2485	0.2485	0.2485	0.2485
0.6	0.2423	0.2437	0.2444	0.2448	0.2451	0.2452	0.2454	0.2455	0.2455	0.2455	0.2455	0.2455	0.2456
0.8	0.2346	0.2372	0.2387	0.2395	0.2400	0.2403	0.2407	0.2408	0.2409	0.2409	0.2410	0.2410	0.2410
1.0	0.2252	0.2291	0.2313	0.2326	0.2335	0.2340	0.2346	0.2349	0.2351	0.2352	0.2352	0.2353	0.2353
1.2	0.2149	0.2199	0.2229	0.2248	0.2260	0.2268	0.2278	0.2282	0.2285	0.2286	0.2287	0.2288	0.2289
1.4	0.2043	0.2102	0.2140	0.2164	0.2180	0.2191	0.2204	0.2211	0.2215	0.2217	0.2218	0.2220	0.2221
1.6	0.1939	0.2006	0.2049	0.2079	0.2099	0.2113	0.2130	0.2138	0.2143	0.2146	0.2148	0.2150	0.2152
1.8	0.1840	0.1912	0.1960	0.1994	0.2018	0.2034	0.2055	0.2066	0.2073	0.2077	0.2079	0.2082	0.2084
2.0	0.1746	0.1822	0.1875	0.1912	0.1938	0.1958	0.1982	0.1996	0.2004	0.2009	0.2012	0.2015	0.2018
2.2	0.1659	0.1737	0.1793	0.1833	0.1862	0.1883	0.1911	0.1927	0.1937	0.1943	0.1947	0.1952	0.1955
2.4	0.1578	0.1657	0.1715	0.1757	0.1789	0.1812	0.1843	0.1862	0.1873	0.1880	0.1885	0.1890	0.1895
2.6	0.1503	0.1583	0.1642	0.1686	0.1719	0.1745	0.1779	0.1799	0.1812	0.1820	0.1825	0.1832	0.1838
2.8	0.1433	0.1514	0.1574	0.1619	0.1654	0.1680	0.1717	0.1739	0.1753	0.1763	0.1769	0.1777	0.1784

续表

z/b \ l/b	1.0	1.2	1.4	1.6	1.8	2.0	2.4	2.8	3.2	3.6	4.0	5.0	10.0
3.0	0.1369	0.1449	0.1510	0.1556	0.1592	0.1619	0.1658	0.1682	0.1698	0.1708	0.1715	0.1725	0.1733
3.2	0.1310	0.1390	0.1450	0.1497	0.1533	0.1562	0.1602	0.1628	0.1645	0.1657	0.1664	0.1675	0.1685
3.4	0.1256	0.1334	0.1394	0.1441	0.1478	0.1508	0.1550	0.1577	0.1595	0.1607	0.1616	0.1628	0.1639
3.6	0.1205	0.1282	0.1342	0.1389	0.1427	0.1456	0.1500	0.1528	0.1548	0.1561	0.1570	0.1583	0.1595
3.8	0.1158	0.1234	0.1293	0.1340	0.1378	0.1408	0.1452	0.1482	0.1502	0.1516	0.1526	0.1541	0.1554
4.0	0.1114	0.1189	0.1248	0.1294	0.1332	0.1362	0.1408	0.1438	0.1459	0.1474	0.1485	0.1500	0.1516
4.2	0.1073	0.1147	0.1205	0.1251	0.1289	0.1319	0.1365	0.1396	0.1418	0.1434	0.1445	0.1462	0.1479
4.4	0.1035	0.1107	0.1164	0.1210	0.1248	0.1279	0.1325	0.1357	0.1379	0.1396	0.1407	0.1425	0.1444
4.6	0.1000	0.1070	0.1127	0.1172	0.1209	0.1240	0.1287	0.1319	0.1342	0.1359	0.1371	0.1390	0.1410
4.8	0.0967	0.1036	0.1091	0.1136	0.1173	0.1204	0.1250	0.1283	0.1307	0.1324	0.1337	0.1357	0.1379
5.0	0.0935	0.1003	0.1057	0.1102	0.1139	0.1169	0.1216	0.1249	0.1273	0.1291	0.1304	0.1325	0.1348
5.2	0.0906	0.0972	0.1026	0.1070	0.1106	0.1136	0.1183	0.1217	0.1241	0.1259	0.1273	0.1295	0.1320
5.4	0.0878	0.0943	0.0996	0.1039	0.1075	0.1105	0.1152	0.1186	0.1211	0.1229	0.1243	0.1265	0.1292
5.6	0.0852	0.0916	0.0968	0.1010	0.1046	0.1076	0.1122	0.1156	0.1181	0.1200	0.1215	0.1238	0.1266
5.8	0.0828	0.0890	0.0941	0.0983	0.1018	0.1047	0.1094	0.1128	0.1153	0.1172	0.1187	0.1211	0.1240

续表

z/b \ l/b	1.0	1.2	1.4	1.6	1.8	2.0	2.4	2.8	3.2	3.6	4.0	5.0	10.0
6.0	0.0805	0.0866	0.0916	0.0957	0.0991	0.1021	0.1067	0.1101	0.1126	0.1146	0.1161	0.1185	0.1216
6.2	0.0783	0.0842	0.0891	0.0932	0.0966	0.0995	0.1041	0.1075	0.1101	0.1120	0.1136	0.1161	0.1193
6.4	0.0762	0.0820	0.0869	0.0909	0.0942	0.0971	0.1016	0.1050	0.1076	0.1096	0.1111	0.1137	0.1171
6.6	0.0742	0.0799	0.0847	0.0886	0.0919	0.0948	0.0993	0.1027	0.1053	0.1073	0.1088	0.1114	0.1149
6.8	0.0723	0.0779	0.0826	0.0865	0.0898	0.0926	0.0970	0.1004	0.1030	0.1050	0.1066	0.1092	0.1129
7.0	0.0705	0.0761	0.0806	0.0844	0.0877	0.0904	0.0949	0.0982	0.1008	0.1028	0.1044	0.1071	0.1109
7.2	0.0688	0.0742	0.0787	0.0825	0.0857	0.0884	0.0928	0.0962	0.0987	0.1008	0.1023	0.1051	0.1090
7.4	0.0672	0.0725	0.0769	0.0806	0.0838	0.0865	0.0908	0.0942	0.0967	0.0988	0.1004	0.1031	0.1071
7.6	0.0656	0.0709	0.0752	0.0789	0.0820	0.0846	0.0889	0.0922	0.0948	0.0968	0.0984	0.1012	0.1054
7.8	0.0642	0.0693	0.0736	0.0771	0.0802	0.0828	0.0871	0.0904	0.0929	0.0950	0.0966	0.0994	0.1036
8.0	0.0627	0.0678	0.0720	0.0755	0.0785	0.0811	0.0853	0.0886	0.0912	0.0932	0.0948	0.0976	0.1020
8.2	0.0614	0.0663	0.0705	0.0739	0.0769	0.0795	0.0837	0.0869	0.0894	0.0914	0.0931	0.0959	0.1004
8.4	0.0601	0.0649	0.0690	0.0724	0.0754	0.0779	0.0820	0.0852	0.0878	0.0893	0.0914	0.0943	0.0938
8.6	0.0588	0.0636	0.0676	0.0710	0.0739	0.0764	0.0805	0.0836	0.0862	0.0882	0.0898	0.0927	0.0973
8.8	0.0576	0.0623	0.0663	0.0696	0.0724	0.0749	0.0790	0.0821	0.0846	0.0866	0.0882	0.0912	0.0959

续表

l/b \ z/b	1.0	1.2	1.4	1.6	1.8	2.0	2.4	2.8	3.2	3.6	4.0	5.0	10.0
9.2	0.0554	0.0599	0.0637	0.0670	0.0697	0.0721	0.0761	0.0792	0.0817	0.0837	0.0853	0.0882	0.0931
9.6	0.0533	0.0577	0.0614	0.0645	0.0672	0.0696	0.0734	0.0765	0.0789	0.0809	0.0825	0.0855	0.0905
10.0	0.0514	0.0556	0.0592	0.0622	0.0649	0.0672	0.0710	0.0739	0.0763	0.0783	0.0799	0.0829	0.0880
10.4	0.0496	0.0537	0.0572	0.0601	0.0627	0.0649	0.0686	0.0716	0.0739	0.0759	0.0775	0.0804	0.0857
10.8	0.0479	0.0519	0.0553	0.0581	0.0606	0.0628	0.0664	0.0693	0.0717	0.0736	0.0751	0.0781	0.0834
11.2	0.0463	0.0502	0.0535	0.0563	0.0587	0.0609	0.0644	0.0672	0.0695	0.0714	0.0730	0.0759	0.0813
11.6	0.0448	0.0486	0.0518	0.0545	0.0569	0.0590	0.0625	0.0652	0.0675	0.0694	0.0709	0.0738	0.0793
12.0	0.0435	0.0471	0.0502	0.0529	0.0552	0.0573	0.0606	0.0634	0.0656	0.0674	0.0690	0.0719	0.0774
12.8	0.0409	0.0444	0.0474	0.0499	0.0521	0.0541	0.0573	0.0599	0.0621	0.0639	0.0654	0.0682	0.0739
13.6	0.0387	0.0420	0.0448	0.0472	0.0493	0.0512	0.0543	0.0568	0.0589	0.0607	0.0621	0.0649	0.0707
14.4	0.0367	0.0398	0.0425	0.0448	0.0468	0.0486	0.0516	0.0540	0.0561	0.0577	0.0592	0.0619	0.0677
15.2	0.0349	0.0379	0.0404	0.0426	0.0446	0.0463	0.0492	0.0515	0.0535	0.0551	0.0565	0.0592	0.0650
16.0	0.0332	0.0361	0.0385	0.0407	0.0425	0.0442	0.0469	0.0492	0.0511	0.0527	0.0540	0.0567	0.0625
18.0	0.0297	0.0323	0.0345	0.0364	0.0381	0.0396	0.0422	0.0442	0.0460	0.0475	0.0487	0.0512	0.0570
20.0	0.0269	0.0292	0.0312	0.0330	0.0345	0.0359	0.0383	0.0402	0.0418	0.0432	0.0444	0.0468	0.0524

规范法的地基变形计算深度 z_n（见图 1－20），应符合下式要求：

$$\Delta s'_n \leqslant 0.025 \sum_{i=1}^{n} \Delta s'_i \qquad (1-44)$$

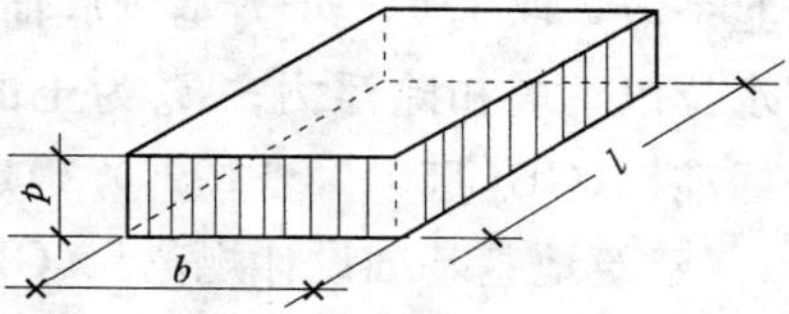

图 1－21　表 1－28 矩形示意图

式中：$\Delta s'_i$ 为在计算深度范围内，第 i 层土的计算变形值；$\Delta s'_n$ 为在由计算深度向上取厚度为 Δz 的土层计算变形值，Δz 如图 1－20所示并按表 1－29 确定。

如确定的计算深度下部仍有较软土层时，应继续计算。

表 1－29　　　Δz 的 取 值

b（m）	$b \leqslant 2$	$2 < b \leqslant 4$	$4 < b \leqslant 8$	$8 < b$
Δz（m）	0.3	0.6	0.8	1.0

当无相邻荷载影响，基础宽度在 1～30m 范围内时，基础中点的地基变形计算深度也可按下式计算：

$$z_n = b(2.5 - 0.4\ln b) \qquad (1-45)$$

式中：b 为基础宽度，m。

在计算深度范围内存在基岩时，z_n 可取至基岩表面；当存在较厚的坚硬黏性土层，其孔隙比小于 0.5、压缩模量大于 50MPa，或存在较厚的密实砂卵石层，其压缩模量大于 80MPa 时，z_n 可取至该层土表面。

计算地基变形时，应考虑相邻荷载的影响，其值可按应力叠加原理，采用角点法计算。

当建筑物地下室基础埋置较深时，需要考虑开挖基坑地基土的回弹，该部分回弹变形量可按下式计算：

$$s_c = \psi_c \sum_{i=1}^{n} \frac{p_c}{E_{ci}} (z_i \bar{\alpha}_i - z_{i-1} \bar{\alpha}_{i-1}) \qquad (1-46)$$

式中：s_c 为地基的回弹变形量；ψ_c 为考虑回弹影响的沉降计算

经验系数，取 1.0；p_c 为基坑底面以上土的自重压力，kPa，地下水位以下应扣除浮力；E_{ci} 为土的回弹模量，按《土工试验方法标准》（GB/T50123—1999）确定。

《建筑地基基础设计规范》（GB50007—2002）对计算层厚度的划分未作规定，从理论上讲，计算层划分越薄，计算精度越高，但计算量也增大。大量的计算结果表明：由分层厚度增大而引起的误差很小。因此，用规范法计算地基最终沉降量，可采用天然土层作为计算层，只有当天然土层厚度很大时，再细分计算层才有必要。

在同一整体大面积基础上建有多栋高层和低层建筑，应该按照上部结构、基础与地基的共同作用进行变形计算。

【例 1-16】 试按规范法计算［例 1-15］中基础的最终沉降量。计算资料如图 1-16 所示。基底下第 2 层粉土层厚度很大。

解：

（1）计算 p_0：由［例 1-14］知，$p_0=120\text{kPa}$。

（2）确定沉降计算深度 z_n：无相邻荷载影响，则

$$z_n=b(2.5-0.4\ln b)=2.5\times(2.5-0.4\ln 2.5)=5.3\text{m}$$

取 $z_n=6\text{m}$。

（3）计算各层的压缩模量 E_{si}：可按天然土层计算，但水位面处自重应力出现转折，故分为以下四层：

第 1 层：基底至黏土土层分界面（0—1）。

第 2 层：黏土土层分界面至水位面（1—2）。

第 3 层：水位面至粉土层顶面（2—4）。

第 4 层：粉土层顶面至 6m 深处（4—6）。

第 1 层：$p_{1i}=36\text{kPa}=0.036\text{MPa}$，$p_{2i}=145.68\text{kPa}=0.146\text{MPa}$，$e_{1i}=0.812$，$e_{2i}=0.750$，所以有

$$E_{si}=\frac{p_{2i}-p_{1i}}{e_{1i}-e_{2i}}(1+e_{1i})$$

$$=\frac{0.146-0.036}{0.812-0.750}(1+0.812)$$

$=3.21\text{MPa}$

其余各层 E_{si} 如表 1－31 所示。

(4) 确定 $\bar{\alpha}_i$。计算基础中心点以下的平均附加应力系数，需将基础底面划分为四个相同矩形，矩形 $l/b=1.50/1.25=1.2$，角点下平均附加应力系数 $\bar{\alpha}_i$ 查表 1－28，计算结果如表 1－30 所示。

表 1－30　　角点下平均附加应力系数 $\bar{\alpha}_i$

z	0	1	2	4	6
z/b	0	0.8	1.6	3.2	4.8
$\bar{\alpha}_i$	0.2500	0.2372	0.2006	0.1390	0.1036

(5) 计算分层沉降量 $\Delta s'_i$。

$$\Delta s'_1=\frac{p_0}{E_{s1}}(z_1\bar{\alpha}_1-z_0\bar{\alpha}_0)=\frac{120\times10^{-3}}{3.2}(1\times4\times0.2372-0)\times10^3=35.5\text{mm}$$

$$\Delta s'_2=\frac{p_0}{E_{s2}}(z_2\bar{\alpha}_2-z_1\bar{\alpha}_1)$$

$$=\frac{120\times10^{-3}}{4.42}(2\times4\times0.2006-1\times4\times0.2372)\times10^3$$

$$=17.8\text{mm}$$

其余各层 $\Delta s'_i$ 如表 1－31 所示。

表 1－31　　沉　降　计　算

层数	$\bar{p}_{1i}$ (MPa)	$\bar{p}_{2i}$ (MPa)	e_{1i}	e_{2i}	E_{si} (MPa)	$\Delta s'_i$ (mm)	A_i (mm)	A_i/E_{si} (mm^3/N)
1	0.036	0.146	0.812	0.750	3.21	35.5	244	76.0
2	0.055	0.134	0.790	0.758	4.42	17.8	219	49.5
3	0.073	0.114	0.785	0.762	3.18	23.4	170	53.5
4	0.092	0.109	0.902	0.883	1.70	18.5	121	71.2

(6) 计算地基最终沉降量。

$$s' = \sum_{i=1}^{n} \Delta s'_i = 35.5 + 17.8 + 23.4 + 18.5 = 95.2 \text{ mm}$$

确定 ψ_s：

$$A_i = \frac{\overline{\alpha}_i + \overline{\alpha}_{i-1}}{2} h_i$$

$$A_1 = \frac{0.2372 + 0.2500}{2} \times 1000 = 244\text{mm}$$

$$\frac{A_1}{E_{s1}} = \frac{244}{3.21} = 76.0\text{mm}^3/\text{N}$$

其余各层 A_i、A_i/E_{si} 如表 1－31 所示。

$$\overline{E}_s = \frac{\sum A_i}{\sum \frac{A_i}{E_{si}}} = \frac{244 + 219 + 170 + 121}{76.0 + 49.5 + 53.5 + 71.2} = \frac{754}{250.2} = 3.01\text{MPa}$$

查表 1－27 得 $\psi_s = 1.06$（取 $p_0 \leqslant 0.75 f_{ak}$）。

$$s = \psi_s s' = 1.06 \times 95.2 = 100.9\text{mm}$$

【例 1－17】 已知某厂房柱下单独方形基础的底面尺寸为 4m×4m，埋置深度 $d = 1.0$m，地基为粉质黏土，地下水位距天然地面 3.4m。上部荷载传到基础顶面 $F_k = 1440$kN，土的天然重度 $\gamma = 16.0$kN/m³，饱和重度 $\gamma_{sat} = 17.2$kN/m³，有关计算资料如图 1－22

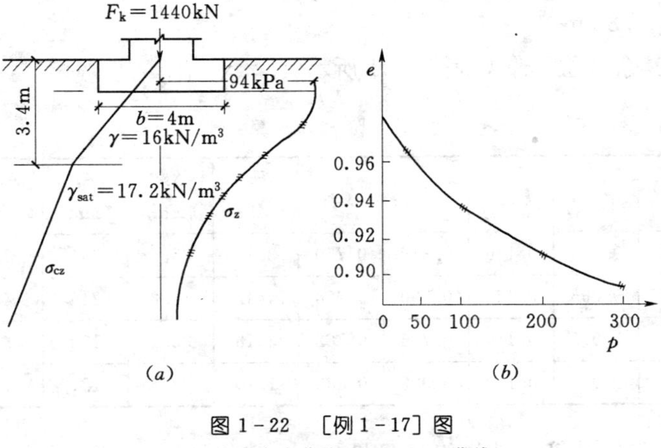

图 1－22 ［例 1－17］图

（a）土中应力曲线；（b）$e-p$ 曲线

所示。试用分层总和法计算地基的变形。

解：

（1）计算分层厚度。由于每层厚度 $h_i < 0.4b = 1.6\text{m}$，所以地下水位以上分 2 层，各 1.2m，地下水位以下同样按 1.2m 分层。

（2）计算基底压力。

$$G_k = 20 \times 4 \times 4 \times 1 = 320\text{kN}$$

$$p_k = \frac{F_k + G_k}{A} = \frac{1440 + 320}{4 \times 4} = 100\text{kPa}$$

（3）计算基底附加压力。

$$p_0 = p_k - \gamma d = 110 - 16 \times 1 = 94\text{kPa}$$

（4）计算地基土的自重应力和附加应力。自重应力从天然地面起算，z 的取值从基础底面起算；附加应力用角点法计算，过基底中点将荷载面四等分，计算边长 $l = b = 2\text{m}$，计算结果如表 1－32所示。

（5）确定沉降计算深度 z_n。根据 $\sigma_z = 0.2\sigma_{cz}$ 的确定原则，由表 1－32 计算结果，可取 $z_n = 7.2\text{m}$。

表 1－32　　计算附表一

点	z（m）	z/b	l/b	α_c	σ_z（kPa）	σ_{cz}（kPa）	σ_z/σ_{cz}	z_n（m）
0	0	0	1.0	0.250	94.00	16.00		
1	1.2	0.6		0.223	83.81	35.20		
2	2.4	1.2		0.152	57.00	54.50		
3	3.6	1.8		0.097	36.43	63.04		
4	4.8	2.4		0.064	24.14	71.68		
5	6.0	3.0		0.045	16.81	80.32	0.21	
6	7.2	3.6		0.033	12.26	88.96	0.14	7.2

（6）最终沉降计算。由图 1－21（b）所示 $e-p$ 曲线，根据式（1－30）计算各分层沉降量，按表 1－24 查 α_c，计算结果如表 1－33 所示。所以，按分层总和法求得的基础最终沉降量为 $s = 54.5\text{mm}$。

表 1-33　　　　计算附表二

土层	层厚 h (mm)	$\bar{\sigma}_{cz}$ (p_{1i}) (kPa)	$\bar{\sigma}_z$ (kPa)	$\bar{\sigma}_z+\bar{\sigma}_{cz}$ (p_{2i}) (kPa)	e_{1i}	e_{2i}	$\frac{e_{1i}-e_{2i}}{1+e_{1i}}$	s_i (mm)
1	1200	25.60	88.91	114.51	0.970	0.937	0.0168	20.2
2		44.80	70.41	115.21	0.960	0.936	0.0122	14.6
3		58.72	46.72	105.44	0.954	0.940	0.0072	8.6
4		67.36	30.29	97.65	0.951	0.942	0.0046	5.5
5		76.00	20.48	96.48	0.948	0.943	0.0026	3.1
6		84.64	14.54	99.18	0.944	0.940	0.0021	2.5
$\sum s_i=54.5$								

【例 1-18】 已知土层的 $f_{ak}=94$kPa，地下水位以上压缩模量为 5.50MPa，地下水位以下压缩模量为 6.87MPa。试用规范法计算［例 1-17］基础的最终变形量。

解：

（1）由［例 1-17］计算得基底的附加应力为

$$p_0=94.0\text{kPa}$$

（2）确定沉降计算深度 z_n。无相邻荷载影响，则

$$z_n=b(2.5-0.4\ln b)=4\times(2.5-0.4\ln 4)=7.8\text{m}$$

（3）计算各分层沉降量 $\Delta s_i'$。地基为均质黏土，有地下水，故以地下水位为界，将地基分为 2 层。根据角点法，过基底中点将荷载面四等分，计算边长 $l=b=2$m，查表 1-28 的附加应力系数 $\bar{\alpha}_i$，计算结果如表 1-34 所示。

表 1-34　　　　计算附表

z (m)	l/b	z/b	$\bar{\alpha}_i$	$z_i\bar{\alpha}_i$	$z_i\bar{\alpha}_i-z_{i-1}\bar{\alpha}_{i-1}$	E_{si} (MPa)	$\Delta s_i'$ (m)	s_i' (m)
0	1	0	4×0.2500	0				
2.4		1.2	4×0.2149	2.063	2.063	5.50	0.375	
7.8		3.9	4×0.1136	3.544	1.481	6.87	0.215	0.590

（4）确定修正系数 ψ_s。根据式 $\overline{E}_s=\dfrac{\sum A_i}{\sum\dfrac{A_i}{E_{si}}}$ 可计算得到

$$A_1 = z_1\bar{\alpha}_1 - z_0\bar{\alpha}_0 = 2.063$$

$$A_2 = z_2\bar{\alpha}_2 - z_1\bar{\alpha}_1 = 1.481$$

$$\bar{E}_s = \frac{2.063 + 1.481}{\dfrac{2.063}{5.5} + \dfrac{1.481}{6.87}} = \frac{3.54}{0.37 + 0.22} = 6.0\text{MPa}$$

由 $f_{ak} = p_0$ 查表 1-27，得 $\psi_s = 1.1$。

(5) 计算基础最终沉降：

$$s = \psi_s s' = 1.1 \times 59.0 = 64.9\text{mm}$$

由规范法计算得该基础最终沉降量 $s = 64.9$mm。与［例 1-17］采用分层总和法的计算结果相比，可知利用分层总和法所得结果偏小。

四、稳定性计算

地基稳定性可采用圆弧滑动面法进行计算。最危险的滑动面上诸力对滑动中心所产生的抗滑力矩与滑动力矩应符合下式要求：

$$M_R / M_S \geqslant 1.2 \tag{1-47}$$

式中：M_S 为滑动力矩；M_R 为抗滑力矩。

位于稳定土坡顶上的建筑，当垂直于坡顶边缘线的基础底面边长小于或等于 3m 时，其基础底面外边缘线至坡顶的水平距离（见图 1-23）应符合下列公式要求，但不得小于 2.5m。

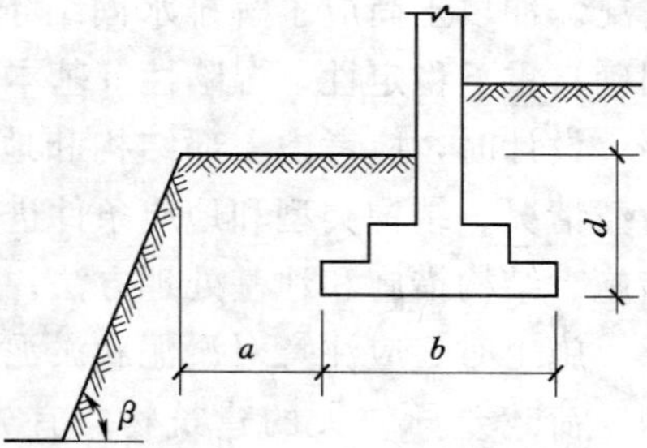

图 1-23　基础底面外边缘线至坡顶的水平距离示意

条形基础：

$$a \geqslant 3.5b - \frac{d}{\tan\beta} \tag{1-48}$$

矩形基础：

$$a \geqslant 2.5b - \frac{d}{\tan\beta} \tag{1-49}$$

式中：a 为基础底面外边缘线至坡顶的水平距离；b 为垂直于

坡顶边缘线的基础底面边长；d 为基础埋置深度；β 为边坡坡角。

当基础底面外边缘线至坡顶的水平距离不满足式（1－48）、式（1－49）的要求时，可根据基底平均压力按式（1－47）确定基础距坡顶边缘的距离和基础埋置深度。

当边坡坡角大于 45°、坡高大于 8m 时，尚应按式（1－47）验算坡体稳定性。

第四节 软 弱 地 基

一、一般规定

软弱地基系指主要由淤泥、淤泥质土、冲填土、杂填土或其他高压缩性土层构成的地基。在建筑地基的局部范围内有高压缩性土层时，应按局部软弱土层考虑。

勘察时，应查明软弱土层的均匀性、组成、分布范围和土质情况。冲填土尚应了解排水固结条件。杂填土应查明堆积历史，明确自重下稳定性、湿陷性等基本因素。

设计时，应考虑上部结构和地基的共同作用。对建筑体型、荷载情况、结构类型和地质条件进行综合分析，确定合理的建筑措施、结构措施和地基处理方法。

施工时，应注意对淤泥和淤泥质土基槽底面的保护，减少扰动。荷载差异较大的建筑物，宜先建重、高部分，后建轻、低部分。

活荷载较大的构筑物或构筑物群（如料仓、油罐等），使用初期应根据沉降情况控制加载速率，掌握加载间隔时间，或调整活荷载分布，避免过大倾斜。

二、利用与处理

1. 利用

利用软弱土层作为持力层时，可按以下规定：

（1）淤泥和淤泥质土，宜利用其上覆较好土层作为持力层，当上覆土层较薄，应采取避免施工时对淤泥和淤泥质土扰动的措施。

(2) 冲填土、建筑垃圾和性能稳定的工业废料，当均匀性和密实度较好时，均可利用作为持力层。

(3) 对于有机质含量较多的生活垃圾和对基础有侵蚀性的工业废料等杂填土，未经处理不宜作为持力层。

2. 处理

局部软弱土层以及暗塘、暗沟等，可采用基础梁、换土、桩基或其他方法处理。

当地基承载力或变形不能满足设计要求时，地基处理可选用机械压（夯）实、堆载预压、塑料排水带或砂井真空预压、换填垫层或复合地基等方法。处理后的地基承载力应通过试验确定。

机械压实包括重锤夯实、强夯和振动压实等方法，可用于处理由建筑垃圾或工业废料组成的杂填土地基，处理有效深度应通过试验确定。

堆载预压可用于处理较厚淤泥和淤泥质土地基。预压荷载宜大于设计荷载，预压时间应根据建筑物的要求以及地基固结情况决定，并应考虑堆载大小和速率对堆载效果和周围建筑物的影响。

采用塑料排水带或砂井进行堆载预压和真空预压时，应在塑料排水带或砂井顶部做排水砂垫层。

换填垫层可用于软弱地基的浅层处理。垫层材料可采用中砂、粗砂、砾砂，角（圆）砾、碎（卵）石、矿渣、灰土、黏性土，以及其他性能稳定、无侵蚀性的材料。

复合地基设计应满足建筑物承载力和变形要求。对于地基土为欠固结土、膨胀土、湿陷性黄土、可液化土等特殊土时，设计时要综合考虑土体的特殊性质，选用适当的增强体和施工工艺。

复合地基承载力特征值应通过现场复合地基载荷试验确定，或采用增强体的载荷试验结果和其周边土的承载力特征值结合经验确定。

增强体顶部应设褥垫层。褥垫层可采用中砂、粗砂、砾砂、碎石和卵石等散体材料。碎石、卵石宜掺入20%～30%的砂。

三、建筑措施

1. 力求建筑物的体型简单

建筑物的体型是指平面形状和立面高差。建筑平面简单、高度一致的建筑物，基底应力较均匀、整体刚度好，即使沉降较大，建筑物也不易产生裂缝和损坏。

在一些民用建筑中，因建筑功能或美观的要求，往往采用多单元的组合形式，如Ⅰ形、L形、T形等，在其纵横单元相交处，基础密集，地基中应力叠加，致使该处沉降加大，而且这类建筑物整体性刚度差。因此，在其附近的墙体常常出现裂缝（见图1-24）。

当建筑物立面上有高差时，作用于各部分地基上的荷载不同，使建筑物在高低相接处出现过大的差异沉降，造成该处倾斜或开裂损坏（见图1-25）。尤其在软土地基，一般高差2层及2层以上的，常有轻重不同的裂缝，故在软弱地基上建造建筑物时，应注意建筑物层数的高差问题，同时建筑物平面形状应尽量简单。

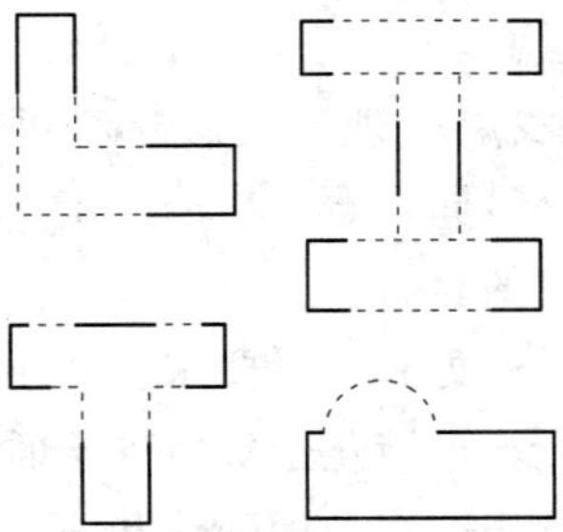

图1-24　形状复杂平面的裂缝位置示意

图1-25　建筑高差大而开裂

2. 设置沉降缝

为减少地基的不均匀沉降，当建筑物平面形状复杂，立面高差较大或地基土不均匀时，在建筑物的某些特点部位可设置沉降缝。沉降缝与温度伸缩缝不同，它将建筑从上部结构檐口到基础底部分割为两个或更多个独立的沉降单元，每个沉降单元都具有体型简单、长高比较小、结构类型单一以及地基比较均匀等条件，故这些沉降单元的整体刚度好，不均匀沉降小。

根据工程经验，通常在下列部位设置沉降缝：

（1）建筑平面的转折部位。

（2）高度差异或荷载差异处。

（3）长高比过大的砌体承重结构或钢筋混凝土框架结构的适当部位。

（4）地基土的压缩性有显著差异处。

（5）建筑结构或基础类型不同处。

（6）分期建造房屋的交界处。

沉降缝应有足够的宽度，缝宽可按表 1-35 选用。

表 1-35　房屋沉降缝的宽度　单位：mm

房屋层数	沉降缝宽度
2～3	50～80
4～5	80～120
5 层以上	⩾120

沉降缝内不能填塞任何材料，寒冷地区为了防寒有时可填塞松软材料。

砖石承重结构条形基础沉降缝和框架基础沉降缝构造如图 1-26、图 1-27 所示。

3. 设置相邻建筑物的间隔

由于基底附加应力在土层中的扩散，使相邻建筑物近处的沉降增加。尤其在软弱地基上，当建筑物之间距离太近时，这种附加不均匀沉降较大，往往造成建筑物的倾斜或破坏。

为了避免相邻建筑物影响的危害，软弱地基上的相邻建筑物

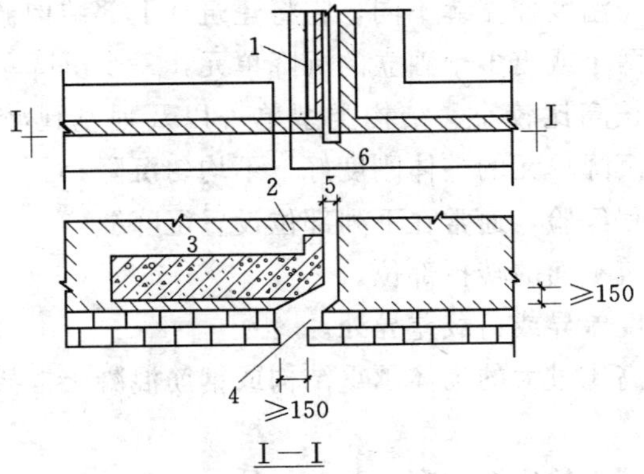

图 1-26 条形基础沉降缝

1—轻质墙；2—横梁；3—挑梁；4—填松散煤渣；
5—沉降缝宽度；6—落水管

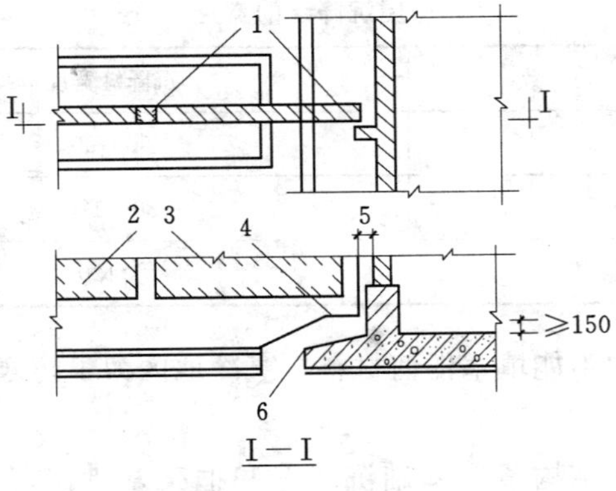

图 1-27 框架基础沉降缝

1—框架柱；2—框架；3—填充墙；4—挑梁；
5—沉降缝宽度；6—填松散煤渣

之间应留有一定的距离。这个距离的大小与地基的压缩性、产生影响建筑的规模、重量以及被影响建筑的刚度等有关，如表1-36所示。

表 1-36　　相邻建筑物基础间的净距　　单位：m

影响建筑的预估平均沉降量 s（mm）	被影响建筑的长高比	
	$2.0 \leqslant L/H_f < 3.0$	$3.0 \leqslant L/H_f < 5.0$
70～150	2～3	3～6
160～250	3～6	6～9
260～400	6～9	9～12
>400	9～12	≥12

注　1. 表中 L 为建筑物长度或沉降缝分隔的单元长度，m；H_f 为自基础底面标高算起的建筑物高度，m。
2. 当被影响建筑的长高比为 $1.5 < L/H_f < 2.0$ 时，其间净距可适当缩小。

4. 加强建筑物的整体刚度

建筑物的整体刚度越大，适应和调整不均匀沉降的能力越强。在建筑设计中常用以下措施加强建筑物的整体刚度：

(1) 控制建筑物的长高比。建筑物的长高比是指长度与其高度之比，它是砖石结构房屋空间刚度的重要指标。长高比越大，整体刚度就越小，纵墙很易因挠曲过大而开裂；反之，长高比越小，整体刚度就越大，抵抗弯曲和调整不均匀沉降的能力就越强。工程经验证明，当长高比控制在 2.5～3.0 以内时，可有效减少不均匀沉降产生的裂缝。不符合上述要求时，可在一定部位设置沉降缝。

(2) 合理布置纵横墙。合理布置纵横墙是增强建筑物刚度的重要措施之一。一般建筑物内、外纵墙的中断、转折会削弱建筑物的纵向刚度，所以内、外纵墙应尽可能贯通。同时，纵横墙的连接形成了空间刚度，适当缩小横墙的间距，可有效改善建筑物的整体刚度。

5. 调整建筑标高

基础的沉降引起建筑物各组成部分标高发生变化而影响建筑物的正常使用，例如，由于沉降过大而造成的室内地坪低于室外地坪，地下管道被压坏等。为了减少或防止沉降对使用的不利影响，设计时，应根据基础的预估沉降值，适当调整建筑物或各部分的标高。根据具体情况，可采取如下措施：

（1）室内地坪和地下设施的标高，应根据预估沉降量予以提高。建筑物各部分有联系时，可将沉降较大者的标高适当提高。

（2）建筑物与设备之间应留有足够的净空。有管道穿过建筑物时，应预留足够尺寸的空间，或采用柔性的管道接头等。

四、结构措施

1. 减轻建筑物的基底压力

在建筑物的基底压力中，建筑物的自重所占比例很大，工业建筑约为40％～50％，民用建筑为60％～75％。因此，对于软弱地基上的建筑物，减轻建筑自重就能有效地减轻基底压力，从而减小基础的沉降。可采用以下措施减轻建筑自重：

（1）减轻墙体的重量，如采用轻质混凝土墙板、空心砌块、空心砖或其他轻质墙等。

（2）采用轻型结构，如采用预应力混凝土结构、轻钢结构以及各种轻型空间结构。

（3）采用覆土少而自重轻的基础，如采用浅埋钢筋混凝土基础、空心基础等。当室内地坪需大量抬高时，可采用架空地板代替室内厚填土。

2. 减小或调整基底附加压力

（1）设置地下室或半地下室。利用挖去的土重补偿部分甚至全部建筑物的重量，使基底附加压力减小，达到减小沉降的目的。在建筑物的重、高部位设局部地下室，可减少与轻、低部分的沉降差。箱形基础及设有地下室的筏板基础是很好的减小基底附加压力的基础形式。

（2）改变基础底面尺寸。对不均匀沉降要求严格的建筑物，可以通过改变基础底面尺寸调整基底压力，使沉降均匀。

3. 加强基础整体刚度

对于建筑体型复杂、荷载差异较大的框架结构，可采用箱基、桩基和筏基等加强基础整体刚度，减少不均匀沉降。

对于砌体承重结构的房屋，宜采用以下措施增强整体刚度和强度：

（1）对于3层和3层以上的房屋，其长高比 L/H_f 宜小于或等于2.5；当房屋的长高比为 $2.5<L/H_f\leqslant 3.0$ 时，宜做到纵墙不转折或少转折，并应控制其内横墙间距或增强基础刚度和强度。当房屋的预估最大沉降量小于或等于120mm时，其长高比可不受限制。

（2）墙体内宜设置钢筋混凝土圈梁或钢筋砖圈梁。

（3）在墙体上开洞时，宜在开洞部位配筋或采用构造柱及圈梁加强。

4. 设置圈梁

圈梁应按以下要求设置：

（1）在多层房屋的基础和顶层处宜各设置一道圈梁，其他各层可隔层设置，必要时也可层层设置。单层工业厂房、仓库，可结合基础梁、连系梁和过梁等酌情设置。

（2）圈梁应设置于外墙、内纵墙和主要内横墙上，并宜在平面内连成封闭系统。

五、施工措施

合理安排施工顺序：先施工重、高部分，后施工轻、低部分；先施工主体建筑，后施工附属建筑。

在基坑开挖时，尽量减少对基底土的扰动，一般在坑底保留约200mm厚的土层，待垫层施工时再挖除，如发现已被扰动，可将已扰动的土挖去，再用砂、碎石回填夯实至要求标高。

六、大面积地面荷载

在建筑范围内具有地面荷载的单层工业厂房、露天车间和单层仓库的设计，应考虑由于地面荷载所产生的地基不均匀变形及其对上部结构的不利影响。当有条件时，宜利用堆载预压过的建筑场地。

地面荷载系指生产堆料、工业设备等地面堆载和天然地面上的大面积填土荷载。

地面堆载应均衡，并应根据使用要求、堆载特点、结构类型和地质条件确定允许堆载量和范围，堆载量不应超过地基承载力特征值。堆载不宜压在基础上。大面积的填土，宜在基础施工前3个月完成。

厂房和仓库的结构设计，可适当提高柱、墙的抗弯能力，增强房屋的刚度。对于中、小型仓库，宜采用静定结构。

对于在使用过程中允许调整吊车轨道的单层钢筋混凝土工业厂房和露天车间的天然地基设计，除应遵守本章第三节有关规定外，尚应符合下式要求：

$$s'_g \leqslant [s'_g] \tag{1-50}$$

式中：s'_g 为由地面荷载引起柱基内侧边缘中点的地基附加沉降量计算值，可按《建筑地基基础设计规范》（GB50007—2002）附录N计算；$[s'_g]$为由地面荷载引起柱基内侧边缘中点的地基附加沉降允许值，可按表1-37采用。

表1-37　　地基附加沉降量允许值 $[s'_g]$　　单位：mm

b \ a	6	10	20	30	40	50	60	70
1	40	45	50	55	55			
2	45	50	55	60	60			
3	50	55	60	65	70	75		
4	55	60	65	70	75	80	85	90
5	65	70	75	80	85	90	95	100

注　表中 a 为地面荷载的纵向长度，m；b 为车间跨度方向基础底面边长，m。

此外，还应考虑在使用过程中垫高或移动吊车轨道和吊车梁的可能性，应增大吊车顶面与屋架下弦间的净空和吊车边缘与上柱边缘间的净距。当地基土平均压缩模量 E_s 为3MPa左右，地面平均荷载大于25kPa时，净空宜大于300mm，净距宜大于200mm，并应按吊车轨道可能移动的幅度，加宽钢筋混凝土吊车梁腹部及配置抗扭钢筋。

具有地面荷载的建筑地基遇到下列情况之一时，宜采用桩基：

（1）不符合本章第三节有关规定及式（1-50）的要求。

（2）车间内设有起重量 30t 以上、工作级别大于 A5 的吊车。

（3）基底下软弱土层较薄，采用桩基较经济者。

第二章 基 础 工 程

第一节 无筋扩展基础

无筋扩展基础系指由砖、毛石、混凝土或毛石混凝土、灰土和三合土等材料组成的墙下条形基础或柱下独立基础。无筋扩展基础适用于多层民用建筑和轻型厂房。

基础高度，应符合下式要求（见图 2－1）：

$$H_0 \geqslant \frac{b-b_0}{2\tan\alpha} \tag{2-1}$$

其中
$$\tan\alpha = \frac{b_2}{H_0}$$

式中：b 为基础底面宽度；b_0 为基础顶面的墙体宽度或柱脚宽度；H_0 为基础高度；$\tan\alpha$ 为基础台阶宽高比，其允许值可按表 2－1 选用；b_2 为基础台阶宽度。

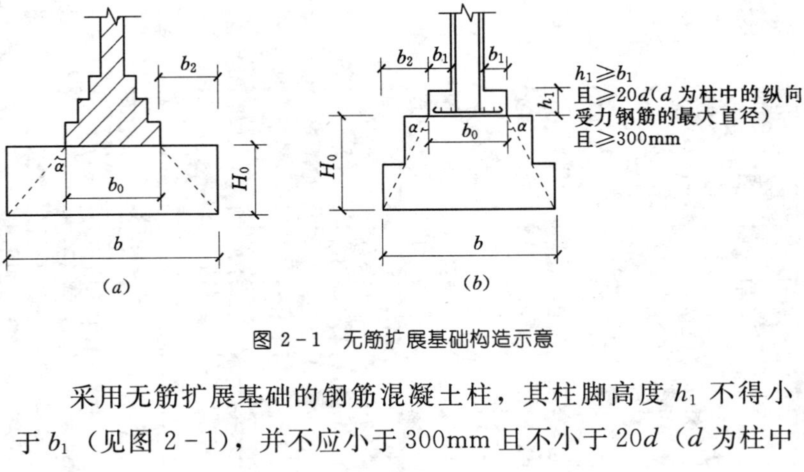

图 2－1 无筋扩展基础构造示意

采用无筋扩展基础的钢筋混凝土柱，其柱脚高度 h_1 不得小于 b_1（见图 2－1），并不应小于 300mm 且不小于 20d（d 为柱中

表 2-1　　无筋扩展基础台阶宽高比的允许值

基础材料	质量要求	台阶宽高比的允许值		
		$p_k \leqslant 100$	$100 < p_k \leqslant 200$	$200 < p_k \leqslant 300$
混凝土基础	C15 混凝土	1∶1.00	1∶1.00	1∶1.25
毛石混凝土基础	C15 混凝土	1∶1.00	1∶1.25	1∶1.50
砖基础	砖不低于 MU10、砂浆不低于 M5	1∶1.50	1∶1.50	1∶1.50
毛石基础	砂浆不低于 M5	1∶1.25	1∶1.50	—
灰土基础	体积比为 3∶7 或 2∶8 的灰土，其最小干密度：粉土 1.55t/m³；粉质黏土 1.50t/m³；黏土 1.45t/m³	1∶1.25	1∶1.50	—
三合土基础	体积比 1∶2∶4～1∶3∶6（石灰∶砂∶骨料），每层约虚铺 220mm，夯至 150mm	1∶1.50	1∶2.00	—

注　1. p_k 为荷载效应标准组合时基础底面处的平均压力值，kPa。
2. 阶梯形毛石基础的每阶伸出宽度，不宜大于 200mm。
3. 当基础由不同材料叠合组成时，应对接触部分作抗压验算。
4. 基础底面处的平均压力值超过 300kPa 的混凝土基础，尚应进行抗剪验算。

的纵向受力钢筋的最大直径）。当柱纵向钢筋在柱脚内的竖向锚固长度不满足锚固要求时，可沿水平方向弯折，弯折后的水平锚固长度不应小于 $10d$ 也不应大于 $20d$。

【例 2-1】 已知上部荷载 $F_k=250\text{kN/m}$，刚性条形毛石基础，用 M5 混合砂浆砌筑。基础埋置深度 1.2m，设计地面标高比天然地面高 0.3m，墙厚 370mm，地基为粉土，$\rho_c=15\%$，$\gamma=18.5\text{kN/m}^3$，$f_{ak}=200\text{kPa}$。

解：

（1）确定基础类型。因上部荷载较大，采用全部毛石基础。

（2）根据承载力计算基底宽度。先按 f_{ak} 计算如下：

$$b \geqslant \frac{F_k}{f_{ak}-\gamma_G d}=\frac{250}{200-20\times(1.2+1.5)/2}=1.45\text{m}$$

暂取 $b=1.5$m，由于 $b<3.0$m，但 $d>0.5$m，故承载力需要深度修正。

查表 1-19 得 $\eta_d=1.5$，则有

$$\begin{aligned} f_a &= f_{ak}+\eta_d\gamma_m(d-0.5) \\ &=200+1.5\times18.5\times(1.2-0.5) \\ &=219.4\text{kPa} \end{aligned}$$

再按修正后的 f_a 计算，得

$$b \geqslant \frac{F_k}{f_a-\gamma_G d}=\frac{250}{219.4-20\times(1.2+1.5)/2}=1.30\text{m}<3.0\text{m}$$

故仍不需要宽度修正，可以取 $b=1.5$m。

（3）根据基底压力查材料允许宽高比。

$$\begin{aligned} p_k &= \frac{F_k+G_k}{b} \\ &=\frac{250+20\times1.5\times(1.2+1.5)/2}{1.5} \\ &=\frac{250+40.5}{1.5} \\ &=193.7\text{kPa} \end{aligned}$$

查表 2-1，台阶宽高比的允许值为 1∶1.50。

（4）设计大放脚。以基础半宽计，需放脚的宽度为

$$\frac{b}{2}-\frac{b_1}{2}=750-185=565\text{mm}$$

设计放脚宽度为

$$165+200+200=565\text{mm}$$

据此设计基础剖面如图 2-2 所示。

【例 2-2】 试设计某横墙的刚性基础，基础顶面的竖向荷载 $F_k=110.40$kN/m。基础埋置深度 0.9m，地基为黏性土，$e=0.9$，$\gamma=18.5\text{kN/m}^3$，$f_{ak}=100$kPa。

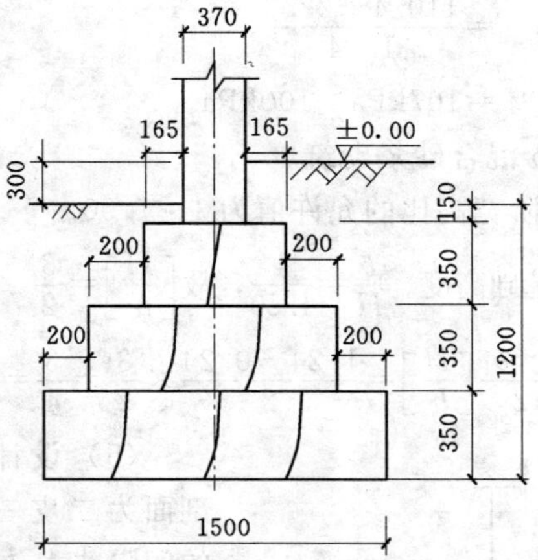

图 2-2 [例 2-1] 毛石基础

解：

(1) 确定基础类型。采用砖基础，构造层采用三七灰土。

(2) 根据承载力计算基底宽度。先按 f_{ak} 计算如下：

$$b \geqslant \frac{F_k}{f_{ak}-\gamma_G d}=\frac{110.4}{100-18.5\times 0.9}=1.32\text{m}<3.0\text{m}$$

由于 $b<3.0\text{m}$，但 $d>0.5\text{m}$，故承载力需要深度修正。

地基为黏性土，$e=0.9$，查表 1-19 得 $\eta_d=1.0$，则有

$$\begin{aligned} f_a &= f_{ak}+\eta_d\gamma_m(d-0.5) \\ &=100+1.0\times 18.5\times(0.9-0.5) \\ &=107.4\text{kPa} \end{aligned}$$

再按修正后的 f_a 计算，得

$$b \geqslant \frac{F_k}{f_a-\gamma_G d}=\frac{110.4}{107.4-20\times 0.9}=1.23\text{m}<3.0\text{m}$$

故仍不需要宽度修正，取 $b=1.24\text{m}$（5 砖宽）。

(3) 根据基底压力查材料允许宽高比。

$$\begin{aligned} p_k &= \frac{F_k+G_k}{b} \\ &=\frac{110.4+20\times 1.24\times 0.9}{1.24} \end{aligned}$$

$$=\frac{110.4+22.3}{1.24}$$

$$=107\text{kPa}>100\text{kPa}$$

砖基础采用 M5 混合砂浆砌筑。

查表 2-1，台阶宽高比的允许值为 1∶1.50。

（4）确定基础高度。$\frac{b}{H}=\frac{1}{1.50}$，故$\left[\frac{H}{b}\right]=\frac{3}{2}$，则基础高度为

$$H=\frac{b-b_1}{2}\left[\frac{H}{b}\right]=\frac{1.24-0.24}{2}\times\frac{3}{2}=\frac{3}{4}=0.75\text{m}$$

（5）设计砖放脚。基础剖面为二皮一收与一皮一收的间隔式大放脚。

根据计算结果可绘出基础剖面如图 2-3 所示。

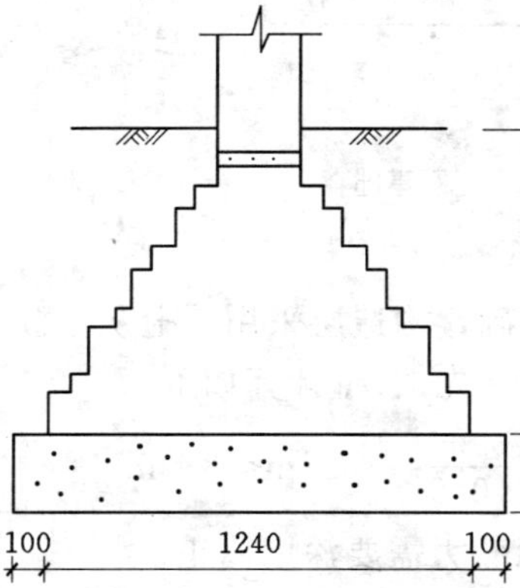

图 2-3 ［例 2-2］砖基础图

【例 2-3】 已知上部荷载 $F_k=160\text{kN/m}$，基础埋置深度为 1.2m，墙厚 370mm，地质条件如图 2-4 所示。填土，$\gamma=17.2\text{kN/m}^3$；黏性土，$e=0.9$，$\gamma=18.5\text{kN/m}^3$，$f_{ak}=140\text{kPa}$，$E_s=15\text{MPa}$；淤泥质土，$f_{ak}=60\text{kPa}$，$E_s=4\text{MPa}$，$\eta_b=0$，$\eta_d=1.1$。试设计此条形基础。

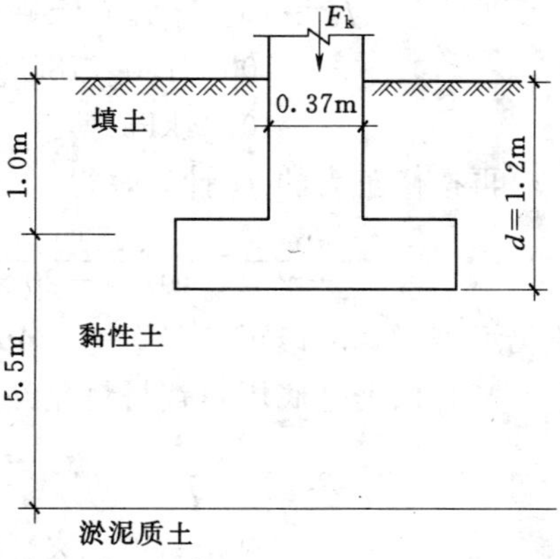

图 2-4 ［例 2-3］地质条件图

解：

（1）确定基础类型。因上部荷载较大，采用三步灰土基础，其上用砖放脚与墙

体相连。

(2) 根据承载力计算基底宽度。先按 f_{ak} 计算如下：

$$b \geqslant \frac{F_k}{f_{ak}-\gamma_G d}$$

$$=\frac{160}{140-20\times1.2}$$

$$=1.37\text{m}$$

暂取 $b=1.4$m，由于 $b<3.0$m，但 $d>0.5$m，故承载力需要深度修正。

黏性土，$e=0.9$，查表 1-19 得 $\eta_d=1.0$，则有

$$f_a=f_{ak}+\eta_d\gamma_m(d-0.5)$$

$$=140+1.0\times\frac{17.2\times1.0+0.2\times18.5}{1.2}\times(1.2-0.5)$$

$$=140+1.0\times17.4\times0.7$$

$$=152.18\text{kPa}$$

再按修正后的 f_a 计算，得

$$b\geqslant\frac{F_k}{f_a-\gamma_G d}=\frac{160}{152.18-20\times1.2}=1.25\text{m}<3.0\text{m},$$

故仍不需要宽度修正，可以取 $b=1.4$m。

(3) 根据基底压力查材料允许宽高比。

$$p_k=\frac{F_k+G_k}{b}=\frac{160+20\times1.4\times1.2}{1.4}=138.2\text{kPa}$$

查表 2-1，灰土台阶宽高比的允许值为 1∶1.50。

(4) 根据已知基础高度 450mm（三步灰土基础），求灰土挑台宽度，即

$$b'_{max}=\frac{\text{h}}{1.50}=\frac{450}{1.50}=300\text{mm}$$

(5) 设计砖放脚。以基础半宽计，墙厚为 a，需放脚的宽度为

$$\frac{b}{2}-\frac{a}{2}-b'_{max}=700-185-300=215\text{mm}$$

放脚模数为 60，故需 4 级砖台才可收缩基础挑台及墙体之间的

宽度，放脚宽度为 4×60=240mm。

（6）验算灰土挑台宽度，确定基础剖面：

$$700-185-240=275\text{mm}<b'_{max}$$

据此，设计基础剖面如图 2-5 所示。

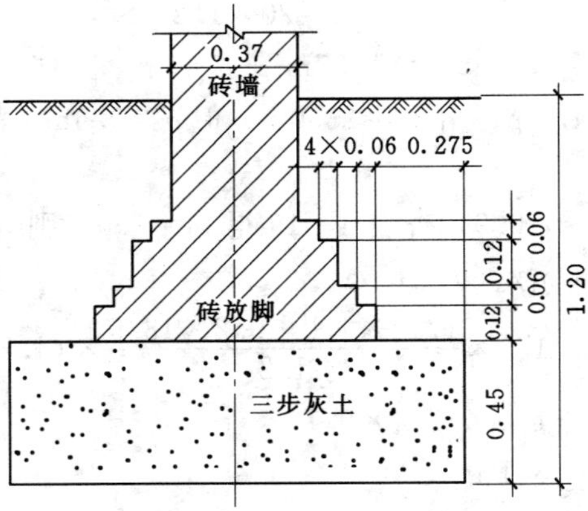

图 2-5 ［例 2-3］基础图（单位：m）

（7）因为持力层下面为软弱下卧层，故还应对该层进行承载力验算。

根据公式 $p_z+p_{cz}\leqslant f_{az}$ 已知 $\eta_d=1.1$，下卧层顶面埋置深度为

$$d'=1.0+5.5=6.5\text{m}$$

土的平均重度为

$$\gamma_m=\frac{17.2\times1.0+18.5\times5.5}{6.5}=18.3\text{kN/m}^3$$

下卧层承载力特征值只进行深度修正，即

$$\begin{aligned}f_{az}&=f_{ak}+\eta_d\gamma_m(d-0.5)\\&=60+1.1\times18.3\times(6.5-0.5)\\&=180\text{kPa}\end{aligned}$$

作用于软弱下卧层顶面处的自重应力为

$$p_{cz}=17.2\times1.0+18.5\times5.5=119\text{kPa}$$

p_z 按扩散角理论计算，根据 $E_{s1}/E_{s2}=150/40=3.75>3$，$z/b=5.3/1.4=3.78>0.50$，查表 1－22 得

$$\theta=23°+\frac{3.78-3}{5-3}\times(25°-23°)=23.78°$$

基础底面处土的自重压力值为

$$p_c=17.2\times1.0+18.5\times0.2=20.9\text{kPa}$$

软弱下卧层顶面处的附加应力为

$$p_z=\frac{b(p_k-p_c)}{(b+2z\tan\theta)}=\frac{1.4\times(138.2-20.9)}{1.4+2\times5.3\times\tan23.78°}=\frac{164.22}{6.07}=27.05\text{kPa}$$

$$p_z+p_{cz}=27.05+119=146.05\text{kPa}<f_{az}=180\text{kPa}$$

即淤泥顶面亦满足承载力要求。

（8）验算灰土基础顶面的强度。砖放脚与灰土接触面宽度为

$$b'=1.4-2\times0.275=0.85\text{m}$$

接触压力为

$$p'_k=\frac{F_k+G'_k}{b'}$$

式中：G'_k 为灰土面以上基础及覆盖土重。

$$G'_k=20\times(1.2-0.45)\times0.85=12.8\text{kN/m}$$

$$p'_k=\frac{F_k+G'_k}{b'}=\frac{160+12.8}{0.85}=203.3\text{kPa}<400\text{kPa}$$

各项要求均可满足，此基础设计合理。

应该注意，基础平面和剖面的设计是互相联系的，必须同时满足各项要求，如有不满足之处即应修改设计，不可忽视。若根据承载力计算所得基底宽度或按刚性角要求确定的基础高度不满足基础埋置深度要求，则应改变基础类型，重新设计。

第二节 扩展基础

一、概述

扩展基础系指柱下钢筋混凝土独立基础和墙下钢筋混凝土条形基础。扩展基础的构造，应符合以下要求：

(1) 锥形基础的边缘高度，不宜小于 200mm；阶梯形基础的每阶高度，宜为 300～500mm。

(2) 垫层的厚度不宜小于 70mm；垫层混凝土强度等级应为 C10。

(3) 扩展基础底板受力钢筋的最小直径不宜小于 10mm；间距不宜大于 200mm，也不宜小于 100mm。墙下钢筋混凝土条形基础纵向分布钢筋的直径不小于 8mm；间距不大于 300mm；每延米分布钢筋的面积应不小于受力钢筋面积的 1/10。当有垫层时，钢筋保护层的厚度不小于 40mm；无垫层时，不小于 70mm。

(4) 混凝土强度等级不应低于 C20。

(5) 当柱下钢筋混凝土独立基础的边长和墙下钢筋混凝土条形基础的宽度大于或等于 2.5m 时，底板受力钢筋的长度可取边长或宽度的 0.9 倍，并宜交错布置［见图 2-6 (*a*)］。

(6) 钢筋混凝土条形基础底板在 T 形及十字形交接处，底板横向受力钢筋仅沿一个主要受力方向通长布置，另一方向的横向受力钢筋可布置到主要受力方向底板宽度 1/4 处［见图 2-6 (*b*)］。在拐角处底板横向受力钢筋应沿两个方向布置［见图 2-6 (*c*)］。

钢筋混凝土柱和剪力墙纵向受力钢筋在基础内的锚固长度 l_a 应根据钢筋在基础内的最小保护层厚度按《混凝土结构设计规范》(GB50010—2002) 有关规定确定。

有抗震设防要求时，纵向受力钢筋的最小锚固长度 l_{aE} 应按下列公式计算。

一、二级抗震等级：

$$l_{aE}=1.15l_a \tag{2-2}$$

三级抗震等级：

$$l_{aE}=1.05l_a \tag{2-3}$$

四级抗震等级：

$$l_{aE}=l_a \tag{2-4}$$

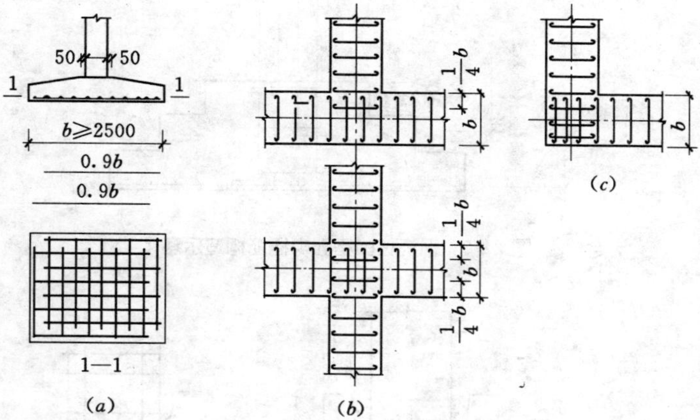

图 2-6 扩展基础底板受力钢筋布置示意

式中：l_a 为纵向受拉钢筋的锚固长度。

现浇柱的基础，其插筋的数量、直径以及钢筋种类应与柱内纵向受力钢筋相同。插筋的锚固长度应满足上述最小锚固长度 l_{aE} 的要求；插筋与柱的纵向受力钢筋的连接方法，应符合现行《混凝土结构设计规范》(GB50010—2002) 的规定。插筋的下端宜做成直钩放于基础底板钢筋网上。当符合下列条件之一时，可仅将四角的插筋伸至底板钢筋网上，其余插筋锚固在基础顶面下 l_a 或 l_{aE}（有抗震设防要求时）处（见图 2-7）：

（1）柱为轴心受压或小偏心受压，基础高度大于或等于 1200mm。

（2）柱为大偏心受压，基础高度大于或等于 1400mm。

二、预制钢筋混凝土柱与基础的连接

1. 预制钢筋混凝土柱与杯口基础的连接

预制钢筋混凝土柱与杯口基础的连接（见图 2-8），应符合以下要求：

（1）柱的插入深度，可按表 2-2 选用，并应满足本节前述钢筋锚固长度的要求及吊装时柱的稳定性。

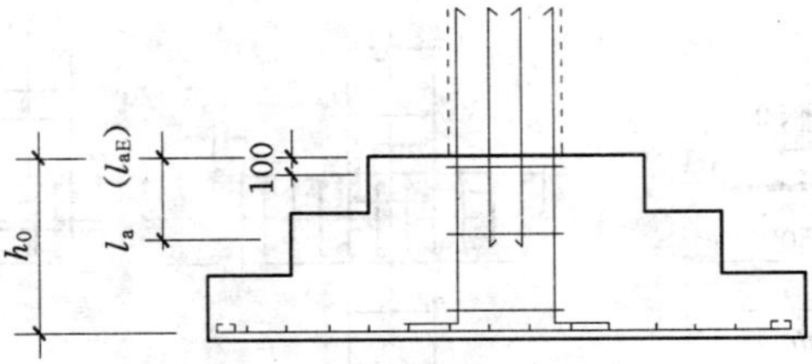

图 2-7　现浇柱的基础中插筋构造示意

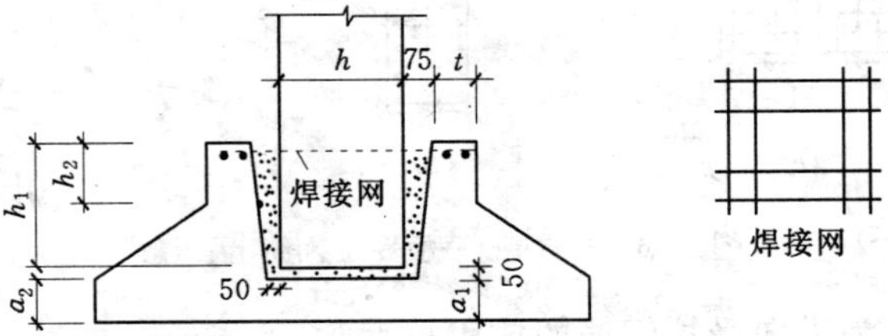

图 2-8　预制钢筋混凝土柱独立基础示意

($a_2 \geqslant a_1$)

表 2-2　　柱的插入深度 h_1　　单位：mm

矩 形 或 工 字 形 柱				双肢柱
$h<500$	$500 \leqslant h<800$	$800 \leqslant h<1000$	$h>1000$	
$h \sim 1.2h$	h	$0.9h$ 且$\geqslant 800$	$0.8h$ 且$\geqslant 1000$	$(1/3 \sim 2/3)\ h_a$ $(1.5 \sim 1.8)\ h_b$

注　1. h 为柱截面长边尺寸；h_a 为双肢柱全截面长边尺寸；h_b 为双肢柱全截面短边尺寸。

2. 柱轴心受压或小偏心受压时，h_1 可适当减小；偏心距大于 $2h$ 时，h_1 应适当加大。

(2) 基础的杯底厚度和杯壁厚度，可按表 2-3 选用。

(3) 当柱为轴心受压或小偏心受压且 $t/h_2 \geqslant 0.65$ 时，或大偏心受压且 $t/h_2 \geqslant 0.75$ 时，杯壁可不配筋；当柱为轴心受压或小偏心受压且 $0.5 \leqslant t/h_2 < 0.65$ 时，杯壁可按表 2-4 构造配筋；其他情况下，应按计算配筋。

表 2-3　　基础的杯底厚度和杯壁厚度　　单位：mm

柱截面长边尺寸 h	杯底厚度 a_1	杯壁厚度 t
$h<500$	≥150	150～200
$500\leqslant h<800$	≥200	≥200
$800\leqslant h<1000$	≥200	≥300
$1000\leqslant h<1500$	≥250	≥350
$1500\leqslant h<2000$	≥300	≥400

注　1. 双肢柱的杯底厚度值，可适当加大。

2. 当有基础梁时，基础梁下的杯壁厚度，应满足其支承宽度的要求。

3. 柱子插入杯口部分的表面应凿毛，柱子与杯口之间的空隙，应用比基础混凝土强度等级高一级的细石混凝土充填密实，当达到材料设计强度的 70% 以上时，方能进行上部吊装。

表 2-4　　杯壁构造配筋　　单位：mm

柱截面长边尺寸	$h<1000$	$1000\leqslant h<1500$	$1500\leqslant h<2000$
钢筋直径	8～10	10～12	12～16

注　表中钢筋置于杯口顶部，每边两根（见图 2-8）。

2. 预制钢筋混凝土柱（包括双肢柱）与高杯口基础的连接

预制钢筋混凝土柱（包括双肢柱）与高杯口基础的连接（见图2-9），应符合预制钢筋混凝土柱与杯口基础连接中关于插入深度的规定。杯壁厚度符合表 2-5 的规定且符合下列条件时，杯壁和短柱配筋，可按图 2-10 的构造要求进行设计：

(1) 起重机起重量不大于 75t，轨顶标高不大于 14m，基本风压小于 0.5kPa 的工业厂房，且基础短柱的高度不大于 5m。

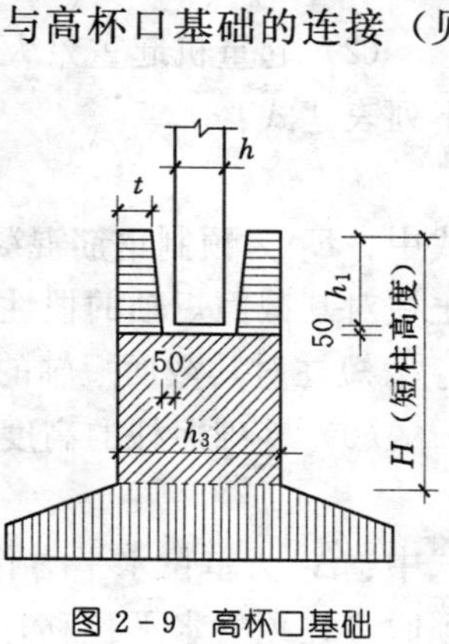

图 2-9　高杯口基础

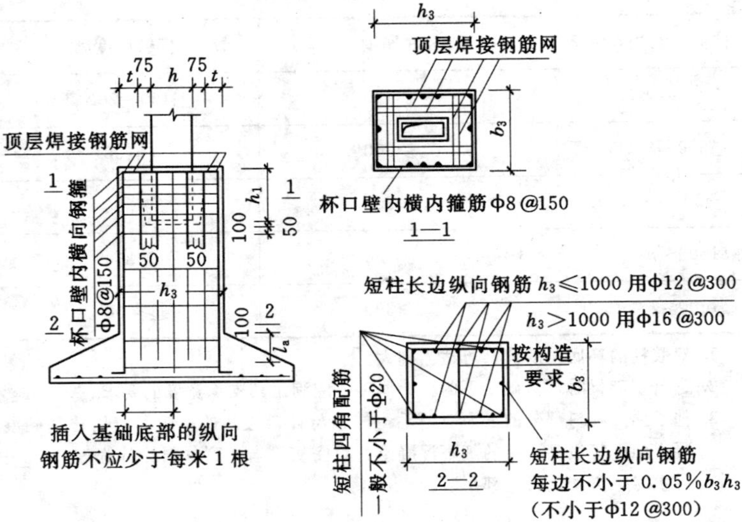

图 2-10 高杯口基础构造配筋示意

表 2-5 **高杯口基础的杯壁厚度 t** 单位：mm

h	t	h	t
$600<h\leqslant800$	$\geqslant250$	$1000<h\leqslant1400$	$\geqslant350$
$800<h\leqslant1000$	$\geqslant300$	$1400<h\leqslant1600$	$\geqslant400$

（2）起重机起重量大于 75t，基本风压大于 0.5kPa，且符合下列表达式：

$$E_2I_2/E_1I_1\geqslant10 \tag{2-5}$$

式中：E_1 为预制钢筋混凝土柱的弹性模量；I_1 为预制钢筋混凝土柱对其截面短轴的惯性矩；E_2 为短柱的钢筋混凝土弹性模量；I_2 为短柱对其截面短轴的惯性矩。

（3）基础短柱的高度大于 5m，且符合下列表达式：

$$\Delta_2/\Delta_1\leqslant1.1 \tag{2-6}$$

式中：Δ_1 为单位水平力作用在以高杯口基础顶面为固定端的柱顶时，柱顶的水平位移；Δ_2 为单位水平力作用在以短柱底面为固定端的柱顶时，柱顶的水平位移。

（4）高杯口基础短柱的纵向钢筋，除满足计算要求外，在非地震区及抗震设防烈度低于9度地区，且满足上述（1）～（3）项的要求时，短柱四角纵向钢筋的直径不宜小于20mm，并延伸至基础底板的钢筋网上。短柱长边的纵向钢筋，当长边尺寸小于或等于1000mm时，其钢筋直径不应小于12mm，间距不应大于300mm；当长边尺寸大于1000mm时，其钢筋直径不应小于16mm，间距不应大于300mm，且每隔1m左右伸下一根并作150mm的直钩支承在基础底部的钢筋网上，其余钢筋锚固至基础底板顶面下 l_a 处（见图2-10）。短柱短边每隔300mm应配置直径不小于12mm的纵向钢筋，且每边的配筋率不少于0.05%短柱的截面面积。短柱中的箍筋直径不应小于8mm，间距不应大于300mm；当抗震设防烈度为8度和9度时，箍筋直径不应小于8mm，间距不应大于150mm。

三、墙下钢筋混凝土条形基础计算

墙下钢筋混凝土条形基础的设计计算主要包括确定基础宽度、基础高度和基础底板配筋。在确定基础宽度、基础高度和基础底板配筋时，上部结构传至基础底面上的荷载效应和相应的基底反力应按承载能力极限状态下荷载效应的基本组合。

基础一般做成无肋的板，采用对称形式。当地基软弱时，可采用带肋的板，增加基础的刚度以减少不均匀的沉降（见图2-11）。

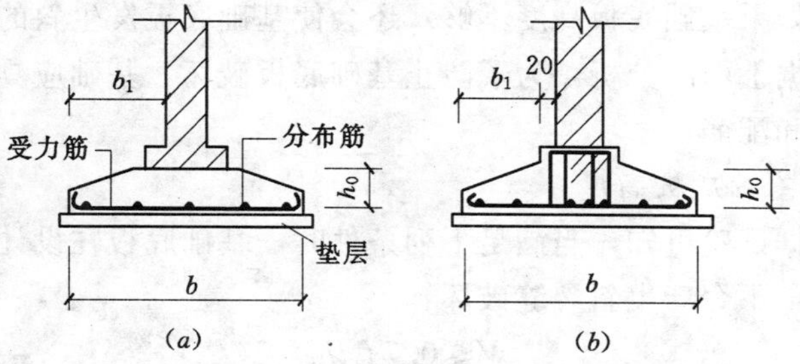

图2-11　墙下钢筋混凝土条形基础

（a）无肋式；（b）有肋式

(一) 基础宽度

基础宽度计算与一般浅基础相同，取 1m 长为计算单元。当为轴心受压时，按式（1－16）或式（1－22）计算；当为偏心受压时按式（1－17）和式（1－18）计算。

(二) 基础底板高度和配筋

墙下钢筋混凝土条形基础的受力分析如图 2－12 所示。它的受力情况如同一倒置的悬臂板，由该图可见，这个悬臂板在基础底面净反力 p_j（p_j 是指由上部结构设计荷载 F_k 在基底产生的反力，由自重 G_k 产生的均布压力与其相应的地基反力相抵消）作用下，使基础底板发生向上的弯曲变形。在截面Ⅰ－Ⅰ将产生弯矩 M。如果 M 过大，配筋不足，基础底板就会沿截面Ⅰ－Ⅰ裂开。

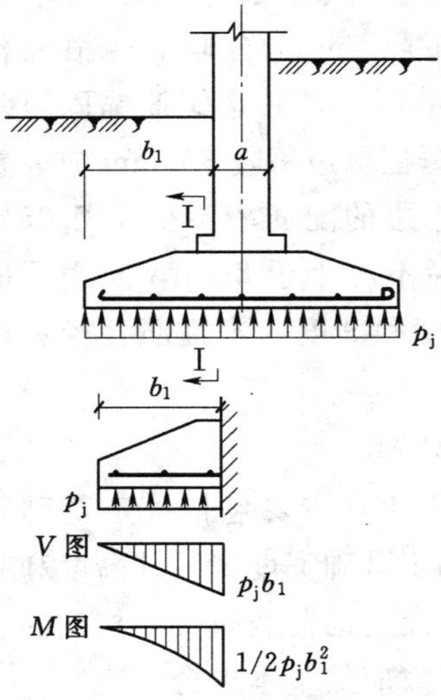

图 2－12　墙下钢筋混凝土条形基础受力分析

此外，在地基净反力 p_j 作用下，还使截面Ⅰ－Ⅰ左边这段基础板发生向上错动的趋势，在截面Ⅰ－Ⅰ将产生剪力 V。实践和理论分析证明，基础底板在剪力 V 作用下，如果基础底板高度不够，还会使基础底板发生斜的裂缝。

根据上面的分析，为了防止基础底板破坏，基础应具有足够的高度和配筋。

1. 基础底板高度

根据试验可知，当满足下列条件时，基础底板在设计剪力 V 作用下，不会产生斜裂缝破坏：

$$V \leqslant 0.7 f_t l h_0 \tag{2-7}$$

$$V = p_j l b_1 \tag{2-8}$$

式中：V 为基础底板悬臂根部截面的最大剪力设计值，kN；f_t

为混凝土轴心抗拉强度设计值，kPa；l 为长度计算单元，取 $l=1m$；b_1 为截面Ⅰ－Ⅰ至基底边缘最大反力处的距离，m；p_j 为地基净反力，kPa。

当墙体材料为混凝土时，取 $b_1=(b-a)/2$，此时，b_1 为基础边缘至墙面的距离；a 为基础墙厚，m；b 为基础宽度，m。当为砖墙且放脚不大于 1/4 砖长时，取 b_1 为基础边缘至墙面距离加上 1/4 砖长。

轴心受压时：

$$p_j=p_k-\frac{G}{b} \tag{2-9}$$

偏心受压时：

$$p_{jmax}=p_{kmax}-\frac{G}{b} \tag{2-10}$$

$$p_{jmin}=p_{kmin}-\frac{G}{b} \tag{2-11}$$

$$p_{j\,\mathrm{I}}=p_{\mathrm{I}}-\frac{G}{b}\text{（墙边）} \tag{2-12}$$

$$p_{j\,\mathrm{I}}=p_{jmax}+\frac{b-b_1}{b}(p_{jmax}-p_{jmin}) \tag{2-13}$$

偏压计算时取用边缘最大净反力 p_{jmax} 与墙边净反力 $p_{j\,\mathrm{I}}$ 的平均值计算。

以上各式中：p_{jmax}、p_{jmin} 分别为相应于荷载效应基本组合时的基础底面边缘最大、最小地基净反力设计值，kPa；p_{kmax}、p_{kmin} 分别为相应于荷载效应基本组合时的基础底面边缘最大、最小地基反力设计值，kPa；p_{I} 为相应于荷载效应基本组合时在任意截面Ⅰ－Ⅰ处基础底面地基反力设计值，kPa；G 为考虑荷载分项系数的基础自重及其上的土自重，当组合值由永久荷载控制时，$G=1.35G_k$；G_k 为基础及其上土的标准自重。

底板下设垫层时：

$$h_0=h-40\text{mm}$$

底板下无垫层时：

$$h_0 = h - 70\text{mm}$$

式中：h_0 为基础底板有效高度，mm；h 为基础底板高度，mm。

根据经验计算时，一般取 h 为基础宽度的 1/8，然后按式（2-7）验算。

2. 基础底板配筋

墙下钢筋混凝土条形基础的受力钢筋在横向（基础宽度方向）配置，纵向配置分布筋，受力筋由计算确定。

基础底板截面Ⅰ—Ⅰ处相应于荷载效应基本组合时的弯矩设计值为

$$M_{\text{I}} = \frac{1}{2} p_{\text{j}} l b_1^2 \tag{2-14}$$

基础底板内受力钢筋面积按下式计算：

$$A_{\text{s}} = \frac{M_{\text{I}}}{0.9 f_{\text{y}} h_0} \tag{2-15}$$

式中：A_{s} 为基础底板受力钢筋面积，mm^2；f_{y} 为钢筋抗拉强度设计值，N/mm^2。

偏压计算时，式（2-8）和式（2-14）中的 p_{j} 用 $(p_{\text{jmax}} + p_{\text{jI}})/2$ 代替。

受力钢筋一般采用 HRB400 级和 HRB335 级，也可采用 HPB235 级和 RRB400 级钢筋。

3. 计算实例

【例 2-4】 试设计某教学楼外墙钢筋混凝土基础（见图 2-13）。在基础顶面处的相应于荷载效应标准组合上部结构荷载值 $F_{\text{k}} = 240\text{kN/m}$，荷载效应基本组合 $F = 278\text{kN/m}$，室内外高差 0.45m，基础埋置深度为 1.30m，修正后的地基承载力特征值 $f_{\text{a}} = 155\text{kPa}$，混凝土强度等级 C20（$f_{\text{c}} = 9.6\text{N/mm}^2$，$f_{\text{t}} = 1.10\text{N/mm}^2$），采用 HPB235 级钢筋（$f_{\text{y}} = 210\text{N/mm}^2$）。

解：

（1）确定基础宽度。

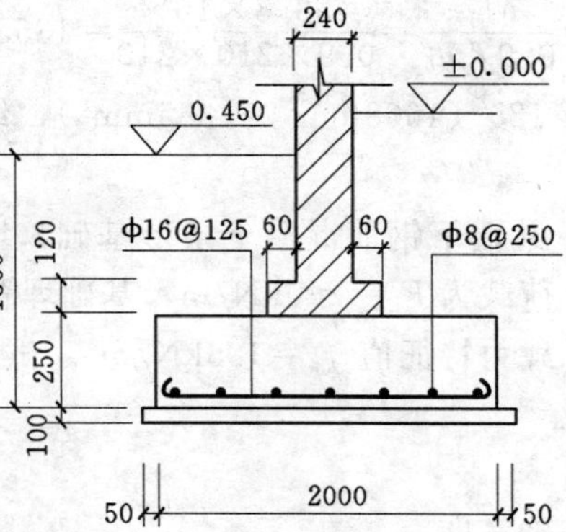

图 2-13 ［例 2-4］图

$$b \geqslant \frac{F_k}{f_a - \gamma_G h} = \frac{240}{155 - 20 \times (1.3 + 1.75)/2} = \frac{240}{124.5} = 1.93\text{m}$$

取 $b=2.0\text{m}$。

(2) 确定基础底板高度。地基净反力为

$$p_j = \frac{F}{b} = \frac{278}{2} = 139\text{kPa}$$

估算基础底板高度，取 $h = b/8 = 2000/8 = 250\text{mm}$，采用 100mm 厚 C10 混凝土垫层，则

$$h_0 = 250 - 40 = 210\text{mm}$$

基础边缘至砖墙计算截面的距离为

$$b_1 = \frac{1}{2}(b-a) = \frac{1}{2}(2-0.24) = 0.88\text{m}$$

基础净反力产生的最大剪力设计值为

$$V = p_j l b_1 = 139 \times 1 \times 0.88 = 122.3\text{kN}$$

$$0.7 f_t l h_0 = 0.7 \times 1.10 \times 10^3 \times 0.21 = 161.7\text{kN} > V = 122.3\text{kN}$$

故基础底板高度满足要求。

(3) 计算基础底板配筋。最大弯矩设计值为

$$M_{\text{I}} = \frac{1}{2} p_j l b_1^2 = \frac{1}{2} \times 139 \times 1 \times 0.88^2 = 53.8\text{kN} \cdot \text{m}$$

受力钢筋面积为

$$A_s=\frac{M_{\mathrm{I}}}{0.9f_yh_0}=\frac{53.8\times10^6}{0.9\times210\times210}=1355\mathrm{mm}^2$$

故选配 8 ф 16@125（$1608\mathrm{mm}^2>1355\mathrm{mm}^2$），纵向分布钢筋选配ф 8@250。

【例 2-5】 某墙下钢筋混凝土条形基础，墙厚 240mm，作用于基础顶面上荷载为 $F_k=240\mathrm{kN/m}$，基础埋置深度 $d=0.8\mathrm{m}$，经修正后地基承载力特征值 $f_a=105\mathrm{kN/m}^2$。试设计此钢筋混凝土条形基础。

解：

（1）确定基础宽度。

$$b\geqslant\frac{F_k}{f_a-\gamma_Gd}=\frac{240}{105-20\times0.8}=2.7\mathrm{m}$$

（2）确定基础底板高度。地基净反力为

$$p_j=\frac{F_k}{b}=\frac{240}{2.7}=89\mathrm{kPa}$$

估算基础底板高度，假设 $h=b/8=2700/8=337.5\mathrm{mm}$，取 $h=350\mathrm{mm}$，则 $h_0=310\mathrm{mm}$。

该基础用 C20 混凝土，$f_t=1.1\mathrm{N/mm}^2$，HPB235 钢筋，$f_y=210\mathrm{N/mm}^2$，基础净反力产生的最大剪力设计值为

$$V=p_jlb_1=89\times\frac{2.7-0.24}{2}\times1=109.5\mathrm{kN}$$

取 $\beta_h=1.0$（$h=350\mathrm{mm}<800\mathrm{mm}$），则有

$$0.7\beta_hf_tlh_0=0.7\times1.0\times1.1\times10^3\times310=238.7\mathrm{kN}>V$$

故基础底板高度满足要求。

取基础边缘高度为 200mm，基础剖面如图 2-14 所示。

（3）计算基础底板配筋。最大弯矩设计值为

$$M=\frac{1}{2}p_js^2$$

$$s=\frac{2.7}{2}-0.12=1.23\mathrm{m}$$

$$M_{\mathrm{I}}=\frac{1}{2}\times89\times1\times1.23^2=67.3\mathrm{kN}\cdot\mathrm{m}$$

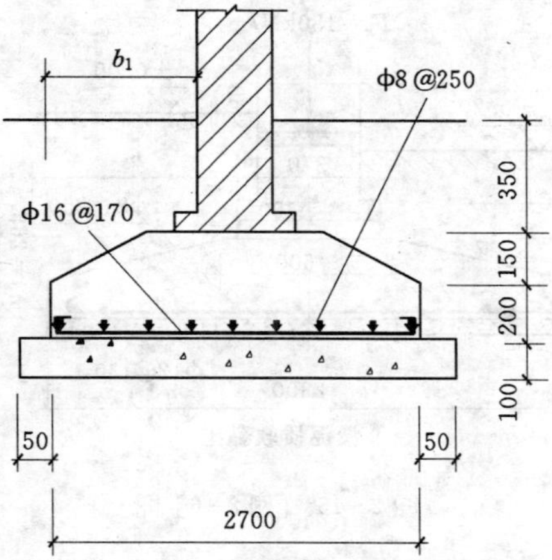

图 2-14 ［例 2-5］图

基础每米受力钢筋面积，按式（2-15）计算，得

$$A_s=\frac{M_{\text{I}}}{0.9f_yh_0}=\frac{67.3\times10^6}{0.9\times210\times310}=1149\text{mm}^2$$

故选配φ16@170（$1183\text{mm}^2>1149\text{mm}^2$），纵向分布钢筋选配φ8@250。

【例 2-6】 设计某混合结构墙下扩展基础。已知上部荷载为 $F_k=180\text{kN/m}$，基础埋置深度 $d=0.8\text{m}$，地基条件如图2-15所示，持力层承载力特征值 $f_{ak}=90\text{kPa}$。

解：

因地基承载力较低，基础埋置深度较浅，选用钢筋混凝土条形基础，C20 混凝土，$f_t=1.1\text{N/mm}^2$，HPR235 钢筋，$f_y=210\text{N/mm}^2$。

（1）确定基础宽度。

$$b\geqslant\frac{F_k}{f_{ak}-\gamma_G d}=\frac{180}{90-20\times0.8}=2.43\text{m}$$

淤泥质软黏土 $\eta_b=0$，$\eta_d=1.1$，$d=0.8\text{m}>0.5\text{m}$，需修正。

$$f_a=f_{ak}+\eta_d\gamma_m(d-0.5)=90+1.1\times18\times0.3=96\text{kPa}$$

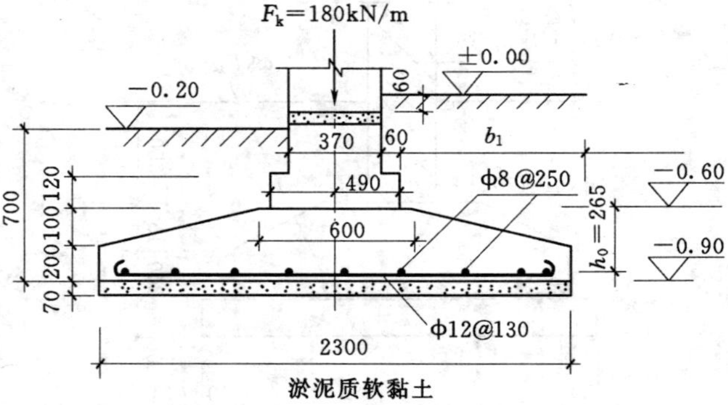

图 2-15 ［例 2-6］图

$$b \geqslant \frac{F_k}{f_a - \gamma_G d} = \frac{180}{96 - 20 \times 0.8} = 2.25\text{m}$$

取 $b=2.3$m。

(2) 确定基础高度。按经验取 $h=b/8=230/8=28.8$mm，取 $h=30$cm，则 $h_0=30-3.5=26.5$cm，做成锥形截面，用砖放脚，与墙体相连。

悬臂部分最大弯矩及剪力截面位于砖墙的边缘处，即

$$s=\frac{b}{2}-\frac{0.37}{2}=0.965\text{m}$$

$$p_j=\frac{F}{b}=\frac{180}{2.3}=78.3\text{kPa}$$

$$V=p_j s=78.3 \times 0.965 \times 1=75.56\text{kN}$$

由于 $\beta_h=\left(\frac{800}{h_0}\right)^{1/4}$，当 $h_0<800$mm，取 $h_0=800$mm，故

$$\beta_h=\left(\frac{800}{800}\right)^{1/4}=1$$

$$0.7\beta_h f_t l h_0=0.7 \times 1.0 \times 1.1 \times 10^3 \times 265=204\text{kN}>V$$

故基础底板高度满足要求。

取基础边缘高度为 200mm，基础剖面如图 2-15 所示。

(3) 计算基础底板配筋。截面如图 2-15 所示，最大弯矩设

计值为

$$M_{\mathrm{I}}=\frac{1}{2}p_{\mathrm{j}}s^{2}=\frac{1}{2}\times 81.8\times 0.965^{2}=38.1\mathrm{kN}\cdot\mathrm{m}$$

基础每米受力钢筋面积为

$$A_{\mathrm{s}}=\frac{M_{\mathrm{I}}}{0.9f_{\mathrm{y}}h_{0}}=\frac{38.1\times 10^{6}}{0.9\times 285\times 210}=707.3\mathrm{mm}^{2}$$

选配ф12@130（$870\mathrm{mm}^2>707.3\mathrm{mm}^2$），纵向分布钢筋选配ф8@250。

四、柱下钢筋混凝土独立基础计算

柱下钢筋混凝土独立基础的设计计算，主要包括确定基础底面尺寸、基础高度和基础底板配筋。在确定基础底板高度和计算基础底板配筋时，上部结构传来的荷载效应组合和相应的基底反力应按承载能力极限状态下荷载效应的基本组合，并采用相应的分项系数。分项系数可按《建筑结构荷载规范》（GB50009—2001）的规定选用。

（一）基础底面尺寸

基础底面尺寸计算与一般浅基础相同。当为轴心受压时，按式（1－16）或式（1－22）计算。当为偏心受压时，按式（1－17）和式（1－18）计算。

（二）基础底板高度和配筋

根据试验可知，柱下钢筋混凝土独立基础有以下两种破坏形式。

第一种破坏形式：在地基净反力 p_{j} 作用下，基础底板在两个方向均发生向上的弯曲，底部受拉、顶部受压。在危险截面内的弯矩超过底板的抗弯强度时，底板就会发生弯曲破坏，为了防止这种破坏，需要在基础底板下部配置钢筋。

第二种破坏形式：当基础底板面积较大，而高度较薄时，基础就会发生冲切破坏，即基础从柱子（或变阶处）四周开始，沿着45°斜面拉裂，从而形成冲切角锥体（见图2－16），为了防止这种破坏，基础应有足够的高度。

1. 基础底板高度

基础底板高度应根据在基础冲切角锥体以外，由相应于荷载效

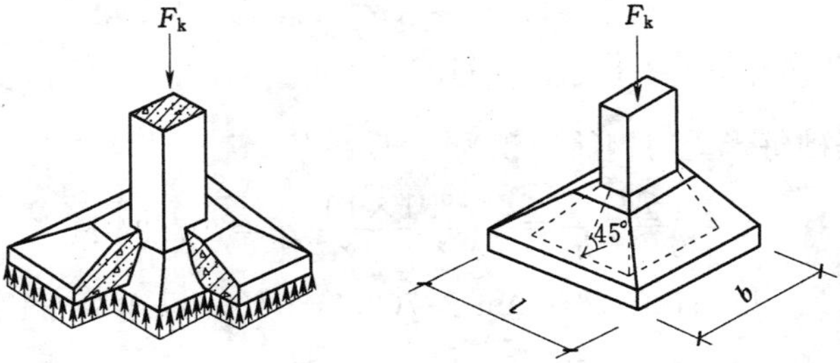

图 2-16 基础冲切破坏

应基本组合时地基净反力 p_j 在冲切面上产生的冲切承载力 F_l 应小于基础冲切面上混凝土的抗冲切强度（受拉承载力）的条件确定，即柱与基础交接处以及基础变阶处的受冲切承载力应按下式计算：

$$F_l \leqslant 0.7\beta_{hp} f_t b_m h_0 \tag{2-16}$$

其中

$$b_m = \frac{b_t + b_b}{2} \tag{2-17}$$

$$F_l = p_j A_l \tag{2-18}$$

式中：F_l 为相应于荷载效应基本组合时作用于 A_l 上的地基土净反力设计值，kN；β_{hp} 为受冲切承载力截面高度影响系数，当 $h \leqslant$ 800mm 时取 1.0，当 $h \geqslant$ 2000mm 时取 0.9，其间按线性内插法取用；f_t 为混凝土轴心抗拉强度设计值，kPa；h_0 为基础有效高度，m；b_m 为冲切破坏锥体最不利一侧计算长度，即斜截面上、下（顶、底）边长 b_t、b_b 的平均值（见图 2-17），m；b_t 为冲切破坏锥体最不利一侧斜截面的上边长，m，当计算柱与基础交接处的受冲切承载力时，取柱宽，当计算基础变阶处的受冲切承载力时，取上阶宽；b_b 为冲切破坏锥体最不利一侧斜截面在基础底面积范围内的下边长，m，当冲切破坏锥体的底面落在基础底面以

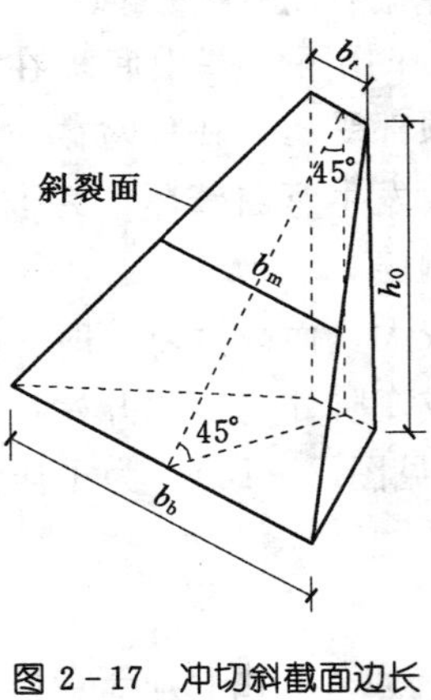

图 2-17 冲切斜截面边长

内［见图2-18（a）］，计算柱与基础交接处的受冲切承载力时，取柱宽加2倍基础有效高度 h_0，当计算基础变阶处的受冲切承载力时，取上阶宽加2倍该处的基础有效高度 h_{01}，当冲切破坏锥体的底面在 b 方向落在基础底面以外，即 $b_z+2h_0>b$ 时［见图2-18（b）］，$b_b=b$；A_l 为受冲切承载力的作用面积（见图2-18中的阴影面积），m^2；p_j 为扣除基础自重及其上土重后相应于荷载效应基本组合时的地基土单位面积净反力，对偏心受压基础可取基础边缘处最大地基土单位面积净反力，kPa。

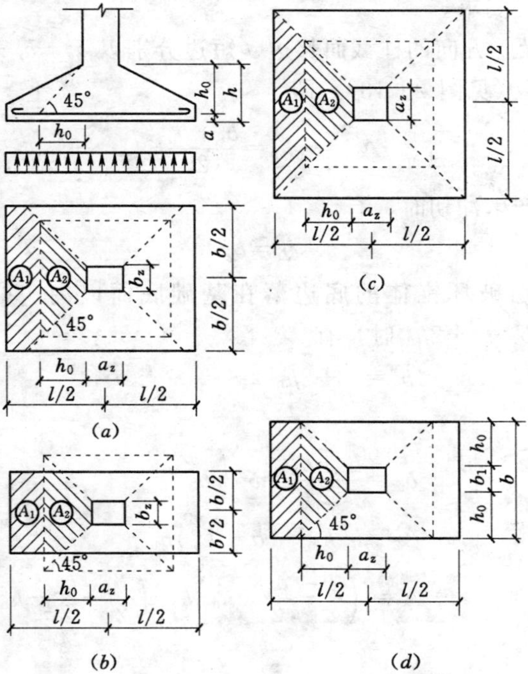

图 2-18　基础冲切验算计算图

当为轴心受压时：

$$p_j=p_k-\frac{G}{A} \tag{2-19}$$

当为偏心受压时：

$$p_{jmax}=p_{max}-\frac{G}{A} \tag{2-20}$$

柱边截面Ⅰ－Ⅰ处：

$$p_{jⅠ}=p_{Ⅰ}-\frac{G}{A} \tag{2-21}$$

$$p_{jⅠ}=p_{jmin}+\frac{l+a_z}{2l}(p_{jmax}-p_{jmin}) \tag{2-22}$$

对于矩形基础，柱短边一侧冲切破坏较柱长边一侧危险。因此，只需根据短边一侧的冲切破坏条件来确定基础高度，长边一侧即可满足要求。

设 l 及 b 方向的柱截面长边、短边分别以 a_z、b_z 表示，$b_m h_0$ 以 A_2 表示（见图 2－18），即

$$A_2=b_m h_0=\frac{b_t+b_b}{2}h_0$$

则沿柱边产生冲切时，有

$$b_t=b_z$$

当冲切破坏锥体的底边落在基础底面以内［见图 2－18（a)］，即 $b>b_z+2h_0$ 时，有

$$b_b=b_z+2h_0$$

于是

$$b_m=\frac{b_t+b_b}{2}=b_z+h_0 \tag{2-23}$$

$$A_2=b_m h_0=(b_z+h_0)h_0 \tag{2-24}$$

$$A_1=\left(\frac{l}{2}-\frac{a_z}{2}-h_0\right)b-\left(\frac{b}{2}-\frac{b_z}{2}-h_0\right)^2 \tag{2-25}$$

同理，当 $b<b_z+2h_0$ 时［见图 2－18（b)］，有

$$A_1=\left(\frac{l}{2}-\frac{a_z}{2}-h_0\right)b \tag{2-26}$$

$$A_2=b_m h_0=(b_z+h_0)h_0-\left(\frac{b_z}{2}+h_0-\frac{b}{2}\right)^2 \tag{2-27}$$

当为正方形柱及正方形基础时［见图 2－18（c)］，有

$$A_1=\left(\frac{l}{2}-\frac{a_z}{2}-h_0\right)\left(\frac{l}{2}+\frac{a_z}{2}+h_0\right) \tag{2-28}$$

$$A_2=(a_z+h_0)h_0 \tag{2-29}$$

当 $b=b_z+2h_0$ 时［见图 2-18 (d)］，有

$$A_1=\left(\frac{l}{2}-\frac{a_z}{2}-h_0\right)b \tag{2-30}$$

$$A_2=(b_z+h_0)h_0 \tag{2-31}$$

分别将 A_1、A_2 代入式（2-16），为一元二次方程，可解出其未知数 h_0。

对于基础高度的确定，也可先按经验初步假定基础高度，确定 h_0，算出 A_1、A_2，再代入式（2-16）进行抗冲切验算，当不满足要求时，调整基础高度尺寸，直到满足要求为止。

对于阶梯形基础，除对柱边进行冲切验算外，还可能从变阶处开始沿着 45°斜面拉裂。因此，尚需对基础变阶处进行冲切验算。此时，应将上台阶底周边看作柱周边，a_z、b_z、h_0 分别换成变阶处台阶尺寸 a_{z1}、b_{z1}、h_{01}、b_{t1}、b_{b1}，验算方法与上面柱周边冲切验算相同（见图 2-19）。

当基础底面边缘在 45°冲切破坏线以内时，可以不进行基础高度的抗冲切验算。

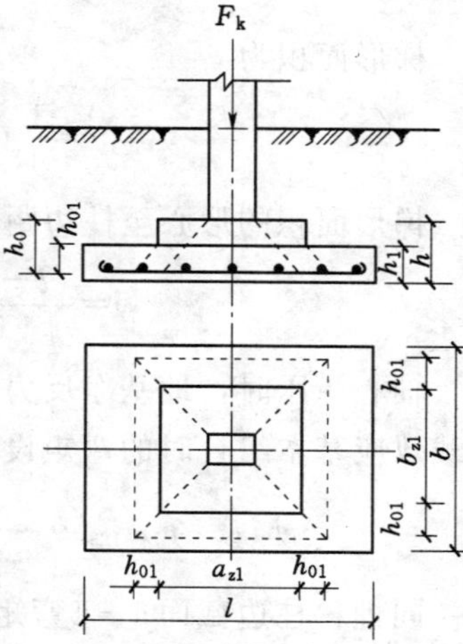

图 2-19 阶梯形基础高度验算

2. 基础底板配筋

基础底板在地基净反力 p_j 作用下沿着柱的周边向上弯曲，一般矩形基础的长宽比 $l/b\leqslant 2$，故为双向受弯，当弯曲应力超过基础的抗弯强度时，基础底板将发生弯曲破坏。因此，应在基础底板两个方向配置钢筋。其破坏特征是裂缝沿柱角至基础角将基础底面分裂成四块梯形面积。故配筋计算时，将基础底板看成四

块固定在柱周边的梯形悬臂板（见图 2-20），则基础底板长、宽两个方向的弯矩，就等于相应梯形基底面积上地基净反力所产生的力矩。如柱边截面Ⅰ—Ⅰ的计算弯矩为作用在梯形面积 A_{1234} 上的地基净反力对柱边的力矩。

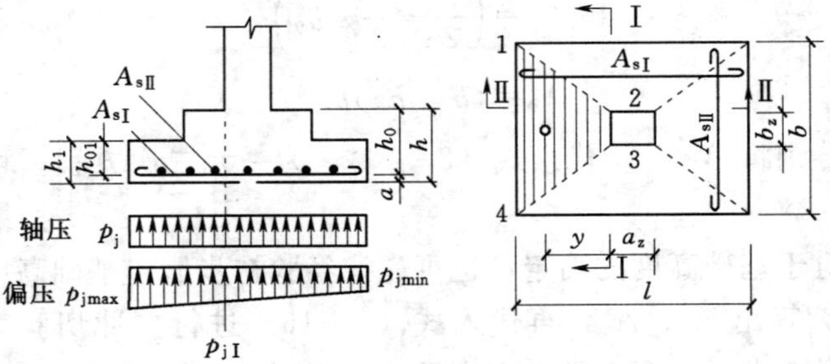

图 2-20　基础底板配筋示意图

梯形面积为

$$A_{1234}=\frac{1}{4}(b+b_z)(l-a_z)$$

梯形面积的形心至柱边距为

$$y=\frac{(l-a_z)(b_z+2b)}{6(b_z+b)}$$

轴心受压时，地基净反力 p_j 对柱边截面Ⅰ—Ⅰ产生的相应于荷载效应基本组合时的弯矩设计值为

$$M_{\text{I}}=p_jA_{1234}y=\frac{1}{24}p_j(l-a_z)^2(2b+b_z) \qquad (2-32)$$

同理：柱边截面Ⅱ—Ⅱ弯矩为

$$M_{\text{II}}=p_jA_{1234}y=\frac{1}{24}p_j(b-b_z)^2(2l+a_z) \qquad (2-33)$$

偏心受压时：地基净反力取平均值。

柱边截面Ⅰ—Ⅰ的弯矩为

$$M_{\text{I}}=p_jA_{1234}y=\frac{1}{48}(l-a_z)^2(2b+b_z)(p_{jmax}+p_{j\text{I}}) \qquad (2-34)$$

柱边截面Ⅱ－Ⅱ的弯矩为

$$M_{Ⅱ}=p_{j}A_{1234}y=\frac{1}{48}(b-b_{z})^{2}(2l+a_{z})(p_{jmax}+p_{jmin}) \tag{2-35}$$

底板长度方向（平行 l 方向，垂直于截面Ⅰ－Ⅰ）的受力钢筋面积为

$$A_{sⅠ}=\frac{M_{Ⅰ}}{0.9f_{y}h_{0Ⅰ}} \tag{2-36}$$

底板宽度方向（平行于 b）的受力钢筋面积为

$$A_{sⅡ}=\frac{M_{Ⅱ}}{0.9f_{y}h_{0Ⅱ}} \tag{2-37}$$

对于阶梯形基础，除进行柱边截面配筋计算外，尚应计算变阶处截面的配筋，此时只需用台阶平面尺寸 $a_{z1}b_{z1}$ 代替柱截面尺寸 $a_{z}b_{z}$，按上述计算方法计算（见图 2－21）。

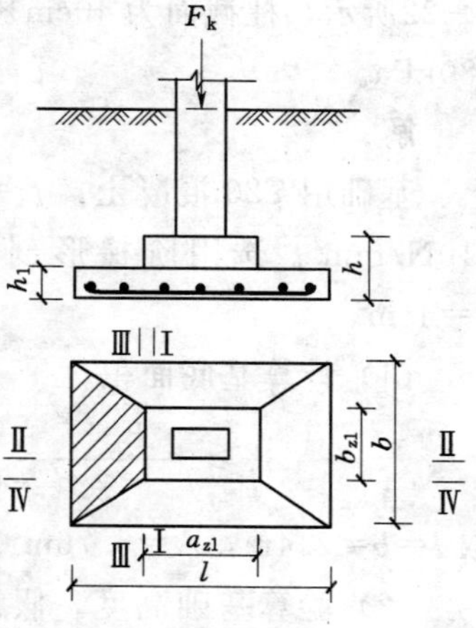

图 2－21 阶梯形基础配筋计算

变阶处截面Ⅲ－Ⅲ弯矩如下。

轴心受压：

$$M_{Ⅲ}=\frac{1}{24}p_{j}(l-a_{z1})^{2}(2b+b_{z1}) \tag{2-38}$$

偏心受压：

$$M_{Ⅲ}=\frac{1}{48}(l-a_{z1})^{2}(2b+b_{z1})(p_{jmax}+p_{jⅢ}) \tag{2-39}$$

钢筋面积为

$$A_{sⅢ}=\frac{M_{Ⅲ}}{0.9f_{y}h_{0Ⅰ}} \tag{2-40}$$

变阶处截面Ⅳ－Ⅳ弯矩如下。

轴心受压：

$$M_{Ⅳ}=\frac{1}{24}p_{j}(b-b_{z1})^{2}(2l+a_{z1}) \tag{2-41}$$

偏心受压：

$$M_{\text{IV}}=\frac{1}{48}(b-b_{z1})^2(2l+a_{z1})(p_{jmax}+p_{jmin}) \qquad (2-42)$$

钢筋面积为

$$A_{s\text{IV}}=\frac{M_{\text{IV}}}{0.9f_y h_{0\text{I}}} \qquad (2-43)$$

按上述方法求出钢筋面积后，最后根据同一方向的较大钢筋面积配筋。

3. 计算实例

【例2-7】 设计中心受压柱基础。已知上部荷载为 $F_k=800\text{kN}$，基础埋置深度 $d=1.8\text{m}$，地基条件及荷载情况如图2-22所示，柱截面为 $40\text{cm}\times40\text{cm}$。持力层承载力特征值 $f_{ak}=180\text{kPa}$。

解：

基础用C20混凝土，$f_t=1.1\text{N/mm}^2$，HPB235钢筋，$f_y=210\text{N/mm}^2$。选用阶梯形剖面，素混凝土垫层，钢筋保护层 $a=4\text{cm}$。

（1）计算基底面积。

$$A\geqslant\frac{F_k}{f_{ak}-\gamma_G d}=\frac{800}{180-20\times1.8}=5.55\text{m}^2$$

取 $l=b=2.4\text{m}$，$A=5.76\text{m}^2$。

（2）验算基础高度。假设截面如图2-22所示，总高 $h=60\text{cm}$，柱边有效高度 $h_0=56\text{cm}$，台阶高度 $h_1=35\text{cm}$，变阶处有效高度 $h_{01}=31\text{cm}$。柱截面为正方形，$a_z=b_z=40\text{cm}$，基础也为正方形。基底净反力为

$$p_j=\frac{F_k}{A}=\frac{800}{5.76}=138.9\text{kPa}$$

$$b_b=a_z+2h_0=b_z+2h_0=40+2\times56=152\text{cm}=1.52\text{m}$$

沿柱边产生冲切时，$b_t=b_z$，于是有

$$b_m=\frac{b_t+b_b}{2}=b_z+h_0=0.4+0.56=0.96\text{m}$$

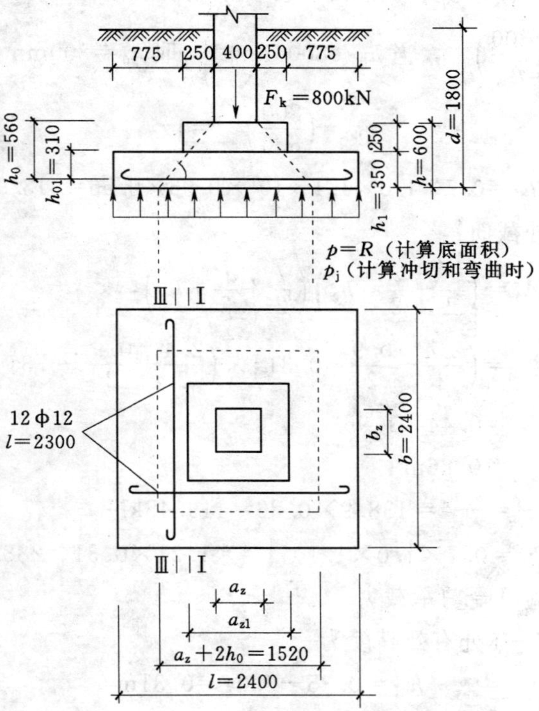

图 2-22 [例 2-7] 图

变阶处：

$$a_{z1}=b_{z1}=40+2\times25=90\text{cm}=0.9\text{m}$$

$$a_{z1}+2h_{01}=b_{z1}+2h_{01}=90+2\times31=152\text{cm}=1.52\text{m}$$

$$b_m=b_{z1}+h_{01}=90+31=121\text{cm}=1.21\text{m}$$

当为正方形柱及正方形基础时，有

$$\begin{aligned}A_1&=\left(\frac{l}{2}-\frac{a_z}{2}-h_0\right)\left(\frac{l}{2}+\frac{a_z}{2}+h_0\right)\\&=\left(\frac{2.4}{2}-\frac{0.4}{2}-0.56\right)\times\left(\frac{2.4}{2}+\frac{0.4}{2}+0.56\right)\\&=0.44\times1.96\\&=0.86\text{m}^2\end{aligned}$$

$$F_l = p_j A = 138.9 \times 0.86 = 119.45\text{kN}$$

由于 $\beta_h = \left(\frac{800}{h_0}\right)^{1/4}$，当 $h_0 < 800$mm 时，取 $h_0 = 800$mm，故

$$\beta_h = \left(\frac{800}{800}\right)^{1/4} = 1$$

$$0.7\beta_h f_t b_m h_0 = 0.7 \times 1.0 \times 1.1 \times 10^3 \times 0.96 \times 0.56 = 413.95\text{kN} > F_l$$

变阶处截面：

$$A_1 = \left(\frac{l}{2} - \frac{a_z}{2} - h_0\right)\left(\frac{l}{2} + \frac{a_z}{2} + h_0\right)$$

$$= \left(\frac{2.4}{2} - \frac{0.9}{2} - 0.31\right) \times \left(\frac{2.4}{2} + \frac{0.9}{2} + 0.31\right)$$

$$= 0.44 \times 1.96$$

$$= 0.86\text{m}^2$$

$$F_l = p_j A = 138.9 \times 0.86 = 119.45\text{kN}$$

$$0.7\beta_h f_t b_m h_0 = 0.7 \times 1.0 \times 1.1 \times 10^3 \times 1.21 \times 0.31 = 288.8\text{kN} > F_l$$

(3) 验算受剪承载力。

截面Ⅰ－Ⅰ处有效高度为

$$h_{01} = 0.35 - 0.04 = 0.31\text{m}$$

$$b_1 = 0.34\text{m}$$

截面Ⅰ－Ⅰ处最大剪力值为

$$V = p_j l b_1 = 138.9 \times 2.4 \times 0.34 = 113.34\text{kN}$$

$$0.7\beta_h f_t l h_0 = 0.7 \times 1.0 \times 1.1 \times 10^3 \times 2.4 \times 0.31 = 572.88\text{kN} > V$$

(4) 配筋计算。Ⅰ级钢筋：$f_y = 210\text{N/mm}^2$。

截面Ⅰ－Ⅰ：

$$M_{\text{I}} = \frac{1}{24} p_j (l - a_z)^2 (2b + b_z)$$

$$= \frac{138.9}{24}(2.4 - 0.4)^2 \times (2 \times 2.4 + 0.4)$$

$$= 120.38\text{kN} \cdot \text{m}$$

$$A_{s\text{I}} = \frac{M_{\text{I}}}{0.9 f_y h_0} = \frac{120.38 \times 10^6}{0.9 \times 210 \times 560} = 1137\text{mm}^2$$

截面Ⅲ—Ⅲ：

$$M_{Ⅲ}=\frac{1}{24}p_j(l-a_{z1})^2(2b+b_{z1})$$

$$=\frac{138.9}{24}(2.4-0.9)^2\times(2\times2.4+0.9)$$

$$=74.22\text{kN}\cdot\text{m}$$

$$A_{sⅢ}=\frac{M_{Ⅲ}}{0.9f_yh_{01}}=\frac{74.22\times10^6}{0.9\times210\times310}=1267\text{mm}^2$$

由于 $A_{sⅢ}>A_{sⅠ}$，按 $A_{sⅢ}$ 配筋。受力筋不小于ϕ8，间距不大于 200，选 12 根ϕ12@180，$A_s=1357\text{mm}^2$，双向通长配置。

【例 2-8】 设计偏心受压柱基础。已知条件同［例 12-7］，除垂直荷载外，柱底作用着弯矩 $M_k=81\text{kN}\cdot\text{m}$，$f_a=180\text{kPa}$（见图 2-23）。

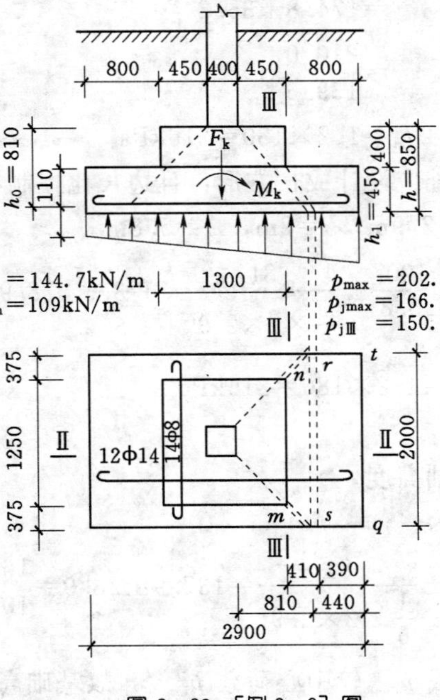

图 2-23 ［例 2-8］图

解：

（1）验算基底面积仍采用［例 12－7］假设的底面，作用于基底面的荷载如下：

$$
\begin{aligned}
F_k &= F+G \\
&= F+\gamma_G lbd \\
&= 800+20\times2.4\times2.4\times1.8 \\
&= 800+207 \\
&= 1007\text{kN}
\end{aligned}
$$

$$M_k = 81\text{kN}\cdot\text{m}$$

$$
\begin{aligned}
p_{\min}^{\max} &= \frac{F_k}{A}\pm\frac{M_k}{W} \\
&= \frac{1007}{5.76}\pm\frac{81}{\frac{1}{6}\times2.4\times2.4^2} \\
&= 174.8\pm35.2 \\
&= \begin{matrix}210.0\\139.6\end{matrix}\text{kPa}
\end{aligned}
$$

$$p_{\max}<1.2f_a=1.2\times180=216\text{kPa}$$

考虑偏心基础应设计成长方形，且边长比控制在 3 以内。初拟长方形底面 $l=2.9\text{m}$，$b=2\text{m}$，$A=5.8\text{m}^2$。

$$p_{\min}^{\max}=\frac{F_k}{A}\pm\frac{M_k}{W}=\frac{1007}{5.8}\pm\frac{81}{\frac{1}{6}\times2\times2.9^2}=173.6\pm28.9=\begin{matrix}202.5\\144.7\end{matrix}\text{kPa}$$

$$p_{\max}<1.2f_a=1.2\times180=216\text{kPa}$$

满足要求。

（2）验算基础高度。

基底净反力为

$$p_{\text{jmin}}^{\max}=\frac{800}{5.8}\pm\frac{81}{\frac{1}{6}\times2\times2.9^2}=137.9\pm28.9=\begin{matrix}166.8\\109.0\end{matrix}\text{kPa}$$

因为偏心荷载 p_{jmax} 较中心荷载 p_j 大，故基础高度也应加大。假设截面高度 $h=85\text{cm}$，$h_0=81\text{cm}$，$h_1=45\text{cm}$，$h_{01}=41\text{cm}$，$a_{z1}=$

$b_{z1}=130\text{cm}$，$b_z+2h_0=40+2\times81=202\text{cm}>b$，冲切角锥体在底面积之外，据此

$$\frac{l-a}{2}-h_0=\frac{290-40}{2}-81=44\text{cm}$$

沿柱边产生冲切时：

$$A_1=\left(\frac{l}{2}-\frac{a_z}{2}-h_0\right)b$$
$$=\left(\frac{2.9}{2}-\frac{0.4}{2}-0.81\right)\times1.8$$
$$=0.44\times1.8$$
$$=0.792\text{m}^2$$

$$A_2=b_m h_0$$
$$=(b_z+h_0)h_0-\left(\frac{b_z}{2}+h_0-\frac{b}{2}\right)^2$$
$$=(0.4+0.81)\times0.81-\left(\frac{0.4}{2}+0.81-\frac{2.0}{2}\right)^2$$
$$=0.98\text{m}^2$$

$$F_l=p_{j\max}A_1=166.8\times0.792=132.1\text{kN}$$

受冲切承载力截面高度影响系数为

$$\beta_{hp}=1.0+\frac{850-800}{2000-800}\times(0.9-1)=0.996$$

$$0.7\beta_{hp}f_t b_m h_0=0.7\beta_{hp}f_t A_2$$
$$=0.7\times0.996\times1.1\times10^3\times0.98$$
$$=751.58\text{kN}>F_l$$

变阶处截面：

$$A_1=\left(\frac{l}{2}-\frac{a_z}{2}-h_0\right)b$$
$$=\left(\frac{2.9}{2}-\frac{1.3}{2}-0.41\right)\times1.8$$
$$=0.702\text{m}^2$$

$$A_2=b_m h_0$$

$$=(b_z+h_0)h_0-\left(\frac{b_z}{2}+h_0-\frac{b}{2}\right)^2$$

$$=(1.3+0.41)\times 0.41-\left(\frac{1.3}{2}+0.41-\frac{2.0}{2}\right)^2$$

$$=0.701\text{m}^2$$

$$F_l=p_{\text{jmax}}A_1=166.8\times 0.702=117.1\text{kN}$$

由于 $h<800$，$\beta_{hp}=1.0$，于是有

$$0.7\beta_{hp}f_t b_m h_0=0.7\beta_{hp}f_t A_2$$

$$=0.7\times 1.0\times 1.1\times 10^3\times 0.701$$

$$=539.77\text{kN}>F_l$$

满足要求。

(3) 计算配筋。沿底板长向配筋，据经验可按变阶处截面弯矩 $M_{\text{Ⅲ}}$ 设计，即

$$M_{\text{Ⅲ}}=\frac{p_{\text{jmax}}+p_{\text{jⅢ}}}{48}(l-a_{z1})^2(2b+b_{z1})$$

p_j 直线分布，按比例求得

$$p_{\text{jⅢ}}=p_{\text{jmin}}+\frac{l+a_{z1}}{2l}(p_{\text{jmax}}-p_{\text{jmin}})$$

$$=109+\frac{2.9+1.3}{2\times 2.9}(166.8-109)$$

$$=109+41.86$$

$$=150.86\text{kPa}$$

$$M_{\text{Ⅲ}}=\frac{166.8+150.86}{48}\times(2.9-1.3)^2\times(2\times 2+1.3)$$

$$=6.62\times 2.56\times 5.3$$

$$=89.82\text{kN}\cdot\text{m}$$

$$A_{s\text{Ⅲ}}=\frac{M_{\text{Ⅲ}}}{0.9f_y h_{01}}=\frac{89.82\times 10^6}{0.9\times 210\times 410}=1159\text{mm}^2$$

选 12 根Φ 14@150，$A_s=1848\text{mm}^2$。

宽度方向配筋按截面Ⅱ－Ⅱ设计：

$$M_{\text{Ⅱ}}=\frac{1}{48}(b-b_z)^2(2l+a_z)(p_{\text{jmax}}+p_{\text{jmin}})$$

$$=\frac{166.8+109}{48}\times(2.0-0.4)^2\times(2\times2.9+0.4)$$

$$=5.75\times2.56\times6.2$$

$$=91.3\text{kN}\cdot\text{m}$$

$$A_{s\text{II}}=\frac{M_{\text{II}}}{0.9f_y h_{01}}=\frac{91.3\times10^6}{0.9\times210\times810}=596.4\text{mm}^2$$

用钢量小，仅需按构造配筋 14 ϕ 8@200，$A_s=704.2\text{mm}^2>A_{s\text{II}}$。

【例 2-9】 某黏性土重度 $\gamma_m=17\text{kN/m}^3$，孔隙比 $e=0.7$，液性指数 $I_L=0.78$，地基承载力特征值 $f_{ak}=218\text{kPa}$，现修建一外柱基础，柱截面为 300mm × 400mm，作用在 −0.700 标高（基础顶面）处的相应于荷载效应标准组合上部结构传来的轴心荷载为 700kN，弯矩值为 80kN·m，水平荷载为 13kN，柱永久荷载效应起控制作用。因此，荷载效应基本组合值近似取标准组合值的 1.35 倍。基础埋置深度（自室外地面起算）为 1.0m，室内外高差 0.3m（见图 2-24），试设计此钢筋混凝土基础。

解：

（1）确定修正后的地基承载力特征值。查表 1−19 得 $\eta_b=0.3$，$\eta_d=1.6$，假设 $b<3\text{m}$，故承载力只需要深度修正：

$$f_a=f_{ak}+\eta_d\gamma_m(d-0.5)=218+1.6\times17\times(1.0-0.5)=232\text{kPa}$$

（2）求基础底面积（底面尺寸）。

$$A\geqslant\frac{F_k}{f_{ak}-\gamma_G d}=\frac{700}{232-20\times1.15}=3.35\text{m}$$

由于偏心荷载不大，基础底面积初步增大 10%，于是有

$$A'=1.1A=1.1\times3.35=3.7\text{m}^2$$

取矩形基础长短边之比 $l/b=1.5$，因为 $l=1.5b$，有

$$b=\sqrt{\frac{A}{1.5}}=\sqrt{\frac{3.7}{1.5}}=1.57\text{m}$$

取 $b=1.6\text{m}$，$l=1.5b=2.4\text{m}$，故 $A=1.6\times2.4=3.84\text{m}^2$。

（3）验算持力层强度。

$$F_k+G_k=700+20\times3.84\times1.15=788.32\text{kN}$$

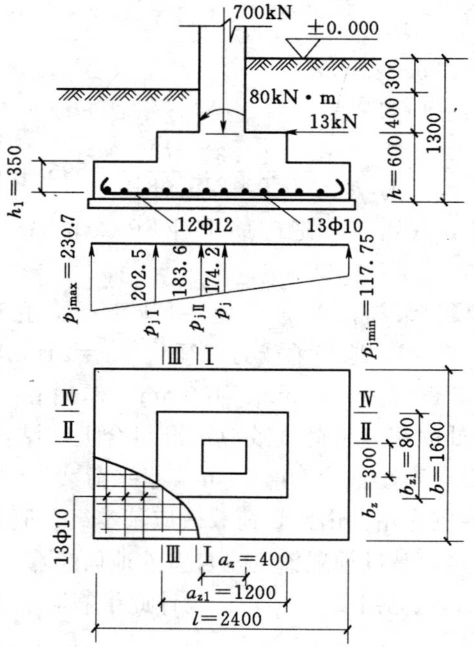

图 2-24 ［例 2-9］图

$$M_k = M + Vh = 80 + 13 \times 0.6 = 87.8\text{kN}\cdot\text{m}$$

$$e = \frac{M_k}{F_k + G_k} = \frac{87.8}{788.32} = 0.11\text{m} < \frac{l}{6} = 0.4\text{m}$$

符合要求。

$$p_{k\min}^{\max} = \frac{F_k + G_k}{A}\left(1 \pm \frac{6e}{l}\right) = \frac{788.32}{3.84}\left(1 \pm \frac{6 \times 0.11}{2.4}\right)$$

$$= \begin{matrix} 261.75\text{kPa} < 1.2f_a = 1.2 \times 232 = 278.4\text{kPa} \\ 148.80\text{kPa} > 0 \end{matrix}$$

故持力层强度满足要求。

（4）验算基础高度。现选用混凝土强度等级 C20，HPB235 级钢筋，查得混凝土 $f_c = 9.6\text{N/mm}^2 = 9600\text{kPa}$，$f_t = 1.1\text{N/mm}^2 = 1100\text{kPa}$，钢筋 $f_y = 210\text{N/mm}^2$。

地基净反力为

$$p_{jmax}=1.35p_{kmax}-\frac{G}{A}$$

$$=1.35p_{kmax}-\frac{1.35G_k}{A}$$

$$=1.35\times261.75-\frac{1.35\times20\times3.84\times1.15}{3.84}$$

$$=1.35\times261.75-\frac{119.23}{3.84}$$

$$=322.3\text{kPa}$$

$$p_{jmin}=1.35p_{kmin}-\frac{G}{A}$$

$$=1.35p_{kmin}-\frac{1.35G_k}{A}$$

$$=1.35\times148.8-\frac{119.23}{3.84}$$

$$=169.8\text{kPa}$$

取基础高度 $h=600\text{mm}$，$h_0=560\text{mm}$；基础分两级，下阶 $h_1=350\text{mm}$，$h_{01}=310\text{mm}$；取 $a_{z1}=1.2\text{m}$，$b_{z1}=0.8\text{m}$。

1）柱边截面。

$$b=1.6>b_z+2h_0=0.3+2\times0.56=1.42\text{m}$$

$$A_1=\left(\frac{l}{2}-\frac{a_z}{2}-h_0\right)b-\left(\frac{b}{2}-\frac{b_z}{2}-h_0\right)^2$$

$$=\left(\frac{2.4}{2}-\frac{0.4}{2}-0.56\right)\times1.6-\left(\frac{1.6}{2}-\frac{0.3}{2}-0.56\right)^2$$

$$=0.6959\text{m}^2$$

$$A_2=(b_z+h_0)h_0=(0.3+0.56)\times0.56=0.4816\text{m}^2$$

$$F_l=p_{jmax}A_1=322.3\times0.6959=224.3\text{kN}$$

因为 $h<800$，$\beta_{hp}=1.0$，于是有

$$0.7\beta_{hp}f_tb_mh_0=0.7\beta_{hp}f_tA_2$$

$$=0.7\times1.0\times1.1\times10^3\times0.4816$$

$$=370.83\text{kN}>F_l=224.3\text{kN}$$

故柱边基础高度满足要求。

2）变阶处截面。

$$b=1.6>b_{z1}+2h_{01}=0.8+2\times0.31=1.42\text{m}$$

则

$$A_1=\left(\frac{l}{2}-\frac{a_z}{2}-h_0\right)b-\left(\frac{b}{2}-\frac{b_z}{2}-h_0\right)^2$$

$$=\left(\frac{2.4}{2}-\frac{1.2}{2}-0.31\right)\times1.6-\left(\frac{1.6}{2}-\frac{0.8}{2}-0.31\right)^2$$

$$=0.464-0.008=0.456\text{m}^2$$

$$F_l=p_{jmax}A_1=322.3\times0.456=147.0\text{kN}$$

因为 $h<800$，$\beta_{hp}=1.0$，于是有

$$\begin{aligned}0.7\beta_{hp}f_tA_2&=0.7\times1.0\times1.1\times10^3\times(b_1+h_{01})h_{01}\\&=0.7\times1.0\times1.1\times10^3\times(0.8+0.31)\times0.31\\&=264.96\text{kN}>F_l=147.0\text{kN}\end{aligned}$$

符合要求。

（5）计算配筋。

1）计算基础的长边方向，截面Ⅰ－Ⅰ。柱边地基净反力值为

$$\begin{aligned}p_{j\text{I}}&=p_{jmin}+\frac{l+a_z}{2l}(p_{jmax}-p_{jmin})\\&=169.8+\frac{2.4+0.4}{2\times2.4}(322.3-169.8)\\&=169.8+88.96\\&=258.8\text{kPa}\end{aligned}$$

$$\begin{aligned}M_\text{I}&=\frac{p_{jmax}+p_{j\text{I}}}{48}(l-a_z)^2(2b+b_z)\\&=\frac{322.3+258.8}{48}\times(2.4-0.4)^2\times(2\times1.6+0.3)\\&=169.5\text{kN}\cdot\text{m}\end{aligned}$$

$$A_{s\text{I}}=\frac{M_\text{I}}{0.9f_yh_0}=\frac{169.5\times10^6}{0.9\times210\times560}=1601.5\text{mm}^2$$

截面Ⅲ－Ⅲ：

$$p_{j\mathrm{III}}=p_{j\min}+\frac{l+a_{z1}}{2l}(p_{j\max}-p_{j\min})$$

$$=169.8+\frac{2.4+1.2}{2\times2.4}(322.3-169.8)$$

$$=284.2\text{kPa}$$

$$M_{\mathrm{III}}=\frac{p_{j\max}+p_{j\mathrm{III}}}{48}(l-a_{z1})^2(2b+b_{z1})$$

$$=\frac{322.3+284.2}{48}\times(2.4-1.2)^2\times(2\times1.6+0.8)$$

$$=72.8\text{kN}\cdot\text{m}$$

$$A_{s\mathrm{III}}=\frac{M_{\mathrm{III}}}{0.9f_yh_{01}}=\frac{72.8\times10^6}{0.9\times210\times310}=1242.2\text{mm}^2$$

因为 $A_{s\mathrm{I}}>A_{s\mathrm{III}}$，应按 $A_{s\mathrm{I}}$ 配筋，在平行于 l 方向 1.6m 宽度范围内配 12 根Φ 12@145，$A_s=1470.3\text{mm}^2>1469.2\text{mm}^2$。

2）计算基础的短边方向，截面Ⅱ—Ⅱ：

$$M_{\mathrm{II}}=\frac{p_{j\max}+p_{j\min}}{48}(b-b_z)^2(2l+a_z)$$

$$=\frac{322.3+169.8}{48}\times(1.6-0.3)^2\times(2\times2.4+0.4)$$

$$=90.1\text{kN}\cdot\text{m}$$

$$A_{s\mathrm{II}}=\frac{M_{\mathrm{II}}}{0.9f_yh_0}=\frac{90.1\times10^6}{0.9\times210\times560}=851.3\text{mm}^2$$

截面Ⅳ—Ⅳ，将 b_z 换成 b_{z1}，a_z 换成 a_{z1}，得

$$M_{\mathrm{IV}}=\frac{p_{j\max}+p_{j\min}}{48}(b-b_{z1})^2(2l+a_{z1})$$

$$=\frac{322.3+169.8}{48}\times(1.6-0.8)^2\times(2\times2.4+1.2)$$

$$=39.4\text{kN}\cdot\text{m}$$

$$A_{s\mathrm{IV}}=\frac{M_{\mathrm{IV}}}{0.9f_yh_{01}}=\frac{39.4\times10^6}{0.9\times210\times310}=672.5\text{mm}^2$$

因为 $A_{s\mathrm{II}}>A_{s\mathrm{IV}}$，应按 $A_{s\mathrm{II}}$ 配筋，在平行于 b 方向 2.4m 范围内配 13 根Φ 10@200，$A_s=942\text{mm}^2>851.3\ \text{mm}^2$。符合构造要求。

【例 2-10】 某厂房的边跨设有 50kN 桥式吊车，由柱子传给基础的轴向压力设计值 $F=1020\text{kN}$，力矩设计值 $M=295\text{kN}\cdot\text{m}$。柱截面尺寸为 350mm×600mm（大偏心受压柱）。基础埋置深度为 1.4m。混凝土采用 C20（$f_t=1.1\text{N/mm}^2=1100\text{kPa}$），钢筋用 HRB335（$f_y=300\text{N/mm}^2$）。基础底面设有 100mm 厚的 C10 混凝土垫层。地基承载力设计值为 146kN/m^2。试据以上资料设计预制柱的杯形基础。

解：

（1）确定基础底面尺寸。先按中心受压计算：

$$A'\geqslant\frac{F}{f_{ak}-\gamma_G d}=\frac{1020}{154-20\times1.4}=\frac{1020}{126}=8.09\text{m}^2$$

考虑偏心，A'增大 20%，即

$$A=1.2A'=1.2\times8.09=9.71\text{m}^2$$

初拟基底尺寸 $b=2.5\text{m}$，$l=3.9\text{m}$，此时基底面积为

$$A=3.9\times2.5=9.75\text{m}^2>9.71\text{m}^2$$

由于 $b<3\text{m}$，故承载力只需要深度修正。

计算修正后的地基承载力特征值，查表 1-19 得 $\eta_d=1.6$，则

$$\begin{aligned}f_a&=f_{ak}+\eta_d\gamma_m(d-0.5)\\&=154+1.6\times17.5\times(1.4-0.5)\\&=154+25.2\\&=179.2\text{kPa}\end{aligned}$$

（2）再按构造要求确定基础尺寸。基础尺寸如图 2-25 所示。

（3）验算持力层强度。

$$F_k+G_k=1020+20\times3.9\times2.5\times1.4=1293\text{kN}$$

$$M_k=295\text{kN}\cdot\text{m}$$

$$e=\frac{M_k}{F_k+G_k}=\frac{295}{1293}=0.228\text{m}<\frac{l}{6}=0.65\text{m}$$

符合要求。

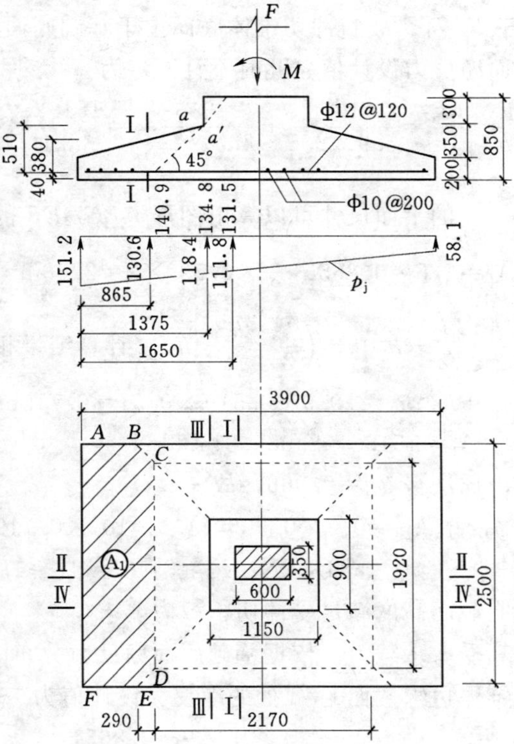

图 2-25 ［例 2-10］图

$$p_{\mathrm{kmin}}^{\max}=\frac{F_{\mathrm{k}}+G_{\mathrm{k}}}{A}\left(1\pm\frac{6e}{l}\right)=\frac{1293}{9.75}\left(1\pm\frac{6\times0.228}{3.9}\right)=\frac{179.16}{86.07}\mathrm{kPa}$$

验算：

$$p_{\mathrm{kmax}}=179.16\mathrm{kPa}<1.2f_{\mathrm{a}}=1.2\times179.2=215\mathrm{kPa}$$

$$p_{\mathrm{kmin}}>0$$

故持力层强度满足要求。

（4）验算受冲切承载力。由图 2-25 可以看出，从柱边与基础顶面交线开始的 45°线与基础杯壁的交点 a 位于变阶处 a' 点之上，因此仅需对基础的台阶以下部分进行受冲切承载力验算（此时即将台阶部分当作柱身的底段看待）。由图 2-25 可知：$a_{z1}=$

1.15m，$b_{z1}=0.9$m，$a_b=a_{z1}+2h_0=2.17$m，$b_b=b_{z1}+2h_0=$ 1.92m。由于 $b>b_b$，故斜冲切锥体底面位于基础底面以内。

基础底面净反力设计值（此时不计 G）为

$$p_{j\min}^{\max}=\frac{F}{lb}\pm\frac{M_k}{W}=\frac{1020}{3.9\times2.5}\pm\frac{295}{\frac{2.5}{6}\times3.9^2}=\frac{151.2}{58.1}\text{kPa}$$

由图 2-25 的平面尺寸可以算出图形 $ABCDEF$ 的面积为

$$A_1=2.5\times0.865-\frac{1}{2}\times0.29^2\times2=2.08\text{m}^2$$

与按 $A_1=\left(\frac{l}{2}-\frac{a_z}{2}-h_0\right)b-\left(\frac{b}{2}-\frac{b_z}{2}-h_0\right)^2$ 计算结果相同。

$$A_2=(b_{z1}+h_0)h_0=(0.9+0.51)\times0.51=0.719\text{m}^2$$

$$F_l=p_{j\max}A_1=151.2\times2.08=314.5\text{kN}$$

按线形内插法得 $\beta_{hp}=0.966$，故

$$\begin{aligned}0.7\beta_{hp}f_tA_2&=0.7\times0.966\times1.1\times10^3\times0.719\\&=534.9\text{kN}>F_l=314.5\text{kN}\end{aligned}$$

验算结果表明截面高度满足受冲切承载力要求。

（5）验算受剪承载力。依据基础底面净反力分布图，按比例可以算得棱锥体边缘截面Ⅰ—Ⅰ处的净反力设计值为

$$p_{j1}=58.1+(151.2-58.1)\times\frac{3.9-0.865}{3.9}=130.6\text{kPa}$$

则

$$p_j=\frac{1}{2}(p_{j\max}+p_{j1})=\frac{1}{2}\times(151.2+130.6)=140.9\text{kPa}$$

截面Ⅰ—Ⅰ处的有效高度为

$$h_{01}=H_{01}-a_1=\left(200+350\times\frac{865}{1375}\right)-40=380\text{mm}$$

截面Ⅰ—Ⅰ单位长度上的剪力为

$$V=0.865p_j=140.9\times0.865=121.9\text{kN/m}$$

验算结果表明截面Ⅰ—Ⅰ处受剪承载力足够。

（6）计算配筋。如图 2-25 所示，截面Ⅰ—Ⅰ处弯矩最大，但有效高度亦大，而截面Ⅲ—Ⅲ处弯矩值虽较小，但有效高度骤

然减小了 300mm。所以，应该同时对该两个截面进行受弯配筋计算，经比较后取较大的数值选配受力钢筋。同理，对另一方向的截面Ⅱ－Ⅱ、Ⅳ－Ⅳ亦需进行比较计算。

截面Ⅰ－Ⅰ处基础底面净反力按几何关系求得：

$$p_{j\mathrm{I}}=58.1+(151.2-58.1)\times\frac{3.9-1.65}{3.9}=111.8\text{kPa}$$

计算 M_{I} 时所取用的平均净压力为

$$p_j=\frac{1}{2}(p_{j\max}+p_{j\mathrm{I}})=\frac{1}{2}\times(151.2+111.8)=131.5\text{kPa}$$

$$M_{\mathrm{I}}=\frac{1}{24}p_j(l-a_z)^2(2b+b_z)$$

$$=\frac{1}{24}\times131.5\times(3.9-0.6)^2\times(2\times2.5+0.35)$$

$$=319.2\text{kN}\cdot\text{m}$$

$$A_{s\mathrm{I}}=\frac{M_{\mathrm{I}}}{0.9f_yh_0}=\frac{319.2\times10^6}{0.9\times210\times810}=2085\text{mm}^2$$

同理，计算 M_{III} 时所取用的平均净压力（见图 2－25）为

$$p'_{j\mathrm{III}}=\frac{p_{j\max}+p_{j\mathrm{III}}}{2}=\frac{151.2+118.4}{2}=134.8\text{kPa}$$

$$M_{\mathrm{III}}=\frac{1}{24}p'_{j\mathrm{III}}(l-a_z)^2(2b+b_z)$$

$$=\frac{1}{24}\times134.8\times(3.9-1.15)^2\times(2\times2.5+0.9)$$

$$=250.6\text{kN}\cdot\text{m}$$

$$A_{s\mathrm{III}}=\frac{M_{\mathrm{III}}}{0.9f_yh_0}=\frac{250.6\times10^6}{0.9\times300\times510}=1820\text{mm}^2$$

因为 $A_{s\mathrm{III}}>A_{s\mathrm{I}}$，所以沿 b 方向的受力钢筋应根据 $A_{s\mathrm{I}}$ 配置。如以每米宽度计，受力钢筋截面积应为 2085/2.5＝834mm²/m，现选用Φ 12@120（钢筋截面积 942mm²/m），并减短 10％长度交错配置。

下面再对截面Ⅱ－Ⅱ和截面Ⅳ－Ⅳ进行计算，并予比较。在基础底边 l 方向上计算弯矩设计值时所取用的基础底面净反力取平

均值为

$$p_{j\mathrm{II}}=\frac{1}{2}(p_{j\max}+p_{j\min})=\frac{1}{2}\times(151.2+58.1)=104.7\mathrm{kPa}$$

截面Ⅱ—Ⅱ处弯矩为

$$M_{\mathrm{II}}=\frac{1}{24}p_{j\mathrm{II}}(b-b_z)^2(2l+a_z)$$

$$=\frac{1}{24}\times104.7\times(2.5-0.35)^2\times(2\times3.9+0.6)$$

$$=169.4\mathrm{kN\cdot m}$$

$$A_{s\mathrm{II}}=\frac{M_{\mathrm{II}}}{0.9f_yh_0}=\frac{169.4\times10^6}{0.9\times300\times810}=775\mathrm{mm}^2$$

截面Ⅳ—Ⅳ处弯矩为

$$M_{\mathrm{IV}}=\frac{1}{24}p_{j\mathrm{II}}(b-b_{z1})^2(2l+a_{z1})$$

$$=\frac{1}{24}\times104.7\times(2.5-0.9)^2\times(2\times3.9+1.15)$$

$$=100\mathrm{kN\cdot m}$$

$$A_{s\mathrm{IV}}=\frac{M_{\mathrm{IV}}}{0.9f_yh_0}=\frac{100\times10^6}{0.9\times300\times510}=726\mathrm{mm}^2$$

因为 $A_{s\mathrm{II}}>A_{s\mathrm{IV}}$，故由截面Ⅱ—Ⅱ控制配筋，如以每米宽度计，需钢筋量 775/3.9＝ 199mm²/m。如选用Φ 12@200，则钢筋截面积为 565mm²/m，超过需要量太多，因此可考虑改用 HPB235 级钢筋，按等强度换算，每米宽的钢筋需要量为

$$199\times\frac{300}{210}=284\mathrm{mm}^2/\mathrm{m}$$

仍多于按构造配筋的需要量，故采用φ 10@200（实际用量是 393mm²/m）。

第三节　钢筋混凝土梁板基础的简化计算

柱下钢筋混凝土条形基础、筏板基础和箱形基础都是钢筋混凝土梁板基础，其埋置深度、承载力确定及地基的计算与一般浅

基础基本相同，但在确定基础梁或板与地基之间基底压力分布时，要以地基与基础共同作用的假定为前提，从而计算出基础内力，进行基础结构设计，这种方法为弹性地基法。但由于计算较复杂，故除重大工程外，设计中常采用简化计算方法。

一、柱下钢筋混凝土条形基础

柱下钢筋混凝土条形基础是指布置成单向或双向的钢筋混凝土条状基础，它由肋梁及横向向外伸出的翼板组成，其横断面一般呈倒T形。基础截面下部向两侧伸出部分为翼板，中间梁腹部分为肋梁。这种基础形式通常在以下情况中采用：

（1）多层与高层房屋当上部结构传下的荷载较大，地基土的承载力较低，采用各种形式的单独基础不能满足设计要求时。

（2）柱网较小，采用单独基础所需底面积由于邻近建筑物或设备基础的限制而无法扩展时。

（3）地基土不均匀，土质变化大时。

（4）各柱荷载差异过大，基础之间沉降差较大时。

（5）需加强地基基础整体刚度，防止过大的不均匀沉降量时。

1. 构造要求

柱下条形基础的构造，除满足一般扩展基础的构造要求外，尚应符合以下要求：

（1）翼板厚 h 也应由计算确定，不宜小于 200mm，当翼板厚度为 200～250mm 时，宜用等厚度翼板，当翼板厚度大于 250mm 时，宜采用变厚度翼板，其坡度小于或等于 1∶3；翼板宽度 b 由地基承载力计算确定。

（2）条形基础的端部宜向外伸出，其外伸长度为边跨柱距的 0.25 倍。

（3）基础肋梁的高度由计算确定，宜为柱距的 1/8～1/4，基础宽度一般沿纵向不变，但当柱截面边长大于或等于肋宽时，可在柱位处将肋部加宽。现浇柱与基础梁的交接处其平面尺寸不应小于图 2-26 的要求。

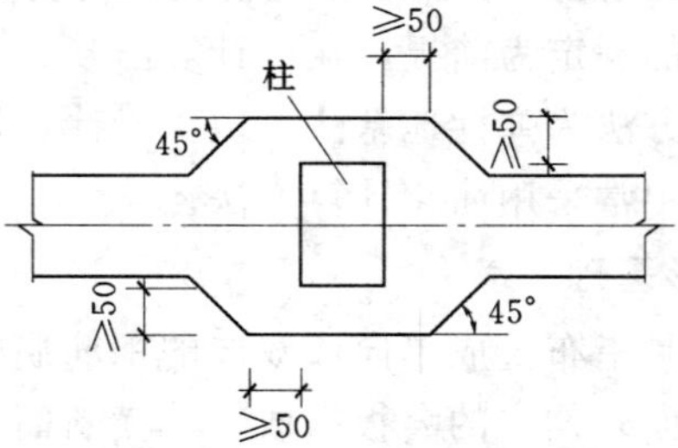

图 2-26　现浇柱与条形基础梁交接处平面尺寸

（4）条形基础肋梁的纵向受力筋由计算确定，顶面钢筋宜全部贯通，底面通长钢筋不应少于底部受力钢筋截面总面积的1/3，肋梁内的箍筋，当 $350\text{mm} < b \leqslant 800\text{mm}$ 时，用四肢箍；当$b > 800\text{mm}$ 时，用六肢箍。

（5）柱下条形基础的混凝土强度等级，不应低于 C20。

2. *内力简化计算方法*

在比较均匀的地基上，上部结构刚度较好，荷载分布较均匀，且条形基础梁的高度不小于 1/6 柱距时，地基反力可按直线分布，条形基础梁的内力可按连续梁计算。这种方法将地基反力视为作用在基础梁上的荷载，将柱子视为基础梁的支座，这样，就将基础梁作为一倒置的连续梁，地基净反力及柱脚处的弯矩为梁上荷载，用弯矩分配法进行内力计算，所以称为倒梁法。

倒梁法的计算步骤如下：

（1）据初步选定的柱下条形基础尺寸和作用荷载，确定计算简图，如图 2-27 所示。

（2）计算基底净反力及分布。基底反力按直线分布，如图 2-27所示，先将作用在基础上的荷载 F_1、F_2、F_3 和 F_4 向基础梁中心简化，得到竖向力$\sum F_i$ 及总弯矩$\sum M_i$，然后按下式计算：

$$p_{\min}^{\max}=\frac{\sum F_i}{bl}\pm\frac{\sum M_i}{W} \tag{2-44}$$

式中：$\sum F_i$ 为上部建筑物作用在基础梁上的垂直荷载之和；$\sum M_i$为各外荷载对基础梁中点的力矩之代数和；b 为基础梁的宽度；l 为基础梁的长度；$p_{\max}$为基础边缘的最大地基反力；$p_{\min}$为基础边缘的最小地基反力。

当 $p_{\max}$与 $p_{\min}$相差不大时，可近似取其平均值为梁下均布的

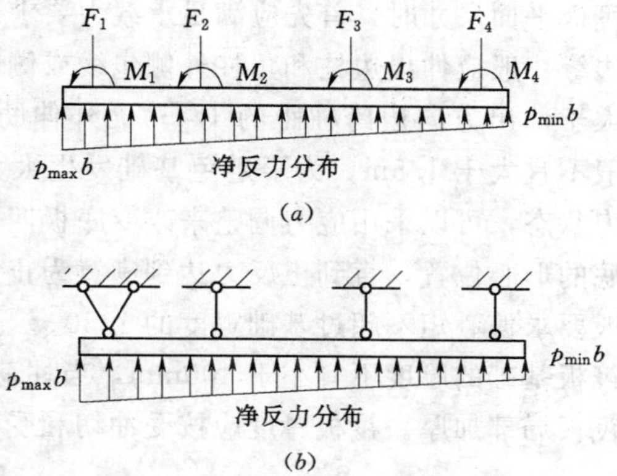

图 2-27 用倒梁法计算地基梁简图

（a）基底反力分布；（b）按连续梁求内力

地基反力，这样计算更加方便。

（3）将柱底视为不动铰支座，以地基反力为荷载，按连续梁方法（倒梁法）求其内力。

由于在倒梁法计算过程中假定地基反力为直线分布，故计算结果与实际不完全相符，但这种方法的误差在工程实践中可以认为并不影响结构安全。

二、筏板基础的简化计算

比较均匀地基上的筏板基础，当上部结构刚度较好，筏板的厚跨比不小于1/6，柱距及柱荷载的变化不超过20%时，可按简化方法计算。与倒梁法相近似，筏板基础简化计算方法也假定地基反力呈直线分布，内力分析时，将筏板基础倒置，柱底作为不动铰支座，地基净反力作为外荷载，按“倒楼盖”计算筏板内力。梁板式的筏板基础常采用此法计算。肋间板区视为双向或单向板，纵横梁按连续梁计算。筏板外挑角部按近似计算配筋。当外挑尺寸较大时，可切除板角。

当上部结构和基础刚度较小，筏板基础的面积又较大时，应按弹性板计算。可按有限差分法、有限单元法或链杆法求解。

在确定筏板平面尺寸时，首先应满足承载力要求。在具体设计中，筏板边缘一般应伸出边柱和角柱外侧包线或侧墙以外，伸出长度宜不大于伸出方向边跨柱距的1/4；无外伸肋梁的筏板，伸出长度一般不宜大于1.5m。为了避免基础发生太大的倾斜和改善基础受力状态，可以采用应力调整来改变底板四边的外挑长度以调整基底的形心位置，直到土反力达到满意为止。对高层建筑来说，一般要求偏心矩不超过基础宽度的1/30。

平板式筏板基础的厚度不宜小于400mm，当柱荷载较大时，可将柱位下筏板局部加厚。筏板厚度应按受冲切和受剪承载力计算确定。

筏基混凝土强度不宜低于C30，当有防水要求时，外围梁、底板混凝土抗渗要求不应低于S6。

筏板基础的板受力钢筋的配置应满足计算要求外，纵、横两方向的支座钢筋（指柱下、肋梁以及剪力墙处的板底钢筋）应按一定配筋率彼此连通，对剪力墙下筏板，纵向为0.15%，横向为0.10%，对柱下筏板，纵向和横向均为0.15%。柱下和墙下筏板的跨中钢筋均按实际配筋率全部连通。筏板基础钢筋间距不应大于150mm，宜为200～300mm，受力钢筋直径不宜小于12mm，采用双向钢筋网片配置在板的顶面和底面。

筏板基础的周边不宜向外有较大的伸挑扩大。当需要外挑时，有肋梁的筏板基础宜将梁一同挑出。周围有墙体的筏板基础，筏板可不向外伸。

三、箱形基础设计简介

箱形基础具有较大的刚度和整体性，所以常在8～20层的高层建筑中采用。箱形基础平面应力求简单对称，对单栋建筑物，在均匀地基的条件下，基底平面形心应力求与结构竖向静荷载重心相重合。在高层建筑同一单元内，不应局部采用箱形基础。

箱形基础的平面尺寸应根据地基土承载力和上部结构布置以及荷载大小与分布等因素确定。外墙宜沿建筑物周边布置，内墙沿上部结构的柱网或剪力墙位置纵横均匀布置，墙体水平截面总面积不宜小于箱形基础外墙外包尺寸的水平投影面积的1/10。对基础平面长宽比大于4的箱形基础，其纵墙水平截面面积不应小于箱基外墙外包尺寸水平投影面积的1/18。

箱形基础的高度应满足结构的承载力和刚度要求，并根据建筑使用要求确定。一般不宜小于箱形基础长度的1/20，且不宜小于3m。此处，箱形基础长度不计墙外悬挑板部分。

箱形基础的顶板、底板及墙体的厚度，应根据受力情况、整体刚度和防水要求确定。无人防设计要求的箱形基础，基础底板厚度不应小于300mm，外墙厚度不应小于250mm，内墙的厚度不应小于200mm，顶板厚度不应小于200mm，可用合理的简化方法计算箱形基础的承载力。

当地基压缩层深度范围内的土层在竖向和水平方向皆较均匀，且上部结构为平立面布置较规则的框架、剪力墙、框架-剪力墙结构时，箱形基础的顶、底板可仅考虑局部弯曲计算。计算时，底板反力应扣除板的自重及其上面填土层的自重。顶板荷载按实际考虑。整体弯曲的影响可在构造上加以考虑。箱形基础的顶板和底板钢筋配置除符合计算要求外，纵横方向支座钢筋尚应有1/3～1/2的钢筋连通，且连通钢筋的配筋率分别不小于0.15%（纵向）、0.10%（横向），跨中钢筋按实际需要的配筋全部连通。钢筋接头宜采用机械连接；采用搭接接头时，搭接长度应按受拉钢筋考虑。

箱形基础的顶板、底板及墙体均应采用双层双向配筋。墙体的竖向和水平钢筋直径均不应小于10mm，间距均不应大于200mm。

第四节　桩基础设计的内容和原则

建筑物在选择地基基础方案时，应从安全、合理和经济等角度出发，充分利用地基土的承载力，尽量采用天然地基上的浅基础。如果地基浅层土质不良，无法满足建筑物对地基的变形和强度要求，而又不适宜采用人工地基时，可利用深部较为坚实的土层或岩层作为持力层，采用深基础方案。深基础主要类型有桩基础、沉井和地下连续墙。

一、桩基础的适用性

桩基础是一种历史悠久而古老的基础型式。在我国古代，有不同桩基础建造的建筑物，如南京的石头城、上海的龙华塔、西安的坝桥和北京的御河桥等，至今仍使用良好。随着生产水平的提高和科学技术的发展，桩的类型、成桩机具和施工工艺以及设计理论、计算方法和应用范围，都有很大的发展，桩基础已成为土质不良地区建造建筑物所广泛采用的基础形式。

桩基础一般具有以下优点：①承载力高；②沉降量小且沉降均匀；③能承受一定的水平荷载；④可以减小机器基础的振幅、减弱机器振动对结构的不利影响；⑤可以提高建筑物的抗震能力；⑥便于实现基础工程机械化和工业化。

对下列情况，可以考虑选用桩基础方案：

(1) 不允许地基有过大的沉降和不均匀沉降的高层建筑或其他重要的建筑物。

(2) 重型工业厂房和荷载很大的建筑物，如仓库、料仓等。

(3) 软弱地基或某些特殊土上的各类永久建筑物。

(4) 作用有较大水平力和力矩的高耸建筑物（如烟囱、水塔等）的基础，或需以桩承受水平力或上拔力的其他情况。

(5) 需要减弱其振动影响的动力机器基础，或以桩基础作为地震区建筑物的抗震措施。

当地基上部软弱而在桩端可以达到的深度处埋藏有坚实地层时，最宜采用桩基础。如果软弱土层很厚，桩端达不到良好地层，则需考虑桩基础沉降等问题。如果以桩通过较好土层而将荷载传到下卧软弱层，则将使桩基沉降增加。总之，桩基础设计也应注意满足地基承载力和变形这两项基本要求。在工程实践中，由于设计或施工方面的原因，致使桩基础不合要求，甚至酿成重大事故者已非罕见。因此，做好地基勘察、慎重选择方案、精心设计施工，也是桩基工程必须遵循的准则。

二、桩基础的设计内容

桩基础设计的基本内容包括以下各项：

（1）选择桩的类型和几何尺寸。

（2）确定单桩竖向（和水平向）承载力特征值。

（3）确定桩的数量、间距和布置方式。

（4）验算桩基础的承载力和沉降值。

（5）桩身结构设计。

（6）承台设计。

（7）绘制桩基础施工图。

设计桩基础应先根据建筑物的特点和有关要求，进行岩土工程勘察和场地施工条件等资料的收集工作，设计时应考虑桩的设置方法及其影响。

三、桩基础的设计原则

1. 桩基础的极限状态

桩基础的极限状态分为以下两类：

（1）承载能力极限状态。对应于桩基础受荷达到最大承载能力导致整体失稳或发生不适于继续承载的变形。

（2）正常使用极限状态。对应于桩基础变形达到为保证建筑物正常使用所规定的极值或桩基础达到耐久性要求的某项限值。

2. 承载能力极限状态计算

所有桩基础均应进行承载能力极限状态计算，包括以下内容：

（1）根据桩基础的使用功能和受力特征进行桩基础的竖向（抗压或抗拔）承载力和水平承载力计算；对某些条件下的群桩基础宜考虑由桩、土、承台相互作用产生的承载力群桩效应。

（2）当桩端平面以下存在软弱下卧层时，应验算其承载力。

（3）按《建筑抗震设计规范》（GB50011—2001）要求验算桩基础抗震承载力。

（4）承台及桩身的承载力计算（包括对混凝土预制桩吊、

运、锤击时的强度验算和软土、液化中细长桩身的屈曲验算等)。

桩基础承载能力极限状态计算应采用作用效应的基本组合和地震作用效应组合。

3. 变形验算

以下建筑物桩基础应进行变形验算:

(1) 桩端持力层为软弱土的一、二级建筑桩基础以及桩端持力层为黏性土、粉土或存在软弱下卧层的一级建筑桩基础，应验算沉降值，并考虑上部结构与桩基础的相互作用。

(2) 承受较大水平荷载或对水平变形要求严格的一级建筑桩基础应验算其水平变形。

此外，对不允许出现裂缝或需限制裂缝宽度的混凝土桩身和承台应进行抗裂或裂缝宽度验算。

验算桩基础沉降值时应采用荷载的长期效应组合；验算桩基础的水平变形、抗裂和裂缝宽度时，根据使用要求和裂缝控制等级应分别采用作用效应的短期效应组合或短期效应组合考虑长期荷载的影响。

第五节　桩基础的计算与构造

本节内容主要针对混凝土预制桩和混凝土灌注桩低桩承台基础。按桩的性状和竖向受力情况，可分为摩擦型桩和端承型桩。摩擦型桩的桩顶竖向荷载主要由桩侧阻力承受；端承型桩的桩顶竖向荷载主要由桩端阻力承受。

桩和桩基础的构造，应符合以下要求:

(1) 摩擦型桩的中心距不宜小于桩身直径的 3 倍；扩底灌注桩的中心距不宜小于扩底直径的 1.5 倍，当扩底直径大于 2m 时，桩端净距不宜小于 1m。在确定桩距时，尚应考虑施工工艺中挤土等效应对邻近桩的影响。

(2) 扩底灌注桩的扩底直径，不应大于桩身直径的 3 倍。

(3) 桩底进入持力层的深度，根据地质条件、荷载及施工工艺确定，宜为桩身直径的1～3倍。在确定桩底进入持力层深度时，尚应考虑特殊土、岩溶以及震陷液化等影响。嵌岩灌注桩周边嵌入完整和较完整的未风化、微风化、中风化硬质岩体的最小深度，不宜小于0.5m。

(4) 布置桩位时，宜使桩基承载力合力点与竖向永久荷载合力作用点重合。

(5) 预制桩的混凝土强度等级不应低于C30，灌注桩不应低于C20，预应力桩不应低于C40。

(6) 桩的主筋应经计算确定。打入式预制桩的最小配筋率不宜小于0.8%；静压预制桩的最小配筋率不宜小于0.6%；灌注桩最小配筋率不宜小于0.2%～0.65%（小直径桩取大值）。

(7) 配筋长度应满足以下要求：

1）受水平荷载和弯矩较大的桩，配筋长度应通过计算确定。

2）桩基承台下存在淤泥、淤泥质土或液化土层时，配筋长度应穿过淤泥、淤泥质土层或液化土层。

3）坡地岸边的桩、8度及8度以上地震区的桩、抗拔桩和嵌岩端承桩应通长配筋。

4）桩径大于600mm的钻孔灌注桩，构造钢筋的长度不宜小于桩长的2/3。

(8) 桩顶嵌入承台内的长度不宜小于50mm。主筋伸入承台内的锚固长度不宜小于钢筋直径（Ⅰ级钢）的30倍和钢筋直径（Ⅱ级钢和Ⅲ级钢）的35倍。对于大直径灌注桩，当采用一柱一桩时，可设置承台或将桩和柱直接连接。桩和柱的连接可按本章第二节“预制钢筋混凝土桩与高杯口基础连接”的要求选择截面尺寸和配筋，柱纵筋插入桩身的长度应满足锚固长度的要求。

(9) 在承台及地下室周围的回填中，应满足填土密实性的要求。

一、桩的计算与构造

（一）群桩中单桩桩顶竖向力的计算

群桩中单桩桩顶竖向力应按下列公式计算。

（1）轴心竖向力作用下：

$$Q_k=\frac{F_k+G_k}{n} \tag{2-45}$$

偏心竖向力作用下：

$$Q_{ik}=\frac{F_k+G_k}{n}\pm\frac{M_{xk}y_i}{\sum y_i^2}\pm\frac{M_{yk}x_i}{\sum x_i^2} \tag{2-46}$$

（2）水平力作用下：

$$H_{ik}=\frac{H_k}{n} \tag{2-47}$$

式中：F_k 为相应于荷载效应标准组合时，作用于桩基承台顶面的竖向力；G_k 为桩基承台自重及承台上土自重标准值；Q_k 为相应于荷载效应标准组合轴心竖向力作用下任一单桩的竖向力；n 为桩基中的桩数；Q_{ik} 为相应于荷载效应标准组合偏心竖向力作用下第 i 根桩的竖向力；M_{xk}、M_{yk} 为相应于荷载效应标准组合作用于承台底面通过桩群形心的 x、y 轴的力矩；x_i、y_i 为桩 i 至桩群形心的 y、x 轴线的距离；H_k 为相应于荷载效应标准组合时，作用于承台底面的水平力；H_{ik} 为相应于荷载效应标准组合时，作用于任一单桩的水平力。

（二）单桩承载力及其特征值的计算

1. 单桩承载力计算

单桩承载力计算应符合下列表达式。

（1）轴心竖向力作用下：

$$Q_k\leqslant R_a \tag{2-48}$$

偏心竖向力作用下，除满足式（2-48）外，尚应满足下式要求：

$$Q_{kmax}\leqslant 1.2R_a \tag{2-49}$$

式中：R_a 为单桩竖向承载力特征值。

（2）水平荷载作用下：

$$H_{ik}\leqslant R_{Ha} \tag{2-50}$$

式中：R_{Ha} 为单桩水平承载力特征值。

2. 单桩竖向承载力特征值的计算

单桩竖向承载力特征值的确定，按《建筑地基基础设计规范》(GB50007—2002) 应符合下列规定：

(1) 单桩竖向承载力特征值应通过单桩竖向静载荷试验确定。在同一条件下的试桩数量，不宜少于总桩数的1%，且不应少于3根。单桩的静载荷试验要点如下：

1) 单桩竖向静载荷试验的加载方式应按慢速维持荷载法。

2) 加载反力装置宜采用锚桩，当采用堆载时应遵守以下规定：

a. 堆载加于地基的压应力不宜超过地基承载力特征值。

b. 堆载的限值可根据其对试桩和对基准桩的影响确定。

c. 堆载量大时，宜利用桩（可利用工程桩）作为堆载的支点。

d. 试验反力装置的最大抗拔或承重能力应满足试验加载的要求。

3) 试桩锚桩（压重平台支座）和基准桩之间的中心距离应符合表2-6的规定。

表2-6　试桩、锚桩和基准桩之间的中心距离

反力系统	试桩与锚桩（或压重平台支座墩边）	试桩与基准桩	基准桩与锚桩（或压重平台支座墩边）
锚桩横梁反力装置 压重平台反力装置	$\geqslant 4d$ 且 >2.0m	$\geqslant 4d$ 且 >2.0m	$\geqslant 4d$ 且 >2.0m

注　d 为试桩或锚桩的设计直径，取其较大者（如试桩或锚桩为扩底桩时，试桩与锚桩的中心距离尚不应少于2倍扩大端直径）。

4) 开始试验的时间：预制桩在砂土中入土7d后；黏性土不得少于15d；对于饱和软黏土不得少于25d。灌注桩应在桩身混凝土达到设计强度后，才能进行。

5) 加荷分级不应少于8级，每级加载量宜为预估极限荷载的1/8～1/10。

6）测读桩沉降量的间隔时间。每级加载后，按间隔 5min、10min、15min 各测读沉降量，以后每隔 15min 测读一次，累计一小时后每隔半小时测读一次。

7）在每级荷载作用下，桩的沉降量连续两次在每小时内小于 0.1mm 时可视为稳定。

8）符合下列条件之一时可终止加载：

a. 当荷载-沉降（$Q-s$）曲线上有可判定极限承载力的陡降段，且桩顶总沉降量超过 40mm。

b. $\Delta s_{n+1}/\Delta s_n \geqslant 2$，且经 24h 尚未达到稳定。

c. 25m 以上的非嵌岩桩，$Q-s$ 曲线呈缓变形时，桩顶总沉降量大于 60～80mm。

d. 在特殊条件下，可根据具体要求加载至桩顶总沉降量大于 100mm。

在此说明两点：一是 Δs_n 为第 n 级荷载的沉降增量，Δs_{n+1} 为第 $n+1$ 级荷载的沉降增量；二是桩底支承在坚硬岩（土）层上，桩的沉降量很小时，最大加载量不应小于设计荷载的 2 倍。

9）卸载观测。每级卸载值为加载值的 2 倍。卸载后隔 15min 测读一次，测读两次后，隔半小时再测读一次，即可卸下一级荷载。全部卸载后，隔 3～4h 再测读一次。

10）单桩竖向极限承载力应按下列方法确定：

a. 作荷载-沉降（$Q-s$）曲线和其他辅助分析所需的曲线。

b. 当陡降段明显时，取相应于陡降段起点的荷载值。

c. 当出现本试验要点第 8）条 b 的情况，取前一级荷载值。

d. $Q-s$ 曲线呈缓变形时，取桩顶总沉降量 $s=40$mm 所对应的荷载值，当桩长大于 40m 时，宜考虑桩身的弹性压缩。

e. 按上述方法判断有困难时，可结合其他辅助分析方法综合判定。对桩基沉降有特殊要求者，应根据具体情况选取。

f. 参加统计的试桩，当满足其极差不超过平均值的 30%时，可取其平均值为单桩竖向极限承载力。极差超过平均值的 30%时，宜增加试桩数量并分析离差过大的原因，结合工程具体情况确定极限承载力。而对桩数为 3 根及 3 根以下的柱下桩台取最小值。

g. 将单桩竖向极限承载力除以安全系数 2，为单桩竖向承载力特征值 R_a。

当桩端持力层为密实砂卵石或其他承载力类似的土层时，对单桩承载力很高的大直径端承型桩，可采用深层平板载荷试验确定桩端土的承载力特征值，试验方法详见本书第一章第二节中有关深层平板载荷试验要点。

（2）地基基础设计等级为丙级的建筑物，可采用静力触探及标准贯入试验参数确定 R_a 值。

（3）初步设计时，单桩竖向承载力特征值可按下式估算：

$$R_a = q_{pa}A_p + u_p \sum q_{sia} l_i \tag{2-51}$$

式中：R_a 为单桩竖向承载力特征值；q_{pa}、q_{sia} 分别为桩端端阻力、桩侧阻力特征值，由当地静载荷试验结果统计分析算得；A_p 为桩底端横截面面积；u_p 为桩身周边长度；l_i 为第 i 层岩土的厚度。

当桩端嵌入完整及较完整的硬质岩中时，可按下式估算单桩竖向承载力特征值：

$$R_a = q_{pa}A_p \tag{2-52}$$

式中：q_{pa}为桩端岩石承载力特征值。

（4）嵌岩灌注桩桩端以下 3 倍桩径范围内应无软弱夹层、断裂破碎带和洞穴分布，并应在桩底应力扩散范围内无岩体临空面。桩端岩石承载力特征值，当桩端无沉渣时，应根据岩石饱和单轴抗压强度标准值按本书第一章第三节有关承载力计算中的岩基载荷试验确定。

3. 单桩水平承载力特征值的计算

单桩水平承载力特征值取决于桩的材料强度、截面刚度、入土深度、土质条件、桩顶水平位移允许值和桩顶嵌固情况等因素，应通过现场水平载荷试验确定。必要时可进行带承台桩的载荷试验，试验宜采用慢速维持荷载法。

当作用于桩基上的外力主要为水平力时，应根据使用要求对桩顶变位的限制，对桩基的水平承载力进行验算。当外力作用面的桩距较大时，桩基的水平承载力可视为各单桩的水平承载力的总和。当承台侧面的土未经扰动或回填密实时，应计算土抗力的作用。当水平推力较大时，宜设置斜桩。

当桩基承受拔力时，应对桩基进行抗拔验算及桩身抗裂验算。

桩身混凝土强度应满足桩的承载力设计要求。计算中应按桩的类型和成桩工艺的不同将混凝土的轴心抗压强度设计值乘以工作条件系数 ψ_c，桩身强度应符合下式要求。

桩轴心受压时：

$$Q \leqslant A_p f_c \psi_c \tag{2-53}$$

式中：f_c 为混凝土轴心抗压强度设计值，按现行《混凝土结构设计规范》（GB50010—2002）取值；Q 为相应于荷载效应基本组合时的单桩竖向力设计值；A_p 为桩身横截面积；ψ_c 为工作条件系数，预制桩取 0.75，灌注桩取 0.6～0.7（水下灌注桩或长桩时用低值）。

（三）桩基的沉降验算

对以下建筑物的桩基应进行沉降验算：

（1）地基基础设计等级为甲级的建筑物桩基。

（2）体型复杂、荷载不均匀或桩端以下存在软弱土层的设计等级为乙级的建筑物桩基。

（3）摩擦型桩基。

嵌岩桩、设计等级为丙级的建筑物桩基、对沉降无特殊要求的条形基础下不超过两排桩的桩基、吊车工作级别 A5 及 A5 以下的单层工业厂房桩基（桩端下为密实土层），可不进行沉降验算。

当有可靠地区经验时，对地质条件不复杂、荷载均匀、对沉降无特殊要求的端承型桩基也可不进行沉降验算。

桩基础的沉降不得超过建筑物的沉降允许值，并应符合表1-23的规定。

计算桩基础沉降时，最终沉降量宜按单向压缩分层总和法计算。地基内的应力分布宜采用各向同性均质线性变形体理论，可按实体深基础法（桩距不大于 $6d$）计算，还可采用其他方法，包括明德林应力公式法。

1. 单向压缩分层总和法

桩基础最终沉降量的计算采用单向压缩分层总和法时：

$$s=\psi_{\mathrm{p}}\sum_{j=1}^{m}\sum_{i=1}^{n_j}\frac{\sigma_{j,i}\Delta h_{j,i}}{E_{\mathrm{s}j,i}} \tag{2-54}$$

式中：s 为桩基础最终计算沉降量，mm；m 为桩端平面以下压缩层范围内土层总数；$E_{\mathrm{s}j,i}$ 为桩端平面下第 j 层土第 i 个分层在自重应力至自重应力加附加应力作用段的压缩模量，MPa；n_j 为桩端平面下第 j 层土的计算分层数；$\Delta h_{j,i}$ 为桩端平面下第 j 层土的第 i 个分层厚度，m；$\sigma_{j,i}$ 为桩端平面下第 j 层土的第 i 个分层的竖向附加应力，kPa；ψ_{p} 为桩基沉降计算经验系数，各地区应根据当地的工程实测资料统计对比确定。

2. 实体深基础法

采用实体深基础法计算桩基础最终沉降量时，可用单向压缩分层总和法按本书第一章式（1-43）～式（1-46）的有关公式计算。

式（1-43）中附加压力计算，应为桩底平面处的附加压力。实体基础的支承面积可按图 2-28 采用。

实体深基础桩基沉降计算经验系数 ψ_{p}，应根据地区桩基础沉降观测资料及经验统计确定。在不具备条件时 ψ_{p} 值可按表2-7选用。

3. 明德林应力公式法

采用明德林应力公式法计算地基中某点的竖向附加应力值时，可将各根桩在该点所产生的附加应力逐根叠加并按下式计算：

表 2-7 实体深基础计算桩基沉降经验系数ψ_p

$\overline{E}_s$ (MPa)	$\overline{E}_s<15$	$15\leqslant\overline{E}_s<30$	$30\leqslant\overline{E}_s<40$
ψ_p	0.5	0.4	0.3

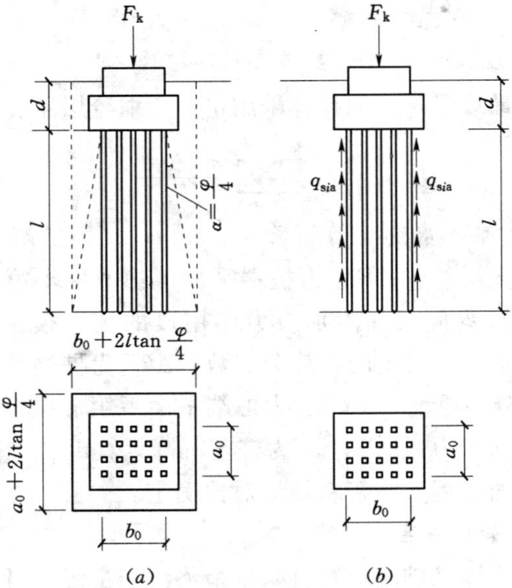

图 2-28 实体深基础的底面积

(a) 考虑扩散作用；(b) 不考虑扩散作用

$$\sigma_{j,i}=\sum_{k=1}^{n}(\sigma_{zp,k}+\sigma_{zs,k}) \tag{2-55}$$

Q 为单桩在竖向荷载的准永久组合作用下的附加荷载，由桩端阻力 Q_p 和桩侧摩阻力 Q_s 共同承担，且 $Q_p=\alpha Q$，α 为桩端阻力比。桩的端阻力假定为集中力，桩侧摩阻力可假定为沿桩身均匀分布和沿桩身线性增长分布两种形式组成，其值分别为 βQ 和 $(1-\alpha-\beta)Q$，如图 2-29 所示。

第 k 根桩的端阻力在深度 z 处产生的应力为

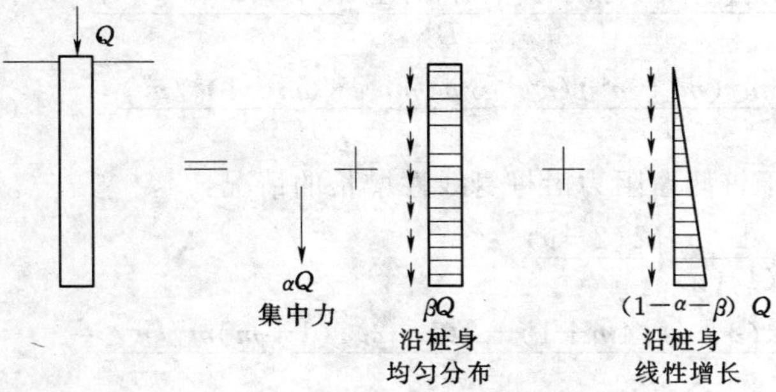

图 2-29　单桩荷载分担

$$\sigma_{zp,k}=\frac{\alpha Q}{l^2}I_{p,k} \tag{2-56}$$

第 k 根桩的侧摩阻力在深度 z 处产生的应力为

$$\sigma_{zs,k}=\frac{Q}{l^2}\left[\beta I_{s1,k}+(1-\alpha-\beta)I_{s2,k}\right] \tag{2-57}$$

式中：l 为桩长，m；I_p、I_{s1}、I_{s2} 分别为应力影响系数，可用对明德林应力公式进行积分的方式推导得出。

对于一般摩擦型桩，可假定桩侧摩阻力全部是沿桩身线性增长的（即 $\beta=0$），则式（2-57）可简化为

$$\sigma_{zs,k}=\frac{Q}{l^2}(1-\alpha)I_{s2,k} \tag{2-58}$$

对于桩顶的集中力：

$$I_p=\frac{1}{8\pi(1-\nu)}\left\{\frac{(1-2\nu)(m-1)}{A^3}-\frac{(1-2\nu)(m-1)}{B^3}+\frac{3(m-1)^3}{A^5}\right.$$
$$\left.+\frac{3(3-4\nu)m(m+1)^2-3(m+1)(5m-1)}{B^5}+\frac{30m(m+1)^3}{B^7}\right\} \tag{2-59}$$

对于桩侧摩阻力沿桩身均匀分布的情况：

$$I_{s1}=\frac{1}{8\pi(1-\nu)}\left\{\frac{2(2-\nu)}{A}-\frac{2(2-\nu)+2(1-2\nu)(m^2/n^2+m/n^2)}{B}\right.$$
$$+\frac{(1-2\nu)2(m/n)^2}{F}-\frac{n^2}{A^3}-\frac{4m^2-4(1+\nu)(m/n)^2m^2}{F^3}$$

$$-\frac{4m(1+\nu)(m+1)(m/n+1/n)^2-(4m^2+n^2)}{B^3}$$

$$+\frac{6m^2(m^4-n^4)/n^2}{F^5}-\frac{6m(mn^2-(m+1)^5/n^2)}{B^5} \quad (2-60)$$

对于桩侧摩阻力沿桩身线性增长的情况：

$$I_{s2}=\frac{1}{4\pi(1-\nu)}\left\{\frac{2(2-\nu)}{A}\right.$$

$$-\frac{2(2-\nu)(4m+1)-2(1-2\nu)(1+m)m^2/n^2}{B}$$

$$-\frac{2(1-2\nu)m^3/n^2-8(2-\nu)m}{F}-\frac{mn^2+(m-1)^3}{A^3}$$

$$-\frac{4\nu n^2m+4m^3-15n^2m-2(5+2\nu)(m/n)^2(m+1)^3+(m+1)^3}{B^3}$$

$$-\frac{2(7-2\nu)mn^2-6m^3+2(5+2\nu)(m/n)^2m^3}{F^3}$$

$$-\frac{6mn^2(n^2-m^2)+12(m/n)^2(m+1)^5}{B^5}$$

$$+\frac{12(m/n)^2m^5+6mn^2(n^2-m^2)}{F^5}$$

$$\left.+2(2-\nu)\ln\left(\frac{A+m-1}{F+m}\times\frac{B+m+1}{F+m}\right)\right\} \quad (2-61)$$

其中

$$A^2=n^2+(m-1)^2$$

$$B^2=n^2+(m+1)^2$$

$$F^2=n^2+m^2$$

$$n=r/l$$

$$m=z/l$$

式中：ν 为地基土的泊松比；r 为计算点离桩身轴线的水平距离；z 为计算应力点离承台底面的竖向距离。

将式（2-55）～式（2-58）代入式（2-54），得到单向压缩分层总和法沉降计算公式，即

$$s=\psi_p\frac{Q}{l^2}\sum_{j=1}^{m}\sum_{i=1}^{n_j}\frac{\Delta h_{j,i}}{E_{sj,i}}\sum_{k=1}^{n}[\alpha I_{p,k}+(1-\alpha)I_{s2,k}] \quad (2-62)$$

采用明德林应力公式计算桩基础最终沉降量时，竖向荷载准永久组合作用下附加荷载的桩端阻力比 α 和桩基沉降计算经验系数 ψ_p 应根据当地工程的实测资料统计确定。

应按有关规范的规定考虑特殊土对桩基的影响。应考虑岩溶等场地的特殊性，并在桩基设计中采取有效措施。抗震设防区的桩基按现行《建筑抗震设计规范》（GB50011—2001）有关规定执行。

软土地区的桩基应考虑桩周土自重固结、蠕变、大面积堆载及施工中挤土对桩基的影响；在深厚软土中不宜采用大片密集有挤土效应的桩基。

位于坡地岸边的桩基应进行桩基稳定性验算。

对于预制桩，尚应进行运输、吊装和锤击等过程中的强度和抗裂验算。

以控制沉降为目的的设置桩基时，应结合地区经验，并满足以下要求：

（1）桩身强度应按桩顶荷载设计值验算。

（2）桩、土荷载分配应按上部结构与地基共同作用分析确定。

（3）桩端进入较好的土层，桩端平面处土层应满足下卧层承载力设计要求。

（4）桩距可采用 4～6d（d 为桩身直径）。

桩基设计时，应结合地区经验考虑桩、土、承台的共同工作。

二、承台的计算与构造

（一）桩基承台的构造

桩基承台的构造，除满足抗冲切、抗剪切、抗弯承载力和上部结构的要求外，尚应符合以下要求：

（1）承台的宽度不应小于 5mm。边桩中心至承台边缘的距离不宜小于桩的直径或边长，且桩的外边缘至承台边缘的距离不小于 150mm。对于条形承台梁，桩的外边缘至承台梁边缘的距离不小于 75mm。

(2) 承台的最小厚度不应小于 300mm。

(3) 承台的配筋，对于矩形承台，其钢筋应按双向均匀通长布置［见图 2－30 (a)］，钢筋直径不宜小于 10mm，间距不宜大于 200mm；对于三桩承台，钢筋应按三向板带均匀布置，且最里面的三根钢筋围成的三角形应在柱截面范围内［见图 2－30 (b)］。承台梁的主筋除满足计算要求外，尚应符合现行《混凝土结构设计规范》(GB50010—2002) 关于最小配筋率的规定，主筋直径不宜小于 12mm，架立筋不宜小于 10mm，箍筋直径不宜小于 6mm［见图 2－30 (c)］。

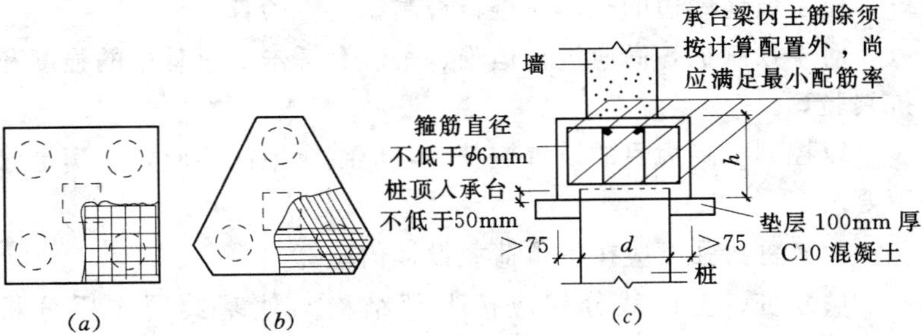

图 2－30 承台配筋示意

(a) 矩形承台配筋；(b) 三桩承台配筋；(c) 承台梁配筋

(4) 承台混凝土强度等级不应低于 C20，纵向钢筋的混凝土保护层厚度不应小于 70mm，当有混凝土垫层时，不应小于 40mm。

(二) 桩基承台的计算

1. 柱下桩基承台的弯矩计算

柱下桩基承台的弯矩可按以下简化计算方法确定：

(1) 多桩矩形承台计算截面取在柱边和承台高度变化处（杯口外侧或台阶边缘）［见图 2－31 (a)］：

$$M_x = \sum N_i y_i \tag{2-63}$$

$$M_y = \sum N_i x_i \tag{2-64}$$

式中：M_x、M_y 分别为垂直 y 轴和 x 轴方向计算截面处的弯矩设计值；x_i、y_i 分别为垂直 y 轴和 x 轴方向自桩轴线到相应计算截面的距离；N_i 为扣除承台和其上填土自重后相应于荷载效应基本组合时的第 i 桩竖向力设计值。

（2）三桩承台按以下方法计算。

1）等边三桩承台［见图 2-31（b）］。

$$M=\frac{N_{max}}{3}\left(s-\frac{\sqrt{3}}{4}c\right) \tag{2-65}$$

式中：M 为由承台形心至承台边缘距离范围内板带的弯矩设计值；N_{max} 为扣除承台和其上填土自重后的三桩中相应于荷载效应基本组合时的最大单桩竖向力设计值；s 为桩距；c 为方柱边长，圆柱时 $c=0.866d$（d 为圆柱直径）。

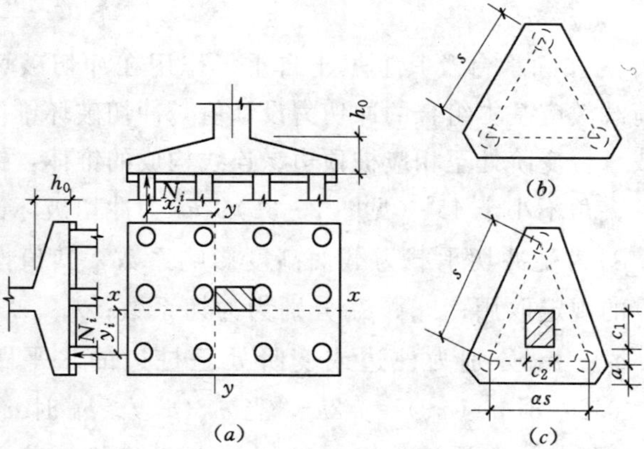

图 2-31 承台弯矩计算示意

2）等腰三桩承台［见图 2-31（c）］。

$$M_1=\frac{N_{max}}{3}\left(s-\frac{0.75}{\sqrt{4-\alpha^2}}c_1\right) \tag{2-66}$$

$$M_2=\frac{N_{max}}{3}\left(\alpha s-\frac{0.75}{\sqrt{4-\alpha^2}}c_2\right) \tag{2-67}$$

式中：M_1、M_2 分别为由承台形心到承台两腰和底边的距离范围内板带的弯矩设计值；s 为长向桩距；α 为短向桩距与长向桩距之比，当 $\alpha<0.5$ 时，应按变截面的二桩承台设计；c_1、c_2 分别为垂直于、平行于承台底边的柱截面边长。

2. 柱下桩基础独立承台受冲切承载力的计算

柱下桩基础独立承台受冲切承载力的计算，应符合以下规定：

(1) 柱对承台的冲切，可按下列公式计算（见图 2－32)：

$$F_l \leqslant 2[\beta_{0x}(b_c+a_{0y})+\beta_{0y}(h_c+a_{0x})]\beta_{hp}f_t h_0 \quad (2-68)$$

其中

$$F_l = F - \sum N_i \quad (2-69)$$

$$\beta_{0x} = 0.84/(\lambda_{0x}+0.2) \quad (2-70)$$

$$\beta_{0y} = 0.84/(\lambda_{0y}+0.2) \quad (2-71)$$

$$\lambda_{0x} = a_{0x}/h_0$$

$$\lambda_{0y} = a_{0y}/h_0$$

式中：F_l 为扣除承台及其上填土自重，作用在冲切破坏锥体上相应于荷载效应基本组合的冲切力设计值，冲切破坏锥体应采用自柱边或承台变阶处至相应桩顶边缘连线构成的锥体，锥体与承台底面的夹角不小于45°（见图 2－32)；h_0 为冲切破坏锥体的有效高度；β_{hp}为受冲切承载力截面高度影响系数，其值按本章式(2－16) 的规定取用；β_{0x}、β_{0y}分别为冲切系数；λ_{0x}、λ_{0y}分别为冲跨比；a_{0x}、a_{0y}分别为柱边或变阶处至桩边的水平距离，当 $a_{0x}(a_{0y})<0.2h_0$ 时 $a_{0x}(a_{0y})=0.2h_0$，当 $a_{0x}(a_{0y})>h_0$ 时 $a_{0x}(a_{0y})=h_0$；F 为柱根部轴力设计值；$\sum N_i$ 为冲切破坏锥体范围内各桩的净反力设计值之和。

对中低压缩性土上的承台，当承台与地基土之间没有脱空现象时，可根据地区经验适当减小柱下桩基础独立承台受冲切计算的承台厚度。

(2) 角桩对承台的冲切，可按下列公式计算。

1) 多桩矩形承台受角桩冲切的承载力应按下式计算（见图 2－33)：

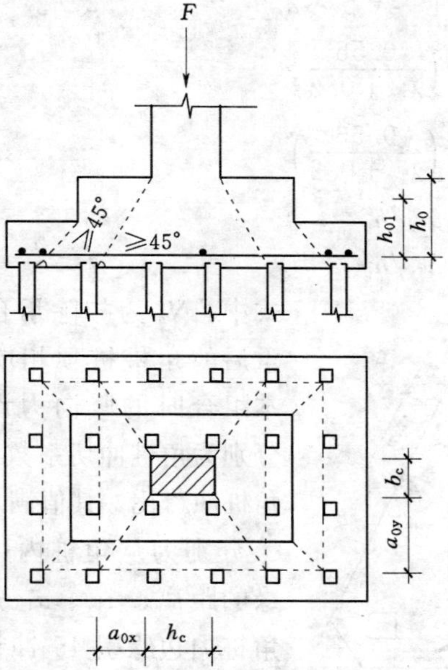

图 2-32　柱对承台冲切计算示意

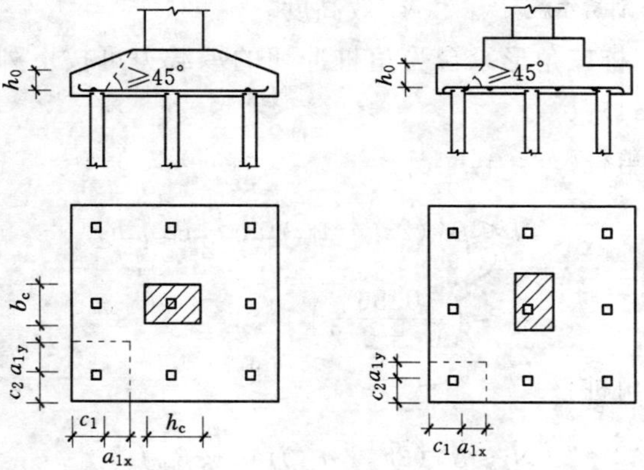

图 2-33　矩形承台角桩冲切计算示意

$$N_l \leqslant \left[\beta_{1x}\left(c_2+\frac{a_{1y}}{2}\right)+\beta_{1y}\left(c_1+\frac{a_{1x}}{2}\right)\right]\beta_{hp} f_t h_0 \tag{2-72}$$

其中

$$\beta_{1x}=\left(\frac{0.56}{\lambda_{1x}+0.2}\right) \tag{2-73}$$

$$\beta_{1y}=\left(\frac{0.56}{\lambda_{1y}+0.2}\right) \tag{2-74}$$

$$\lambda_{1x}=a_{1x}/h_0$$

$$\lambda_{1y}=a_{1y}/h_0$$

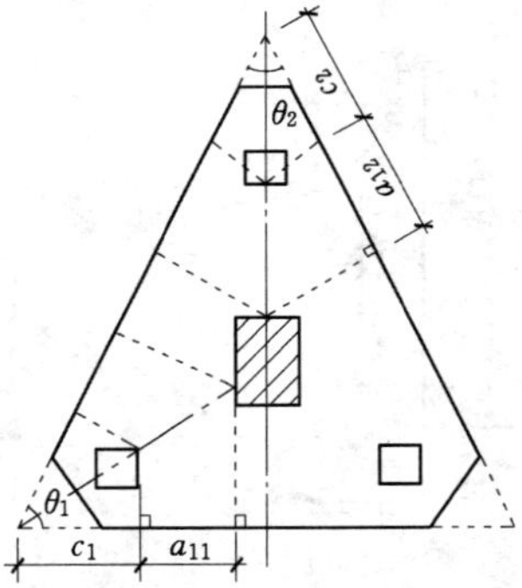

图 2-34　三角形承台角桩冲切计算示意

式中：N_l 为扣除承台和其上填土自重后的角桩桩顶相应于荷载效应基本组合时的竖向力设计值；β_{1x}、β_{1y} 分别为角桩冲切系数；λ_{1x}、λ_{1y} 分别为角桩冲跨比，其值满足0.2～1.0；c_1、c_2 分别为从角桩内边缘至承台外边缘的距离；a_{1x}、a_{1y} 分别为从承台底角桩内边缘引 45°冲切线与承台顶面或承台变阶处相交点至角桩内边缘的水平距离；h_0 为承台外边缘的有效高度。

2）三桩三角形承台受角桩冲切的承载力可按下列公式计算（见图2-34）：

底部角桩：

$$N_l \leqslant \beta_{11}(2c_1+a_{11})\tan\frac{\theta_1}{2}\beta_{hp} f_t h_0 \tag{2-75}$$

$$\beta_{11}=\left(\frac{0.56}{\lambda_{11}+0.2}\right) \tag{2-76}$$

顶部角桩：

$$N_l \leqslant \beta_{12}(2c_2+a_{12})\tan\frac{\theta_2}{2}\beta_{hp} f_t h_0 \tag{2-77}$$

$$\beta_{12}=\left(\frac{0.56}{\lambda_{12}+0.2}\right) \tag{2-78}$$

其中 $$\lambda_{11}=\frac{a_{11}}{h_0}$$

$$\lambda_{12}=\frac{a_{12}}{h_0}$$

式中：λ_{11}、λ_{12}分别为角桩冲跨比；a_{11}、a_{12}分别为从承台底角桩内边缘向相邻承台边引45°冲切线与承台顶面相交点至角桩内边缘的水平距离，当柱位于该45°线以内时，则取柱边与桩内边缘连线为冲切锥体的锥线。

对圆柱及圆桩，计算时可将圆形截面换算成正方形截面。

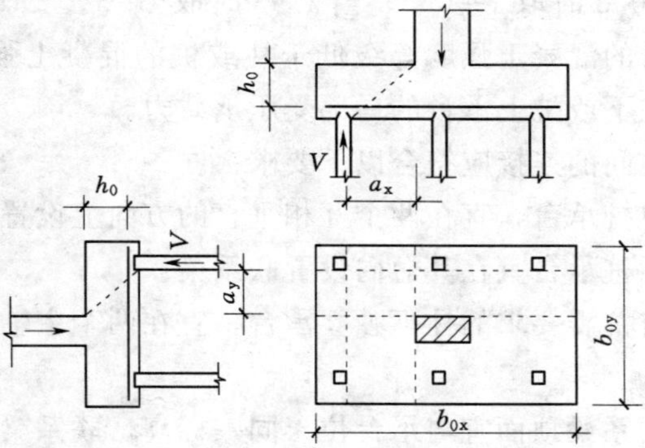

图 2-35 承台斜截面受剪计算示意

此外，柱下桩基独立承台应分别对柱边和桩边、变阶处和桩边联线形成的斜截面进行受剪计算（见图 2-35）。当柱边外有多排桩形成多个剪切斜截面时，尚应对每个斜截面进行验算。斜截面受剪承载力可按下列公式计算：

$$V\leqslant\beta_{hs}\beta f_t b_0 h_0 \tag{2-79}$$

其中

$$\beta=\frac{1.75}{\lambda+1.0} \tag{2-80}$$

$$\beta_{hs}=(800/h_0)^{1/4}$$

$$\lambda_x=\frac{a_x}{h_0}$$

$$\lambda_y=\frac{a_y}{h_0}$$

式中：V 为扣除承台及其上填土自重后相应于荷载效应基本组合时斜截面的最大剪力设计值；b_0 为承台计算截面处的计算宽度，阶梯形承台变阶处的计算宽度，锥形承台的计算宽度应按《建筑地基基础设计规范》（GB50007—2002）附录 S 确定；h_0 为计算宽度处的承台有效高度；β 为剪切系数；β_{hs} 为受剪切承载力截面高度影响系数；h_0 为板的有效高度，$h_0<800$mm 时取 800mm，$h_0>2000$mm 时取 2000mm；λ 为计算截面的剪跨比；a_x、a_y 分别为柱边或承台变阶处至 x、y 方向计算一排桩的桩边的水平距离，当 $\lambda<0.3$ 时取 $\lambda=0.3$，当 $\lambda>3$ 时取 $\lambda=3$。

当承台的混凝土强度等级低于柱或桩的混凝土强度等级时，尚应验算柱下或桩上承台的局部受压承载力。

承台之间的连接应符合以下要求：

（1）单桩承台，宜在两个互相垂直的方向上设置联系梁。

（2）两桩承台宜在其短向设置联系梁。

（3）有抗震要求的柱下独立承台，宜在两个主轴方向设置联系梁。

（4）联系梁顶面宜与承台位于同一标高。联系梁的宽度不应小于 250mm，梁的高度可取承台中心距的 1/10～1/15。

（5）联系梁的主筋应按计算要求确定。联系梁内上下纵向钢筋直径不应小于 12mm 且不应少于 2 根，并应按受拉要求锚入承台。

（三）计算实例

【例 2－11】 某二级建筑的桩基础如图 2－36 所示，柱截面尺寸为 450mm×600mm，作用在基础顶面的荷载标准值如下：$F_k=2800$kN，$M_k=210$kN·m（作用于长边方向），$H_k=145$kN，设计值分别为 $F=3654$kN，$M=455$kN·m，$H=188$kN。拟采用截面为 350mm×350mm 的预制混凝土方桩，桩长 12m，已确定基桩竖向承载力特征值 $R_a=500$kN，水平承载力设计值 $R_h=45$kN，承台混凝土强度等级为 C25，配置 HRB335 级（Ⅱ级）钢筋，试设计该桩基础（不考虑承台效应）。

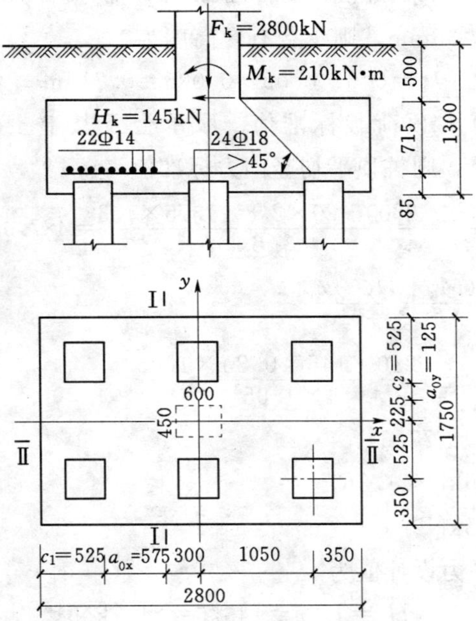

图 2-36 [例 2-11] 图

解：

C25 混凝土，$f_t=1270\text{kPa}$，$f_c=11900\text{kPa}$；HRB335 级（Ⅱ级）钢，$f_y=300\text{N/mm}^2$。

（1）基桩持力层、桩材、桩型、外形尺寸及单桩承载力设计值均已选定，桩身结构设计从略。

（2）确定桩数及布桩。初选桩数为

$$n>\frac{F_k}{R_a}=\frac{2800}{500}=5.6$$

暂取 6 根，取桩距 $s=3d=3\times0.35=1.05\text{m}$，按矩形布置如图 2-36 所示。

（3）初选承台尺寸。取承台长边和短边分别为

$$a=2\times(0.35+1.05)=2.8\text{m}$$

$$b=2\times0.35+1.05=1.75\text{m}$$

承台埋置深度 1.3m，承台高 0.8m，桩顶伸入承台 50mm，钢筋保护层取 35mm，则承台有效高度为

$$h_0=0.8-0.05-0.035=0.715\text{m}$$

（4）计算桩顶荷载标准值。取承台及其上土的平均重度 $\gamma_G=20\text{kN/m}^3$，则桩顶平均竖向力标准值为

$$Q_k=\frac{F_k+G_k}{n}=\frac{2800+20\times2.8\times1.75\times1.3}{6}=487.9\text{kN}<500\text{kN}$$

$$\begin{aligned}Q_{k\min}^{\max}&=N\pm\frac{(M_k+H_kh)x_{\max}}{\sum x_i^2}\\&=487.9\pm\frac{(210+145\times0.8)\times1.05}{4\times1.05^2}\\&=487.9\pm77.6\\&=\begin{matrix}565.5\text{kN}<1.2R_a\\410.3\text{kN}>0\end{matrix}\end{aligned}$$

基桩水平力设计值为

$$H_1=H/n=145/6=24.2\text{kN}$$

其值远小于单桩水平承载力设计值 $R_h=45\text{kN}$，因此，无需验算考虑群桩效应的基桩水平承载力设计值。

（5）承台受冲切承载力验算。桩顶竖向力设计值为

$$\begin{aligned}Q_{\max}&=\frac{F}{n}+\frac{(M+Hh)x_{\max}}{\sum x_i^2}\\&=\frac{3654}{6}+\frac{(455+188\times0.8)\times1.05}{4\times1.05^2}\\&=609+144.1\\&=753.1\text{kN}\end{aligned}$$

1）柱边冲切：

$$\lambda_{0x}=\frac{a_{0x}}{h_0}=\frac{0.575}{0.715}=0.804$$

满足 $\lambda_{0x}=0.2\sim1.0$。

$$\beta_{0x}=\frac{0.84}{\lambda_{0x}+0.2}=\frac{0.84}{0.804+0.2}=0.837$$

$$\lambda_{0y}=\frac{a_{0y}}{h_0}=\frac{0.125}{0.715}=0.175<0.20$$

取 $\lambda_{0y}=0.20$。

$$\beta_{0y}=\frac{0.84}{\lambda_{0y}+0.2}=\frac{0.84}{0.2+0.2}=2.1$$

$$h=800\text{mm}$$

故 $\beta_{hp}=1.0$。

$$\begin{aligned}&2[\beta_{0x}(b_c+a_{0y})+\beta_{0y}(h_c+a_{0x})]\beta_{hp}f_t h_0\\&=2\times[0.837\times(0.45+0.125)+2.1\times(0.6+0.575)]\\&\quad\times1270\times0.715\\&=5355.3\text{kN}>\gamma_0 F=1.0\times3654=3654\text{kN}\end{aligned}$$

2）角桩向上冲切，从角桩内边缘主承台外边缘距离 $c_1=c_2=0.525\text{m}$，$a_{1x}=a_{0x}$，$\lambda_{1x}=\lambda_{0x}$，$a_{1y}=a_{0y}$，$\lambda_{1y}=\lambda_{0y}$，有

$$\beta_{1x}=\frac{0.56}{\lambda_{1x}+0.2}=\frac{0.56}{0.804+0.2}=0.558$$

$$\beta_{1y}=\frac{0.56}{\lambda_{1y}+0.2}=\frac{0.56}{0.2+0.2}=1.4$$

$$\begin{aligned}&\left[\beta_{1x}\left(c_2+\frac{a_{1y}}{2}\right)+\beta_{1y}\left(c_1+\frac{a_{1x}}{2}\right)\right]\beta_{hp}f_t h_0\\&=[0.558\times(0.525+0.125/2)+1.4\times(0.525+0.575/2)]\\&\quad\times1\times1270\times0.715\\&=1330.6\text{kN}>\gamma_0 Q_{max}=1.0\times753.1=753.1\text{kN}\end{aligned}$$

（6）承台受剪切承载力计算。剪跨比与以上冲跨比相同，对斜截面Ⅰ－Ⅰ $\lambda_x=0.804$，故剪切系数为

$$\beta=\frac{1.75}{\lambda_x+1.0}=\frac{1.75}{0.804+1.0}=0.970$$

$$\beta_{hs}=1.0$$

$$\begin{aligned}\beta f_t b_0 h_0&=0.970\times1270\times1.75\times0.715\\&=1541.4\text{kN}>2\gamma_0 Q_{max}=2\times1.0\times753.7=1506.2\text{kN}\end{aligned}$$

斜截面Ⅱ－Ⅱ λ 按 0.3 计，其受剪切承载力更大，故验算从略。

（7）承台受弯承载力计算：

$$M_x = \sum N_i y_i = 3\times 609\times 0.325 = 593.8\text{kN}\cdot\text{m}$$

$$A_s = \frac{M_x}{0.9 f_y h_0} = \frac{593.8\times 10^6}{0.9\times 300\times 715} = 3076\text{mm}^2$$

选用 22 Φ 14，$A_s=3386\text{mm}^2$，沿平行 y 轴方向均匀布置。

$$M_y = \sum N_i x_i = 2\times 753.1\times 0.757 = 1140.2\text{kN}\cdot\text{m}$$

$$A_s = \frac{M_x}{0.9 f_y h_0} = \frac{1140.2\times 10^6}{0.9\times 300\times 715} = 5906.2\text{mm}^2$$

选用 24 Φ 18，$A_s=6108\text{mm}^2$，沿平行 x 轴方向均匀布置。

【例 2－12】 桩基础设计。

1. 桩基础设计资料

（1）几何参数。承台边缘至桩中心距 $C=500\text{mm}$，承台根部高度 $H=1000\text{mm}$，承台端部高度 $h=1000\text{mm}$，纵筋合力重心到底边的距离 $a_s=70\text{mm}$，承台埋置深度 $h_m=1.50\text{m}$，矩形柱宽 $B_c=600\text{mm}$，矩形柱高 $H_c=400\text{mm}$，圆桩直径 $D_s=500\text{mm}$。

（2）荷载设计值（作用在承台顶部）。竖向荷载 $F_k=4000.00\text{kN}$，x 向剪力 $V_x=100.00\text{kN}$，y 向剪力 $V_y=0$，绕 x 轴弯矩 $M_x=0$，绕 y 轴弯矩 $M_y=600.00\text{kN}\cdot\text{m}$。

（3）作用在承台底部的弯矩。

绕 x 轴弯矩：

$$M_{0x} = M_x - V_y h = 0$$

绕 y 轴弯矩：

$$M_{0y} = M_y + V_x h = 600.00 + (100.00)\times 1.50 = 750.00\text{kN}\cdot\text{m}$$

（4）工程地质资料如表 2－8 所示，地下水位在地表下 4m 处。

单桩竖向静载试验得到极限承载力值为 1200kN。

（5）材料。

1）混凝土强度等级 C20，$f_c=9.60\text{N/mm}^2$，$f_t=1.10\text{N/mm}^2$。

2）钢筋强度等级 HPB235，$f_y=210.00\text{N/mm}^2$。

表 2-8　　　　　　工程地质资料

土层名称	深度（m）	厚度（m）	重度（kN/m³）	含水量	孔隙比	液性指数	黏聚力	内摩擦角（°）	压缩模量（MPa）	桩侧阻力特征值（kPa）	桩端阻力特征值（kPa）	承载力特征值（kPa）
杂填土	0～1	1.0	16									
粉土	1～4	3.0	18	30	1.0	1.0	10	12	4.6	30		110
淤泥质土	4～16	12.0	17	33	1.1	1.0	5	8	4.4	20		105
黏土	16～26	10.0	19	22.5	0.7	0.5	10	20	10.0	38	800	265

桩基础如图 2-37 所示。

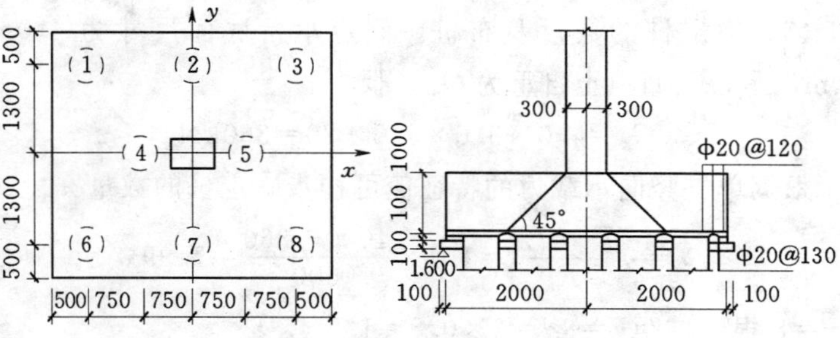

图 2-37 [例 2-12] 图

2. 桩基础设计计算

(1) 选择桩型、桩材及桩长。根据试桩情况初步选用 $\phi500$ 钻孔灌注桩，采用 C20 混凝土水下灌注，钢筋强度等级为 HPB235。

根据地质资料，可选择黏土层作为持力层，假定承台底埋置深度为 1.5m，桩端进入黏性土层不得小于 $2d=1.0$m，则桩长为 15.5m。

（2）确定单桩竖向承载力。

1）根据桩身的材料强度确定：

$$R_a = A_p f_c \psi_c = \frac{\pi}{4} \times 500^2 \times 9.60 \times 0.6 = 1130400\text{N} = 1130.4\text{kN}$$

2）根据单桩竖向静载试验确定：

$$R_a = \frac{Q_u}{2} = \frac{1200}{2} = 600\text{kN}$$

3）根据经验参数法确定：

$$\begin{aligned} R_a &= q_{pa} A_p + u_p \sum q_{sia} l_i \\ &= 800 \times \frac{\pi}{4} \times 0.5^2 + 0.5 \times \pi \times (30 \times 2.5 + 20 \times 12 + 38 \times 1) \\ &= 157.00 + 554.21 \\ &= 711.2\text{kN} \end{aligned}$$

根据以上计算可确定单桩竖向承载力的特征值为

$$R_a = 600\text{kN}$$

（3）确定桩的数量及布桩。假定承台底面尺寸为 4.0m×3.0m，承台及回填土自重为 G_k，即

$$G_k = 4.0 \times 3.0 \times 1.5 \times 20 = 360\text{kN}$$

根据单桩竖向承载力的特征值可初步确定桩的数量 n：

$$n = \mu \frac{F_k + G_k}{R_a} = 1.1 \times \frac{4000 + 360}{600} = 7.99$$

取 $n=8$ 根，桩距 $s = 3d = 3 \times 0.5 = 1.5\text{m}$。

8 根桩采用梅花形布置，承台尺寸为 4.0m×3.5m，承台平面布置如图 2-37 所示。

（4）群桩中单桩竖向承载力验算：

$$Q_k = \frac{F_k + G_k}{n} = \frac{4000 + 360}{8} = 545\text{kN} < R_a$$

$$\begin{aligned} Q_{kmax} &= \frac{F_k + G_k}{n} + \frac{M_{xk} y_{max}}{\sum y_i^2} + \frac{M_{yk} x_{max}}{\sum x_i^2} \\ &= \frac{4000 + 360}{8} + 0 + \frac{750 \times 1.5}{4 \times 1.5^2 + 2 \times 0.75^2} \end{aligned}$$

$$=545+0+111.1$$
$$=656.1\text{kN}<1.2R_a=720\text{kN}$$
$$Q_{\text{kmin}}=\frac{F_k+G_k}{n}-\frac{M_{xk}y_{\max}}{\sum y_i^2}-\frac{M_{yk}x_{\max}}{\sum x_i^2}$$
$$=\frac{4000+360}{8}-0-\frac{750\times1.5}{4\times1.5^2+2\times0.75^2}$$
$$=433.9\text{kN}>0$$

满足设计要求。

(5) 承台设计。

1) 基桩净反力设计值：

$$N_i=\frac{F_k}{n}\pm\frac{M_x y_{\max}}{\sum y_i^2}\pm\frac{M_y x_{\max}}{\sum x_i^2}$$
$$N_1=N_6=\frac{4000}{8}-0-\frac{750\times1.5}{4\times1.5^2+2\times0.75^2}=396.30\text{kN}$$
$$N_2=N_7=500.00\text{kN}$$
$$N_3=N_8=603.70\text{kN}$$
$$N_4=448.15\text{kN}$$
$$N_5=551.85\text{kN}$$

2) 承台受柱冲切验算：

$$F_l\leqslant2[\beta_{0x}(b_c+a_{0y})+\beta_{0y}(h_c+a_{0x})]\beta_{hp}f_t h_0$$

x 方向上自角桩到柱边的水平距离为

$$a_{0x}=1500-\frac{600+500}{2}=950\text{mm}>h_0=930\text{mm}$$

取 $a_{0x}=930\text{mm}$。

y 方向上自角桩边到柱边的水平距离为

$$a_{0y}=1300-\frac{400+500}{2}=850\text{mm}$$

作用于冲切破坏锥体上的冲切力设计值为

$$F_l=F-\sum N_i=4000.00-(448.15+551.85)=3000.00\text{kN}$$

x 方向冲跨比：

$$\lambda_{0x}=a_{0x}/h_0=\frac{930}{930}=1.00$$

y 方向冲跨比：

$$\lambda_{0y}=a_{0y}/h_0=\frac{850}{930}=0.91$$

x 方向冲切系数：

$$\beta_{0x}=0.84/(\lambda_{0x}+0.2)=\frac{0.84}{1.00+0.2}=0.70$$

y 方向冲切系数：

$$\beta_{0y}=0.84/(\lambda_{0y}+0.2)=\frac{0.84}{0.91+0.2}=0.75$$

$$h=1000\text{mm},\ \beta_{hp}=0.98$$

$$\begin{aligned}&2[\beta_{0x}(b_c+a_{0y})+\beta_{0y}(h_c+a_{0x})]\beta_{hp}f_t h_0\\=&2\times[0.70\times(400+850)+0.75\times(600+930)]\\&\times0.98\times1.1\times930\\=&4055274\text{N}=4055.27\text{kN}>F_l=3000.00\text{kN}\end{aligned}$$

满足要求。

3）承台受角桩冲切验算：

$$N_l\leqslant\left[\beta_{1x}\left(c_2+\frac{a_{1y}}{2}\right)+\beta_{1y}\left(c_1+\frac{a_{1x}}{2}\right)\right]\beta_{hp}f_t h_0$$

x 方向上从承台角桩内边缘引 45°冲切线与承台顶面相交点至角桩内边缘的水平距离（当柱或承台变阶处位于该 45°线以内时，则取由柱边或变阶处与桩内边缘连线为冲切锥体的锥线）为

$$a_{1x}=1500-\frac{600+500}{2}=950\text{mm}>h_0=930\text{mm}$$

取 $a_{1x}=930$mm。

y 方向上从承台角桩内边缘引 45°冲切线与承台顶面相交点至角桩内边缘的水平距离（当柱或承台变阶处位于该 45°线以内时，则取由柱边或变阶处与桩内边缘连线为冲切锥体的锥线）为

$$a_{1y}=1300-\frac{400+500}{2}=850\text{mm}$$

作用于冲切破坏锥体上的冲切力设计值为

$$N_l=N_{max}=603.70\text{kN}$$

x 方向冲跨比：

$$\lambda_{1x}=a_{1x}/h_0=\frac{930}{930}=1.00$$

y 方向冲跨比：

$$\lambda_{1y}=a_{1y}/h_0=\frac{850}{930}=0.91$$

x 方向冲切系数：

$$\beta_{1x}=0.56/(\lambda_{1x}+0.2)=\frac{0.56}{1.00+0.2}=0.47$$

y 方向冲切系数：

$$\beta_{1y}=0.56/(\lambda_{1y}+0.2)=\frac{0.56}{0.91+0.2}=0.5$$

$$h=1000\text{mm},\ \beta_{hp}=0.98$$

从角桩内边缘至承台外边缘的距离为

$$c_1=c_2=500+\frac{500}{2}=750\text{mm}$$

$$\left[\beta_{1x}\left(c_2+\frac{a_{1y}}{2}\right)+\beta_{1y}\left(c_1+\frac{a_{1x}}{2}\right)\right]\beta_{hp}f_t h_0$$

$$=\left[0.47\times\left(750+\frac{850}{2}\right)+0.5\times\left(750+\frac{930}{2}\right)\right]\times 0.98\times 1.1\times 930$$

$$=1162.70\text{kN}>N_l=603.70\text{kN}$$

满足要求。

4）承台受剪验算：

$$V\leqslant\beta_{hs}\beta f_c b_{0t} h_0$$

a. 垂直 y 方向截面的抗剪计算：

$$a_y=1300-\frac{400+500}{2}=850\text{mm}$$

斜截面上最大剪力设计值为

$$V=1500.00\text{kN}$$

计算截面的剪跨比为

$$\lambda_y=a_y/h_0=\frac{850}{930}=0.91$$

剪切系数为

$$\beta=1.75/(\lambda_y+1.0)=\frac{1.75}{0.91+1.0}=0.92$$

承台计算截面的计算宽度为

$$b_{0t}=4000\text{mm}$$

$$\beta_{hs}=\left(\frac{800}{h_0}\right)^{1/4}=0.96$$

$$\beta_{hs}\beta f_c b_{0t}h_0=0.96\times0.92\times9.6\times4000\times930=31198.00\text{kN}>V$$

满足要求。

b. 垂直 x 方向截面 1（柱边至 5 号桩边）的抗剪计算：

x 方向上自柱边到计算一排桩的桩边的水平距离为

$$a_x=750-\frac{600+500}{2}=200\text{mm}$$

斜截面上最大剪力设计值为

$$V=1759.26\text{kN}$$

计算截面的剪跨比为

$$\lambda_x=a_x/h_0=\frac{200}{930}=0.22<0.3$$

取 $\lambda_x=0.3$。

剪切系数为

$$\beta=1.75/(\lambda_x+1.0)=\frac{1.75}{0.3+1.0}=1.35$$

承台计算截面的计算宽度为

$$b_{0t}=3600\text{mm}$$

$$\beta_{hs}\beta f_c b_{0t}h_0=0.96\times1.35\times9.6\times3600\times930=41654.48\text{kN}>V$$

满足要求。

c. 垂直 x 方向截面 2（柱边至 3 号和 8 号桩边）的抗剪计算。

x 方向上自柱边到计算一排桩的桩边的水平距离为

$$a_x=1500-\frac{600+500}{2}=950\text{mm}$$

斜截面上最大剪力设计值为

$$V=1207.41\text{kN}$$

计算截面的剪跨比为

$$\lambda_x=a_x/h_0=\frac{950}{930}=1.02$$

剪切系数为

$$\beta=1.75/(\lambda_x+1.0)=\frac{1.75}{1.02+1.0}=0.87$$

承台计算截面的计算宽度为

$$b_{0t}=3600\text{mm}$$

$$\beta_{hs}\beta f_c b_{0t}h_0=0.96\times0.87\times9.6\times3600\times930=26844.00\text{kN}>V$$

满足要求。

5）承台受弯计算。

a. 垂直 x 轴方向计算截面处弯矩计算。垂直 x 轴方向计算截面处弯矩设计值为

$$M_y=\sum N_i x_i=2\times603.70\times1.2+551.85\times0.45=1697\text{kN}\cdot\text{m}$$

$$A_{sy}=\frac{M_y}{0.9f_y h_0}=\frac{1697\times10^6}{0.9\times210\times930}=9656\text{mm}^2$$

选用 31 根Φ 20@130，$A_s=9740\text{mm}^2$。

b. 垂直 y 轴方向计算截面处弯矩计算。垂直 y 轴方向计算截面处弯矩设计值为

$$M_x=\sum N_i y_i=3\times500\times\left(1.3-\frac{0.4}{2}\right)=1650\text{kN}\cdot\text{m}$$

$$A_{sx}=\frac{M_x}{0.9f_y h_0}=\frac{1650\times10^6}{0.9\times210\times930}=9387\text{mm}^2$$

选用 30 根Φ 20@120，$A_s=9426\text{mm}^2$。

第三章　地 基 处 理

第一节　基 本 规 定

一、选择地基处理方案前的准备工作

在选择地基处理方案前，应完成以下工作：

（1）搜集详细的岩土工程勘察资料、上部结构及基础设计资料等。

（2）根据工程的要求和采用天然地基存在的主要问题，确定地基处理的目的、处理范围和处理后要求达到的各项技术经济指标等。

（3）结合工程情况，了解当地地基处理经验和施工条件，对于有特殊要求的工程，尚应了解其他地区相似场地上同类工程的地基处理经验和使用情况等。

（4）调查邻近建筑、地下工程和有关管线等情况。

（5）了解建筑场地的环境情况。

在选择地基处理方案时，应考虑上部结构、基础和地基的共同作用，并经过技术经济比较，选用处理地基或加强上部结构和处理地基相结合的方案。

二、地基处理方法的确定

地基处理方法的确定宜按以下步骤进行：

（1）根据结构类型、荷载大小及使用要求，结合地形地貌、地层结构、土质条件、地下水特征、环境情况和对邻近建筑的影响等因素进行综合分析，初步选出几种可供考虑的地基处理方案，包括选择两种或多种地基处理措施组成的综合处理方案。

（2）对初步选出的各种地基处理方案，分别从加固原理、适

用范围、预期处理效果、耗用材料、施工机械、工期要求和对环境的影响等方面进行技术经济分析和对比，选择最佳的地基处理方法。

(3) 对已选定的地基处理方法，宜按建筑物地基基础设计等级和场地复杂程度，在有代表性的场地上进行相应的现场试验或试验性施工，并进行必要的测试，以检验设计参数和处理效果。

如达不到设计要求时，应查明原因，修改设计参数或调整地基处理方法。

三、地基处理后的修正与验算

经处理后的地基，当按地基承载力确定基础底面积及埋置深度而需要对地基承载力特征值进行修正时，应符合以下规定：

(1) 基础宽度的地基承载力修正系数应取0。

(2) 基础埋置深度的地基承载力修正系数应取1.0。

处理后的地基，当在受力层范围内仍存在软弱下卧层时，尚应验算下卧层的地基承载力。对水泥土类桩复合地基，尚应根据修正后的复合地基承载力特征值，进行桩身强度验算。按地基变形设计或应作变形验算且需进行地基处理的建筑物或构筑物，应对处理后的地基进行变形验算。受较大水平荷载或位于斜坡上的建筑物及构筑物，当建造在处理后的地基上时，应进行地基稳定性验算。

施工技术人员应掌握所承担工程的地基处理目的、加固原理、技术要求和质量标准等。施工中应有专人负责质量控制和监测，并作好施工记录。当出现异常情况时，必须及时会同有关部门妥善解决。施工过程中应进行质量监理，施工结束后必须按国家有关规定进行工程质量检验和验收。

对于现行《建筑地基基础设计规范》(GB50007—2002) 规定需要进行地基变形计算的建筑物或构筑物，经地基处理后，应进行沉降观测，直至沉降达到稳定为止。

四、复合地基载荷试验

复合地基载荷试验应符合下列规定：

（1）本试验要点适用于单桩复合地基载荷试验和多桩复合地基载荷试验。

（2）复合地基载荷试验用于测定承压板下应力主要影响范围内复合土层的承载力和变形参数。复合地基载荷试验承压板应具有足够刚度。单桩复合地基载荷试验的承压板可用圆形或正方形，面积为一根桩承担的处理面积；多桩复合地基载荷试验的承压板可用正方形或矩形，其尺寸按实际桩数所承担的处理面积确定。桩的中心（或形心）应与承压板中心保持一致，并与荷载作用点相重合。

（3）承压板底面标高应与桩顶设计标高相适应。承压板底面下宜铺设粗砂或中砂垫层，垫层厚度取 50～150mm，桩身强度高时宜取大值。试验标高处的试坑长度和宽度，应不小于承压板尺寸的 3 倍。基准梁的支点应设在试坑之外。

（4）试验前应采取措施，防止试验场地地基土含水量变化或地基土扰动，以免影响试验结果。

（5）加载等级可分为 8～12 级。最大加载压力不应小于设计要求压力值的 2 倍。

（6）每加一级荷载前后均应各测读承压板沉降量一次，以后每半个小时测读一次。当一小时内沉降量小于 0.1mm 时，即可加下一级荷载。

（7）当出现下列现象之一时，可终止试验：

1）沉降急剧增大，土被挤出或承压板周围出现明显的隆起。

2）承压板的累计沉降量已大于其宽度或直径的 6%。

3）当达不到极限荷载，而最大加载压力已大于设计要求压力值的 2 倍。

（8）卸载级数可为加载级数的一半，等量进行，每卸一级，间隔半小时测读回弹量，待卸完全部荷载后间隔 3h 测读总回弹量。

（9）复合地基承载力特征值的确定：

1）当压力-沉降曲线上极限荷载能确定，而其值不小于对应比例界限的 2 倍时，可取比例界限；当其值小于对应比例界限的 2 倍时，可取极限荷载的一半。

2）当压力-沉降曲线是平缓的光滑曲线时，可按相对变形值确定。

a. 对砂石桩、振冲桩复合地基或强夯置换墩，若为以黏性土为主的地基，可取 s/b 或 s/d 等于 0.015 所对应的压力（s 为载荷试验承压板的沉降量；b 和 d 分别为承压板宽度和直径，当其值大于 2m 时，按 2m 计算）；若为以粉土或砂土为主的地基，可取 s/b 或 s/d 等于 0.01 所对应的压力。

b. 对土挤密桩、石灰桩或柱锤冲扩桩复合地基，可取 s/b 或 s/d 等于 0.012 所对应的压力。对灰土挤密桩复合地基，可取 s/b 或 s/d 等于 0.008 所对应的压力。

c. 对水泥粉煤灰碎石桩或夯实水泥土桩复合地基，若为以卵石、圆砾、密实粗中砂为主的地基，可取 s/b 或 s/d 等于 0.008 所对应的压力；若为以黏性土、粉土为主的地基，可取 s/b 或 s/d 等于 0.01 所对应的压力。

d. 对水泥土搅拌桩或旋喷桩复合地基，可取 s/b 或 s/d 等于 0.006 所对应的压力。

e. 对有经验的地区，也可按当地经验确定相对变形值。

按相对变形值确定的承载力特征值不应大于最大加载压力的一半。

（10）试验点的数量不应少于 3 点，当满足其极差不超过平均值的 30%时，可取其平均值为复合地基承载力特征值。

第二节　换填垫层法

一、概述

换填垫层法是挖去地表浅层软弱土层或不均匀土层，回填坚硬、较粗粒径的材料，并夯压密实形成垫层的地基处理方法。

换填垫层法处理地基的作用主要有以下几个方面：

(1) 提高地基承载力。

(2) 减少地基沉降量。

(3) 加速软弱土层的排水固结。

(4) 防止地基土冻胀。

(5) 其他，如消除膨胀土的胀缩作用和消除湿陷性黄土的湿陷作用等。

在各类工程中，垫层所起的主要作用也有所不同，如建筑物基础下的垫层主要是起换土作用；而在路堤和土坝等工程中，主要是利用垫层起排水固结作用。

换填垫层法适用于淤泥、淤泥质土、湿陷性黄土、素填土和杂填土地基及暗沟、暗塘等的浅层处理，其具体适用范围如表3-1所示。

表 3-1　　垫层分类及其适用范围

垫层种类	适用范围
砂（砂石、碎石）垫层	多用于中小型建筑工程的浜、塘、沟等的局部处理。适用于一般饱和、非饱和的软弱土和水下黄土地基处理。不适宜用于湿陷性黄土地基，也不适宜用于大面积堆载、密集基础和动力基础的软土地基处理，砂垫层不宜用于有地下水流速快、流量大的地基处理
素土垫层	适用于中小型工程及大面积回填、湿陷性黄土地基的处理
灰土垫层	适用于中小型工程，尤其适用于湿陷性黄土地基的处理
粉煤灰垫层	适用于厂房、机场、港区陆域和堆场等大、中、小型工程的大面积填筑
矿渣垫层	适用于中小型建筑工程，尤其适用于地坪、堆场等工程大面积的地基处理和场地平整。但对于受酸性或碱性废水影响的地基不得采用矿渣垫层

应根据建筑体型、结构特点、荷载性质、岩土工程条件、施工机械设备及填料性质和来源等进行综合分析，进行换填垫层的

设计和选择施工方法。

二、设计

1. 垫层的厚度

垫层的厚度应根据需置换软弱土的深度或下卧土层的承载力确定，并符合下式要求：

$$p_z + p_{cz} \leqslant f_{az} \tag{3-1}$$

式中：p_z 为相应于荷载效应标准组合时，垫层底面处的附加压力值，kPa；p_{cz} 为垫层底面处土的自重压力值，kPa；f_{az} 为垫层底面处经深度修正后的地基承载力特征值，kPa。

垫层底面处的附加压力值 p_z 可分别按式（3－2）和式（3－3）式计算。

条形基础：

$$p_z = \frac{b(p_k - p_c)}{b + 2z\tan\theta} \tag{3-2}$$

矩形基础：

$$p_z = \frac{bl(p_k - p_c)}{(b + 2z\tan\theta)(l + 2z\tan\theta)} \tag{3-3}$$

式中：b 为矩形基础或条形基础底面的宽度，m；l 为矩形基础底面的长度，m；p_k 为相应于荷载效应标准组合时，基础底面处的平均压力值，kPa；p_c 为基础底面处土的自重压力值，kPa；z 为基础底面下垫层的厚度，m；θ 为垫层的压力扩散角，(°)，宜通过试验确定，当无试验资料时，可按表 3－2 采用。

表 3－2　　压力扩散角 θ　　单位：(°)

z/b \ 换填材料	中砂、粗砂、砾砂、圆砾、角砾、石屑、卵石、碎石、矿渣	粉质黏土、粉煤灰	灰土
0.25	20	6	28
≥0.50	30	23	

注　1. 当 $z/b<0.25$，除灰土取 $\theta=28°$ 外，其余材料均取 $\theta=0°$，必要时，宜由试验确定。

2. 当 $0.25<z/b<0.5$ 时，θ 值可内插求得。

2. 垫层底面的宽度

垫层底面的宽度应满足基础底面应力扩散的要求，可按下式确定：

$$b' \geqslant b + 2z\tan\theta \qquad (3-4)$$

式中：b 为垫层底面宽度，m；θ 为压力扩散角，可按表 3－2 采用，当 $z/b<0.25$ 时仍按表中 $z/b=0.25$ 取值。

整片垫层底面的宽度可根据施工的要求适当加宽。

垫层顶面宽度可从垫层底面两侧向上，按基坑开挖期间保持边坡稳定的当地经验放坡确定。垫层顶面每边超出基础底边不宜小于 300mm。

3. 垫层的承载力

垫层的承载力宜通过现场载荷试验确定，并应进行下卧层承载力的验算。

对于垫层下存在软弱下卧层的建筑，在进行地基变形计算时，应考虑邻近基础对软弱下卧层顶面应力叠加的影响。当超出原地面标高的垫层或换填材料的重度高于天然土层重度时，宜早换填，并应考虑其附加的荷载对建筑及邻近建筑的影响。

垫层地基的变形由垫层自身变形和下卧层变形组成。换填垫层在满足垫层的厚度、垫层底面的厚度和垫层压实标准的条件下，垫层地基的变形可仅考虑其下卧层的变形。对沉降要求严的或垫层厚的建筑，应计算垫层自身的变形。

垫层下卧层的变形量计算详见本书第一章第三节。

4. 垫层的选材

垫层可选用以下材料：

（1）砂石。砂石宜选用碎石、卵石、角砾、圆砾、砾砂、粗砂、中砂或石屑（粒径小于 2mm 的部分不应超过总重的 45%），应级配良好，不含植物残体、垃圾等杂质。当使用粉细砂或石粉（粒径小于 0.075mm 的部分不超过总重的 9%）时，应掺入不少于总重 30%的碎石或卵石。砂石的最大粒径不宜大于 50mm。对湿陷性黄土地基，不得选用砂石等透水材料。

（2）粉质黏土。土料中有机质含量不得超过5%，亦不得含有冻土或膨胀土。当含有碎石时，其粒径不宜大于50mm。用于湿陷性黄土或膨胀土地基的粉质黏土垫层，土料中不得夹有砖、瓦和石块。

（3）灰土。其体积配合比宜为2∶8或3∶7。土料宜用粉质黏土，不宜使用块状黏土和砂质粉土，不得含有松软杂质，并应过筛，其颗粒不得大于15mm。石灰宜用新鲜的消石灰，其颗粒不得大于5mm。

（4）粉煤灰。它可用于道路、堆场和小型建筑及构筑物等的换填垫层。粉煤灰垫层上宜覆土0.3～0.5m。粉煤灰垫层中采用掺加剂时，应通过试验确定其性能及适用条件。作为建筑物垫层的粉煤灰，应符合有关放射性安全标准的要求。粉煤灰垫层中的金属构件、管网宜采取适当防腐措施。大量填筑粉煤灰时应考虑对地下水和土壤的环境影响。

（5）矿渣。垫层使用的矿渣是指高炉重矿渣，可分为分级矿渣、混合矿渣及原状矿渣。矿渣垫层主要用于堆场、道路和地坪，也可用于小型建筑、构筑物地基。选用矿渣的松散重度不小于$11kN/m^3$，有机质及含泥总量不超过5%。设计、施工前必须对选用的矿渣进行试验，在确认其性能稳定并符合安全规定后方可使用。作为建筑物垫层的矿渣，应符合对放射性安全标准的要求。易受酸、碱影响的基础或地下管网不得采用矿渣垫层。大量填筑矿渣时，应考虑对地下水和土壤的环境影响。

（6）其他工业废渣。在有可靠试验结果或成功工程经验时，质地坚硬、性能稳定、无腐蚀性和放射性危害的工业废渣等均可用于填筑换填垫层。被选用工业废渣的粒径、级配和施工工艺等应通过试验确定。

（7）土工合成材料。由分层铺设的土工合成材料与地基土构成加筋垫层。所用土工合成材料的品种和性能及填料的土类应根据工程特性和地基土条件，按照现行《土工合成材料应用技术规范》（GB50290—98）的要求，通过设计并进行现场试验后确定。

作为加筋的土工合成材料应采用抗拉强度较高、受力时伸长率不大于4%～5%、耐久性好、抗腐蚀的土工格栅、土工格室、土工垫或土工织物等土工合成材料；垫层填料宜用碎石、角砾、砾砂、粗砂、中砂或粉质黏土等材料。当工程要求垫层具有排水功能时，垫层材料应具有良好的透水性。

在软土地基上使用加筋垫层时，应保证建筑稳定并满足允许变形的要求。

5. 垫层的压实标准

垫层的压实标准可按表3－3选用。

表3－3　各种垫层的压实标准

施工方法	换填材料类别	压实系数λ_c
碾压、振密或夯实	碎石、卵石	0.94～0.97
	砂夹石（其中碎石、卵石占全重的30%～50%）	
	土夹石（其中碎石、卵石占全重的30%～50%）	
	中砂、粗砂、砾砂、角砾、圆砾、石屑	
	粉质黏土	
	灰土	0.95
	粉煤灰	0.90～0.95

注　1. 压实系数λ_c为土的控制干密度ρ_d与最大干密度ρ_{dmax}的比值；土的最大干密度宜采用击实试验确定，碎石或卵石的最大干密度可取2.0～2.2t/m^3。

2. 当采用轻型击实试验时，压实系数λ_c宜取高值；采用重型击实试验时，压实系数λ_c可取低值。

3. 矿渣垫层的压实指标为最后两遍压实的压陷差小于2mm。

对于工程量较大的换填垫层，应按所选用的施工机械、换填材料及场地的土质条件进行现场试验，以确定压实效果。

三、计算实例

【例3－1】 某砌体结构承重住宅，墙下条形基础宽1.2m，基础承受上部结构传来的荷载效应：F_k＝150kN，基础埋置深度d＝1.0m。地基土层：表层为黏土层，厚1m，重度γ＝17.6kN/m^3；其下为较厚的淤泥质黏土，重度γ＝18.0kN/m^3，地基承载力标准值为 65kPa。利用换填砂垫层法处理地基，砂料为粗砂，最大干密度 $\rho_{dmax}=1.60t/m^3$。

（1）计算出砂垫层表面处的附加应力值。

（2）确定出淤泥质土层的地基承载力特征值。

（3）若砂垫层厚度为 2m，试确定砂垫层的底宽。

（4）验算承载力。

解：

（1）计算基础底面附加压力：

$$p_k=\frac{F_k+G_k}{b}=\frac{150+1.2\times1.0\times20}{1.2}=145\text{kPa}$$

$$p_0=p_k-\gamma d=145-17.6\times1.0=127.4\text{kPa}$$

（2）根据地基承载力特征值修正公式，即

$$f_a=f_{ak}+\eta_b\gamma(b-3)+\eta_d\gamma_m(d-0.5)$$

由于深度修正系数为 1.0，宽度修正系数为 0，垫层顶面以上土的平均重度为

$$\gamma_m=\frac{1.0\times17.6+2.0\times18.0}{1.0+2.0}=17.9\text{kN/m}^3$$

代入地基承载力特征值修正公式，得

$$f_a=65+1.0\times17.9\times(3-0.5)=110.0\text{kPa}$$

（3）$z/b=2.0/1.2=1.67>0.50$，由表 3－2 查得 $\theta=30°$，即

$$b'\geqslant b+2z\tan\theta=1.2+2\times2.0\times\tan30°=3.5\text{m}$$

（4）验算承载力：

$$p_z=\frac{b(p_k-p_c)}{b+2z\tan\theta}=\frac{1.2\times127.4}{3.5}=43.68\text{kPa}$$

$$p_{cz}=17.6\times1.0+18.0\times2.0=53.6\text{kPa}$$

$$p_z+p_{cz}=43.68+53.6=97.28\text{kPa}<f_{az}=110\text{kPa}$$

承载力满足要求。

【例 3－2】 某商品房住宅楼，上部结构为 3 层砖混结构，

承重墙下采用钢筋混凝土条形基础，基础宽度$b=1.2\text{m}$，埋置深度$d=1.2\text{m}$，上部结构作用于基础的荷载为110kN/m。根据现场勘探显示，该场地有一条暗浜穿过，暗浜深度为2.5m，建筑物基础大部分落在暗浜中，地下水位埋藏深度为0.8m。场地土质条件：第一层浜填土，层厚2.5m，重度18.5kN/m^3，暗浜所经之处，第二层褐黄色粉质黏土层缺失；第三层为淤泥质粉质黏土，层厚6.3m，重度18.0kN/m^3，地基承载力特征值$f_{ak}=65\text{kPa}$；第四层为淤泥质黏土，层厚8.6m，重度17.3kN/m^3；第五层为粉质黏土。

由于建筑物基础大部分落在暗浜区域，因此必须对暗浜进行处理。在对各种地基处理方案进行技术经济比较之后，决定采用砂垫层处理方案。试设计此砂垫层。

解：

1. 确定砂垫层厚度

该工程由于暗浜深度为2.5m，而基础埋置深度为1.2m，因此，砂垫层厚度先设定为$z=1.3\text{m}$，其干密度要求大于1.6t/m^3。

(1) 计算基础底面的平均压力：

$$p_k=\frac{F_k+G_k}{b}$$

$$=\frac{110+1.2\times0.8\times20+1.2\times0.4\times(20-9.8)}{1.2}$$

$$=111.7\text{kPa}$$

(2) 计算基础底面处土的自重压力：

$$p_c=18.5\times0.8+(18.5-9.8)\times0.4=18.3\text{kPa}$$

(3) 计算垫层底面处土的自重压力：

$$p_{cz}=18.5\times0.8+(18.5-9.8)\times1.7=29.6\text{kPa}$$

(4) 计算垫层底面处的附加压力。由于$z/b=1.3/1.2=1.08>0.5$，查表3-2可得$\theta=30°$，即

$$p_z=\frac{b(p_k-p_c)}{b+2z\tan\theta}=\frac{1.2\times(111.7-18.3)}{1.2+2\times1.3\times\tan30°}=41.5\text{kPa}$$

(5) 确定下卧层地基承载力特征值。砂垫层底面处淤泥质粉质黏土的地基承载力特征值 $f_{ak}=65\text{kPa}$，再经深度修正可得下卧层地基承载力特征值（取 $\eta_d=1.0$）为

$$\begin{aligned}f_a &= f_{ak}+\eta_d\gamma_m(d-0.5)\\&=65+1.0\times\frac{18.5\times0.8+(18.5-9.8)\times1.7}{2.5}\times(2.5-0.5)\\&=88.7\text{kPa}\end{aligned}$$

(6) 下卧层承载力验算：

$$p_z+p_{cz}=41.5+29.6=71.1\text{kPa}<f_a=88.7\text{kPa}$$

下卧层承载力满足设计要求，故砂垫层厚度确定为 1.3m。

2. 确定砂垫层宽度

$$b'\geqslant b+2z\tan\theta=1.2+2\times1.3\times\tan30^\circ=2.7\text{m}$$

取垫层宽度为 2.7m。

3. 计算沉降

计算沉降过程略。

【例 3-3】 某中学教学楼，采用砖混结构条形基础，作用于基础顶面的竖向荷载为 $F_k=130\text{kN/m}$。地基土层情况：第一层为素填土，$\gamma_1=17.5\text{kN/m}^3$，层厚 $H_1=1.30\text{m}$；第二层为淤泥质土，$f_{ak}=75\text{kPa}$，$\gamma_2=17.8\text{kN/m}^3$，厚度 $H_2=6.5\text{m}$；地下水位深 1.3m。试设计此教学楼的粗砂垫层（设粗砂垫层承载力为 150kPa）。

解：

(1) 考虑淤泥质土软弱，基础宜浅埋，初定 $d=0.8\text{m}$。

(2) 确定墙基宽度：

$$b\geqslant\frac{F_k}{f_{ak}-\gamma_G d}=\frac{130}{150-20\times0.8}=0.97\text{m}$$

取 $b=1.0\text{m}$。

(3) 设计粗砂垫层厚度 $z=0.9\text{m}$，由于 $z/b=0.9/1.0=0.9>0.5$，查表 3-2 可得 $\theta=30^\circ$。

(4) 验算垫层厚度。基底平均附加压力为

$$p_k = \frac{F_k + G_k}{b} = \frac{130 + 0.8 \times 1.0 \times 20}{1.0} = 146\text{kPa}$$

$$p_0 = p_k - \gamma_1 d = 146 - 17.5 \times 0.8 = 132\text{kPa}$$

垫层底面土的自重压力为

$$\begin{aligned} p_{cz} &= \gamma_1 H_1 + \gamma_2'(d + z - H_1) \\ &= 17.5 \times 1.3 + 7.8 \times (0.8 + 0.9 - 1.3) \\ &= 25.87\text{kPa} \end{aligned}$$

垫层底面土的附加压力为

$$p_z = \frac{bp_0}{b + 2z\tan\theta} = \frac{1.0 \times 132}{1.0 + 2 \times 0.9 \times \tan 30^\circ} = 64.7\text{kPa}$$

淤泥质土的地基承载力特征值修正为（取 $\eta_d = 1.0$）

$$\begin{aligned} f_a &= f_{ak} + \eta_d \gamma_m (d - 0.5) \\ &= 75 + 1.0 \times \frac{1.3 \times 17.5 + 7.8 \times (0.8 + 0.9 - 1.3)}{1.7} \\ &\quad \times (1.7 - 0.5) \\ &= 93.26\text{kPa} \end{aligned}$$

$$p_z + p_{cz} = 64.7 + 25.87 = 90.57\text{kPa} < f_a = 93.26\text{kPa}$$

承载力满足要求。

（5）确定垫层宽度：

$$b' \geqslant b + 2z\tan\theta = 1.0 + 2 \times 0.9 \times \tan 30^\circ = 2.04\text{m}$$

取 $b' = 2.1$m。

（6）粗砂垫层剖面图，如图 3-1 所示。

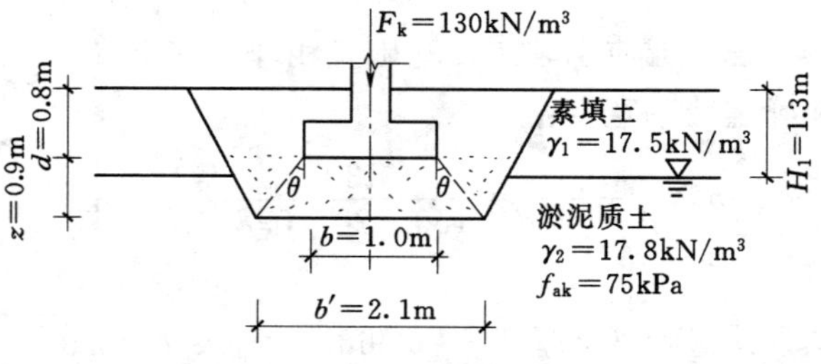

图 3-1 ［例 3-3］图

第三节 预 压 法

一、概述

预压法是对地基进行堆载或真空预压，使地基土固结的地基处理方法，包括堆载预压法和真空预压法，适用于处理淤泥质土、淤泥和冲填土等饱和黏性土地基。

预压法处理地基应预先通过勘察查明土层在水平和竖直方向的分布、层理变化，查明透水层的位置、地下水类型及水源补给情况等。并应通过土工试验确定土层的先期固结压力、孔隙比与固结压力的关系、渗透系数、固结系数、三轴试验抗剪强度指标以及原位十字板抗剪强度等。

对于重要工程，应在现场选择试验区进行预压试验，在预压过程中应进行地基竖向变形、侧向位移、孔隙水压力和地下水位等项目的监测，并进行原位十字板剪切试验和室内土工试验。根据试验区获得的监测资料确定加载速率控制指标、推算土的固结系数、固结度及最终竖向变形等，分析地基处理效果，对原设计进行修正，并指导全场的设计与施工。

对于堆载预压工程，预压荷载应分级逐渐施加，确保每级荷载下地基的稳定性，而对真空预压工程，可一次连续抽真空至最大压力。

对于主要以变形控制的建筑，当塑料排水带或砂井等排水竖井处理深度范围和竖井底面以下受压土层经预压所完成的变形量和平均固结度符合设计要求时，方可卸载。

对于主要以地基承载力或抗滑稳定性控制的建筑，当地基土经预压而增长的强度满足建筑物地基承载力或稳定性要求时，方可卸载。

二、堆载预压法设计

对深厚软黏土地基，应设置塑料排水带或砂井等排水竖井。当软土层厚度不大或软土层含较多薄粉砂夹层，且固结速率能满足工期要求时，可不设置排水竖井。

堆载预压法处理地基的设计应包括以下内容：

（1）选择塑料排水带或砂井，确定其断面尺寸、间距、排列方式和深度。

（2）确定预压区范围、预压荷载大小、荷载分级、加载速率和预压时间。

（3）计算地基土的固结度、强度增长、抗滑稳定性和变形。

1. 排水竖井

排水竖井分普通砂井、袋装砂井和塑料排水带。普通砂井直径可取 300～500mm，袋装砂井直径可取 70～120mm。塑料排水带的当量换算直径可按下式计算：

$$d_p = \frac{2(b+\delta)}{\pi} \tag{3-5}$$

式中：d_p 为塑料排水带当量换算直径，mm；b 为塑料排水带宽度，mm；δ 为塑料排水带厚度，mm。

排水竖井的平面布置可采用等边三角形或正方形排列。竖井的有效排水直径 d_e 与间距 l 的关系如下。

等边三角形排列：

$$d_e = 1.05l$$

正方形排列：

$$d_e = 1.13l$$

排水竖井的间距可根据地基土的固结特性和预定时间内所要求达到的固结度确定。设计时，竖井的间距可按井径比 n 选用（$n=d_e/d_w$，d_w 为竖井直径，对塑料排水带可取 $d_w=d_p$）。塑料排水带或袋装砂井的间距可按 $n=15$～22 选用，普通砂井的间距可按 $n=6$～8 选用。

排水竖井的深度应根据建筑物对地基的稳定性、变形要求和工期确定。对以地基抗滑稳定性控制的工程，竖井深度至少应超过最危险滑动面 2.0m；对以变形控制的建筑，竖井深度应根据在限定的预压时间内需完成的变形量确定。竖井宜穿透受压土层。

荷载一次瞬时施加情况下，按排水条件不同，地基平均固结度计算方法如下：

(1) 竖向排水固结 ($\overline{U}_z > 30\%$)：

$$\overline{U}_z = 1 - \frac{8}{\pi^2} e^{-\frac{\pi^2}{4} T_v} \tag{3-6}$$

其中

$$T_v = \frac{c_v t}{H^2}$$

$$c_v = \frac{k_v (1+e)}{a \gamma_w}$$

式中：$\overline{U}_z$ 为地基竖向平均固结度；T_v 为竖向固结时间因数；c_v 为竖向固结系数，m^2/s；k_v 为竖向渗透系数，m/s；e 为孔隙比；a 为压缩系数，kPa^{-1}；γ_w 为水的重度，取 $9.8kN/m^3$；t 为时间；H 为压缩土层最远的排水距离，当土层为单面（上面或下面）排水时，H 取土层厚度，当土层为双面排水时，H 取土层厚度之半。

(2) 砂井地基径向排水固结度计算。砂井地基中的孔隙水既可以竖向排走，又可以水平向排走，砂井的边界排水条件与砂井的平面布置形式有关，砂井的布置通常按等边三角形或正方形排列布置，排水边界可以看作以等效直径为 d_e 的圆柱体，等效圆的直径 d_e 与砂井排列的间距 l 的关系按上述排水竖井的公式计算。

径向排水固结度为

$$\overline{U}_r = 1 - e^{-\frac{8}{F_n} T_h} \tag{3-7}$$

其中

$$T_h = \frac{c_h t}{d_e^2}$$

$$c_h = \frac{k_h (1+e)}{a \gamma_w}$$

$$F_n = \frac{n^2}{n^2 - 1} \ln n - \frac{3n^2 - 1}{4n^2}$$

$$n = d_e / d_w$$

式中：$\overline{U}_r$ 为地基内径向平均固结度；T_h 为径向固结时间因数；c_h 为径向（或称为水平向）固结系数，m^2/s；k_h 为水平向渗透系数，m/s；d_e 为砂井的等效圆直径；n 为井径比；d_w 为砂井的直径。

砂井地基的平均固结度是由竖向排水和径向排水所组成的，可按下式计算：

$$\overline{U}_{rz} = 1-(1-\overline{U}_z)(1-\overline{U}_r) \tag{3-8}$$

式中：$\overline{U}_z$ 为仅考虑竖向排水的平均固结度；$\overline{U}_r$ 为仅考虑径向排水的平均固结度。

一级或多级等速加载条件下，当固结时间为 t 时，对应总荷载的地基平均固结度可按下式计算：

$$\overline{U}_t = \sum_{i=1}^{n} \frac{\dot{q}_i}{\sum \Delta p}\left[(T_i - T_{i-1}) - \frac{\alpha}{\beta}e^{-\beta t}(e^{\beta T_i} - e^{\beta T_{i-1}})\right] \tag{3-9}$$

式中：$\overline{U}_t$ 为 t 时间地基的平均固结度；$\dot{q}_i$为第 i 级荷载的加载速率，kPa/d；$\sum \Delta p$ 为各级荷载的累加值，kPa；T_{i-1}、T 分别为第 i 级荷载加载的起始、终止时间（从零点起算），d，当计算第 i 级荷载加载过程中某时间的固结度时，T_i 改为 t；α、β 分别为参数，根据地基土排水固结条件按表 3-4 采用。

表 3-4　　　　α、β 值

排水固结条件 / 参数	竖向排水固结 $\overline{U}_z > 30\%$	向内径向排水固结	竖向和向内径向排水固结（竖井穿透受压土层）	说明
α	$\frac{8}{\pi^2}$	1	$\frac{8}{\pi^2}$	$F_n = \frac{n^2}{n^2-1}\ln n - \frac{3n^2-1}{4n^2}$ 式中：c_h 为土的径向排水固结系数，cm^2/s；c_v 为土的竖向排水固结系数，cm^2/s；H 为土层竖向排水距离，cm；$\overline{U}_z$ 为双面排水层或固结应力均匀分布的单面排水土层平均固结度
β	$\frac{\pi^2 c_v}{4H^2}$	$\frac{8c_h}{F_n d_e^2}$	$\frac{8c_h}{F_n d_e^2} + \frac{\pi^2 c_v}{4H^2}$	

对竖井地基，表 3-4 中所列 β 为不考虑涂抹和井阻影响的参数值。

当排水竖井采用挤土方式施工时，应考虑涂抹对土体固结的影响。当竖井的纵向通水量与天然土层水平向渗透系数的比值较小，且长度又较长时，尚应考虑井阻影响。瞬时加载条件下，考虑涂抹和井阻影响时，竖井地基径向排水平均固结度可按下式计算：

$$\overline{U}_r = 1 - e^{-\frac{8c_h}{Fd_e^2}t} \tag{3-10}$$

$$F = F_n + F_s + F_r \tag{3-11}$$

$$F_n = \ln n - \frac{3}{4} \quad (n \geqslant 15) \tag{3-12}$$

$$F_s = \left[\frac{k_h}{k_s} - 1\right]\ln s \tag{3-13}$$

$$F_r = \frac{\pi^2 L^2}{4}\frac{k_h}{q_w} \tag{3-14}$$

式中：$\overline{U}_r$ 为固结时间 t 时竖井地基径向排水平均固结度；k_h 为天然土层水平向渗透系数，cm/s；k_s 为涂抹区土的水平向渗透系数，可取 $k_s=$（1/5～1/3）k_h，cm/s；s 为涂抹区直径 d_s 与竖井直径 d_w 的比值，可取 $s=2.0\sim3.0$，对中等灵敏黏性土取低值，对高灵敏黏性土取高值；L 为竖井深度，cm；q_w 为竖井纵向通水量，为单位水力梯度下单位时间的排水量，cm^3/s。

一级或多级等速加荷条件下，考虑涂抹和井阻影响时竖井穿透受压土层地基之平均固结度可按式（3-9）计算，其中 $\alpha = \frac{8}{\pi^2}, \beta = \frac{8c_h}{Fd_e^2} + \frac{\pi^2 c_v}{4H^2}$。

对排水竖井未穿透受压土层的地基，应分别计算竖井范围土层的平均固结度和竖井底面以下受压土层的平均固结度，通过预压使该两部分固结度和所完成的变形量满足设计要求。

2. 预压荷载

预压荷载大小应根据设计要求确定。对于沉降有严格限制的建筑，应采用超载预压法处理，超载量大小应根据预压时间内要求完成的变形量通过计算确定，并宜使预压荷载下受压土层各点的有效竖向应力大于建筑物荷载引起的相应点的附加应力。

预压荷载顶面的范围应等于或大于建筑物基础外缘所包围的范围。

加载速率应根据地基土的强度确定。当天然地基土的强度满足预压荷载下地基的稳定性要求时，可一次性加载，否则应分级逐渐加载，待前期预压荷载下地基土的强度增长满足下一级荷载下地基的稳定性要求时方可加载。

计算预压荷载下饱和黏性土地基中某点的抗剪强度时，应考虑土体原来的固结状态，对正常固结饱和黏性土地基，某点某一时间的抗剪强度可按下式计算：

$$\tau_{ft} = \tau_{f0} + \Delta\sigma_z U_t \tan\varphi_{cu} \tag{3-15}$$

式中：τ_{ft}为 t 时刻该点土的抗剪强度，kPa；τ_{f0} 为地基土的天然抗剪强度，kPa；$\Delta\sigma_z$ 为预压荷载引起的该点的附加竖向应力，kPa；U_t 为该点土的固结度；φ_{cu}为三轴固结不排水压缩试验求得的土的内摩擦角，(°)。

预压荷载下地基的最终竖向变形量可按下式计算：

$$s_f = \xi \sum_{i=1}^{n} \frac{e_{0i} - e_{1i}}{1 + e_{0i}} h_i \tag{3-16}$$

式中：s_f 为最终竖向变形量，m；e_{0i}为第 i 层中点土自重应力所对应的孔隙比，由室内固结试验 $e-p$ 曲线查得；e_{1i}为第 i 层中点土自重应力与附加应力之和所对应的孔隙比，由室内固结试验 $e-p$ 曲线查得；h_i 为第 i 层土层厚度，m；ξ 为经验系数，对正常固结饱和黏性土地基可取 ξ=1.1～1.4，荷载较大、地基土较软弱时取较大值，否则取较小值。

变形计算时，可取附加应力与土自重应力的比值为 0.1 的深度作为受压层的计算深度。

3. *砂垫层*

堆载预压法处理地基必须在地表铺设与排水竖井相连的砂垫层，砂垫层厚度不应小于 500mm。砂垫层砂料宜用中粗砂，黏粒含量不宜大于3%，砂料中可混有少量粒径小于50mm的砾石。砂垫层的干密度应大于1.5g/cm^3，其渗透系数宜大于1×10^{-2}cm/s。

在预压区边缘应设置排水沟，在预压区内宜设置与砂垫层相连的排水盲沟。

砂井的砂料应选用中粗砂，其黏粒含量不应大于3%。

三、真空预压法设计

真空预压法处理地基必须设置排水竖井。其设计内容包括：竖井断面尺寸、间距、排列方式和深度的选择；预压区面积和分块大小；真空预压工艺；要求达到的真空度和土层的固结度；真空预压和建筑物荷载下地基的变形计算；真空预压后地基土的强度增长计算等。

排水竖井的间距可根据地基土的固结特性和预定时间内所要求达到的固结度确定。设计时，竖井的间距可按井径比n选用（$n=d_e/d_w$，d_w为竖井直径，对塑料排水带可取$d_w=d_p$）。塑料排水带或袋装砂井的间距可按$n=15\sim22$选用，普通砂井的间距可按$n=6\sim8$选用。

砂井的砂料应选用中粗砂，其渗透系数应大于1×10^{-2} cm/s。

真空预压区边缘应大于建筑物基础轮廓线，每边增加量不得小于3.0m。每块预压面积宜尽可能大且呈正方形。

真空预压的膜下真空度应稳定地保持在650mmHg（86.7kPa）以上，且应均匀分布，竖井深度范围内土层的平均固结度应大于90%。

当建筑物的荷载超过真空预压的压力，且建筑物对地基变形有严格要求时，可采用真空-堆载联合预压法，其总压力宜超过建筑物的荷载。

对于表层存在良好的透气层或在处理范围内有充足水源补给的透水层时，应采取有效措施隔断透气层或透水层。

真空预压地基最终竖向变形可按式（3-16）计算，其中ξ可取0.8～0.9。真空-堆载联合预压法以真空预压为主时，ξ可取

0.9。

真空预压所需抽真空设备的数量，可按加固面积的大小和形状、土层结构特点，以一套设备可抽真空的面积为1000～1500m^2确定。

四、计算实例

【例3-4】 某饱和黏土层地基6m厚，黏土层天然抗剪强度$\tau_{f0}=30kPa$，三轴不排水压缩试验得$\varphi_{cu}=29°$，黏土层天然孔隙比$e=0.90$；采用堆载预压法处理地基，排水竖井采用塑料排水带，等边三角形布置，塑料排水带宽和厚为100mm×4mm，井径比$n=20$。

（1）求排水竖井的间距。

（2）采用大面积堆载$\Delta\sigma_z=100kPa$，当黏土层平均固结度达$\overline{U}_z=50\%$时，求黏土层的抗剪强度。

（3）若黏土层在堆载产生的附加应力作用下，孔隙比达到$e=0.85$，求黏土层的最终竖向变形量（经验系数ξ取1.2）。

解：

（1）$n=d_e/d_w$，d_w为竖井直径，对塑料排水带可取$d_w=d_p$。

根据已知条件

$$d_w=d_p=\frac{2(b+\delta)}{\pi}=\frac{2\times(100+4)}{\pi}=66.2mm$$

由$n=d_e/d_w$得

$$d_e=nd_w=20\times66.2=1324mm$$

根据竖井的有效排水直径与间距l的关系，等边三角形排列时：

$$l=\frac{d_e}{1.05}=\frac{1.324}{1.05}=1.261m$$

（2）对于正常固结饱和黏性土地基，某一时间的抗剪强度可按下式计算：

$$\tau_{ft}=\tau_{f0}+\Delta\sigma_z U_t\tan\varphi_{cu}$$

将已知条件代入，得

$$\tau_{ft} = 30 + 100 \times \frac{50}{100} \times \tan 29^\circ = 57.7\text{kPa}$$

（3）预压荷载下地基的最终竖向变形量计算。这里不再分层，根据已知条件代入，得

$$s_f = \xi \sum_{i=1}^{n} \frac{e_{0i} - e_{1i}}{1 + e_{0i}} h_i = 1.2 \times \frac{0.90 - 0.85}{1 + 0.90} \times 600 = 19.0\text{cm}$$

【例 3-5】 淤泥质黏土层地基，厚 10m，采用砂井预压法处理。受压土层的水平向渗透系数 $k_h = 1 \times 10^{-7}$ cm/s，固结系数：$c_v = 2.2 \times 10^{-3}\text{cm}^3/\text{s}$；$c_h = 1.6 \times 10^{-3}\text{cm}^3/\text{s}$。采用袋装砂井，直径 $d_w = 70$mm，等边三角形布置，间距 $s = 1.4$m，砂井打至不透水层顶面。总预压荷载 120kPa，分两级等速加载。加荷过程如图 3-2 所示。

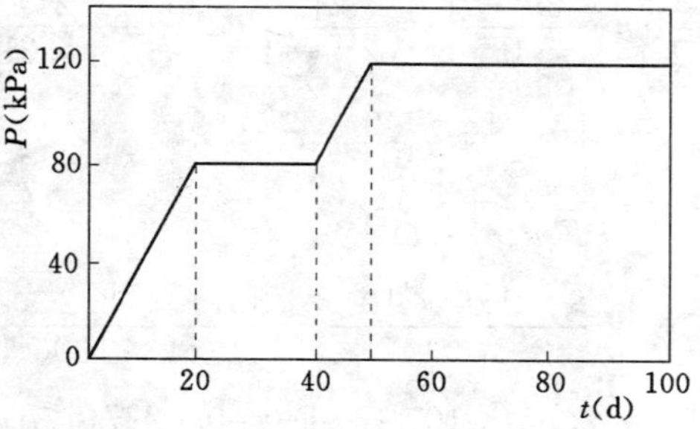

图 3-2 ［例 3-5］加荷过程

（1）求加荷开始后 120d 受压土层的平均固结度（不考虑竖井井阻和涂抹影响）。

（2）若考虑竖井井阻和涂抹对土体固结的影响，取 $s = 2$，涂抹区的渗透系数 $k_s = \frac{1}{5} k_h = 0.2 \times 10^{-7}$ cm/s。确定加压 120d 受压土层的平均固结度。

解：

（1）受压土层的平均固结度包括两部分，即径向排水平均固结度和向上竖向排水平均固结度。一级或多级等速加载条件下，

当固结时间为 t 时，对应总荷载的地基平均固结度可按下式计算：

$$\overline{U}_t = \sum_{i=1}^{n} \frac{\dot{q}_i}{\sum \Delta p}\left[(T_i - T_{i-1}) - \frac{\alpha}{\beta} e^{-\beta t}(e^{\beta T_i} - e^{\beta T_{i-1}})\right]$$

其中

$$\alpha = \frac{8}{\pi^2} = 0.81$$

$$\beta = \frac{8c_h}{F_n d_e^2} + \frac{\pi^2 c_v}{4H^2}$$

式中：α、β 均为参数，根据地基土排水固结条件按表 3-4 采用。

根据砂井的有效排水柱体直径为

$$d_e = 1.05l = 1.05 \times 1.4 = 1.47\text{m}$$

井径比为 $n=\dfrac{d_e}{d_w}=\dfrac{1.47}{0.07}=21$，所以

$$F_n = \frac{n^2}{n^2-1}\ln n - \frac{3n^2-1}{4n^2} = \frac{21^2}{21^2-1}\ln 21 - \frac{3\times 21^2-1}{4\times 21^2} = 2.3$$

则

$$\begin{aligned}\beta &= \frac{8c_h}{F_n d_e^2} + \frac{\pi^2 c_v}{4H^2}\\ &= \frac{8\times 1.6\times 10^{-3}}{2.3\times 147^2} + \frac{3.14^2\times 2.2\times 10^{-3}}{4\times 1000^2}\\ &= 2.63\times 10^{-7}(1/\text{s}) = 0.0227(1/\text{d})\end{aligned}$$

加荷速率如下：

第一级荷载加荷速率为

$$\dot{q}_1 = 80/20 = 4\text{kPa/d}$$

第二级荷载加荷速率为

$$\dot{q}_2 = 40/10 = 4\text{kPa/d}$$

固结度的计算如下：

$$\begin{aligned}\overline{U}_t &= \sum_{i=1}^{n} \frac{\dot{q}_i}{\sum \Delta p}\left[(T_i - T_{i-1}) - \frac{\alpha}{\beta} e^{-\beta t}(e^{\beta T_i} - e^{\beta T_{i-1}})\right]\\ &= \frac{\dot{q}_1}{\sum \Delta p}\left[(t_1 - t_0) - \frac{\alpha}{\beta} e^{-\beta t}(e^{\beta t_1} - e^{\beta t_0})\right]\end{aligned}$$

$$+\frac{\dot{q}_1}{\sum\Delta p}\left[(t_2-t_1)-\frac{\alpha}{\beta}e^{-\beta t}(e^{\beta t_2}-e^{\beta t_1})\right]$$

$$=\frac{4}{120}\left[(20-0)-\frac{0.81}{0.0227}\times e^{-0.0227\times 120}(e^{0.0227\times 20}-e^{0.0227\times 0})\right]$$

$$+\frac{4}{120}\left[(50-40)-\frac{0.81}{0.0227}\times e^{-0.0227\times 120}(e^{0.0227\times 50}-e^{0.0227\times 40})\right]$$

$$=0.91$$

(2) 首先计算袋装砂井纵向通水量。

$$q_w = k_w\frac{\pi d_w^2}{4} = 2\times 10^{-2}\times\frac{\pi\times 7^2}{4} = 0.769\text{cm}^3/\text{s}$$

$$F_n = \ln n-\frac{3}{4} = \ln 21-\frac{3}{4} = 2.29$$

$$F_r = \frac{\pi^2 L^2}{4}\frac{k_h}{q_w} = \frac{\pi^2\times 1000^2}{4}\times\frac{1\times 10^{-7}}{0.769} = 0.32$$

$$F_s = \left[\frac{k_h}{k_s}-1\right]\ln s = \left(\frac{1\times 10^{-7}}{0.2\times 10^{-7}}-1\right)\ln 2 = 2.77$$

$$F = F_n+F_s+F_r = 2.29+0.32+2.77 = 5.38$$

$$\alpha = \frac{8}{\pi^2} = 0.81$$

$$\beta = \frac{8c_h}{Fd_e^2}+\frac{\pi^2 c_v}{4H^2}$$

$$=\frac{8\times 1.6\times 10^{-3}}{5.38\times 147^2}+\frac{\pi^2\times 2.2\times 10^{-3}}{4\times 1000^2}$$

$$=1.155\times 10^{-7}(1/\text{s})$$

$$=0.010(1/\text{d})$$

加压 120d 受压土层的平均固结度为

$$\overline{U}_t = \sum_{i=1}^{n}\frac{\dot{q}_i}{\sum\Delta p}\left[(T_i-T_{i-1})-\frac{\alpha}{\beta}e^{-\beta t}(e^{\beta T_i}-e^{\beta T_{i-1}})\right]$$

$$=\frac{\dot{q}_1}{\sum\Delta p}\left[(t_1-t_0)-\frac{\alpha}{\beta}e^{-\beta t}(e^{\beta t_1}-e^{\beta t_0})\right]$$

$$+\frac{\dot{q}_1}{\sum\Delta p}\left[(t_2-t_1)-\frac{\alpha}{\beta}e^{-\beta t}(e^{\beta t_2}-e^{\beta t_1})\right]$$

$$=\frac{4}{120}\left[(20-0)-\frac{0.81}{0.01}\times e^{-0.01\times 120}(e^{0.01\times 20}-e^{0.01\times 0})\right]$$

$$+\frac{4}{120}\left[(50-40)-\frac{0.81}{0.01}\times e^{-0.01\times 120}(e^{0.01\times 50}-e^{0.01\times 40})\right]$$

$$=0.69$$

【例 3-6】 在致密黏土层（不透水面）上有厚度为 10m 的饱和高压缩性土层，土的特性指标如图 3-3 所示。如果采用堆载预压法进行地基加固，试估计固结度达到 94%所需要的时间。

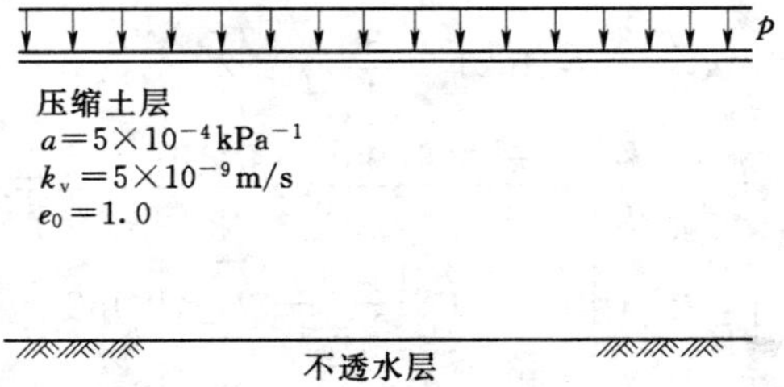

图 3-3 [例 3-6] 图

解：

(1) 求固结系数 c_v。

$$c_v=\frac{k_v(1+e)}{a\gamma_w}=\frac{5\times 10^{-9}\times(1+1.0)}{5\times 10^{-4}\times 9.8}=2.04\times 10^{-6}\mathrm{m^2/s}$$

(2) 求固结度为 94%时的时间因数 T_v。由 $\overline{U}_z=0.94$ 代入下式

$$\overline{U}_z=1-\frac{8}{\pi^2}e^{-\frac{\pi^2}{4}T_v}$$

得 $T_v=1.0$。

(3) 求达到固结度 94%所需的时间。由式 $T_v=c_vt/H^2$ 得

$$t=\frac{T_vH^2}{c_v}=\frac{1\times 10^2}{2.04\times 10^{-6}}=4.9\times 10^7\mathrm{s}=567\mathrm{d}$$

【例 3-7】 某工程建在厚度为 12m 的饱和软黏土地基上（下为不透水面），采用排水砂井处理地基，砂井长 $H=12$m，间距 $l=1.5$m，梅花形布置，井径 $d_w=30$cm，$c_v=c_h=1.0\times 10^{-3}\mathrm{cm^2/s}$。

求一次加荷3个月时砂井地基的平均固结度。

解：

竖向平均固结度计算如下：

$$T_v = \frac{c_v t}{H^2} = \frac{1.0 \times 10^{-3} \times 90 \times 86400}{(12 \times 100)^2} = 5.4 \times 10^{-3}$$

$$\overline{U}_z = 1 - \frac{8}{\pi^2} e^{-\frac{\pi^2}{4}T_v} = 1 - \frac{8}{\pi^2} e^{-\frac{\pi^2}{4} \times 5.4 \times 10^{-3}} = 20\%$$

水平向平均固结度计算如下：

$$d_e = 1.05l = 1.05 \times 150 = 157.5\text{cm}$$

$$n = \frac{d_e}{d_w} = \frac{157.5}{30} = 5.25$$

$$F_n = \frac{n^2}{n^2 - 1}\ln n - \frac{3n^2 - 1}{4n^2} = \frac{5.25^2}{5.25^2 - 1}\ln 5.25 - \frac{3 \times 5.25^2 - 1}{4 \times 5.25^2} = 0.98$$

$$T_h = \frac{c_h t}{d_e^2} = \frac{1.0 \times 10^{-3} \times 90 \times 96400}{157.5^2} = 0.313$$

$$\overline{U}_r = 1 - e^{-\frac{8}{F_n}T_h} = 1 - e^{-\frac{8}{0.98} \times 0.313} = 92.3\%$$

地基的平均固结度为

$$\overline{U}_{rz} = 1 - (1 - \overline{U}_z)(1 - \overline{U}_r) = 1 - (1 - 0.2)(1 - 0.923) = 93.8\%$$

【例3-8】 地基土为淤泥土层，固结系数 $c_v = 1.1 \times 10^{-3}\text{cm}^2/\text{s}$，$c_h = 8.5 \times 10^{-4}\text{cm}^2/\text{s}$，渗透系数 $k_v = 2.2 \times 10^{-7}\text{cm/s}$，$k_h = 1.7 \times 10^{-7}\text{cm/s}$，受压土层厚度28m，采用塑料排水板（宽度 $b = 100\text{mm}$，厚度 $\delta = 4.5\text{mm}$）竖井，排水板为等边三角形布置，间距1.1m，竖井底部为不透水黏土层，竖井穿过受压土层。采用真空结合堆载预压方案处理。真空预压的荷载相当于80kPa，堆载预压总加载量为120kPa，分两级等速加载。其加载过程如下：

（1）真空预压加载80kPa，预压时间60d。

（2）第一级堆载60kPa，10d内匀速加载，之后预压时间30d。

（3）第二级堆载60kPa，10d内匀速加载，之后预压时间60d。

全部真空和堆载总加载量为200kPa，总预压固结时间为

170d，求受压土层的平均固结度（不考虑排水板的井阻和涂抹影响）。

解：

地基平均固结度按式（3－9）计算，即

$$\overline{U}_t = \sum_{i=1}^{n} \frac{\dot{q}_i}{\sum \Delta p}\left[(T_i - T_{i-1}) - \frac{\alpha}{\beta} e^{-\beta t}(e^{\beta T_i} - e^{\beta T_{i-1}})\right]$$

式中：$\dot{q}_i$为第 i 级荷载的加载速率，kPa/d，本例中$\dot{q}_1$为真空预压加载速率，可一次连续抽真空至最大压力，$\dot{q}_1=80$kPa/d，$\dot{q}_2$、$\dot{q}_3$均为 10d 内加载 60kPa，$\dot{q}_2=\dot{q}_3=6$kPa/d；$\sum\Delta p$ 为各级荷载的累加值 200kPa；T_{i-1}、T_i、t 分别为第 i 级荷载加载的起始时间、终止时间和总固结时间，d。

真空加载：$T_0=0$、$T_1=1$。

第一次堆载：$T_2=60$、$T_3=70$。

第二次堆载：$T_4=100$、$T_5=110$。

总固结时间：$t=170$。

塑料排水板的当量直径为

$$d_p = \frac{2(b+\delta)}{\pi} = \frac{2\times(100+4.5)}{\pi} = 66.5\text{mm}$$

有效排水直径为

$$d_e = 1.05\times 1100 = 1155\text{mm}$$

井径比为

$$n = \frac{d_e}{d_w} = \frac{1155}{66.5} = 17.4$$

满足规范要求 $n=15\sim22$。

α、β 均为参数，按表 3－4 采用，则

$$\begin{aligned} F_n &= \frac{n^2}{n^2-1}\ln n - \frac{3n^2-1}{4n^2} \\ &= \frac{17.4^2}{17.4^2-1}\ln 17.4 - \frac{3\times17.4^2-1}{4\times17.4^2} \\ &= 2.117 \end{aligned}$$

$$\alpha = \frac{8}{\pi^2} = 0.811$$

$$\beta = \frac{8c_h}{F_n d_e^2} + \frac{\pi^2 c_v}{4H^2}$$
$$= \frac{8 \times 8.5 \times 10^{-4}}{2.117 \times 115.5^2} + \frac{\pi^2 \times 1.1 \times 10^{-3}}{4 \times 2800^2}$$
$$= 2.411 \times 10^{-7} (1/\mathrm{s})$$
$$= 0.0208 (1/\mathrm{d})$$

从β计算值可见，竖向排水对固结度影响很小。

将各参数代入式（3-9）得

$$\overline{U}_t = \sum_{i=1}^{n} \frac{\dot{q}_i}{\sum \Delta p} \left[(T_i - T_{i-1}) - \frac{\alpha}{\beta} e^{-\beta t} (e^{\beta T_i} - e^{\beta T_{i-1}}) \right]$$
$$= \frac{80}{200}\left[(1-0) - \frac{0.811}{0.0208} e^{-0.0208 \times 170} (e^{0.0208 \times 1} - e^0) \right]$$
$$+ \frac{6}{200}\left[(70-60) - \frac{0.811}{0.0208} e^{-0.0208 \times 170} (e^{0.0208 \times 70} - e^{0.0208 \times 60}) \right]$$
$$+ \frac{6}{200}\left[(110-100) - \frac{0.811}{0.0208} e^{-0.0208 \times 170} (e^{0.0208 \times 110} - e^{0.0208 \times 100}) \right]$$
$$= 0.3905 + 0.2726 + 0.2369$$
$$= 0.900$$

第四节　强夯法和强夯置换法

一、概述

强夯法是反复将夯锤提到高处使其自由落下，给地基以冲击和振动能量，将地基土夯实的地基处理方法，适用于处理碎石土、砂土、低饱和度的粉土与黏性土、湿陷性黄土、素填土和杂填土等地基。

强夯置换法是将重锤提到高处使其自由落下形成夯坑，并不断夯击坑内回填的砂石、钢渣等硬粒料，使其形成密实的墩体的地基处理方法，适用于高饱和度的粉土与软塑至流塑的黏性土等地基上对变形控制要求不严的工程。强夯置换法在设计前必须通过现场试验确定其适用性和处理效果。

强夯和强夯置换施工前，应在施工现场有代表性的场地上选取一个或几个试验区，进行试夯或试验性施工，试验区数量应根据建筑场地复杂程度、建筑规模及建筑类型确定。

二、强夯法设计

强夯法的有效加固深度应根据现场试夯或当地经验确定。在缺少试验资料或经验时，可按表 3－5 预估。

表 3－5　强夯法的有效加固深度

单击夯击能（kN·m）	碎石土、砂土等粗颗粒土（m）	粉土、黏性土和湿陷性黄土等细颗粒土（m）
1000	5.0～6.0	4.0～5.0
2000	6.0～7.0	5.0～6.0
3000	7.0～8.0	6.0～7.0
4000	8.0～9.0	7.0～8.0
5000	9.0～9.5	8.0～8.5
6000	9.5～10.0	8.5～9.0
8000	10.0～10.5	9.0～9.5

注　强夯法的有效加固深度应从最初起夯面算起。

夯点的夯击次数，应按现场试夯得到的夯击次数和夯沉量关系曲线确定，并应同时满足以下条件：

（1）最后两击的平均夯沉量不宜大于下列数值：当单击夯击能小于 4000kN·m 时为 50mm；当单击夯击能为 4000～6000kN·m 时为 100mm；当单击夯击能大于 6000kN·m 时为 200mm。

（2）夯坑周围地面不应发生过大的隆起。

（3）不因夯坑过深而发生提锤困难。

夯击遍数应根据地基土的性质确定，可采用点夯 2～3 遍，对于渗透性较差的细颗粒土，必要时夯击遍数可适当增加。最后再以低能量满夯 2 遍，满夯可采用轻锤或低落距锤多次夯击，锤印搭接。

两遍夯击之间应有一定的时间间隔，间隔时间取决于土中超静孔隙水压力的消散时间。当缺少实测资料时，可根据地基土的渗透性确定，对于渗透性较差的黏性土地基，间隔时间不应少于3～4周；对于渗透性好的地基，可连续夯击。

夯击点位置可根据基底平面形状，采用等边三角形、等腰三角形或正方形布置。第1遍夯击点间距可取夯锤直径的2.5～3.5倍，第2遍夯击点位于第2遍夯击点之间。以后各遍夯击点间距可适当减小。对处理深度较深或单击夯击能较大的工程，第1遍夯击点间距宜适当增大。

强夯处理范围应大于建筑物基础范围，每边超出基础外缘的宽度宜为基底下设计处理深度的1/2～2/3，并不宜小于3m。

根据初步确定的强夯参数，提出强夯试验方案，进行现场试夯。应根据不同土质条件待试夯结束一周至数周后，对试夯场地进行检测，并与夯前测试数据进行对比，检验强夯效果，确定工程采用的各项强夯参数。

强夯地基承载力特征值应通过现场载荷试验确定，初步设计时也可根据夯后原位测试和土工试验指标按现行《建筑地基基础设计规范》（GB50007—2002）的有关规定确定。

强夯地基变形计算应符合本书第一章第三节中变形计算的有关规定。夯后有效加固深度内土层的压缩模量应通过原位测试或土工试验确定。

三、强夯置换法设计

强夯置换墩的深度由土质条件决定，除厚层饱和粉土外，应穿透软土层，到达较硬土层上，深度不宜超过7m。

强夯置换法的单击夯击能应根据现场试验确定。

墩体材料可采用级配良好的块石、碎石、矿渣和建筑垃圾等坚硬粗颗粒材料，粒径大于300mm的颗粒含量不宜超过全重的30%。

夯点的夯击次数应通过现场试夯确定，且应同时满足以下条件：

（1）墩底穿透软弱土层，且达到设计墩长。

（2）累计夯沉量为设计墩长的1.5～2.0倍。

（3）最后两击的平均夯沉量不大于下列数值：当单击夯击能小于4000kN·m时为50mm；当单击夯击能为4000～6000kN·m时为100mm；当单击夯击能大于6000kN·m时为200mm。

墩位布置宜采用等边三角形或正方形。对独立基础或条形基础，可根据基础形状与宽度相应布置。

墩间距应根据荷载大小和原土的承载力选定，当满堂布置时可取夯锤直径的2～3倍。对独立基础或条形基础，可取夯锤直径的1.5～2.0倍。墩的计算直径可取夯锤直径的1.1～1.2倍。

当墩间净距较大时，应适当提高上部结构和基础的刚度。

强夯置换法处理范围应大于建筑物基础范围，每边超出基础外缘的宽度宜为基底下设计处理深度的1/2～2/3，并不宜小于3m。

墩顶应铺设一层厚度不小于500mm的压实垫层，垫层材料可与墩体相同，粒径不宜大于100mm。

按强夯置换法设计时，应预估地面抬高值，并在试夯时校正。

强夯置换法试验方案的确定，应根据初步确定的强夯参数，提出强夯试验方案，进行现场试夯。应根据不同土质条件待试夯结束一周至数周后，对试夯场地进行检测，并与夯前测试数据进行对比，检验强夯效果，确定工程采用的各项强夯参数。检测项目除进行现场载荷试验检测承载力和变形模量外，尚应采用超重型或重型动力触探等方法，检查置换墩着底情况及承载力与密度随深度的变化。

确定软黏性土中强夯置换墩地基承载力特征值时，可只考虑墩体，不考虑墩间土的作用，其承载力应通过现场单墩载荷试验确定，对饱和粉土地基可按复合地基考虑，其承载力可通过现场单墩复合地基载荷试验确定。

强夯置换地基的变形计算应符合本书第一章第三节中变形计算的有关规定。复合土层的压缩模量可按式（3-20）计算。

第五节 振 冲 法

一、概述

振冲法是在振冲器水平振动和高压水的共同作用下，使松砂土层振密，或在软弱土层中成孔，然后回填碎石等粗粒料形成桩柱，并和原地基土组成复合地基的地基处理方法。前者为振冲密实，适用于砂类土；后者为振冲置换，适用于黏性土。

振冲法适用于处理砂土、粉土、粉质黏土、素填土和杂填土等地基。对于处理不排水抗剪强度不小于 20kPa 的饱和黏性土与饱和黄土地基，应在施工前通过现场试验确定其适用性。不加填料振冲加密适用于处理黏粒含量不大于 10% 的中砂、粗砂地基。

对大型的、重要的或场地地层复杂的工程，在正式施工前应通过现场试验确定其处理效果。

二、设计

振冲桩处理范围应根据建筑物的重要性和场地条件确定，当用于多层建筑和高层建筑时，宜在基础外缘扩大 1～2 排桩。当要求消除地基液化时，在基础外缘扩大宽度不应小于基底下可液化土层厚度的 1/2。

桩位布置，对于大面积满堂处理，宜用等边三角形布置；对于独立基础或条形基础，宜用正方形、矩形或等腰三角形布置。

振冲桩的间距应根据上部结构荷载大小和场地土层情况，并结合所采用的振冲器功率大小综合考虑。30kW 振冲器布桩间距可采用 1.3～2.0m；55kW 振冲器布桩间距可采用 1.4～2.5m；75kW 振冲器布桩间距可采用 1.5～3.0m。荷载大或对黏性土宜采用较小的间距，荷载小或对砂土宜采用较大的间距。

桩长的确定，当相对硬层埋藏深度不大时，应按相对硬层埋藏深度确定；当相对硬层埋藏深度较大时，按建筑物地基变形允许值确定；在可液化地基中，桩长应按要求的抗震处理深度确定。桩长不宜小于4m。

在桩顶和基础之间宜铺设一层300～500mm厚的碎石垫层。

桩体材料可用含泥量不大于5%的碎石、卵石、矿渣或其他性能稳定的硬质材料，不宜使用风化易碎的石料。常用的填料粒径如下：30kW振冲器填料粒径为20～80mm；55kW振冲器填料粒径为30～100mm；75kW振冲器填料粒径为40～150mm。

振冲桩的平均直径可按每根桩所用填料量计算。

振冲桩复合地基承载力特征值应通过现场复合地基载荷试验确定，初步设计时也可用单桩和处理后桩间土承载力特征值按下式估算：

$$f_{spk} = mf_{pk} + (1-m)f_{sk} \tag{3-17}$$

其中

$$m = d^2/d_e^2 \tag{3-18}$$

对于等边三角形布桩：

$$d_e = 1.05s$$

对于正方形布桩：

$$d_e = 1.13s$$

对于矩形布桩：

$$d_e = 1.13\sqrt{s_1 s_2}$$

式中：f_{spk}为振冲桩复合地基承载力特征值，kPa；f_{pk}为桩体承载力特征值，kPa，宜通过单桩载荷试验确定；f_{sk}为处理后桩间土承载力特征值，kPa，宜按当地经验取值，如无经验时，可取天然地基承载力特征值；m为桩土面积置换率；d为桩身平均直径，m；d_e为1根桩分担的处理地基面积的等效圆直径；s、s_1和s_2分别为桩间距、纵向间距和横向间距。

对小型工程的黏性土地基如无现场载荷试验资料，初步设计时复合地基的承载力特征值也可按下式估算：

$$f_{spk} = [1 + m(n-1)]f_{sk} \tag{3-19}$$

式中：n为桩土应力比，在无实测资料时，可取2～4，原土强度低取大值，原土强度高取小值。

振冲处理地基的变形计算应符合本书第一章第三节中变形计

算的有关规定。复合土层的压缩模量可按下式计算：

$$E_{sp}=[1+m(n-1)]E_s \tag{3-20}$$

式中：E_{sp}为复合土层压缩模量，MPa；E_s为桩间土压缩模量，MPa，宜按当地经验取值，如无经验时，可取天然地基压缩模量；m为桩土面积置换率；n为桩土应力比。

式（3-20）中的桩土应力比，在无实测资料时，对黏性土可取2～4，对粉土和砂土可取1.5～3，原土强度低取大值，原土强度高取小值。

不加填料振冲加密宜在初步设计阶段进行现场工艺试验，确定不加填料振密的可能性、孔距、振密电流值、振冲水压力、振后砂层的物理力学指标等。30kW振冲器振密深度不宜超过7m，75kW振冲器不宜超过15m。不加填料振冲加密孔距可为2～3m，宜用等边三角形布孔。

不加填料振冲加密地基承载力特征值应通过现场载荷试验确定，初步设计时也可根据加密后原位测试指标按现行《建筑地基基础设计规范》（GB50007—2002）有关规定确定。

不加填料振冲加密地基变形计算应符合本书第一章第三节中变形计算的有关规定。加密深度内土层的压缩模量应通过原位测试确定。

三、计算实例

【例3-9】 某建筑场地地基主要受力层为粉细砂层，地基承载力特征值$f_{ak}=110$kPa，压缩模量$E_s=5.6$MPa。拟采用加填料的振冲法进行地基处理；振冲桩体地基承载力特征值$f_{pk}=510$kPa，桩体平均直径$d=750$mm，桩间距2m，等边三角形布置，桩土应力比$n=2$。

（1）计算振冲桩处理后的复合地基承载力特征值。

（2）求复合土层的压缩模量。

（3）如果要求处理后的复合地基的承载力特征值$f_{spk}=180$kPa，求复合地基的桩土面积置换率。

解：

(1) 根据已知条件有

$$d_e = 1.05s = 1.05 \times 2.0 = 2.1\text{m}$$

$$m = \frac{d^2}{d_e^2} = \frac{0.75^2}{2.1^2} = 0.128$$

$$\begin{aligned} f_{spk} &= mf_{pk} + (1-m)f_{sk} \\ &= 0.128 \times 510 + (1-0.128) \times 110 \\ &= 161.2\text{kPa} \end{aligned}$$

(2) 将已知条件代入，得

$$\begin{aligned} E_{sp} &= [1 + m(n-1)]E_s \\ &= [1 + 0.128 \times (2.5-1)] \times 5.6 \\ &= 6.7\text{MPa} \end{aligned}$$

(3) 由 $f_{spk} = mf_{pk} + (1-m)f_{sk}$ 变换得

$$m = \frac{f_{spk} - f_{sk}}{f_{pk} - f_{sk}} = \frac{180-110}{510-110} = 0.175$$

【例 3-10】 某砖石承重结构条形基础上荷载标准值 $F_k=160\text{kN/m}$，基础布置和地基土层断面如图 3-4 所示，基础的埋置深度 $d=1.60\text{m}$，采用振冲砂石桩置换法处理淤泥质粉质黏

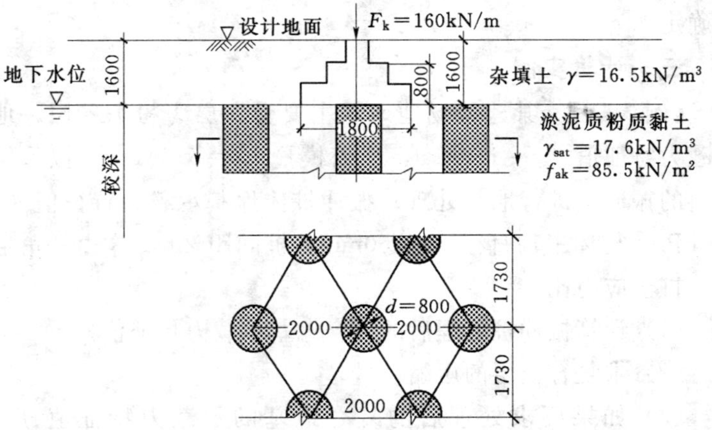

图 3-4 [例 3-10] 图

土。砂石桩长 7.0m（设计地面下 8.2m），直径 $d=800\text{mm}$，间距 $s=2.0\text{m}$，等边三角形排列。

（1）试求置换率。

（2）确定复合地基承载力特征值。

（3）确定地基承载力特征值。

（4）求此条形基础的宽度。

（5）求此条形基础的高度。

解：

（1）求置换率 m。由 $d=0.8\text{m}$，$d_e=1.05s=1.05\times2.0=2.1\text{m}$ 得

$$m=\frac{d^2}{d_e^2}=\frac{0.8^2}{2.1^2}=0.145$$

（2）求复合地基承载力特征值。由于缺少载荷资料，用式（3-19）估算复合地基承载力特征值。因为淤泥质土较弱，采用桩土应力比为 $n=4$，代入得

$$\begin{aligned}f_{spk}&=[1+m(n-1)]f_{sk}\\&=[1+0.145\times(4-1)]\times85.5\\&=122.69\text{kPa}\end{aligned}$$

（3）求地基承载力特征值。

$$\begin{aligned}f_a&=f_{spk}+\eta_d\gamma_m(d-1.5)\\&=122.69+1.0\times16.5\times(1.6-1.5)\\&=124.34\text{kPa}\end{aligned}$$

（4）求此条形基础的宽度。

$$b\geqslant\frac{F_k}{f_a-\gamma_G d}=\frac{160}{124.34-20\times1.6}=1.73\text{m}$$

取 $b=1.8\text{m}$。

（5）求此条形基础的高度。在确定基础高度 H 时，若承重墙为 $b_0=240\text{mm}$，基础用 C10 混凝土，容许高宽比为 1∶1，则

$$H=\frac{b-b_0}{2}=\frac{1.8-0.24}{2}=0.78\text{m}$$

取 $H=0.8\text{m}$。

【例 3-11】 振冲碎石桩桩径 0.9m，等边三角形布桩，桩距为 2.1m，现场载荷试验取得复合地基承载力特征值为 190kPa，桩间土承载力特征值 130kPa，试根据承载力计算公式计算桩土应力比。

解：

首先计算复合地基的置换率 m：

$$d_e = 1.05s = 1.05 \times 2.1 = 2.2\text{m}$$

$$m = \frac{d^2}{d_e^2} = \frac{0.9^2}{2.2^2} = 0.1673$$

由 $f_{spk} = [1 + m(n-1)]f_{sk}$ 变换得

$$n = \frac{\frac{f_{spk}}{f_{sk}} - 1}{m} + 1 = \frac{\frac{190}{130} - 1}{0.1673} + 1 = 3.76$$

第六节　砂 石 桩 法

一、概述

砂石桩法是采用振动、冲击或水冲等方式在地基中成孔后，再将碎石、砂或砂石挤压入已成的孔中，形成砂石所构成的密实桩体，并和原桩周土组成复合地基的地基处理方法，适用于挤密松散砂土、粉土、黏性土、素填土和杂填土等地基。饱和黏土地基上对变形控制要求不严的工程也可采用砂石桩置换处理。砂石桩法也可用于处理可液化地基。

采用砂石桩处理地基应补充设计、施工所需的有关技术资料。对于黏性土地基，应有地基土的不排水抗剪强度指标；对于砂土和粉土地基，应有地基土的天然孔隙比、相对密实度或标准贯入试验锤击数、砂石料特性、施工机具及性能等资料。

用砂石桩挤密素填土和杂填土等地基的设计及质量检验，尚应符合本章第十二节的有关规定。

二、设计

砂石桩孔位宜采用等边三角形或正方形布置。砂石桩直径可采用 300～800mm，可根据地基土质情况和成桩设备等因素确定。对饱和黏性土地基宜选用较大的直径。

砂石桩的间距应通过现场试验确定。对于粉土和砂土地基，不宜大于砂石桩直径的 4.5 倍；对于黏性土地基，不宜大于砂石桩直径的 3 倍。初步设计时，砂石桩的间距也可按下列公式估算：

（1）松散粉土和砂土地基可根据挤密后要求达到的孔隙比来确定。

等边三角形布置：

$$s = 0.95\xi d\sqrt{\frac{1+e_0}{e_0-e_1}} \tag{3-21}$$

正方形布置：

$$s = 0.89\xi d\sqrt{\frac{1+e_0}{e_0-e_1}} \tag{3-22}$$

其中

$$e_1 = e_{max} - D_{r1}(e_{max} - e_{min}) \tag{3-23}$$

式中：s 为砂石桩间距，m；d 为砂石桩直径，m；ξ 为修正系数，当考虑振动下沉密实作用时，可取 1.1～1.2，不考虑振动下沉密实作用时，可取 1.0；e_0 为地基处理前砂土的孔隙比，可按原状土样试验确定，也可根据动力或静力触探等对比试验确定；e_1 为地基挤密后要求达到的孔隙比；e_{max}、e_{min} 为砂土的最大、最小孔隙比，可按现行《土工试验方法标准》（GB/T50123—1999）的有关规定确定；D_{r1} 为地基挤密后要求砂土达到的相对密实度，可取 0.70～0.85。

（2）黏性土地基。

等边三角形布置：

$$s = 1.08\sqrt{A_e} \tag{3-24}$$

正方形布置：

$$s = \sqrt{A_e} \tag{3-25}$$

其中

$$A_e = \frac{A_p}{m} \tag{3-26}$$

式中：A_e 为 1 根砂石桩承担的处理面积，m^2；A_p 为砂石桩的断面积，m^2；m 为面积置换率，可按式（3-18）确定。

砂石桩桩长可根据工程要求和工程地质条件通过计算确定：

（1）当松软土层厚度不大时，砂石桩桩长宜穿过松软土层。

（2）当松软土层厚度较大时，对按稳定性控制的工程，砂石桩桩长应不小于最危险滑动面以下 2m 的深度；对按变形控制的工程，砂石桩桩长应满足处理后地基变形量不超过建筑物的地基变形允许值并满足软弱下卧层承载力的要求。

（3）对可液化的地基，砂石桩桩长应按现行《建筑抗震设计规范》（GB50011—2001）的有关规定采用。

（4）桩长不宜小于 4m。

砂石桩处理范围应大于基底范围，处理宽度宜在基础外缘扩大 1～3 排桩。对可液化地基，在基础外缘扩大宽度不应小于可液化土层厚度的 1/2，并不应小于 5m。

砂石桩桩孔内的填料量应通过现场试验确定，估算时可按设计桩孔体积乘以充盈系数 β 确定，β 可取 1.2～1.4。如施工中地面有下沉或隆起现象，则填料数量应根据现场具体情况予以增减。

桩体材料可用碎石、卵石、角砾、圆砾、砾砂、粗砂、中砂或石屑等硬质材料，含泥量不得大于 5%，最大粒径不宜大于 50mm。

砂石桩顶部宜铺设一层厚度为 300～500mm 的砂石垫层。

砂石桩复合地基的承载力特征值，应通过现场复合地基载荷试验确定，初步设计时，也可通过以下方法估算：

（1）对于采用砂石桩处理的复合地基，可按式（3-17）或式（3-19）估算。

（2）对于采用砂桩处理的砂土地基，可根据挤密后砂土的密实状态，按现行《建筑地基基础设计规范》（GB50007—2002）的有关规定确定。

砂石桩处理地基的变形计算，其复合土层压缩模量应按式

(3－20）计算；对于砂桩处理的砂土地基，应按现行《建筑地基基础设计规范》(GB50007—2002）的有关规定计算。

当砂石桩用于处理堆载地基时，应按现行《建筑地基基础设计规范》(GB50007—2002）有关规定进行抗滑稳定性验算。

三、计算实例

【例3－12】 采用直径600mm的挤密砂桩法处理某松砂地基，砂桩正方形布置，场地要求经过处理后砂土的相对密实度达到 $D_{r1}=0.85$。已知砂土天然孔隙比 $e_0=0.78$，最大干密度 $\rho_{dmax}=1.65g/cm^3$，最小干密度 $\rho_{dmin}=1.50g/cm^3$，砂土的土粒相对密度 G_s 为2.7，不考虑振动下沉密实作用。试确定砂桩的桩间距。

解：

填土的最大和最小孔隙比分别为

$$e_{max}=\frac{G_s\rho_w}{\rho_{dmin}}-1=\frac{2.7\times1.0}{1.50}-1=0.80$$

$$e_{min}=\frac{G_s\rho_w}{\rho_{dmax}}-1=\frac{2.7\times1.0}{1.65}-1=0.64$$

地基挤密后要求达到的孔隙比为

$$\begin{aligned}e_1&=e_{max}-D_{r1}(e_{max}-e_{min})\\&=0.80-0.85(0.80-0.64)\\&=0.664\end{aligned}$$

砂桩的桩间距为

$$\begin{aligned}s&=0.89\xi d\sqrt{\frac{1+e_0}{e_0-e_1}}\\&=0.89\times1.0\times0.6\times\sqrt{\frac{1+0.78}{0.78-0.664}}\\&=2.09m\end{aligned}$$

【例3－13】 某场地为细砂地基，天然孔隙比 $e_0=0.96$，$e_{max}=1.14$，$e_{min}=0.60$，承载力特征值为100kPa。由于不能满足上部结构荷载的要求，决定采用碎石桩加密地基，桩长7.5m，直径 $d=500mm$，等边三角形布置，地基挤密后要求砂土的相对密实度达到0.80。

(1) 试确定桩的间距。

(2) 求面积置换率。

(3) 求复合地基承载力特征值。

解：

(1) 确定桩的间距。

$$e_1 = e_{max} - D_{r1}(e_{max} - e_{min}) = 1.14 - 0.8(1.14 - 0.6) = 0.708$$

取 $\xi=1.0$ 得

$$s = 0.95\xi d\sqrt{\frac{1+e_0}{e_0-e_1}}$$

$$= 0.95\times1.0\times0.50\times\sqrt{\frac{1+0.96}{0.96-0.708}}$$

$$= 1.32\text{m}$$

(2) 求面积置换率。

$$d_e = 1.05s = 1.05\times1.32 = 1.386\text{m}$$

$$m = \frac{d^2}{d_e^2} = \frac{0.5^2}{1.386^2} = 0.130$$

(3) 求复合地基承载力特征值。取 $n=3$ 得

$$f_{spk} = [1+m(n-1)]f_{sk} = [1+0.130\times(3-1)]\times100 = 126\text{kPa}$$

【例3-14】 某场地，载荷试验得到的天然地基承载力特征值为105kPa。设计要求经碎石桩法处理后的复合地基承载力特征值需提高到150kPa。拟采用的碎石桩桩径为1.0m，正方形布置，桩中心距为1.6m。试确定碎石桩桩体承载力特征值。

解：

首先计算碎石桩复合地基的面积置换率 m，即

$$m = \frac{A_p}{A_e} = \frac{\pi\times0.5^2}{1.6\times1.6} = 0.3068$$

桩体承载力特征值为

$$f_{pk} = \frac{f_{spk}-(1-m)f_{sk}}{m} = \frac{150-(1-0.3068)\times105}{0.3068} = 251.7\text{kPa}$$

【例3-15】 某松散砂土地基，处理前现场测得砂土孔隙

比为 0.85，土工试验测得砂土的最大、最小孔隙比分别为 0.90 和 0.60。现拟采用砂石桩法，要求挤密后砂土地基达到的相对密实度为 0.80。若砂石桩的桩径为 0.80m，等边三角形布置，修正系数 ξ 取 1.15。求砂石桩的桩距。

解：

先计算地基处理后需要达到的孔隙比 e_1，即

$$e_1 = e_{max} - D_{r1}(e_{max} - e_{min}) = 0.9 - 0.8(0.9 - 0.6) = 0.66$$

等边三角形布桩桩距为

$$\begin{aligned} s &= 0.95\xi d\sqrt{\frac{1+e_0}{e_0 - e_1}} \\ &= 0.95 \times 1.15 \times 0.8 \times \sqrt{\frac{1+0.85}{0.85-0.66}} \\ &= 2.73\text{m} \end{aligned}$$

【例 3－16】 某挤密砂桩地基，砂桩直径 500mm，桩距 1.5m，正方形布置，砂桩材料内摩擦角 35°，桩间土为黏土，γ=18kN/m^3，静载试验确定的天然地基承载力特征值为 80kPa，c_u=40kPa，φ_u=0，压缩模量为 4MPa，取桩土应力比为 3。

（1）试求复合地基承载力特征值 f_{spk}。

（2）确定复合土层压缩模量。

解：

（1）求复合地基承载力特征值 f_{spk}。首先求出复合地基的置换率，即

$$m = \frac{A_p}{A} = \frac{\pi \times 0.25^2}{1.5 \times 1.5} = 0.0873$$

再估算复合地基承载力特征值，即

$$\begin{aligned} f_{spk} &= [1 + m(n-1)]f_{sk} \\ &= [1 + 0.0873 \times (3-1)] \times 80 \\ &= 94.0\text{kPa} \end{aligned}$$

（2）求复合压缩模量。

$$E_{sp} = [1 + m(n-1)]E_s = [1 + 0.0873 \times (3-1)] \times 4 = 4.7\text{MPa}$$

由以上实例可见，地基处理后复合地基的承载力特征值和复合土层压缩模量值较未经处理的天然地基相应指标提高幅度很小。与实际工程中观测到的结果不一致。究其原因，主要是计算公式中，没有反映出砂石桩对原地基土的挤密加固作用，桩与桩间土的相互加强、协同工作等作用也没有得到合理的反映。

第七节　水泥粉煤灰碎石桩法

一、概述

水泥粉煤灰碎石桩（简称为 CFG 桩）法是由水泥、粉煤灰、碎石、石屑或砂等混合料加水拌和形成高黏结强度桩，并由桩、桩间土和褥垫层一起组成复合地基的地基处理方法，适用于处理黏性土、粉土、砂土和已自重固结的素填土等地基。对淤泥质土应按地区经验或通过现场试验确定其适用性。

水泥粉煤灰碎石桩应选择承载力相对较高的土层作为桩端持力层。水泥粉煤灰碎石桩复合地基设计时应进行地基变形验算。

二、设计

水泥粉煤灰碎石桩可只在基础范围内布置，桩径宜取 350～600mm。桩距应根据设计要求的复合地基承载力、土性、施工工艺等确定，宜取 3～5 倍桩径。水泥粉煤灰碎石桩应选择承载力相对较高的土层作为桩端持力层。

桩顶和基础之间应设置褥垫层，褥垫层厚度宜取 150～300mm，当桩径大或桩距大时褥垫层厚度宜取高值。褥垫层材料宜用中砂、粗砂、级配砂石或碎石等，最大粒径不宜大于30mm。

水泥粉煤灰碎石桩复合地基承载力特征值，应通过现场复合地基载荷试验确定，初步设计时也可按下式估算：

$$f_{spk} = m\frac{R_a}{A_p} + \beta(1-m)f_{sk} \tag{3-27}$$

式中：f_{spk} 为复合地基承载力特征值，kPa；m 为面积置换率；

R_a 为单桩竖向承载力特征值，kN；A_p 为桩的截面积，m^2；β 为桩间土承载力折减系数，宜按地区经验取值，如无经验时可取0.75～0.95，天然地基承载力较高时取大值；f_{sk} 为处理后桩间土承载力特征值，kPa，宜按当地经验取值，如无经验时可取天然地基承载力特征值。

单桩竖向承载力特征值 R_a 的取值，应符合以下规定：

(1) 当采用单桩载荷试验时，应将单桩竖向极限承载力除以安全系数 2。

(2) 当无单桩载荷试验资料时，可按下式估算：

$$R_a = u_p \sum_{i=1}^{n} q_{si} l_i + q_p A_p \tag{3-28}$$

式中：u_p 为桩的周长，m；n 为桩长范围内所划分的土层数；q_{si}、q_p 分别为桩周第 i 层土的侧阻力、桩端端阻力特征值，kPa，可按《建筑地基基础设计规范》(GB50007—2002) 有关规定确定；l_i 为第 i 层土的厚度，m。

桩体试块抗压强度平均值应满足下式要求：

$$f_{cu} \geqslant 3 \frac{R_a}{A_p} \tag{3-29}$$

式中：f_{cu} 为桩体混合料试块（边长 150mm 立方体）标准养护 28d 立方体抗压强度平均值，kPa。

水泥粉煤灰碎石桩复合地基设计时应进行地基变形验算。地基处理后的变形计算应按本书第一章第三节的有关规定执行。复合土层的分层与天然地基相同，各复合土层的压缩模量等于该层天然地基压缩模量的 ζ 倍，ζ 值可按下式确定：

$$\zeta = \frac{f_{spk}}{f_{ak}} \tag{3-30}$$

式中：f_{ak} 为基础底面下天然地基承载力特征值，kPa。

变形计算经验系数 ψ_s 根据当地沉降观测资料及经验确定，也可采用表 3-6 中的数值。

地基变形计算深度应大于复合土层的厚度，并符合本书第一章第三节中地基变形计算深度的有关规定。

表 3-6　　变形计算经验系数 ψ_s

$\overline{E}_s$（MPa）	2.5	4.0	7.0	15.0	20.0
ψ_s	1.1	1.0	0.7	0.4	0.2

注　$\overline{E}_s$ 为变形计算深度范围内压缩模量的当量值，应按下式计算：

$$\overline{E}_s=\frac{\sum A_i}{\sum \frac{A_i}{E_{si}}}$$

式中：A_i 为第 i 层土附加应力系数沿土层深度的积分值；E_{si} 为基础底面下第 i 层土的压缩模量值，MPa，桩长范围内的复合土层按复合土层的压缩模量取值。

三、计算实例

【例 3-17】 如图 3-5 所示，基础埋置深度 5m，基础底面积 30m×35m，$F_k=280000$kN，$M_k=20000$kN·m，采用 CFG 桩复合地基，桩径 0.4m，桩长 21m，桩间距 $s=1.8$m，正方形布桩，粉质黏土桩侧摩阻力特征值 $q_{sik}=24$kPa；粉土 $q_{sik}=25$kPa，粉砂 $q_{sik}=30$kPa，$q_{pk}=500$kPa，桩间土承载力折减系数

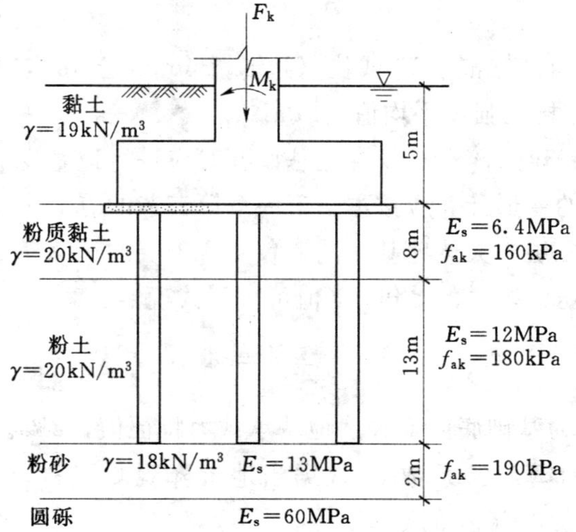

图 3-5 [例 3-17] 图

$\beta=0.8$，其他参数在图 3-5 中均已标出。

（1）验算复合地基承载力。

（2）计算基础中点的沉降。

解：

（1）验算复合地基承载力。

1）计算单桩承载力特征值。

$$R_a = u_p \sum_{i=1}^{n} q_{si} l_i + q_p A_p$$
$$= 1.256 \times (24 \times 8 + 25 \times 13) + 500 \times 0.1256$$
$$= 712\text{kN}$$

2）估算复合地基承载力。首先计算置换率，由于是正方形布桩

$$m = \frac{d^2}{d_e^2} = \frac{0.4^2}{(1.13 \times 1.8)^2} = 0.0387$$

复合地基承载力特征值为

$$f_{spk} = m \frac{R_a}{A_p} + \beta(1-m) f_{sk}$$
$$= 0.0387 \times \frac{712}{0.1256} + 0.8(1-0.0387) \times 160$$
$$= 342\text{kPa}$$

经深度修正后复合地基承载力特征值为

$$f_a = f_{spk} + \eta_d \gamma_m (d-0.5)$$
$$= 342 + 1.0 \times (19-9.8) \times (5-0.5)$$
$$= 383\text{kPa}$$

3）验算基底压力。

$$p_k = \frac{F_k + G_k}{A}$$
$$= \frac{280000 + 30 \times 35 \times 5 \times 10}{30 \times 35}$$
$$= 316.7\text{kPa} < f_a = 383\text{kPa}$$

$$p_{max} = \frac{F_k + G_k}{A} + \frac{M}{W}$$

$$=316.7+\frac{20000\times 6}{30\times 35^2}$$

$$=320.0\text{kPa}<1.2f_a=460\text{kPa}$$

$$p_{min}=\frac{F_k+G_k}{A}-\frac{M}{W}=316.7-\frac{20000\times 6}{30\times 35^2}=313.4\text{kPa}>0$$

复合地基承载力满足要求。

(2) 计算基础中点的沉降。

1) 计算基底附加压力，即

$$p_0=p_k-\gamma_m d=367-9.2\times 5=321\text{kPa}$$

2) 沉降计算。按分层总和法进行计算，即

$$s=\psi_s s'=\psi_s\sum_{i=1}^{n}\frac{p_0}{E_{si}}(z_i\bar{\alpha}_i-z_{i-1}\bar{\alpha}_{i-1})$$

其中 CFG 桩桩长范围内的各复合土层的压缩模量按本节中的有关规定应乘以 ζ 倍系数，ζ 值可按下式确定：

$$\zeta=\frac{f_{spk}}{f_{ak}}=\frac{342}{160}=2.14$$

沉降计算如表 3-7 所示。

表 3-7　　　　CFG 桩复合地基沉降计算

z (m)	l/b	z/b	$\bar{\alpha}_i$	$z_i\bar{\alpha}_i$	$z_i\bar{\alpha}_i-z_{i-1}\bar{\alpha}_{i-1}$	E_{si} (MPa)	ζE_{si}	s_i' (mm)	$\sum s_i'$ (mm)
0	1.17	0	4×0.25=1.0	0					
8	1.17	0.53	4×0.245=0.98	7.84	7.84	6.4	13.7	183.7	183.7
21	1.17	1.4	4×0.2093=0.8372	17.58	9.74	12	25.68	121.8	305.5
23	1.17	1.53	4×0.2030=0.812	18.68	1.1	13	13	27.2	332.7
24	1.17	1.6	4×0.1996=0.7984	19.16	0.48	60	60	2.6	335.3
25	1.17	1.67	4×0.1963=0.7852	19.63	0.47	60	60	2.5	337.8

3) 确定 z_n。由表 3-7 得 $z_n=25$m 深度范围内的计算沉降量 $\sum s'=337.8$mm，$z_n=24$m 至 $z_n=25$m 土层的计算沉降量 $s'=2.5\text{mm}<0.025\times 337.8=8.4\text{mm}$，满足要求。

4) 确定 ψ_s。计算 z_n 深度范围内压缩模量当量值 $\bar{E}_s$，即

$$\overline{E}_s=\frac{\sum A_i}{\sum \frac{A_i}{E_{si}}}$$

$$=\frac{p_0 \times 19.63}{p_0\left(\frac{7.84}{13.7}+\frac{9.74}{25.68}+\frac{1.1}{13}+\frac{0.48}{60}+\frac{0.47}{60}\right)}$$

$$=18.7\text{MPa}$$

根据表 3－6，得

$$\psi_s=0.4+\frac{18.7-15}{20-15}\times(0.2-0.4)=0.252$$

5）计算 CFG 桩复合地基基础中点最终沉降：

$$s=\psi_s \sum s'=0.252\times 337.8=85\text{mm}$$

【例 3－18】 某高层住宅楼，地上 26～28 层，地下 2 层，设计要求地基承载力特征值（不作深度修正）f_{ak} 为 465kPa，建筑物的绝对沉降量不大于 60mm，差异沉降量符合国家现行规范要求。基础底面以下各土层的物理力学指标如表 3－8 所示。地基处理方案采用 CFG 桩复合地基，CFG 桩桩径 400mm，桩长 16.5m，正方形布桩，桩距 1.55m，设计桩身强度等级 C20。此外，该工程在基坑开挖结束、验槽时发现，地基土表面有一层软弱土夹层。补勘得到其相应物理力学指标如下：粉质黏土③，孔隙比 $e=0.85$，液性指数 $I_L=0.78$，压缩模量 $E_s=5.5\text{MPa}$，侧阻力特征值 18kPa，地基承载力特征值 110kPa，土层厚度 1.1m。

试验算地基处理设计。

解：

（1）辅助处理措施。由于有软弱夹层③存在，如果不采用辅助处理措施，则 CFG 桩设计时，桩间土的承载力特征值只能取 110kPa，明显造成浪费。因此，应先进行一定的辅助处理，使软弱夹层的承载力特征值达到或接近④层土的 180kPa，再作 CFG 桩复合地基设计。

辅助地基处理措施选用人工成孔的夯实水泥土桩复合地基，

表 3-8　　　　土的物理力学指标（平均值）

土层编号	孔隙比 e	液性指数 I_L	压缩模量 E_s (MPa)	标准贯入试验锤击数 N	动力触探击数 $N_{63.5}$	土的侧阻力特征值 (kPa)	土的端阻力特征值 (kPa)	地基承载力特征值 (kPa)	土层平均厚度 (m)
粉质黏土④	0.65	0.50	7.18	11		25		180	2.4
细中砂⑤						25		210	3.3
黏质粉土⑥	0.52	0.24	9.2	23		28		210	3.6
细中砂⑦						28		220	局部夹层
粉质黏土⑧	0.62	0.36	9.3	36		32	1300	210	6.8
细中砂⑨				41		35	1500	220	0.6
粉质黏土⑩	0.68	0.27	10.6	43		33	1500	230	5.6
细中砂				42		35	2000	220	3.3
粉质黏土	0.61	0.11	20.5			35		240	3.0
中粗砂				37		38		230	2.1
卵石					46	55		400	>8

桩径 350mm，为便于布桩，桩距采用 CFG 桩的设计桩距 1.55m，使每相邻 CFG 桩桩间土中布置一根夯实水泥土桩。也就是说，每一根水泥土桩要补足 1.55m×1.55m 面积内软弱夹层土的承载力，因此夯实水泥土桩需要的单桩承载力特征值计算如下。

置换率为

$$m = \frac{0.25\times\pi\times0.35^2}{1.55^2} = 0.04$$

桩间土承载力折减系数 β 取 1（有成熟经验），即

$$R_a = \frac{A_p}{m}[f_{spk} - \beta(1-m)f_{sk}]$$

$$= \frac{0.25\times\pi\times0.35^2}{0.04}[180 - 1.0\times(1-0.04)\times110]$$

$$= 179\text{kN}$$

夯实水泥土桩属于干法成孔工法，基底下第一层细中砂层的桩端端阻力特征值取 700kPa，设水泥土桩进入细中砂层长度为 l，则有

$$\begin{aligned}R_a &= 0.25\times\pi\times0.35^2\times700\\&\quad+0.35\pi(18\times1.1+25\times1.3+l\times25)\\&=179\text{kN}\end{aligned}$$

解得水泥土桩桩长为 $l=1.97$m，取为 2.0m，则水泥土桩总桩长为

$$L=1.1+1.3+2=4.4\text{m}$$

经过辅助地基处理措施对软弱夹层进行加固，浅层夯实水泥土桩复合地基的承载力特征值达到④层土的 180kPa，则 CFG 桩复合地基设计时，桩间土的承载力特征值按 180kPa 计算。

（2）CFG 桩复合地基验算。CFG 桩单桩承载力特征值为

$$\begin{aligned}R_a &= u_p\sum_{i=1}^{n}q_{sik}l_i+q_{pk}A_p\\&=0.4\times\pi(18\times1.1+25\times1.3+25\times3.3\\&\quad+28\times3.6+32\times6.8+35\times0.4)+0.2^2\times\pi\times1500\\&=587.1+188.5\\&=775\text{kN}\end{aligned}$$

CFG 桩混合料材料强度等级验算如下：

$$3\frac{R_a}{A_p}=3\times\frac{775}{0.2^2\times\pi}=18511\text{kPa}<f_{cu}=20000\text{kPa}$$

桩体强度验算安全。

CFG 桩置换率为 $m=\frac{0.2^2\times\pi}{1.55^2}=0.0523$，桩间土承载力折减系数 β 取 0.95，CFG 桩复合地基估算承载力特征值为

$$\begin{aligned}f_{spk}&=m\frac{R_a}{A_p}+\beta(1-m)f_{sk}\\&=0.0523\times\frac{775}{0.2^2\pi}+0.95(1-0.0523)\times180\\&=485\text{kPa}>465\text{kPa}\end{aligned}$$

满足承载力设计要求。

沉降计算时，分别将处理深度内的各层土的压缩模量乘以 $\zeta_i = \dfrac{f_{spk}}{f_{aki}} = \dfrac{485}{f_{aki}}$（$i$=1～6，分别代表③～⑥、⑧、⑨层土的承载力特征值），具体计算略。

第八节　夯实水泥土桩法

一、概述

夯实水泥土桩地基处理技术是利用工程用土料和水泥拌和形成混合料，通过各种机械成孔方法在土中成孔并填入混合料夯实，形成桩体，从而形成复合地基，提高地基承载力、减小地基变形的地基处理方法，适用于处理地下水位以上的粉土、素填土、杂填土和黏性土等地基。处理深度不宜超过 10m。

当采用具有挤土效应的成孔工艺时，还可将桩间土挤密。目前该项技术已在北京市、河北省、山东省潍坊市等地的大量工程中应用，产生了巨大的社会效益和经济效益。

夯实水泥土桩的强度等级在 C1～C5 之间，其变形模量远大于土的变形模量，因此也与水泥粉煤灰碎石桩复合地基一样设置褥垫层，以调整基底压力分布，使荷载通过垫层传到桩和桩间土上，保证桩间土承载力的发挥，形成复合地基。

岩土工程勘察应查明土层的厚度和组成、土的含水量、有机质含量和地下水的腐蚀性等。

夯实水泥土桩设计前必须进行配比试验，针对现场地基土的性质，选择合适的水泥品种，为设计提供各种配比的强度参数。夯实水泥土桩体强度宜取 28d 龄期试块的立方体抗压强度平均值。

二、设计

夯实水泥土桩处理地基的深度应根据土质情况、工程要求和成孔设备等因素确定。当采用洛阳铲成孔工艺时，深度不宜超过 6m。夯实水泥土桩可只在基础范围内布置。桩孔直径宜为 300～

600mm，可根据设计及所选用的成孔方法确定。桩距宜为 2～4 倍桩径。

对于桩长的确定，当相对硬层的埋藏深度不大时，应按相对硬层埋藏深度确定；当相对硬层的埋藏深度较大时，应按建筑物地基的变形允许值确定。

在桩顶面应铺设 100～300mm 厚的褥垫层，垫层材料可采用中砂、粗砂或碎石等，最大粒径不宜大于 20mm。

夯实水泥土桩复合地基承载力特征值应按现场复合地基载荷试验确定。初步设计时可按式（3-27）估算，该式中 R_a 可按式（3-28）确定；β 可取 0.9～1.0；f_{sk} 可取天然地基承载力特征值。

桩孔内夯填的混合料配合比应按工程要求、土料性质及采用的水泥品种，由配合比试验确定，并应满足式（3-29）的要求。

地基处理后的变形计算应按本书第一章第三节中有关规定执行。计算深度必须大于复合土层的深度。复合土层的压缩模量可按式（3-30）确定。

三、计算实例

【例 3-19】 某六层砖混结构住宅楼，条形基础底面荷载为 180kN/m（含基础自重）。地基土为粉土，承载力特征值为 90kPa（不再作深度修正）。采用夯实水泥土桩进行处理，水泥土桩桩径 350mm，桩长 3.5m，试验得出单桩承载力特征值为 80kN，桩间土承载力折减系数取 0.9。试设计基础宽度及布桩。

解：

按规范要求，桩距应为 2～4d，取桩距为 0.9m，墙下单排布桩，设基础宽度为 b，则置换率为

$$m=\frac{A_p}{b\times 0.9}=\frac{0.25\times 0.35^2\times \pi}{0.9b}=\frac{0.107}{b}$$

复合地基承载力特征值为

$$f_{spk}=m\frac{R_a}{A_p}+\beta(1-m)f_{sk}$$

$$\frac{180}{b}=\frac{0.107}{b}\times\frac{80}{0.096}+0.9\times\left(1-\frac{0.107}{b}\right)\times 90$$

$$\frac{99.8}{b}=81$$

求得 $b=1.23\text{m}$。

【例 3-20】 某住宅楼采用片筏基础，基础埋置深度为2.0m，设计要求地基承载力特征值为180kPa。地基土为8m厚杂填土（自天然地面起），承载力特征值为80kPa，桩周摩阻力特征值取20kPa。其下为黏性土，承载力特征值为150kPa，桩周摩阻力特征值为35kPa，桩端阻力特征值为300kPa。无地下水，故采用夯实水泥土桩进行处理，桩间土承载力折减系数取0.9。试设计水泥土桩。

解：

取夯实水泥土桩桩径350mm，桩长穿越杂填土层，取6.5m（进入黏性土0.5m）。

单桩承载力特征值为

$$\begin{aligned}R_a&=u_p\sum_{i=1}^{n}q_{si}l_i+q_pA_p\\&=\pi\times 0.35\times(20\times 6+35\times 0.5)+\frac{1}{4}\times\pi\times 0.35^2\times 300\\&=151.1+28.85\\&=180\text{kN}\end{aligned}$$

将已知条件代入 $f_{spk}=m\dfrac{R_a}{A_p}+\beta(1-m)f_{sk}$ 得

$$180=m\frac{180}{0.25\times\pi\times 0.35^2}+0.9\times(1-m)\times 80$$

求得 $m=0.06$。

采用正方形布桩，桩距为 s，则

$$m=\frac{A_p}{s^2}$$

变换得

$$s=\sqrt{\frac{A_p}{m}}=\sqrt{\frac{0.25\times\pi\times0.35^2}{0.06}}=1.27\text{m}$$

取桩距为1.2m。

桩身强度要求 $f_{cu}\geqslant3\frac{R_a}{A_p}=3\times\frac{180}{0.1}=5400\text{kPa}$，故采用32.5R普通硅酸盐水泥，水泥土比例为1∶7，试块强度可满足要求。

在桩顶与基础底之间设200mm厚中粗砂垫层。

第九节 水泥土搅拌法

一、概述

水泥土搅拌法是以水泥作为固化剂的主剂，通过特制的深层搅拌机械，将固化剂和地基土强制搅拌，使软土硬结成具有整体性、水稳定性和一定强度的桩体的地基处理方法。根据施工方法的不同，水泥土搅拌法分为深层搅拌法（湿法）和粉体搅拌法（干法）两种，前者是用水泥浆和地基土搅拌，后者是用水泥粉或石灰粉和地基土搅拌。

水泥土搅拌法加固软土技术，其独特的优点如下：

（1）水泥土搅拌法由于将固化剂和原地基软土就地搅拌混合，因而最大限度地利用了原土。

（2）搅拌时不会使地基侧向挤出，所以对周围原有建筑物的影响最小。

（3）按照不同地基土的性质及设计要求，合理选择固化剂及其配方，设计比较灵活。

（4）施工时无振动、无噪声、无污染，可在市区内和密集建筑群中进行施工。

（5）与钢筋混凝土桩基相比，节省了大量的钢材，并降低了造价。

（6）根据上部结构的需要，可灵活地采用柱状、壁状、格栅状和块状等加固形式。

水泥土搅拌法适用于处理正常固结的淤泥与淤泥质土、粉土、饱和黄土、素填土、黏性土以及无流动地下水的饱和松散砂土等地基。当地基土的天然含水量小于 30％（黄土含水量小于 25％）、大于 70％或地下水的 pH＜4 时不宜采用干法。冬季施工时，应注意负温对处理效果的影响。

水泥土搅拌法用于处理泥炭土、有机质土、塑性指数 $I_p>25$ 的黏土、地下水具有腐蚀性时以及无工程经验的地区，必须通过现场试验确定其适用性。

水泥土搅拌法形成的水泥土加固体，可作为竖向承载的复合地基，基坑工程围护挡墙、被动区加固、防渗帷幕，以及大体积水泥稳定土等。加固体形状可分为柱状、壁状、格栅状或块状等。

确定处理方案前应搜集拟处理区域内详尽的岩土工程资料，尤其是填土层的厚度和组成，软土层的分布范围、分层情况，地下水位及 pH 值，以及土的含水量、塑性指数和有机质含量等。

设计前应进行拟处理土的室内配比试验。针对现场拟处理的最弱层软土的性质，选择合适的固化剂、外掺剂及其掺量，为设计提供各种龄期、各种配比的强度参数。

对竖向承载的水泥土强度宜取 90d 龄期试块的立方体抗压强度平均值；对承受水平荷载的水泥土强度宜取 28d 龄期试块的立方体抗压强度平均值。

二、设计

固化剂宜选用强度等级为 32.5 级及以上的普通硅酸盐水泥。水泥掺量除块状加固时可用被加固湿土质量的 7％～12％外，其余宜为 12％～20％。湿法的水泥浆水灰比可选用 0.45～0.55。外掺剂可根据工程需要和土质条件选用具有早强、缓凝、减水以及节省水泥等作用的材料，但应避免污染环境。

水泥土搅拌法的设计，主要是确定搅拌桩的置换率和长度。竖向承载搅拌桩的长度应根据上部结构对承载力和变形的要求确定，并宜穿透软弱土层到达承载力相对较高的土层；为提高抗滑稳定性而设置的搅拌桩，其桩长应超过危险滑弧以下 2m。

湿法的加固深度不宜大于 20m，干法不宜大于 15m。水泥土搅拌桩的桩径不应小于 500mm。

竖向承载水泥土搅拌桩复合地基的承载力特征值应通过现场单桩或多桩复合地基荷载试验确定。初步设计时也可按式 (3-27) 估算，该式中，f_{sk}可取天然地基承载力特征值。当桩端土未经修正的承载力特征值大于桩周土的承载力特征值的平均值时，β 可取 0.1～0.4，差值大时取低值；当桩端土未经修正的承载力特征值小于或等于桩周土的承载力特征值的平均值时，β 可取 0.5～0.9，差值大时或设置褥垫层时均取高值。

单桩竖向承载力特征值应通过现场载荷试验确定。初步设计时也可按式 (3-31) 估算，并应同时满足式 (3-32) 的要求，应使由桩身材料强度确定的单桩承载力大于（或等于）由桩周土和桩端土的抗力所提供的单桩承载力：

$$R_a = u_p \sum_{i=1}^{n} q_{si} l_i + \alpha q_p A_p \tag{3-31}$$

$$R_a = \eta f_{cu} A_p \tag{3-32}$$

式中：f_{cu}为与搅拌桩桩身水泥土配比相同的室内加固土试块（边长为 70.7mm 的立方体，也可采用边长为 50mm 的立方体）在标准养护条件下 90d 龄期的立方体抗压强度平均值，kPa；η 为桩身强度折减系数，干法可取 0.20～0.30，湿法可取 0.25～0.33；u_p 为桩的周长，m；n 为桩长范围内所划分的土层数；q_{si} 为桩周第 i 层土的侧阻力特征值，对淤泥可取 4～7kPa，对淤泥质土可取 6～12kPa，对软塑状态的黏性土可取 10～15kPa，对可塑状态的黏性土可以取 12～18kPa；l_i 为桩长范围内第 i 层土的厚度，m；q_p 为桩端地基土未经修正的承载力特征值，kPa，可按本书第二章第五节的有关规定确定；α 为桩端天然地基土的承载力折减系数，可取 0.4～0.6，承载力高时取低值。

竖向承载搅拌桩复合地基应在基础和桩之间设置褥垫层。褥垫层厚度可取 200～300mm。其材料可选用中砂、粗砂和级配砂石等，最大粒径不宜大于 20mm。

竖向承载搅拌桩复合地基中的桩长超过 10m 时，可采用变掺量设计，在全桩水泥总掺量不变的前提下，桩身上部 1/3 桩长范围内可适当增加水泥掺量及搅拌次数；桩身下部 1/3 桩长范围内可适当减少水泥掺量。

竖向承载搅拌桩的平面布置可根据上部结构特点及对地基承载力和变形的要求，采用柱状、壁状、格栅状或块状等加固型式。桩可只在基础平面范围内布置，独立基础下的桩数不宜少于 3 根。柱状加固可采用正方形、等边三角形等布桩型式。

当搅拌桩处理范围以下存在软弱下卧层时，应按本书第一章第三节的有关规定进行下卧层承载力验算。

竖向承载搅拌桩复合地基的变形包括搅拌桩复合土层的平均压缩变形 s_1 与桩端下未加固土层的压缩变形 s_2。

（1）搅拌桩复合土层的压缩变形 s_1 可按下式计算：

$$s_1 = \frac{(p_z + p_{zl})l}{2E_{sp}} \tag{3-33}$$

$$E_{sp} = mE_p + (1-m)E_s \tag{3-34}$$

式中：p_z 为搅拌桩复合土层顶面的附加压力值，kPa；p_{zl} 为搅拌桩复合土层底面的附加压力值，kPa；E_{sp} 为搅拌桩复合土层的压缩模量，kPa；E_p 为搅拌桩的压缩模量，可取（100～120）f_{cu}，kPa，对桩较短或桩身强度较低者可取低值，反之可取高值；E_s 为桩间土的压缩模量，kPa。

（2）桩端以下未加固土层的压缩变形 s_2，可按本书第一章第三节的有关规定进行计算。

三、计算实例

【例 3-21】 有一独立柱基础，其上部结构传至基础顶面的竖向力标准值 F_k＝1340kN，基础及其工程地质剖面图如图 3-6 所示。由于建筑场地的限制，基底指定设计成正方形，基底边长为 3.5m，天然地基承载力不能满足设计要求，需对地基进行处理，采用水泥土搅拌法处理柱基下淤泥质土，形成复合地基，使

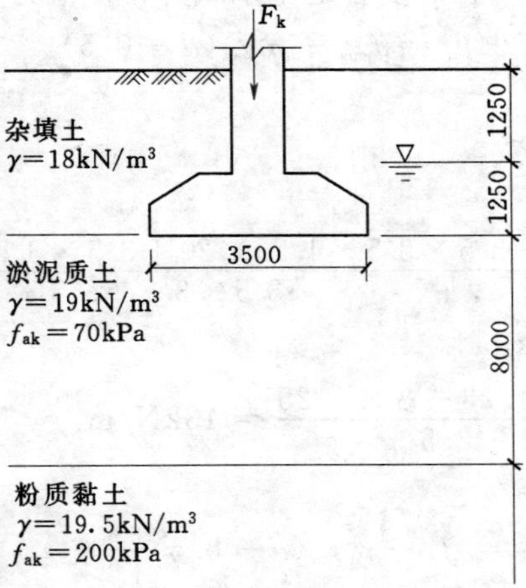

图 3-6 [例 3-21] 图

其承载力满足设计要求。已知如下设计参数：

(1) 桩直径 0.5m，桩长 8m。

(2) 桩身试块无侧限抗压强度平均值 $f_{cu}=1800kPa$。

(3) 桩身强度折减系数 $\eta=0.3$。

(4) 桩周土的平均摩阻力 $q_s=10kPa$。

(5) 桩端天然地基土的承载力折减系数 $\alpha=0.5$。

(6) 桩间土承载力折减系数 $\beta=0.3$。

试计算面积置换率 m 及搅拌桩的桩数 n。

解：

由桩周土和桩端土抗力提供的单桩承载力特征值为

$$R_a = u_p \sum_{i=1}^{n} q_{si} l_i + \alpha q_p A_p$$

$$= 1.57 \times 10 \times 8 + 0.5 \times 200 \times 0.196$$

$$= 145.2kN$$

由桩身强度计算的单桩承载力特征值为

$$R_a = \eta f_{cu} A_p = 0.3 \times 1800 \times 0.196 = 105.84kN$$

取两者中小值计算复合地基承载力特征值。

因为经深度修正后复合地基承载力特征值为

$$f_a = f_{spk} + \eta_d \gamma_m (d - 0.5)$$

由于

$$\begin{aligned} f_a &= \frac{F_k + G_k}{A} \\ &= \frac{1340 + 3.5\times3.5\times1.25\times20 + 3.5\times3.5\times1.25\times10}{3.5\times3.5} \\ &= 146.9\text{kPa} \end{aligned}$$

$$\gamma_m = \frac{18\times1.25 + 8\times1.25}{2.5} = 13\text{kN/m}^3$$

得

$$\begin{aligned} f_{spk} &= f_a - \eta_d \gamma_m (d - 0.5) \\ &= 146.9 - 1.0\times13\times(2.5 - 0.5) \\ &= 120.9\text{kPa} \end{aligned}$$

代入复合地基承载力特征值计算公式，即

$$f_{spk} = m\frac{R_a}{A_p} + \beta(1 - m) f_{sk}$$

得

$$120.9 = m\frac{105.84}{0.196} + 0.3\times(1 - m)\times70$$

由此得 $m=0.192$。

1 根桩承担的处理面积为

$$A_e = \frac{A_p}{m} = \frac{0.196}{0.192} = 1.02\text{m}^2$$

所以搅拌桩的桩数

$$n = \frac{3.5\times3.5}{1.02} = 12$$

取 $n=12$ 根。

【例 3-22】 某六层住宅，框架结构，片筏基础 $bl=14\text{m}\times32\text{m}$，板厚 0.46m，基础埋置深度 2.0m，其他各类参数如图 3-7所示。地基采用粉喷桩复合地基，桩径 0.55m，桩长 12m，桩端土承载力折减系数 $\alpha=0.6$，桩身强度折减系数 $\eta=0.3$，粉喷桩立方体试块抗压强度 $f_{cu}=1800\text{kPa}$，桩间土承载力折减系数 $\beta=0.8$，置换率 0.26。

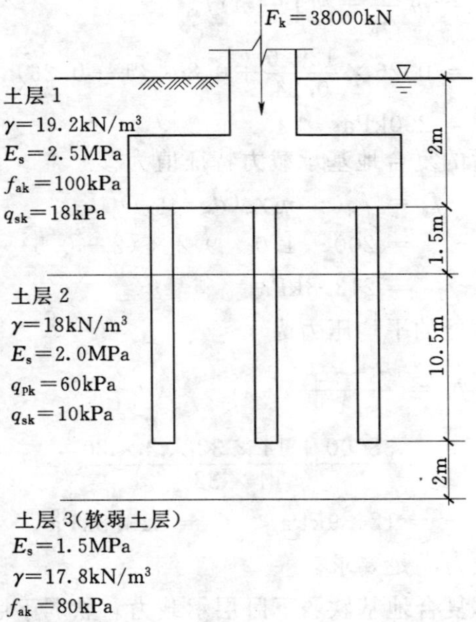

图 3-7 [例 3-22] 图

（1）验算复合地基承载力是否满足要求。

（2）验算复合地基软弱下卧层承载力。

（3）计算复合地基的沉降。

解：

（1）验算复合地基承载力。

1）计算单桩承载力特征值：

$$R_a=u_p\sum_{i=1}^{n}q_{si}l_i+\alpha q_pA_p$$
$$=1.73\times(18\times1.5+10\times10.5)+0.6\times60\times0.24$$
$$=237\text{kN}$$

2）计算桩体材料所提供的单桩承载力特征值：

$$R_a=\eta f_{cu}A_p=0.3\times1800\times0.24=129.6\text{kN}<237\text{kN}$$

所以单桩承载力特征值 R_a 取 129.6kN。

3）计算复合地基承载力特征值：

$$f_{spk} = m\frac{R_a}{A_p} + \beta(1-m)f_{sk}$$
$$= 0.26 \times \frac{129.6}{0.24} + 0.8 \times (1-0.26) \times 100$$
$$= 200\text{kPa}$$

经深度修正后的复合地基承载力特征值为

$$f_a = f_{spk} + \eta_d \gamma_m (d-0.5)$$
$$= 200 + 1.0 \times 9.2 \times (2-0.5)$$
$$= 213.8\text{kPa}$$

基础底面处的平均压力为

$$p_k = \frac{F_k + G_k}{A}$$
$$= \frac{38000 + 14 \times 32 \times 2 \times 20}{14 \times 32}$$
$$= 124.9\text{kPa} < f_a = 213.8\text{kPa}$$

复合地基承载力满足要求。

（2）验算复合地基软弱下卧层承载力。软弱下卧层地基承载力应满足下式：

$$p_z + p_{cz} \leqslant f_a$$

由于 $$p_{cz} = 9.2 \times 3.5 + 8 \times 12.5 = 132\text{kPa}$$
$$p_k = 124.9\text{kPa}$$

桩端以下 2.0m 的土层 2 压缩模量 $E_s = 2000\text{kPa}$，土层 3 软弱下卧层 $E_s = 1500\text{kPa}$，由 $E_{s1}/E_{s2} = 2000/1500 = 1.33$，$z/b = 14/14 = 1$，查表 1-22 得 $\theta = 23°$。

软弱下卧层顶面处的附加压力为

$$p_z = \frac{bl(p_k - p_c)}{(b + 2z\tan\theta)(l + 2z\tan\theta)}$$
$$= \frac{14 \times 32 \times (124.9 - 9.2 \times 2)}{(14 + 2 \times 14\tan 23°)(32 + 2 \times 14\tan 23°)}$$
$$= \frac{47712}{1136}$$

$$= 42\text{kPa}$$

因为软弱下卧层顶面处经深度修正后的地基承载力特征值为

$$f_a = f_{spk} + \eta_d \gamma_m (d - 0.5)$$

$$\gamma_m = \frac{9.2 \times 3.5 + 8 \times 12.5}{16} = 8.3\text{kN/m}^3$$

$$\eta_d = 1.0$$

$$f_a = 80 + 1.0 \times 8.3 \times (16 - 0.5) = 209\text{kPa}$$

$$p_z + p_{cz} = 42 + 132 = 174\text{kPa} < f_a = 209\text{kPa}$$

所以软弱下卧层地基承载力满足要求。

(3) 计算复合地基的沉降。

1) 计算复合土层的压缩模量。搅拌桩的压缩模量 E_p 可取(100～120) f_{cu}，即

$$E_p = 100 f_{cu} = 100 \times 1800 = 1.8 \times 10^5 \text{kPa}$$

在桩长范围桩间土的 E_s 取加权平均值，即

$$E_s = \frac{2.5 \times 1.5 + 2 \times 10.5}{12} = 2.06\text{MPa}$$

复合土层的压缩模量为

$$\begin{aligned} E_{sp} &= mE_p + (1 - m)E_s \\ &= 0.26 \times 1.8 \times 10^5 + (1 - 0.26) \times 2060 \\ &= 48324\text{kPa} \end{aligned}$$

2) 搅拌桩复合土层的压缩变形 s_1 为

$$s_1 = \frac{(p_z + p_{zl})l}{2E_{sp}}$$

基础底面处的平均压力值 p_k 为 124.9kPa，搅拌桩复合土层顶面的附加压力为

$$p_z = p_k - \gamma_m d = 124.9 - 9.2 \times 2 = 106.5\text{kPa}$$

由 $E_{sp}/E_s = 48324/2000 = 24.2$，$z/b = 12/14 = 0.86$，查表 1-22得 $\theta = 30°$，搅拌桩复合土层底面的附加压力 p_{zl} 为

$$p_{zl} = \frac{bl(p_k - p_c)}{(b + 2z\tan\theta)(l + 2z\tan\theta)}$$

$$= \frac{14 \times 32 \times (124.9 - 9.2 \times 2)}{(14 + 2 \times 12\tan 30^\circ)(32 + 2 \times 12\tan 30^\circ)}$$

$$= \frac{47712}{1277.4}$$

$$= 37.4\text{kPa}$$

搅拌桩复合土层的压缩变形 s_1 为

$$s_1 = \frac{(106.5 + 37.4) \times 12}{2 \times 48324} = 17.9\text{mm}$$

3）桩端以下土体变形 s_2 按式（1-42）进行计算：

$$s = \psi_s s' = \psi_s \sum_{i=1}^{n} \frac{p_0}{E_{si}} (z_i \overline{\alpha}_i - z_{i-1} \overline{\alpha}_{i-1})$$

复合土层底面的附加压力 $p_0 = p_{z1} = 37.4\text{kPa}$，土层 3 与土层 2 的压缩模量分别为

$$E_{s1} = 2.0\text{MPa}, E_{s2} = 1.5\text{MPa}$$

复合土层底面以下土层的沉降计算如表 3-9 所示。

表 3-9　　　　桩端以下土层沉降计算

z (m)	l/b	z/b	$\overline{\alpha}_i$	$z_i \overline{\alpha}_i$	$z_i \overline{\alpha}_i - z_{i-1}\overline{\alpha}_{i-1}$	E_{si} (MPa)	s_i' (mm)	$\sum s_i'$ (mm)
0	2.28	0	4×0.25=1.0	0				
2	2.28	0.29	4×0.2492=0.9968	1.994	1.994	2.0	37.3	37.3
10	2.28	1.43	4×0.2197=0.8788	8.79	6.8	1.5	169.5	206.8
19	2.28	2.71	4×0.1734=0.6936	13.18	4.39	1.5	109.5	316.3
20	2.28	2.86	4×0.1688=0.6752	13.5	0.32	1.5	8.0	324.3

计算深度初步估算为

$$z_n = b(2.5 - 0.4\ln b) = 14 \times (2.5 - 0.4 \times \ln 14) \approx 20\text{m}$$

当 $z_n = 20\text{m}$ 时，$\sum s_i' = 324.3\text{mm}$，$z$ 为 19～20m，$s' = 8.0\text{mm} \leqslant 0.025 \times 324.3 = 8.11\text{mm}$，满足要求。

计算 z 深度范围内压缩模量当量值 $\overline{E}_s$，即

$$\overline{E}_s = \frac{\sum A_i}{\sum \frac{A_i}{E_{si}}} = \frac{p_0 \times 13.5}{p_0 \left(\frac{1.994}{2.0} + \frac{6.8}{1.5} + \frac{4.39}{1.5} + \frac{0.32}{1.5}\right)} = 1.56\text{MPa}$$

查表 3-6，得 $\psi_s=1.1$，所以

$$s_2=\psi_s s'=1.1\times 324.3=356.7\text{mm}$$

4）搅拌桩复合地基最终沉降为

$$s=s_1+s_2=17.9+356.7=374.6\text{mm}$$

第十节 高压喷射注浆法

一、概述

高压喷射注浆法是用高压水泥浆通过钻杆由水平方向的喷嘴喷出，形成喷射流，以此切割土体并与土拌和形成水泥土加固体的地基处理方法。

高压喷射注浆法 20 世纪 60 年代后期创始于日本。它是利用钻机把带有喷嘴的注浆管钻进至土层的预定位置后，以高压设备使浆液或水成为 20～40MPa 的高压射流从喷嘴中喷射出来，冲击破坏土体，同时钻杆以一定速度渐渐向上提升，将浆液与土粒强制搅拌混合，浆液凝固后，在土中形成一个固结体。

高压喷射注浆法所形成的固结体形状与喷射流移动方向有关，一般分为旋转喷射（简称旋喷）、定向喷射（简称定喷）和摆动喷射（简称摆喷）三种形式。

旋喷法施工时，喷嘴一边喷射一边旋转并提升，固结体呈圆柱状，主要用于加固地基、提高地基的抗剪强度、改善土的变形性质，也可组成闭合的帷幕，用于截阻地下水流和治理流沙；也适用于场地狭窄处作围护结构。旋喷法施工后，在地基中形成的圆柱体，称为旋喷桩。

定喷法施工时，喷嘴一边喷射一边提升，喷射的方向固定不变，固结体形如板状或壁状。

摆喷法施工时，喷嘴一边喷射一边提升，喷射的方向呈较小角度来回摆动，固结体形如放射状厚墙。

定喷及摆喷两种方法通常用于基坑防渗、改善地基土的水流性质和稳定边坡等工程。

高压喷射注浆法的基本工艺类型有单管法、二重管法、三重管法和多重管法等四种方法。加固形状可分为柱状、壁状、条状和块状。

高压喷射注浆法适用于处理淤泥、淤泥质土、流塑、软塑或可塑黏性土、粉土、砂土、黄土、素填土和碎石土等地基。

当土中含有较多的大粒径块石、大量植物根茎或有较高的有机质时，以及地下水流速过大和已涌水的工程，应根据现场试验结果确定其适用性。

高压喷射注浆法可用于既有建筑和新建建筑地基加固，深基坑、地铁等工程的土层加固或防水。

对既有建筑物在制定高压喷射注浆方案时，应搜集有关的历史和现状资料、邻近建筑物和地下埋设物等资料。

高压喷射注浆方案确定后，应结合工程情况进行现场试验、试验性施工或根据工程经验确定施工参数及工艺。

二、设计

高压喷射注浆形成的加固体强度和范围，应通过现场试验确定。当无现场试验资料时，亦可参照相似土质条件的工程经验。

竖向承载旋喷桩复合地基承载力特征值应通过现场复合地基载荷试验确定。初步设计时，也可按式（3-27）估算，该式中，β可根据试验或类似土质条件工程经验确定，当无试验资料或经验时，可取0～0.5，承载力较低时取低值。

单桩竖向承载力特征值可通过现场单桩载荷试验确定，也可按式（3-35）和式（3-36）估算，取其中较小值：

$$R_a = \eta f_{cu} A_p \tag{3-35}$$

$$R_a = u_p \sum_{i=1}^{n} q_{si} l_i + \alpha q_p A_p \tag{3-36}$$

式中：f_{cu}为与旋喷桩桩身水泥土配比相同的室内加固土试块（边长为70.7mm的立方体）在标准养护条件下28d龄期的立方体抗压强度平均值，kPa；η为桩身强度折减系数，可取0.33；n为桩长范围内所划分的土层数；l_i为桩周第i层土的厚度，m；

q_{si}为桩周第 i 层土的侧阻力特征值，kPa，可按现行《建筑地基基础设计规范》（GB50007—2002）有关规定或地区经验确定；q_p 为桩端地基土未经修正的承载力特征值，kPa，可按本书第二章第五节桩基础计算与构造中的有关规定或地区经验确定。

当旋喷桩处理范围以下存在软弱下卧层时，应按本书第一章第三节的有关规定进行下卧层承载力验算。

竖向承载旋喷桩复合地基宜在基础和桩顶之间设置褥垫层。褥垫层厚度可取 200～300mm，其材料可选用中砂、粗砂和级配砂石等，最大粒径不宜大于 30mm。

竖向承载旋喷桩的平面布置可根据上部结构和基础特点确定。独立基础下的桩数一般不应少于 4 根。

桩长范围内复合土层以及下卧层地基变形值应按本书第一章第三节有关规定计算，其中，复合土层的压缩模量可根据地区经验确定。

高压喷射注浆法用于深基坑、地铁等工程形成连续体时，相邻桩搭接不宜小于 300mm，并应符合设计要求和国家现行的有关规范的规定。

三、计算实例

【例 3-23】 有一场地采用高压喷射注浆桩复合地基，要求复合地基承载力特征值达 260kPa，拟采用桩径 0.5m 喷射桩，桩身试块抗压强度标准值 $f_{cu}=6$MPa，强度折减系数 $\eta=0.32$，已知桩间土承载力特征值 $f_{sk}=120$kPa，承载力折减系数 $\beta=0.25$，若采用等边三角形布桩，计算喷射桩的桩间距（假设由土提供的单桩承载力大于由桩身强度计算的单桩承载力）。

解：

由桩身强度计算单桩承载力特征值为

$$R_a=\eta f_{cu}A_p=0.32\times 6000\times 0.196=376.3\text{kN}$$

根据下式求面积置换率：

$$f_{spk}=m\frac{R_a}{A_p}+\beta(1-m)f_{sk}$$

即

$$260=\frac{376.3}{0.196}m+0.25(1-m)\times 120$$

$$1889.9m=230$$

$$m=0.122$$

等边三角形布桩：

$$m=\frac{d^2}{d_e^2}=\frac{0.5^2}{(1.05s)^2}=\frac{0.227}{s^2}$$

$$s^2=\frac{0.227}{0.122}=1.86$$

$$s=1.36\text{m}$$

第十一节 石灰桩法

一、概述

石灰桩法是由生石灰与粉煤灰等掺合料拌和均匀，在孔内分层夯实形成竖向增强体，并与桩间土组成复合地基的地基处理方法。

石灰桩法适用于处理饱和黏性土、淤泥、淤泥质土、素填土和杂填土等地基；用于地下水位以上的土层时，宜增加掺合料的含水量并减少生石灰用量，或采取土层浸水等措施。

对重要工程或缺少经验的地区，施工前应进行桩身材料配合比、成桩工艺及复合地基承载力试验。桩身材料配合比试验应在现场地基土中进行。

二、设计

石灰桩的主要固化剂为生石灰，掺合料宜优先选用粉煤灰、火山灰和炉渣等工业废料。生石灰与掺合料的配合比宜根据地质情况确定，生石灰与掺合料的体积比可选用1∶1或1∶2，对于淤泥、淤泥质土等软土可适当增加生石灰用量，桩顶附近生石灰用量不宜过大。当掺石膏和水泥时，掺加量为生石灰用量的3％～10％。

当地基需要排水通道时，可在桩顶以上设 200～300mm 厚的砂石垫层。

石灰桩宜留 500mm 以上的孔口高度，并用含水量适当的黏性土封口，封口材料必须夯实，封口标高应略高于原地面。

石灰桩桩顶施工标高应高出设计桩顶标高 100mm 以上。

石灰桩成孔直径应根据设计要求及所选用的成孔方法确定，常用 300～400mm，可按等边三角形或矩形布桩，桩中心距可取 2～3 倍成孔直径。石灰桩可仅布置在基础底面下，当基底土的承载力特征值小于 70kPa 时，宜在基础以外布置 1～2 排围护桩。

洛阳铲成孔桩长不宜超过 6m；机械成孔管外投料时，桩长不宜超过 8m；螺旋钻成孔及管内投料时可适当加长。

石灰桩桩端宜选在承载力较高的土层中。在深厚的软弱地基中采用“悬浮桩”时，应减少上部结构重心与基础形心的偏心，必要时宜加强上部结构及基础的刚度。

地基处理的深度应根据岩土工程勘察资料及上部结构设计要求确定，并应按本书第一章第三节验算下卧层承载力及地基的变形。

石灰桩复合地基承载力特征值不宜超过 160kPa，当土质较好并采取保证桩身强度的措施，经过试验后可以适当提高。

石灰桩复合地基承载力特征值应通过单桩或多桩复合地基载荷试验确定。初步设计时，也可按式（3－17）估算，该式中：f_{pk}为石灰桩桩身抗压强度比例界限值，由单桩竖向载荷试验测定，初步设计时可取 350～500kPa，土质软弱时取低值，kPa；f_{sk}取天然地基承载力特征值的 1.05～1.20 倍，土质软弱或置换率大时取高值；m 为面积置换率，桩面积按 1.1～1.2 倍成孔直径计算，土质软弱时宜取高值。

处理后地基变形应按本书第一章第三节变形计算有关规定进行计算。变形经验系数 ψ_s 可按地区沉降观测资料及经验确定。

石灰桩复合土层的压缩模量宜通过桩身及桩间土压缩试验确

定，初步设计时可按下式估算：

$$E_{sp}=\alpha[1+m(n-1)]E_s \tag{3-37}$$

式中：E_{sp}为复合土层的压缩模量，MPa；α为系数，可取1.1～1.3，成孔对桩周土挤密效应好或置换率大时取高值；n为桩土应力比，可取3～4，长桩取大值；E_s为天然土的压缩模量，MPa。

三、计算实例

【例3-24】 有一个大型基础，基础尺寸为11.7m×16.89m，基础下为厚5.0m的淤泥质土，天然地基土承载力特征值f_{sk}=80kPa，场地采用石灰桩处理，要求复合地基承载力特征值达150kPa。拟采用桩径0.4m，桩长5.5m。若采用等边三角形布桩，计算石灰桩的桩间距。

解：

石灰桩复合地基承载力特征值可按式（3-17）估算，取f_{pk}=400kPa，f_{sk}=1.1×80=88kPa

将有关数据代入$f_{spk}=mf_{pk}+(1-m)f_{sk}$得

$$150=m\times300+(1-m)\times88$$

解得m=0.292，取d=1.1×0.4=0.44m。

由$m=\dfrac{d^2}{d_e^2}$得

$$d_e=\frac{d}{\sqrt{m}}=\frac{0.44}{\sqrt{0.292}}=0.81\text{m}$$

等边三角形布桩，$d_e=1.05s$，所以

$$s=\frac{d_e}{1.05}=\frac{0.81}{1.05}=0.77\text{m}$$

取s=0.8m。

第十二节　灰土挤密桩法和土挤密桩法

一、概述

灰土（土）挤密桩法是利用横向挤压成孔设备成孔，使桩间

土得以挤密。用灰土（土）填入桩孔内分层夯实形成灰土（土）桩，并与桩间土组成复合地基的地基处理方法。

灰土（土）挤密桩法是处理地下水位以上湿陷性黄土、新近堆积黄土、素填土和杂填土的一种地基加固方法。它是利用打入钢套管（或振动沉管、炸药爆破）在地基中成孔，通过“挤”压作用，使地基土得到加“密”，然后在孔中分层填入素土（或灰土）后夯实而成土桩或灰土桩、双灰桩。它们同样属于柔性桩，与桩间土共同组成复合地基。

灰土（土）挤密桩法与其他地基处理方法比较，有以下主要特征：

（1）灰土（土）桩是通过横向挤密，达到所要求加密处理后的最大干密度指标。

（2）与土垫层相比，无需开挖回填，因而节约了开挖和回填土方的工作量，节约工期。

（3）由于不受开挖和回填的限制，一般处理深度可达12～15m。

（4）由于填入桩孔的材料均属就地取材，因而比其他处理湿陷性黄土和人工填土的造价为低。尤其利用粉煤灰可变废为宝，取得很好的社会效益。

灰土挤密桩法和土挤密桩法适用于处理地下水位以上的湿陷性黄土、素填土和杂填土等地基，可处理地基的深度为5～15m。当以消除地基土的湿陷性为主要目的时，宜选用土挤密桩法；当以提高地基土的承载力或增强其水稳性为主要目的时，宜选用灰土挤密桩法。当地基土的含水量大于24%、饱和度大于65%时，不宜选用灰土挤密桩法或土挤密桩法。

对重要工程或在缺乏经验的地区，施工前应按设计要求，在现场进行试验，如土性基本相同，试验可在一处进行；如土性差异明显，应在不同地段分别进行试验。

二、设计

灰土挤密桩和土挤密桩处理地基的面积，应大于基础或建筑物底层平面的面积，并应符合下列规定：

(1) 当采用局部处理时，超出基础底面的宽度，对非自重湿陷性黄土、素填土和杂填土等地基，每边不应小于基底宽度的0.25倍，并不应小于0.50m；对自重湿陷性黄土地基，每边不应小于基底宽度的0.75倍，并不应小于1.00m。

(2) 当采用整片处理时，超出建筑物外墙基础底面外缘的宽度，每边不宜小于处理土层厚度的1/2，并不应小于2m。

灰土挤密桩和土挤密桩处理地基的深度，应根据建筑场地的土质情况、工程要求和成孔及夯实设备等综合因素确定。对湿陷性黄土地基，应符合现行《湿陷性黄土地区建筑规范》(GB50025—2004)的有关规定。

桩孔直径宜为300～450mm，并可根据所选用的成孔设备或成孔方法确定。桩孔宜按等边三角形布置，桩孔之间的中心距离，可为桩孔直径的2.0～2.5倍，也可按下式估算：

$$s = 0.95d\sqrt{\frac{\overline{\eta}_c \rho_{dmax}}{\overline{\eta}_c \rho_{dmax} - \overline{\rho}_d}} \tag{3-38}$$

式中：s为桩孔之间的中心距离，m；d为桩孔直径，m；ρ_{dmax}为桩间土的最大干密度，t/m³；$\overline{\rho}_d$为地基处理前土的平均干密度，t/m³；$\overline{\eta}_c$为桩间土经成孔挤密后的平均挤密系数，对重要工程不宜小于0.93，对一般工程不应小于0.90。

桩间土的平均挤密系数$\overline{\eta}_c$应按下式计算：

$$\overline{\eta}_c = \frac{\overline{\rho}_{d1}}{\rho_{dmax}} \tag{3-39}$$

式中：$\overline{\rho}_{d1}$为在成孔挤密深度内，桩间土的平均干密度，t/m³，平均试样数不应少于6组。

桩孔的数量可按下式估算：

$$n = \frac{A}{A_e} \tag{3-40}$$

其中
$$A_e = \frac{\pi d_e^2}{4}$$

式中：n为桩孔的数量；A为拟处理地基的面积，m²；A_e为1

根土或灰土挤密桩所承担的处理地基面积，m^2；d_e 为 1 根桩分担的处理地基面积的等效圆直径，m，桩孔按等边三角形布置则 $d_e=1.05s$，桩孔按正方形布置则 $d_e=1.13s$。

桩孔内的填料，应根据工程要求或处理地基的目的确定，桩体的夯实质量宜用平均压实系数$\bar{\lambda}_c$控制。

当桩孔内用灰土或素土分层回填、分层夯实时，桩体内的平均压实系数$\bar{\lambda}_c$值，均不应小于 0.96。

消石灰与土的体积配合比宜为 2∶8 或 3∶7。

桩顶标高以上应设置 300～500mm 厚的 2∶8 灰土垫层，其压实系数不应小于 0.95。

灰土挤密桩和土挤密桩复合地基承载力特征值，应通过现场单桩或多桩复合地基载荷试验确定。初步设计当无试验资料时，可按当地经验确定，但对灰土挤密桩复合地基的承载力特征值，不宜大于处理前的 2.0 倍，并不宜大于 250kPa；对土挤密桩复合地基的承载力特征值，不宜大于处理前的 1.4 倍，并不宜大于 180kPa。

灰土挤密桩和土挤密桩复合地基的变形计算，应符合本书第一章第三节中变形计算的有关规定，其中复合土层的压缩模量，可采用载荷试验的变形模量代替。

三、计算实例

【例 3-25】 某办公楼为五层砌体承重结构，楼长 46.0m，宽 12.8m，总建筑面积 $2860m^2$。地基土为杂填土，地基承载力特征值 $f_a=86kPa$。拟采用灰土挤密桩，设计桩径 400mm，桩孔内填料的最大干密度为 $1.67t/m^3$；场地处理前平均干密度为 $1.33t/m^3$，挤密后桩间土平均干密度要求达到 $1.54t/m^3$，进行灰土挤密桩设计。

（1）桩孔按等边三角形布置，试确定桩间距。

（2）求最合适的桩孔数量。

（3）桩孔拟采用灰土填料，要求分层压实，求填料夯实后的控制干密度。

解:

(1) 桩间土的平均挤密系数

$$\bar{\eta}_c=\frac{\bar{\rho}_{d1}}{\rho_{dmax}}=\frac{1.54}{1.67}=0.92$$

$$s=0.95d\sqrt{\frac{\bar{\eta}_c\rho_{dmax}}{\bar{\eta}_c\rho_{dmax}-\bar{\rho}_d}}$$

$$=0.95\times0.4\times\sqrt{\frac{0.92\times1.67}{0.92\times1.67-1.33}}$$

$$=1.03\text{m}$$

桩孔宜按等边三角形布置，桩孔之间中心距可为桩孔直径的2.0～2.5倍，即

$$(2.0\sim2.5)\times0.4=0.8\sim1.0\text{m}$$

故最合适的桩间距是1.0m。

(2) 1根桩分担的处理地基面积的等效圆直径为

$$d_e=1.05s=1.05\times1.0=1.05\text{m}$$

1根桩所承担的处理地基面积为

$$A_e=\frac{\pi d_e^2}{4}=\frac{\pi\times1.05^2}{4}=0.865\text{m}^2$$

当采用整片处理时，超出建筑物外墙基础底面外缘的宽度，每边不宜小于处理土层厚度的1/2，并不应小于2m。这里取2m，拟处理地基的面积得

$$A=(46.0+2.0\times2)\times(12.8+2.0\times2)=840\text{m}^2$$

代入下式得

$$n=\frac{A}{A_e}=\frac{840}{0.865}=971$$

所以最合适的桩孔的数量为971。

(3) 当桩孔内用灰土或素土分层回填、分层夯实时，桩体内的平均压实系数$\bar{\lambda}_c$值，均不应小于0.96，故取$\bar{\lambda}_c=0.96$。

填料夯实后的控制干密度$\rho_d=\bar{\lambda}_c\rho_{dmax}=0.96\times1.67=1.60\text{t/m}^3$。

【例3-26】 某场地湿陷性黄土厚度7～8m，平均干密度$\rho_d=1.15\text{t/m}^3$。设计要求消除黄土湿陷性，地基经治理后，桩间

土最大干密度要求达到 1.60t/m³。现决定采用挤密灰土桩处理地基。灰土桩桩径为 0.4m，等边三角形布桩。试确定该场地灰土桩的桩距（桩间土平均挤密系数 $\bar{\eta}_c$ 取 0.93）。

解：

$$s = 0.95d\sqrt{\frac{\bar{\eta}_c \rho_{dmax}}{\bar{\eta}_c \rho_{dmax} - \bar{\rho}_d}}$$

$$= 0.95 \times 0.4 \times \sqrt{\frac{0.93 \times 1.6}{0.93 \times 1.6 - 1.15}}$$

$$= 0.744\text{m}$$

取 s=0.8m。

第十三节　柱锤冲扩桩法

一、概述

柱锤冲扩桩法是反复将柱状重锤提到高处使其自由落下冲击成孔，然后分层填料夯实形成扩大桩体，与桩间土组成复合地基的地基处理方法。

柱锤冲扩桩法是用吊车或专用的提升机械，将直径 300～500mm、长度 2～6m、重量 3～8t 的圆柱形钢锤提升至 5～10m 的高度后任其下落，在地基土中冲成一个孔洞；反复夯击，孔洞向下延伸，便可在地基中形成一个直径比锤径大一些的桩孔；在孔内投入级配砂石、矿渣、拆房留下的碎砖、三合土等碎块状材料，再用桩锤夯实，就能形成一根直径 600～800mm 的桩柱，与周围原土形成复合地基。

柱锤冲扩桩法适用于处理杂填土、粉土、黏性土、素填土和黄土等地基，对地下水位以下饱和松软土层，应通过现场试验确定其适用性。地基处理深度不宜超过 6m，复合地基承载力特征值不宜超过 160kPa。

对大型的、重要的或场地复杂的工程，在正式施工前，应在有代表性的场地上进行试验。

二、设计

处理范围应大于基底面积。对一般地基，在基础外缘应扩大1～2排桩，并不应小于基底下处理土层厚度的1/2。对可液化地基，处理范围可按上述要求适当加宽。

桩位布置可采用正方形、矩形、三角形布置。常用桩距为1.5～2.5m，或取桩径的2～3倍。

桩径可取500～800mm，桩孔内填料量应通过现场试验确定。

地基处理深度可根据工程地质情况及设计要求确定，对相对硬层埋藏较浅的土层，应深达相对硬土层；当相对硬层埋藏较深的土层，应按下卧层地基承载力及建筑物地基的变形允许值确定；对可液化地基，应按现行《建筑抗震设计规范》（GB50011—2001）的有关规定确定。

在桩顶部应铺设200～300mm厚砂石垫层。

桩体材料可采用碎砖三合土、级配砂石、矿渣、灰土和水泥混合土等。当采用碎砖三合土时，其配合比（体积比）可采用生石灰：碎砖：黏性土＝1：2：4。当采用其他材料时，应经试验确定其适用性和配合比。

柱锤冲扩桩复合地基承载力特征值应通过现场复合地基载荷试验确定，初步设计时，也可按式（3-19）估算，该式中，f_{spk}为柱锤冲扩桩复合地基承载力特征值，kPa；m为面积置换率，可取0.2～0.5；n为桩土应力比，无实测资料时可取2～4，桩间土承载力低时取大值；f_{sk}为处理后桩间土承载力特征值，kPa，宜按当地经验取值，如无经验时可取天然地基承载力特征值。

地基处理后变形计算应按本书第一章第三节中变形计算的有关规定执行。初步设计时复合土层的压缩模量可按式（3-20）估算，该式中，E_{sp}为复合土层的压缩模量，MPa；E_s为加固后桩间土的压缩模量，MPa，可按当地经验取值。

当柱锤冲扩桩处理深度以下存在软弱下卧层时，应按本书第一章第二节中承载力计算的有关规定进行下卧层地基承载力验算。

三、计算实例

【例 3-27】 某办公楼采用片筏基础，基础埋置深度 2.0m，设计要求地基承载力特征值为 150kPa。基础下为 6m 厚杂填土，承载力特征值为 100kPa，其下为黏性土，承载力特征值为 150kPa。无地下水，采用柱锤冲扩桩进行处理。经实验得处理后杂填土承载力特征值为 120kPa，试设计柱锤冲扩桩。

解：

取柱锤冲扩桩桩径为 500mm，桩长穿越杂填土层，取 6.5m（进入黏性土 0.5m）。

$$f_{spk}=[1+m(n-1)]f_{sk}$$

其中 n 取 4，代入上式得

$$m=\frac{\frac{f_{spk}}{f_{sk}}-1}{n-1}=\frac{\frac{150}{120}-1}{4-1}=0.083$$

采用正方形布桩，桩距为 s，则

$$m=\frac{A_p}{s^2}$$

变换得

$$s=\sqrt{\frac{A_p}{m}}=\sqrt{\frac{0.25\times\pi\times0.5^2}{0.083}}=1.54\text{m}$$

取 $s=1.6$m。

桩体材料采用碎砖三合土，其配合比（体积比）采用生石灰∶碎砖∶黏性土=1∶2∶4。

在桩顶与基础底之间设 200mm 厚中粗砂垫层。

第四章 基坑支护

第一节 基本规定

一、设计原则

基坑支护结构应采用以分项系数表示的极限状态设计表达式进行设计。基坑支护结构极限状态可分为以下两类：一类为承载能力极限状态，对应于支护结构达到最大承载能力或土体失稳、过大变形导致支护结构或基坑周边环境破坏；另一类为正常使用极限状态，对应于支护结构的变形已妨碍地下结构施工或影响基坑周边环境的正常使用功能。

基坑支护结构设计应根据表4-1选用相应的侧壁安全等级及重要性系数。

表4-1 基坑侧壁安全等级及重要性系数

安全等级	破坏后果	γ_0
一级	支护结构破坏土体失稳或过大变形对基坑周边环境及地下结构施工影响很严重	1.10
二级	支护结构破坏土体失稳或过大变形对基坑周边环境及地下结构施工影响一般	1.00
三级	支护结构破坏土体失稳或过大变形对基坑周边环境及地下结构施工影响不严重	0.90

注 有特殊要求的建筑基坑侧壁安全等级可根据具体情况另行确定。

支护结构设计应考虑其结构水平变形、地下水的变化对周边环境的水平与竖向变形的影响。对于安全等级为一级和对周边环境变形有限定要求的二级建筑基坑侧壁，应根据周边环境的重要性、对变形的适应能力及土的性质等因素确定支护结构的水平变形限值。

当场地内有地下水时，应根据场地及周边区域的工程地质条件、水文地质条件、周边环境情况和支护结构与基础型式等因素，确定地下水控制方法。当场地周围有地表水汇流、排泄或地下水管渗漏时，应对基坑采取保护措施。

根据承载能力极限状态和正常使用极限状态的设计要求，基坑支护应按以下规定进行计算和验算：

（1）基坑支护结构均应进行承载能力极限状态的计算，计算应包括以下内容：

1）根据基坑支护形式及其受力特点进行土体稳定性计算。

2）基坑支护结构的受压、受弯、受剪承载力计算。

3）当有锚杆或支撑时，应对其进行承载力计算和稳定性验算。

（2）对于安全等级为一级及对支护结构变形有限定的二级建筑基坑侧壁，尚应对基坑周边环境及支护结构变形进行验算。

（3）地下水控制计算和验算。

1）抗渗透稳定性验算。

2）基坑底突涌稳定性验算。

3）根据支护结构设计要求进行地下水位控制计算。

基坑支护设计内容应包括对支护结构计算和验算、质量检测及施工监控的要求。

当有条件时，基坑应采用局部或全部放坡开挖，放坡坡度应满足其稳定性要求。

二、勘察要求

1. 初步勘察阶段的勘察要求

在主体建筑地基的初步勘察阶段，应根据岩土工程条件，搜集工程地质和水文地质资料，并进行工程地质调查，必要时可进行少量的补充勘察和室内试验，提出基坑支护的建议方案。

2. 详细勘察阶段的勘察要求

在建筑地基详细勘察阶段，对需要支护的工程宜按以下要求进行勘察工作：

（1）勘察范围应根据开挖深度及场地的岩土工程条件确定，并宜在开挖边界外按开挖深度的1～2倍范围内布置勘探点，当开挖边界外无法布置勘探点时，应通过调查取得相应资料。对于软土，勘察范围尚宜扩大。

（2）基坑周边勘探点的深度应根据基坑支护结构设计要求确定，不宜小于1倍开挖深度，软土地区应穿越软土层。

（3）勘探点间距应视地层条件而定，可在15～30m内选择，地层变化较大时，应增加勘探点，查明分布规律。

3. 场地水文地质勘察要求

场地水文地质勘察应达到以下要求：

（1）查明开挖范围及邻近场地地下水含水层和隔水层的层位、埋深和分布情况，查明各含水层（包括上层滞水、潜水和承压水）的补给条件和水力联系。

（2）测量场地各含水层的渗透系数和渗透影响半径。

（3）分析施工过程中水位变化对支护结构和基坑周边环境的影响，提出应采取的措施。

4. 岩土工程测试参数要求

岩土工程测试参数宜包含以下内容：

（1）土的常规物理试验指标。

（2）土的抗剪强度指标。

（3）室内或原位试验测试土的渗透系数。

（4）在特殊条件下，应根据实际情况选择其他适宜的试验方法测试设计所需参数。

5. 基坑周边环境勘察要求

基坑周边环境勘察应包括以下内容：

（1）查明影响范围内建（构）筑物的结构类型、层数、基础类型、埋置深度、基础荷载大小及上部结构现状。

（2）查明基坑周边的各类地下设施，包括上下水、电缆、煤气、污水、雨水和热力等管线或管道的分布和性状。

（3）查明场地周围和邻近地区地表水汇流、排泄情况，地下水管渗漏情况，以及对基坑开挖的影响程度。

（4）查明基坑四周道路的距离及车辆载重情况。

6. 解决问题的建议

在取得勘察资料的基础上，针对基坑特点，应提出解决以下问题的建议：

（1）分析场地的地层结构和岩土的物理力学性质。

（2）地下水的控制方法及计算参数。

（3）施工中应进行的现场监测项目。

（4）基坑开挖过程中应注意的问题及其防治措施。

三、支护结构选型

支护结构可根据基坑周边环境、开挖深度、工程地质与水文地质、施工作业设备和施工季节等条件，按表 4-2 选用排桩、地下连续墙、水泥土墙、逆作拱墙、土钉墙、放坡或采用上述型式的组合。

表 4-2　　支护结构选型表

结构型式	适用条件
排桩或地下连续墙	（1）适于基坑侧壁安全等级一、二、三级。 （2）悬臂式结构在软土场地中不宜大于 5m。 （3）当地下水位高于基坑底面时，宜采用降水、排桩加截水帷幕或地下连续墙
水泥土墙	（1）基坑侧壁安全等级宜为二、三级。 （2）水泥土桩施工范围内地基土承载力不宜大于 150kPa。 （3）基坑深度不宜大于 6m
土钉墙	（1）基坑侧壁安全等级宜为二、三级的非软土场地。 （2）基坑深度不宜大于 12m。 （3）当地下水位高于基坑底面时，应采取降水或截水措施

续表

结构型式	适　用　条　件
逆作拱墙	(1) 基坑侧壁安全等级宜为二、三级。 (2) 淤泥和淤泥质土场地不宜采用。 (3) 拱墙轴线的矢跨比不宜小于 1/8。 (4) 基坑深度不宜大于 12m。 (5) 地下水位高于基坑底面时，应采取降水或截水措施
放　　坡	(1) 基坑侧壁安全等级宜为三级。 (2) 施工场地应满足放坡条件。 (3) 可独立或与上述其他结构结合使用。 (4) 当地下水位高于坡脚时，应采取降水措施

支护结构选型应考虑结构的空间效应和受力特点，采用有利支护结构材料受力性状的型式。

软土场地可采用深层搅拌、注浆、间隔或全部加固等方法对局部或整个基坑底土进行加固，或采用降水措施提高基坑内侧被动抗力。

四、水平荷载标准值

支护结构水平荷载标准值 e_{ajk} 应按当地可靠经验确定，当无经验时可按下列规定计算（见图 4－1）：

(1) 对于碎石土及砂土，当计算点位于地下水位以上时，有

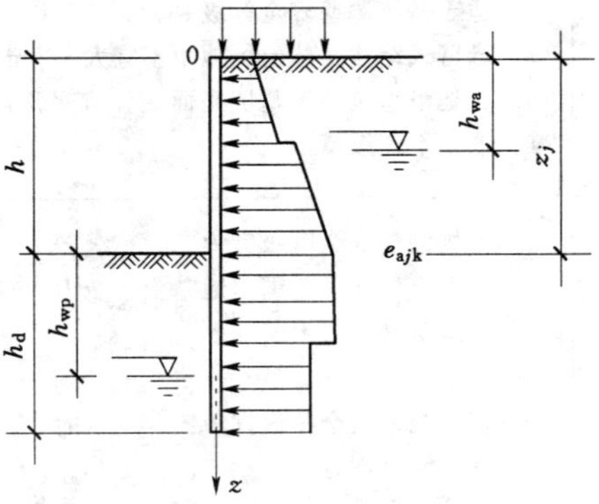

图 4－1　水平荷载标准值计算简图

$$e_{ajk}=\sigma_{ajk}K_{ai}-2c_{ik}\sqrt{K_{ai}} \quad (4-1)$$

当计算点位于地下水位以下时（水土分算），有

$$e_{ajk}=\sigma_{ajk}K_{ai}-2c_{ik}\sqrt{K_{ai}}+[(z_j-h_{wa})-(m_j-h_{wa})\eta_{wa}K_{ai}]\gamma_w \quad (4-2)$$

式中：K_{ai}为第 i 层的主动土压力系数，可按式（4－9）计算；σ_{ajk}为作用于深度 z_j 处的竖向应力标准值，可按式（4-4）计算；c_{ik}为三轴试验（当有可靠经验时可采用直接剪切试验）确定的第 i 层土固结不排水（快）剪黏聚力标准值；z_j 为计算点深度；m_j 为计算参数，当 $z_j<h$ 时取 z_j，当 $z_j\geqslant h$ 时取 h；h_{wa}为基坑外侧水位深度；η_{wa}为计算系数，当 $h_{wa}\leqslant h$ 时取 1，当 $h_{wa}>h$ 时取 0；γ_w为水的重度。

（2）对于粉土及黏性土（水土合算），有

$$e_{ajk}=\sigma_{ajk}K_{ai}-2c_{ik}\sqrt{K_{ai}} \quad (4-3)$$

当按以上规定计算的基坑开挖面以上水平荷载标准值小于 0 时，应取 0。

基坑外侧竖向应力标准值 σ_{ajk}可按下列规定计算：

$$\sigma_{ajk}=\sigma_{rk}+\sigma_{0k}+\sigma_{1k} \quad (4-4)$$

当计算点深度 z_j 处自重竖向应力为 σ_{rk}时，若计算点位于基坑开挖面以上时，有

$$\sigma_{rk}=\gamma_{mj}z_j \quad (4-5)$$

式中：γ_{mj}为深度 z_j 以上土的加权平均天然重度。

若计算点位于基坑开挖面以下时，有

$$\sigma_{rk}=\gamma_{mh}h \quad (4-6)$$

式中：γ_{mh}为开挖面以上土的加权平均天然重度。

当支护结构外侧地面作用满布附加荷载 q_0 时（见图 4－2），基坑外侧任意深度附加竖向应力标准值 σ_{0k}可按下式确定：

$$\sigma_{0k}=q_0 \quad (4-7)$$

当距支护结构 b_1 外侧，地表作用有宽度为 b_0 的条形附加荷载 q_1 时（见图 4－3）基坑外侧深度 CD 范围内的附加竖向应力

标准值 σ_{1k} 可按下式确定：

$$\sigma_{1\mathrm{k}}=q_1\frac{b_0}{b_0+2b_1} \tag{4-8}$$

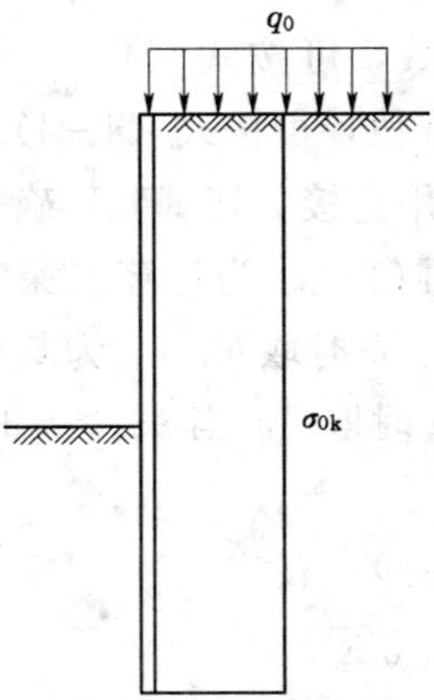

图 4－2　地面均布荷载时基坑外侧附加竖向应力计算简图

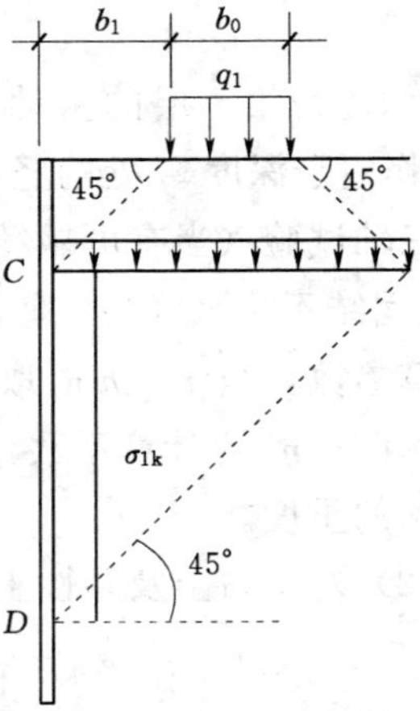

图 4－3　局部荷载作用时基坑外侧附加竖向应力计算简图

上述基坑外侧附加荷载作用于地表以下一定深度时，将计算点深度相应下移，其竖向应力也可按上述规定确定。

第 i 层土的主动土压力系数 K_{ai} 应按下式计算：

$$K_{ai}=\tan^2\left(45°-\frac{\varphi_{i\mathrm{k}}}{2}\right) \tag{4-9}$$

式中：$\varphi_{i\mathrm{k}}$ 为三轴试验（当有可靠经验时可采用直接剪切试验）确定的第 i 层土固结不排水（快）剪内摩擦角标准值。

【例 4－1】 某排桩基坑支护结构，基坑深度 15m。地质条件如下：地面下 0～4m 为粉质黏土填土，天然重度 $\gamma=19\mathrm{kN/m^3}$，黏聚力标准值 $c_\mathrm{k}=10\mathrm{kPa}$，内摩擦角 $\varphi_\mathrm{k}=10°$；4～8m 为粉细砂，天然重度 $\gamma=19\mathrm{kN/m^3}$，黏聚力标准值 $c_\mathrm{k}=0\mathrm{kPa}$，内摩擦角 $\varphi_\mathrm{k}=30°$；8～15m 为黏土，天然重度 $\gamma=19.5\mathrm{kN/m^3}$，黏聚力标准值 $c_\mathrm{k}=25\mathrm{kPa}$，内摩擦角 $\varphi_\mathrm{k}=20°$；15～20m 为卵石，天然重度 $\gamma=$

$20kN/m^3$，黏聚力标准值 $c_k=0kPa$，内摩擦角 $\varphi_k=40°$。地下水埋藏深度 3m。采用旋喷桩截水，支护结构外侧地面上作用均布附加竖向荷载 $q_0=10kPa$，在地面下 8m 粉细砂和地面下 15m 黏土处，分别计算作用在支护结构上的水平荷载标准值 e_{ajk}。

解：

(1) 8m 处粉细砂应按水土分算方法计算水平荷载，其中地下水位以下按饱和重度，考虑水的自重应力为

$$\sum h_i\gamma_i=4\times19+4\times19=152kN/m^2$$

水的浮力为

$$(z_j-h_{wa})\gamma_w=(8-3)\times10=50kN/m^2$$

水的压力为

$$(z_j-h_{wa})\gamma_w=(8-3)\times10=50kN/m^2$$

主动土压力系数为

$$K_{ai}=\tan^2\left(45°-\frac{\varphi_{ik}}{2}\right)=\tan^2\left(45°-\frac{30°}{2}\right)=0.33$$

由于水平荷载标准值为

$$\sigma_{ajk}=\sigma_{rk}+\sigma_{0k}+\sigma_{1k}$$

计算点位于基坑开挖面以上，则有

$$\sigma_{rk}=\gamma_{mj}z_j=\sum h_i\gamma_i=152kN/m^2$$

$$\sigma_{0k}=q_0=10kN/m^2$$

$$\sigma_{ajk}=\sigma_{rk}+\sigma_{0k}+\sigma_{1k}=152+10+0=162kN/m^2$$

因为 $h_{wa}\leqslant h$，取 $\eta_{wa}=1$，$m_j=z_j$，所以

$$\begin{aligned}e_{ajk}&=\sigma_{ajk}K_{ai}-2c_{ik}\sqrt{K_{ai}}+[(z_j-h_{wa})-(m_j-h_{wa})\eta_{wa}K_{ai}]\gamma_w\\&=162\times0.33-2\times0\times0.57+[(8-3)-(8-3)\times1\times0.33]\times10\\&=85.82kPa\end{aligned}$$

(2) 15m 处黏土应按水土合算方法计算水平荷载，其中地下水位以下也按天然重度考虑，不单独计算水应力。

土、水的自重应力为

$$\sum h_i\gamma_i=4\times19+4\times19+7\times19.5=288.5kN/m^2$$

主动土压力系数为

$$K_{ai}=\tan^2\left(45°-\frac{\varphi_{ik}}{2}\right)=\tan^2\left(45°-\frac{20°}{2}\right)=0.49$$

由于水平荷载标准值为

$$e_{ajk}=\sigma_{ajk}K_{ai}-2c_{ik}\sqrt{K_{ai}}$$

计算点位于基坑开挖面上，有

$$\sigma_{rk}=\gamma_{mj}z_j=\sum h_i\gamma_i=288.5\text{kN/m}^2$$

$$\sigma_{0k}=q_0=10\text{kN/m}^2$$

$$\sigma_{ajk}=\sigma_{rk}+\sigma_{0k}+\sigma_{1k}=288.5+10+0=298.5\text{kN/m}^2$$

$$\begin{aligned}e_{ajk}&=\sigma_{ajk}K_{ai}-2c_{ik}\sqrt{K_{ai}}\\&=298.5\times0.49-2\times25\times0.7\\&=111.3\text{kPa}\end{aligned}$$

五、水平抗力标准值

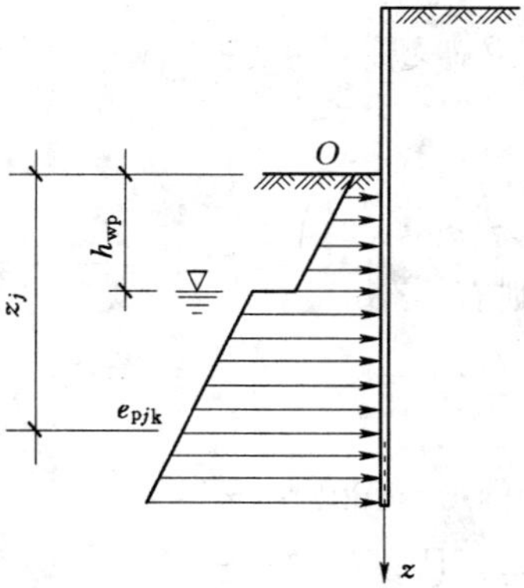

图 4-4　水平抗力标准值计算图

基坑内侧水平抗力标准值 e_{pjk} 宜按下列规定计算（见图4-4）：

（1）对于砂土及碎石土，基坑内侧抗力标准值宜按下式计算：

$$e_{pjk}=\sigma_{pjk}K_{pi}+2c_{ik}\sqrt{K_{pi}}+(z_j-h_{wp})(1-K_{pi})\gamma_w \tag{4-10}$$

式中：σ_{pjk} 为作用于基坑底面以下深度 z_j 处的竖向应力标准值，按式（4-4）计算；K_{pi} 为第 i 层土的被动土压力系数，应按式（4-9）计算。

（2）对于粉土及黏性土，基坑内侧水平抗力标准值宜按下式计算：

$$e_{pjk}=\sigma_{pjk}K_{pi}+2c_{ik}\sqrt{K_{pi}} \tag{4-11}$$

作用于基坑底面以下深度 z_j 处的竖向应力标准值 σ_{pjk} 可按下式计算：

$$\sigma_{pjk}=\gamma_{mj}z_j \tag{4-12}$$

式中：γ_{mj}为深度z_j以上土的加权平均天然重度。

第i层土的被动土压力系数应按下式计算：

$$K_{pi}=\tan^2\left(45°+\frac{\varphi_{ik}}{2}\right) \tag{4-13}$$

【例 4-2】 某一基坑开挖深度 8m，围护墙采用 600mm 厚的钢筋混凝土地下连续墙，墙体深度为 18m，支撑为一道 $\phi500\times11$ 的钢管支撑，支撑平面间距为 3m，支撑轴线位于地面以下 2m（见图 4-5）。地质条件如下：地层为黏性土，土的天然重度 $\gamma=18kN/m^3$，内摩擦角 $\varphi_k=10°$，$c=10kPa$。地下水位在地面以下 1m，不考虑地面荷载。若用朗肯土压力理论（水土合算）进行计算，试求：

（1）主动土压力。

（2）被动土压力。

解：

（1）主动土压力计算。主动土压力系数为

$$K_{ai}=\tan^2\left(45°-\frac{\varphi_{ik}}{2}\right)=\tan^2\left(45°-\frac{10°}{2}\right)=0.704$$

被动土压力系数为

$$K_{pi}=\tan^2\left(45°+\frac{\varphi_{ik}}{2}\right)=\tan^2\left(45°+\frac{10°}{2}\right)=1.420$$

基坑底面处的主动土压力强度为

$$\begin{aligned}e_{ajk}&=\sigma_{ajk}K_{ai}-2c_{ik}\sqrt{K_{ai}}\\&=\sum h_i\gamma_iK_{ai}-2c_{ik}\sqrt{K_{ai}}\\&=18\times8\times0.704-2\times10\times0.839\\&=84.60kPa\end{aligned}$$

主动土压力强度零点，有

$$z_0=\frac{2c}{\gamma\sqrt{K_a}}=\frac{2\times10}{18\sqrt{0.704}}=1.324m$$

土层无变化，故基坑底面以下主动土压力强度为定值，分布如图 4－5 所示。

因此，主动土压力为

$$E_a=\frac{1}{2}\times 84.60\times(8-1.324)+84.60\times 10=1128.4\text{kN/m}$$

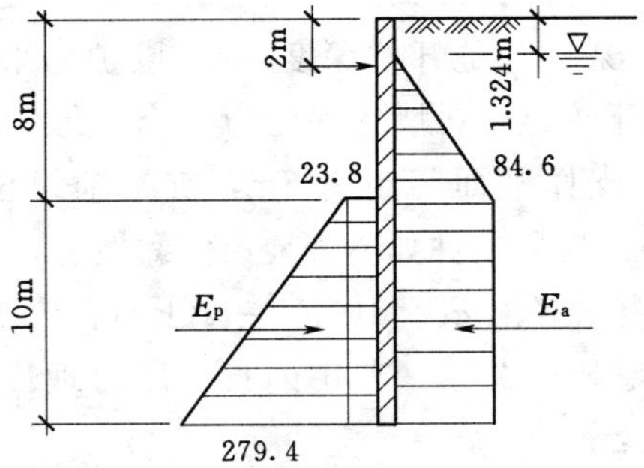

图 4－5 ［例 4－2］图

（2）被动土压力计算：

$$e_{pjk}=\sigma_{pjk}K_{pi}+2c_{ik}\sqrt{K_{pi}}=\gamma zK_{pi}+2c_{ik}\sqrt{K_{pi}}$$

当 $z=0$ 时，地下连续墙在基坑表面处的被动土压力强度为

$$e_{pjk}=\gamma zK_{pi}+2c_{ik}\sqrt{K_{pi}}=2\times 10\times\sqrt{1.420}=23.8\text{kPa}$$

当 $z=10$ 时，地下连续墙在墙底处的被动土压力强度为

$$\begin{aligned}e_{pjk}&=\gamma zK_{pi}+2c_{ik}\sqrt{K_{pi}}\\&=18\times 10\times 1.420+2\times 10\times\sqrt{1.420}\\&=255.6+23.8\\&=279.4\text{kPa}\end{aligned}$$

则被动土压力为

$$E_p=\frac{1}{2}\times(279.4-23.8)\times 10+23.8\times 10=1516\text{kN/m}$$

六、质量检测

支护结构施工及使用的原材料及半成品应遵照有关施工验收标准进行检验。对基坑侧壁安全等级为一级或对构件质量有怀疑的安全等级为二级和三级的支护结构应进行质量检测。

检测工作结束后应提交包括以下内容的质量检测报告：

（1）检测点分布图。

（2）检测方法与仪器设备型号。

（3）资料整理及分析方法。

（4）结论及处理意见。

七、基坑开挖

基坑开挖应根据支护结构设计、降排水要求，确定开挖方案。基坑边界周围地面应设排水沟，且应避免漏水、渗水进入坑内；放坡开挖时，应对坡顶、坡面和坡脚采取降排水措施。基坑周边严禁超堆荷载。软土基坑必须分层均衡开挖，层高不宜超过1m。

基坑开挖过程中，应采取措施防止碰撞支护结构、工程桩或扰动基底原状土。发生异常情况时，应立即停止挖土，并应立即查清原因和采取措施，方能继续挖土。开挖至坑底标高后坑底应及时满封闭并进行基础工程施工。

地下结构工程施工过程中应及时进行夯实回填土施工。

八、开挖监控

基坑开挖前应制定系统的开挖监控方案，监控方案应包括监控目的、监测项目、监控报警值、监测方法及精度要求、监测点的布置、监测周期、工序管理和记录制度以及信息反馈系统等。

监测点的布置应满足监控要求，从基坑边缘以外1～2倍开挖深度范围内的需要保护物体均应作为监控对象。

基坑工程监测项目可按表4-3选择。

表4-3　　基坑工程监测项目

监测项目 \ 基坑侧壁安全等级	一级	二级	三级
支护结构水平位移	应测	应测	应测
周围建筑物、地下管线变形	应测	应测	宜测
地下水位	应测	应测	宜测
桩、墙内力	应测	宜测	可测
锚杆拉力	应测	宜测	可测

续表

基坑侧壁安全等级 监测项目	一级	二级	三级
支撑轴力	应测	宜测	可测
立柱变形	应测	宜测	可测
土体分层竖向位移	应测	宜测	可测
支护结构界面上侧向压力	宜测	可测	可测

位移观测基准点数量不应少于两点，且应设在影响范围以外。

监测项目在基坑开挖前应测得初始值，且不应少于两次。基坑监测项目的监控报警值应根据监测对象的有关规范及支护结构设计要求确定。各项监测的时间间隔可根据施工进程确定。当变形超过有关标准或监测结果变化速率较大时，应加密观测次数。当有事故征兆时，应连续监测。

基坑开挖监测过程中，应根据设计要求提交阶段性监测结果报告。工程结束时应提交完整的监测报告，报告应包括以下内容：

（1）工程概况。

（2）监测项目和各测点的平面和立面布置图。

（3）采用仪器设备和监测方法。

（4）监测数据处理方法和监测结果过程曲线。

（5）监测结果评价。

第二节　排桩、地下连续墙

一、嵌固深度计算

排桩、地下连续墙嵌固深度设计值宜按以下规定确定。

1. 悬臂式支护结构嵌固深度

悬臂式支护结构嵌固深度设计值 h_d 宜按下式确定（极限平衡法，见图 4－6）：

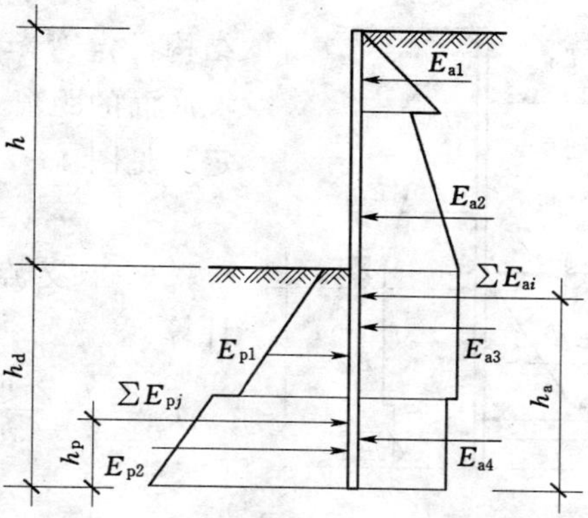

图 4-6　悬臂式支护结构嵌固深度计算简图

$$h_p \sum E_{pj} - 1.2\gamma_0 h_a \sum E_{ai} \geqslant 0 \tag{4-14}$$

式中：$\sum E_{pj}$ 为桩、墙底以上基坑内侧各土层水平抗力标准值 e_{pjk} 的合力之和；h_p 为合力 $\sum E_{pj}$ 作用点至桩、墙底的距离；$\sum E_{ai}$ 为桩、墙底以上基坑外侧各土层水平荷载标准值 e_{ajk} 的合力之和；h_a 为合力 $\sum E_{ai}$ 作用点至桩、墙底的距离。

2. 单层支点支护结构支点力及嵌固深度

单层支点支护结构支点力及嵌固深度设计值 h_d 宜按下列规定计算（见图 4-7）：

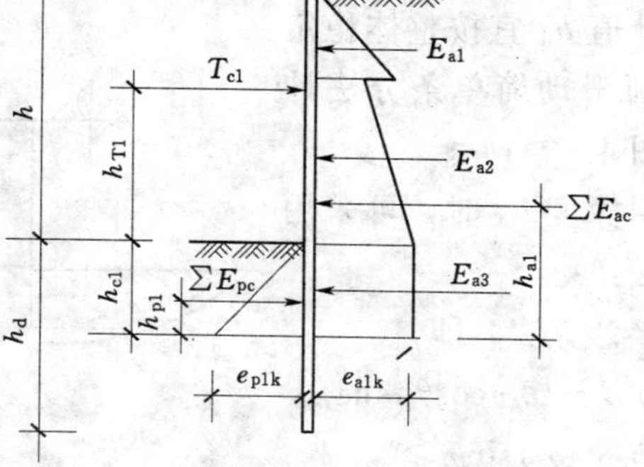

图 4-7　单层支点支护结构支点力计算简图

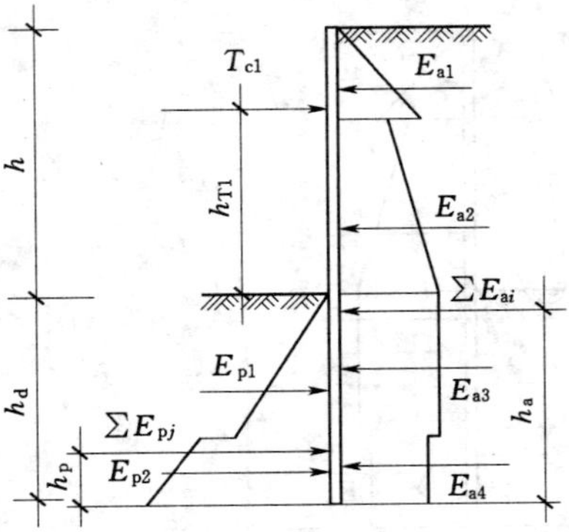

图 4-8　单层支点支护结构嵌固深度计算简图

（1）基坑底面以下支护结构设定弯矩零点位置至基坑底面的距离 h_{c1} 可按下式确定（见图 4-7）：

$$e_{a1k}=e_{p1k} \quad (4-15)$$

（2）支点力可按下式计算：

$$T_{c1}=\frac{h_{a1}\sum E_{ac}-h_{p1}\sum E_{pc}}{h_{T1}+h_{c1}} \quad (4-16)$$

式中：e_{a1k} 为水平荷载标准值；e_{p1k} 为水平抗力标准值；$\sum E_{ac}$ 为设定弯矩零点位置以上基坑外侧各土层水平荷载标准值的合力之和；h_{a1} 为合力 $\sum E_{ac}$ 作用点至设定弯矩零点的距离；$\sum E_{pc}$ 为设定弯矩零点位置以上基坑内侧各土层水平抗力标准值的合力之和；h_{p1} 为合力 $\sum E_{pc}$ 作用点至设定弯矩零点的距离；h_{T1} 为支点至基坑底面的距离；h_{c1} 为基坑底面至设定弯矩零点位置的距离。

（3）嵌固深度设计值 h_d 可按下式确定（见图 4-8）：

$$h_p\sum E_{pj}+T_{c1}(h_{T1}+h_d)-1.2\gamma_0 h_a\sum E_{ai}\geqslant 0 \quad (4-17)$$

3. 多层支点排桩、地下连续墙嵌固深度

多层支点排桩、地下连续墙嵌固深度设计值 h_d 宜按整体稳定条件采用圆弧滑动简单条分法计算确定（见图 4-9）：

计算嵌固深度 h_0 时，可采用以下两种方法：

（1）直接计算法，即

$$\sum c_{ik}l_i+\sum(q_0b_i+w_i)\cos\theta_i\tan\varphi_{ik}-\gamma_k\sum(q_0b_i+w_i)\sin\theta_i\geqslant 0 \quad (4-18)$$

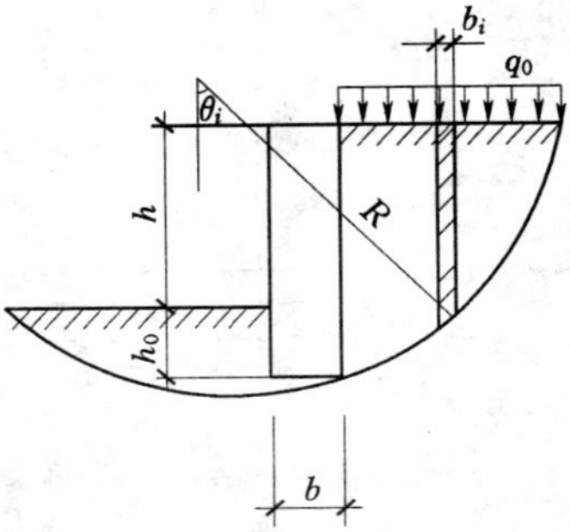

图 4-9　嵌固深度计算简图

式中：c_{ik}、φ_{ik}分别为最危险滑动面上第 i 土条滑动面上土的固结不排水（快）剪黏聚力、内摩擦角标准值；l_i 为第 i 土条的弧长；b_i 为第 i 土条的宽度；γ_k 为整体稳定分项系数，应根据经验确定，当无经验时可取 1.3；w_i 为作用于滑裂面上第 i 土条的重量，按上覆土层的天然土重计算；θ_i 为第 i 土条弧线中点切线与水平线夹角。

当嵌固深度下部存在软弱土层时，尚应继续验算软下卧层整体稳定性。

（2）查表法。对于均质黏性土及地下水位以上的粉土或砂类土，嵌固深度 h_0 可按下式确定：

$$h_0 = n_0 h \tag{4-19}$$

式中：n_0 为嵌固深度系数，当 γ_k 取 1.3 时，可根据三轴试验（当有可靠经验时，可采用直接剪切试验）确定的土层固结不排水（快）剪内摩擦角 φ_k 及黏聚力系数 δ 查表 4-4。

黏聚力系数 δ 可按下式确定：

$$\delta = c_k / \gamma h \tag{4-20}$$

式中：γ 为土的天然重度。

计算嵌固深度设计值：

$$h_d = 1.1 h_0 \tag{4-21}$$

式中：符号意义同式（4-19）。

表 4-4　　嵌固深度系数 n_0（地面超载 $q_0=0$）

δ \ φ_k	7.5	10.0	12.5	15.0	17.5	20.0	22.5	25.0	27.5	30.0	32.5	35.0	37.5	40.0	42.5
0.00	3.18	2.24	1.69	1.28	1.05	0.80	0.67	0.55	0.40	0.31	0.26	0.25	0.15	<0.1	
0.02	2.87	2.03	1.51	1.15	0.90	0.72	0.58	0.44	0.36	0.26	0.19	0.14	<0.1		
0.04	2.54	1.74	1.29	1.01	0.74	0.60	0.47	0.36	0.24	0.19	0.13	<0.1			
0.06	2.19	1.54	1.11	0.81	0.63	0.48	0.36	0.27	0.17	0.12	<0.1				
0.08	1.89	1.28	0.94	0.69	0.51	0.35	0.26	0.15	<0.1	<0.1					
0.10	1.57	1.05	0.74	0.52	0.35	0.25	0.13	<0.1							

续表

δ \ φ_k	7.5	10.0	12.5	15.0	17.5	20.0	22.5	25.0	27.5	30.0	32.5	35.0	37.5	40.0	42.5
0.12	1.22	0.81	0.54	0.36	0.22	<0.1	<0.1								
0.14	0.95	0.55	0.35	0.24	<0.1										
0.16	0.68	0.35	0.24	<0.1											
0.18	0.34	0.24	<0.1												
0.20	0.24	<0.1													
0.22	<0.1														

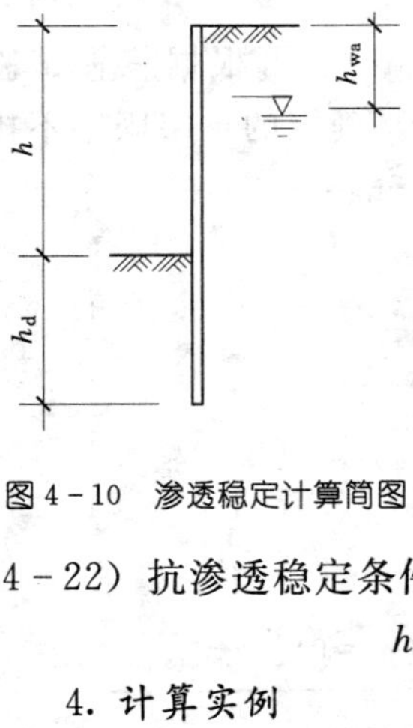

图 4-10　渗透稳定计算简图

当按上述方法确定的悬臂式及单层支点支护结构嵌固深度设计值 $h_d<0.3h$ 时，宜取 $h_d=0.3h$；多层支点支护结构嵌固深度设计值 $h_d<0.2h$ 时，宜取 $h_d=0.2h$。

当基坑底为碎石土及砂土、基坑内排水且作用有渗透水压力时，侧向截水的排桩、地下连续墙除应满足本章上述规定外，嵌固深度设计值尚应满足式（4-22）抗渗透稳定条件（见图4-10）：

$$h_d \geqslant 1.2\gamma_0(h-h_{wa}) \tag{4-22}$$

4. 计算实例

【例 4-3】 某单层支点地下连续墙基坑支护结构，基坑深度 12m，支点位置在地面下 4m 处，无地下水，定为二级基坑侧壁安全等级。根据《建筑基坑支护技术规程》（JGJ120—99）对嵌固深度设计值的规定，经计算，基坑底面至设定地下连续墙弯矩零点的距离 $h_{c1}=0.96$m，设定弯矩零点位置以上的各土层主动土压力荷载标准值合力之和 $\sum E_{ac}=358$kN，主动土压力合力 $\sum E_{ac}$ 作用点至设定弯矩零点的距离 $h_{a1}=3.36$m，设定弯矩零点位置以上的被动土压力抗力标准值合力之和 $\sum E_{pc}=34$kN，被动土压力合力$\sum E_{pc}$作用点至设定弯矩零点的距离 $h_{p1}=0.32$m。当嵌固深度设计值 $h_d=7$m 时，计算得到地下连续墙底以上各土层主动土压力荷载标准值合力之和$\sum E_{ai}=903$kN，主动土压力合力$\sum E_{ai}$作用点至地下连续墙底的距离 $h_a=5.6$m，地下连续墙底以上被动土压力抗力标准值合力之和$\sum E_{pj}=1808$kN，被动土压力合力$\sum E_{pj}$作用点至地下连续墙底的距离 $h_p=2.3$m。若取嵌固深度设计值 $h_d=7$m，试验算该嵌固深度是否满足要求。

解：

单层支点支护结构支点力 T_{c1} 宜按下式计算：

$$T_{c1}=\frac{h_{a1}\sum E_{ac}-h_{p1}\sum E_{pc}}{h_{T1}+h_{c1}}$$

$$=\frac{3.36\times358-0.32\times34}{12-4+0.96}$$

$$=133\text{kN}$$

嵌固深度设计值 h_d 可按下式确定，即

$$h_p\sum E_{pj}+T_{c1}(h_{T1}+h_d)-1.2\gamma_0h_a\sum E_{ai}\geqslant0$$

代入 $h_d=7$m 试算，得

$$h_p\sum E_{pj}+T_{c1}(h_{T1}+h_d)-1.2\gamma_0h_a\sum E_{ai}$$

$$=2.3\times1808+133\times(8+7)-1.2\times1.0\times5.6\times903$$

$$=85>0$$

同时

$$h_d=7\text{m}>0.3h=0.3\times12=3.6\text{m}$$

该嵌固深度满足要求。

二、结构计算

排桩、地下连续墙可根据受力条件分段按平面问题计算，排桩水平荷载计算宽度可取排桩的中心距；地下连续墙可取单位宽度或一个墙段。

结构内力与变形计算值、支点力计算值应根据基坑开挖及地下结构施工过程的不同工况按下列规定计算。

1. 弹性支点法

(1) 支护结构的基本挠曲方程应按下式确定（见图 4-11）：

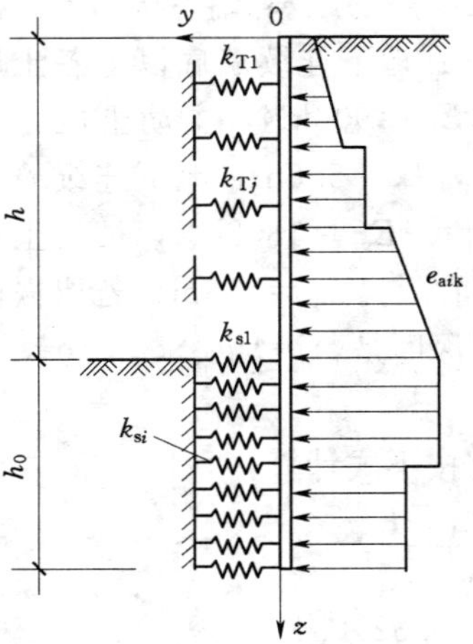

图 4-11　弹性支点法计算简图

$$EI\frac{d^4y}{dz}-e_{aik}b_s=0\ (0\leqslant z\leqslant h_n) \tag{4-23}$$

$$EI\frac{d^4y}{dz}+mb_0(z-h_n)y-e_{aik}b_s=0\ (z\geqslant h_n) \tag{4-24}$$

式中：EI 为支护结构计算宽度的抗弯刚度；m 为地基土水平抗力系数的比例系数，按式（4-31）或式（4-32）确定；z 为支护结构顶部至计算点的距离；h_n 为第 n 工况基坑开挖深度；y 为计算点水平变形；b_s 为荷载计算宽度，排桩可取桩中心距，地下连续墙和水泥土墙可取单位宽度；b_0 为抗力计算宽度，地下连续墙和水泥土墙取单位宽度。

排桩结构抗力计算宽度宜按下列规定计算。

对于圆形桩，可按下式计算：

$$b_0=0.9\times(1.5d+0.5) \tag{4-25}$$

式中：d 为桩身直径。

对于正方形桩，可按下式计算：

$$b_0=1.5b+0.5 \tag{4-26}$$

式中：b 为方桩边长。

按式（4-25）或式（4-26）确定的抗力计算宽度大于排桩间距时应取排桩间距。

（2）支点处的边界条件可按下式确定：

$$T_j=k_{Tj}(y_j-y_{0j})+T_{0j} \tag{4-27}$$

式中：y_j 为第 j 层支点水平位移值；y_{0j} 为在支点设置前的水平位移值；T_{0j} 为第 j 层支点预加力；k_{Tj} 为第 j 层支点水平刚度系数，可按式（4-28）确定。

当支点有预加力 T_{0j} 且支点力 $T_j \leqslant T_{0j}$ 时，第 j 层支点力 T_j 应按该层支点位移为 y_{0j} 的边界条件确定。

（3）水平刚度系数 k_T 的确定。锚杆水平刚度系数 k_T 应按锚杆基本试验确定，当无试验资料时，可按下式计算：

$$k_T = \frac{3AE_sE_cA_c}{3l_fE_cA_c + E_sAl_a}\cos^2\theta \tag{4-28}$$

其中

$$E_c = \frac{AE_s + (A_c - A)E_m}{A_c} \tag{4-29}$$

式中：A 为杆体截面面积；A_c 为锚固体截面面积；l_f 为锚杆自由段长度；l_a 为锚杆锚固段长度；θ 为锚杆水平倾角；E_s 为杆体弹性模量；E_c 为锚固体组合弹性模量；E_m 为锚固体中注浆体弹性模量。

支撑体系（含具有一定刚度的冠梁）或其与锚杆混合的支撑体系水平刚度系数 k_T，应按支撑体系与排桩、地下连续墙的空间作用协同分析方法确定；亦可根据空间作用协同分析方法，直接确定支撑体系及排桩或地下连续墙的内力与变形。

当基坑周边支护结构荷载相同、支撑体系采用对撑并沿具有较大刚度的腰梁或冠梁等间距布置时，水平刚度系数 k_T 可按下式计算：

$$k_T = \frac{2\alpha EA}{L}\frac{s_a}{s} \tag{4-30}$$

式中：k_T 为支撑结构水平刚度系数；α 为与支撑松弛有关的系数，取 0.8～1.0；E 为支撑构件材料的弹性模量；A 为支撑构件断面面积；L 为支撑构件的受压计算长度；s 为支撑的水平间距；s_a 为水平荷载计算宽度。

【例 4-4】 某桩墙基坑支护结构，采用现浇混凝土简单对撑，支撑与桩墙冠梁为刚性连接，支撑截面高 800mm，宽 500mm，C20 混凝土。支撑间距 s=10m，长度 L=30m，支撑长度的中点处设立柱。如支撑两端桩墙结构设计相同、所受水平荷载相同，按《建筑基坑支护技术规程》（JGJ120—99）的规定，用弹性支点法计算桩墙结构时，试确定每延米桩墙宽度的支撑水平刚度系数 k_T。当支撑两端桩墙结构荷载不同，并假定在支护结构受力后，仅支撑一端的桩墙产生水平位移，另一端不产生水平位移，求此时每延米桩墙宽度的支撑水平刚度系数 k_T（支撑松弛系数取 $\alpha=1.0$，只考虑混凝土的弹性模量）。

解：

$$A=0.8\times0.5=0.4\text{m}^2$$

C20 混凝土的弹性模量为

$$E=2.55\times10^4\text{MN/m}^2$$

当支撑两端支护结构和荷载相同时，支撑受力压缩后，沿支撑长度的中点为位移零点，考虑支点力和桩墙位移的关系时，只有支撑全长的 1/2 的压缩变形对支点处位移产生影响。因此支撑压缩长度应为 L/2，即每延米桩墙（$s_a=1$m）的支撑水平刚度系数为

$$k_T=\frac{2\alpha EA}{L}\frac{s_a}{s}=\frac{2\times1.0\times2.55\times10^4\times0.4}{30\times10}=68\text{MN/m}$$

而当支撑一端的桩墙产生水平位移，另一端不产生水平位移时，计算有位移端的支护结构时，支撑全长的压缩变形对支点处位移产生影响，因此支撑压缩长度应为 L，即

$$k_T=\frac{\alpha EA}{L}\frac{s_a}{s}=\frac{1.0\times2.55\times10^4\times0.4}{30\times10}=34\text{MN/m}$$

（4）土的水平抗力系数的比例系数 m 的计算。开挖面以下土的水平抗力系数的比例系数 m 应根据单桩水平荷载试验结果按下式计算：

$$m=\frac{\left(\dfrac{H_{cr}}{x_{cr}}v_x\right)^{5/3}}{b_0(EI)^{2/3}} \tag{4-31}$$

式中：m 为地基水平抗力系数的比例系数，MN/m^4，该数值为基坑开挖面以下 $2(d+1)$m 深度内各土层的综合值；H_{cr} 为单桩水平临界荷载，MN，根据《建筑桩基技术规范》（JGJ94—94）附录 E 方法确定；x_{cr} 为单桩水平临界荷载对应的位移，m；v_x

为桩顶位移系数，可按表 4-5 采用（先假定 m，试算 α）；b_0 为抗力计算宽度，m。

表 4-5　　桩顶位移系数 v_x

换算深度 αh_d	≥4.0	3.5	3.0	2.8	2.6	2.4
v_x	2.441	2.502	2.727	2.905	3.163	3.526

注　表中 $\alpha=\sqrt[5]{\frac{mb_0}{EI}}$。

当无试验或缺少当地经验时，第 i 土层水平抗力系数的比例系数 m_i 可按下列经验公式计算：

$$m_i=\frac{1}{\Delta}(0.2\varphi_{ik}^2-\varphi_{ik}+c_{ik}) \tag{4-32}$$

式中：φ_{ik} 为第 i 层土的固结不排水（快）剪内摩擦角标准值，(°)；c_{ik} 为第 i 层土的固结不排水（快）剪黏聚力标准值，kPa；Δ 为基坑底面处位移量，mm，按地区经验取值，无经验时可取 10。

（5）支护结构内力计算值可按下列规定计算（见图 4-12）。

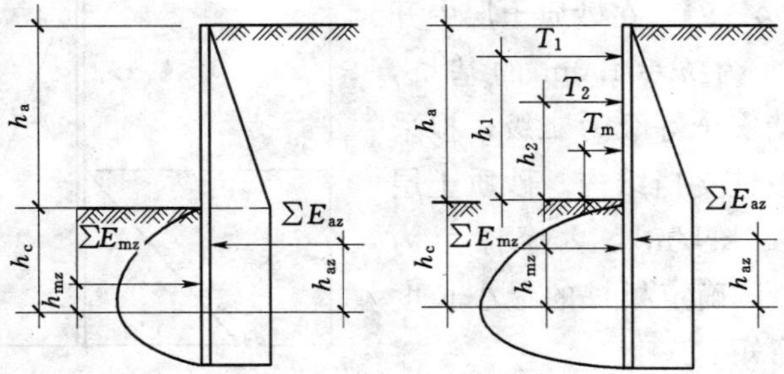

图 4-12　内力计算简图

悬臂式支护结构弯矩计算值 M_c 及剪力计算值 V_c 可按下式计算：

$$M_c=h_{mz}\sum E_{mz}-h_{az}\sum E_{az} \tag{4-33}$$

$$V_c=\sum E_{mz}-\sum E_{az} \tag{4-34}$$

式中：$\sum E_{mz}$ 为计算截面以上的基坑内侧各土层弹性抗力值

$mb_0(z-h_n)y$的合力之和，其值由式（4-24）确定；h_{mz}为合力$\sum E_{mz}$作用点至计算截面的距离；$\sum E_{az}$为计算截面以上基坑外侧各土层水平荷载标准值$e_{aik}b_s$的合力之和；h_{az}为合力$\sum E_{az}$作用点至计算截面的距离。

支点支护结构弯矩计算值M_c及剪力计算值V_c可按下式计算：

$$M_c=\sum T_j(h_j+h_c)+h_{mz}\sum E_{mz}-h_{az}\sum E_{az} \tag{4-35}$$

$$V_c=\sum T_j+\sum E_{mz}-\sum E_{az} \tag{4-36}$$

式中：h_j为支点力T_j至基坑底的距离；h_c为基坑底面至计算截面的距离，当计算截面在基坑底面以上时取负值。

2. 极限平衡法

悬臂及单层支点结构的支点力计算值T_{c1}、截面弯矩计算值M_c、剪力计算值V_c也可按本节的静力平衡条件确定（见图4-6～图4-8）。

此法先根据假定给出支挡结构所受的主动、被动土压力的大小、方向和作用点的位置，然后根据静力平衡条件进行解答。最大弯矩发生在剪力等于零处。

【例4-5】 在砂质土层中开挖一深度为$h=4.0$m的基坑，基坑侧壁安全等级为二级，拟采用悬臂板桩支挡结构。砂质土层重度为19kN/m³，内摩擦角为$\varphi=20°$。试确定板桩的最小长度及最大弯矩。

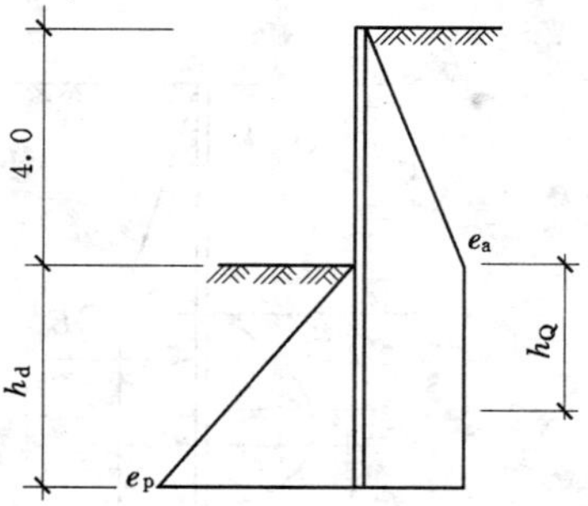

图4-13 ［例4-5］图

解：

（1）确定板桩的最小长度（见图4-13）。

主动土压力系数为

$$K_a=\tan^2(45°-20°/2)=0.49$$

被动土压力系数为

$$K_p=\tan^2(45°+20°/2)=2.04$$

基坑底面处主动土压力为

$$e_a = \gamma h K_a = 19 \times 4 \times 0.49 = 37.24\text{kPa}$$

板桩底被动土压力为

$$e_p = \gamma h_d K_p = 19 \times h_d \times 2.04 = 38.76 h_d \text{kPa}$$

$$h_p \sum E_{pj} - 1.2\gamma_0 h_a \sum E_{ai}$$

$$= \frac{1}{2} \times 38.76 h_d \times h_d \times \frac{1}{3} h_d - 1.2 \times 1.0 \times \left[\frac{1}{2} \times 4 \times 37.24 \times \left(h_d + \frac{1}{3} \times 4.0\right) + 37.24 \times h_d \times \frac{1}{2} h_d\right]$$

$$= 6.46 h_d^3 - 22.34 h_d^2 - 89.38 h_d - 119.17 \geqslant 0$$

试算求得 $h_d = 6.5\text{m}$。

按构造要求：

$$0.3h = 0.3 \times 4.0 = 1.2\text{m} < h_d = 6.5\text{m}$$

构造满足要求。

(2) 确定板桩的最大弯矩。设剪力为零的点距基坑底面距离为 h_Q，则该点剪力为

$$\frac{1}{2} \times 4 \times 37.24 + h_Q \times 37.24 - \frac{1}{2} \times h_Q \times 19 h_Q \times 2.04 = 0$$

整理得

$$h_Q^2 - 1.96 h_Q - 3.92 = 0$$

解得 $h_Q = 3.2\text{m}$。

最大弯矩为

$$M_{max} = \frac{1}{2} \times 4 \times 37.24 \times (4/3 + 3.2) + 3.2 \times 37.24 \times \frac{3.2}{2} - \frac{1}{2} \times 3.2 \times (3.2 \times 19 \times 2.04) \times \frac{3.2}{3}$$

$$= 337.64 + 190.67 - 211.68$$

$$= 316.63\text{kN} \cdot \text{m/m}$$

【例 4-6】 有一开挖深度 $h = 8.0\text{m}$ 的基坑，基坑侧壁安全等级为二级，采用一道锚杆的板桩支挡结构，锚杆距离地面 1.0m，水平间距 $a = 2.0\text{m}$。基坑周围土层重度为 18kN/m^3，内摩擦角为 $\varphi = 20°$，黏聚力为 0。试计算板桩的最小长度、锚杆拉

力和最大弯矩值。

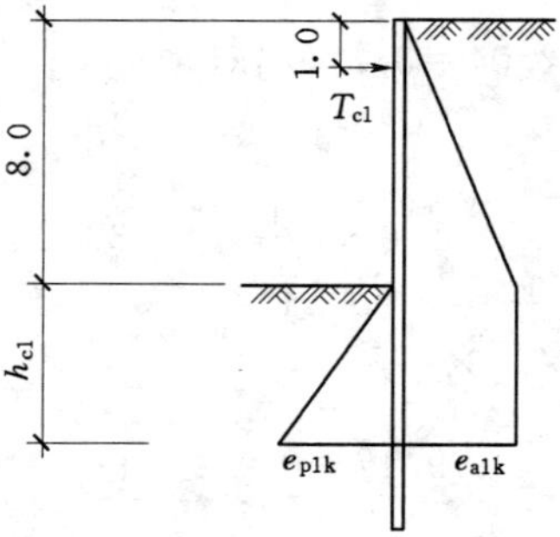

图 4-14 [例 4-6] 图 1

解：

(1) 锚杆拉力计算（见图 4-14）。

主动土压力系数为

$$K_a=\tan^2(45°-20°/2)=0.49$$

被动土压力系数为

$$k_p=\tan^2(45°+20°/2)=2.04$$

假定土压力为零点处弯矩为零，土压力零点距基坑底面的距离为 h_{c1}，即

$$e_{a1k}=\gamma h k_a=18\times8\times0.49=70.56\text{kPa}$$

$$e_{p1k}=\gamma h_{c1}k_p=18\times h_{c1}\times2.04=36.72h_{c1}$$

由 $e_{a1k}=e_{p1k}$ 得

$$70.56=36.72h_{c1}$$

$$h_{c1}=1.92\text{m}$$

$$T_{c1}=\frac{h_{a1}\sum E_{ac}-h_{p1}\sum E_{pc}}{h_{T1}+h_{c1}}$$

$$=\left[70.56\times8\times\frac{1}{2}\times\left(8\times\frac{1}{3}+1.92\right)+1.92\times70.56\times\frac{1.92}{2}\right.$$

$$\left.-\frac{1}{2}\times70.56\times1.92\times\frac{1}{3}\times1.92\right]\Big/(7+1.92)$$

$$=\frac{1424.6-43.35}{8.92}$$

$$=154.85\text{kN/m}$$

由于锚杆间距为 2m，故单根锚杆拉力为 154.85 × 2 =309.7kN。

(2) 嵌固深度计算（见图 4-15）。

$$h_p\sum E_{pj}=\frac{1}{2}\times h_d\times18\times h_d\times2.04\times\frac{1}{3}h_d=6.12h_d^3$$

$$T_{c1}(h_{T1}+h_d)=154.85\times(7+h_d)=1083.95+154.85h_d$$

$$h_a\sum E_{ai}=70.56\times8\times\frac{1}{2}\times\left(8\times\frac{1}{3}+h_d\right)+70.56\times h_d\times\frac{1}{2}\times h_d$$
$$=752.64+282.24h_d+35.28h_d^2$$

以上各式代入下式

$$h_p\sum E_{pj}+T_{c1}(h_{T1}+h_d)-1.2\gamma_0 h_a\sum E_{ai}\geqslant0$$

得

$$6.12h_d^3+1083.95+154.85h_d-1.2\times1.0\times(752.64+282.24h_d+35.28h_d^2)\geqslant0$$

整理得

$$6.12h_d^3-42.34h_d^2-183.84h_d+180.78\geqslant0$$

试算得 $h_d=9.8\text{m}$。

按构造要求：

$$0.3h=0.3\times8.0=2.4\text{m}<h_d=9.8\text{m}$$

所以嵌固深度满足要求。

(3) 最大弯矩计算。设剪力为零的点距基坑顶面距离为 h_Q（见图 4-15），则该点剪力为

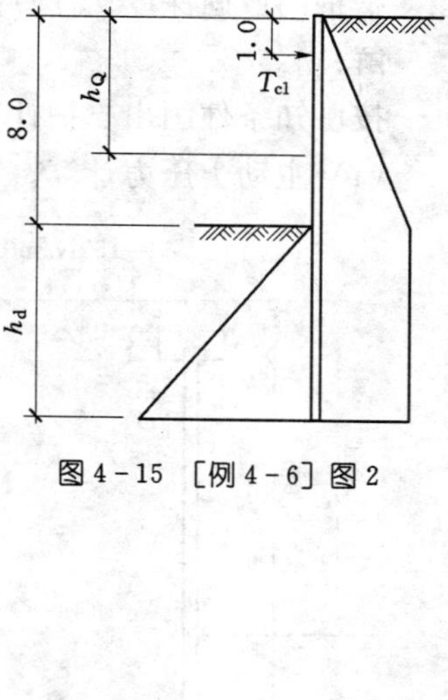

图 4-15 ［例 4-6］图 2

$$T_{c1}-\frac{1}{2}\times h_Q\times18h_Q\times0.49=154.85-4.41h_Q^2=0$$

解得 $h_Q=5.93\text{m}$。

最大弯矩为

$$M_{max}=\frac{1}{2}\times5.93\times18\times5.93\times0.49\times\frac{5.93}{3}-154.85\times(5.93-1.0)$$
$$=306.52-763.41$$
$$=-456.89\text{kN}\cdot\text{m/m}$$

【例 4-7】 某建筑物基坑开挖深度为 8m，安全等级为一级，场地土为粉质黏土，粉质黏土的物理指标如下：$c=15\text{kPa}$，

$\varphi=18°$，$\gamma=18.6\text{kN/m}^3$。地下静止水位为 1.6m，拟采用的支护方案如下。

围护体系：采用 $\phi800@1000$mm 钢筋混凝土灌注桩挡土，桩长为 14.5m，桩深入冠梁 0.3m（即桩下送 2.0m）。用 $\phi700$ 深层搅拌水泥土墙为止水帷幕（只考虑止水作用）。

水平支撑体系：挡土桩桩顶设冠梁一道（截面为 1200mm×600mm），内撑为钢筋混凝土对撑和角撑；支撑轴线位于地面以下 2.0m。

边坡顶部考虑活荷载：$q_0=15\text{kN/m}^2$。

试计算主动土压力合力、被动土压力合力、支撑点反力；复核支护桩的嵌固深度；计算桩身最大弯矩。

解：

按已知条件画出支护计算简图，如图 4-16 所示。

(1) 主动土压力计算。粉质黏土采用水土合算，即

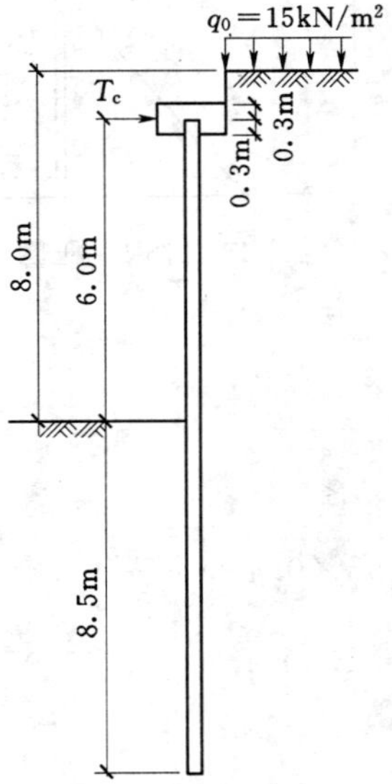

图 4-16 ［例 4-7］支护计算简图 1

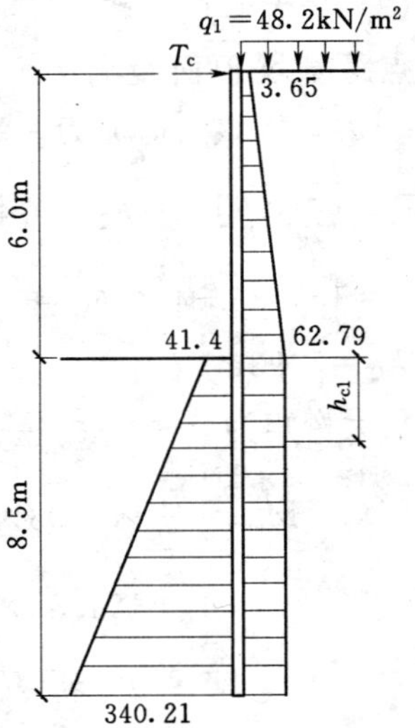

图 4-17 ［例 4-7］土压力计算简图 2

$$K_{a1}=\tan^2\left(45°-\frac{\varphi_{1k}}{2}\right)=\tan^2\left(45°-\frac{18°}{2}\right)=0.53$$

$$\sqrt{K_{a1}}=\sqrt{0.53}=0.73$$

主动土压力计算简图如图 4-17 所示。

$$q_1=q_0+\gamma h'=15+18.6\times1.6+8.6\times0.4=48.2\text{kPa}$$

$$e_{a1}=(\gamma h+q_1)K_{a1}-2c_1\sqrt{K_{a1}}$$
$$=(0+48.2)\times0.53-2\times15\times0.73$$
$$=3.65\text{kPa}$$

$$e_{a2}=(18.6\times6.0+48.2)\times0.53-2\times15\times0.73$$
$$=62.79\text{kPa}$$

$$e_{a3}=62.79\text{kPa}$$

$$\sum E_a=3.65\times6+6\times(62.79-3.65)/2+64.91\times8.5=751.08\text{kN/m}$$

(2) 被动土压力计算。

$$K_{p1}=\tan^2\left(45°+\frac{\varphi_{1k}}{2}\right)=\tan^2\left(45°+\frac{18°}{2}\right)=1.89$$

$$\sqrt{K_{p1}}=\sqrt{1.89}=1.38$$

$$e_{p2}=2c_1\sqrt{K_{p1}}=2\times15\times1.38=41.4\text{kPa}$$

$$e_{p3}=\gamma h_d K_{p1}+2c_1\sqrt{K_{p1}}=18.6\times8.5\times1.89+41.4=340.21\text{kPa}$$

$$\sum E_p=41.4\times8.5+8.5\times(340.21-41.4)/2=1621.84\text{kN/m}$$

(3) 计算支撑点反力 T_c。设 $e_{ax}=e_{px}$ 的深度为 h_{c1}，则

$$e_{ax}=62.79$$

$$e_{px}=\gamma h_{c1}K_{p1}+41.4$$

$$62.79=18.6\times h_{c1}\times1.89+41.4$$

所以 $h_{c1}=0.61$m。

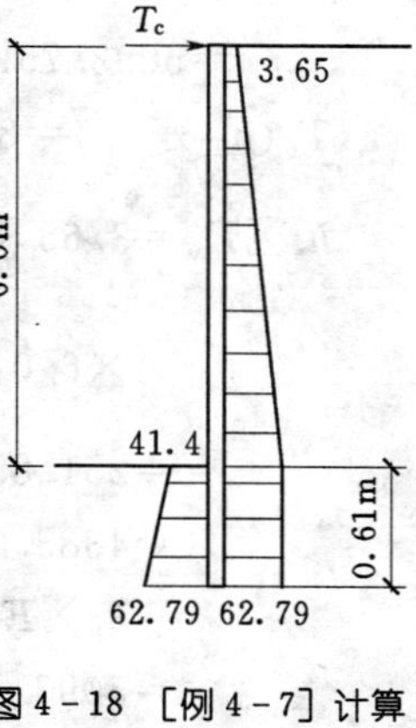

图 4-18 [例 4-7] 计算简图 3

计算简图如图 4-18 所示。

$$h_{a1}\sum E_{ac}=3.65\times6\times(3+0.61)$$

$$+\frac{1}{2}\times(62.79-3.65)\times 6.0$$

$$\times\left(0.61+\frac{1}{3}\times 6.0\right)$$

$$+0.61\times 62.79\times\frac{1}{2}\times 0.61$$

$$=79.06+463.07+11.68$$

$$=553.81\text{kN}\cdot\text{m/m}$$

$$h_{p1}\sum E_{pc}=41.4\times 0.61\times\frac{1}{2}\times 0.61$$

$$+\frac{1}{2}\times(62.79-41.4)\times 0.61\times\frac{1}{3}\times 0.61$$

$$=7.70+1.33$$

$$=9.03\text{kN}\cdot\text{m/m}$$

$$T_{c1}=\frac{h_{a1}\sum E_{ac}-h_{p1}\sum E_{pc}}{h_{T1}+h_{c1}}=\frac{553.81-9.03}{6+0.61}=82.42\text{kN/m}$$

(4) 嵌固深度 h_d 的复核（见图 4-17）。h_d 应满足抗倾覆、构造及抗渗要求。

1）抗倾覆验算：

$$h_p\sum E_{pj}=41.40\times 8.5\times\frac{8.5}{2}+\frac{1}{2}\times 8.5\times(340.21-41.4)\times\frac{8.5}{3}$$

$$=5093.75\text{kN}\cdot\text{m/m}$$

$$T_c(h_{T1}+h_d)=82.42\times(6+8.5)=1195.09\text{kN}\cdot\text{m/m}$$

$$h_a\sum E_{ai}=3.65\times 6.0\times\left(\frac{6.0}{2}+8.5\right)+\frac{1}{2}(62.79-3.65)$$

$$\times 6.0\times\left(\frac{6.0}{3}+8.5\right)+62.79\times 8.5\times\frac{8.5}{2}$$

$$=251.85+1862.91+2268.29$$

$$=4383.05\text{kN}\cdot\text{m/m}$$

$$h_p\sum E_{pj}+T_{c1}(h_{T1}+h_d)-1.2\gamma_0 h_a\sum E_{ai}$$

$$=5093.75+1195.09-1.2\times 1.1\times 4383.05$$

$$=503.21\text{kN}\cdot\text{m/m}>0$$

满足抗倾覆要求。

2）构造验算：

$0.3h=0.3\times 8=2.4\text{m}<8.5\text{m}$

满足构造要求。

3）抗渗验算：本例有地下水但为粉质黏土，无渗透稳定问题，无需验算。

（5）计算 M_{max}。首先找剪力等于零的点（见图 4－19 中的 O 点）。

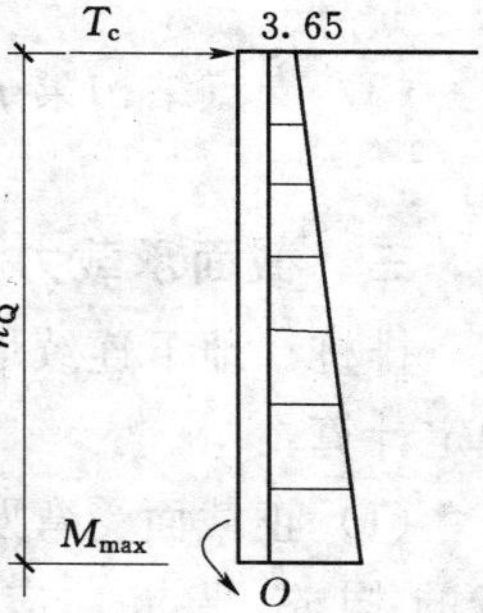

图 4－19 ［例 4－7］计算简图 4

h_Q 点的土压力强度为

$$e_{aQ}=(\gamma h_Q+q_1)K_{a1}-2c\sqrt{K_{a1}}$$
$$=(18.6h_Q+48.2)\times 0.53-2\times 15\times 0.73$$
$$=9.86h_Q+3.65$$

主动土压力合力为

$$3.65\times h_Q+\frac{1}{2}\times(9.86h_Q+3.65-3.65)h_Q=82.42$$

整理得

$$4.93h_Q^2+3.65h_Q-82.42=0$$

求得 $h_Q=3.74\text{m}$。

$$e_{aQ}=9.86\times 3.74+3.65=40.53\text{kPa}$$

$$M_{max}=82.42\times 3.74-3.65\times 3.74\times\frac{3.74}{2}$$
$$-\frac{1}{2}\times(40.53-3.65)\times\frac{3.74^2}{3}$$
$$=308.25-25.53-85.98$$
$$=196.74\text{kN}\cdot\text{m/m}$$

3. 结构内力及支点力的设计值

结构内力及支点力的设计值应按下列规定计算：

（1）截面弯矩设计值 M：

$$M=1.25\gamma_0 M_c \tag{4-37}$$

（2）截面剪力设计值 V：

$$V=1.25\gamma_0 V_c \quad (4-38)$$

(3) 支点结构第 j 层支点力设计值 T_{dj}：

$$T_{dj}=1.25\gamma_0 T_{cj} \quad (4-39)$$

三、截面承载力计算

排桩、地下连续墙及支撑体系混凝土结构的承载力应按下列规定计算：

(1) 正截面受弯及斜截面受剪承载力计算以及纵向钢筋、箍筋的构造要求，应符合现行《混凝土结构设计规范》(GB50010—2002）的有关规定。

(2) 圆形截面正截面受弯承载力应按以下规定计算：

1) 对沿周边均匀配置纵向钢筋的圆形截面和矩形截面的排桩和地下连续墙，其正截面受弯承载力可按现行《混凝土结构设计规范》(GB50010—2002）的有关规定进行计算，并应符合有关构造要求。

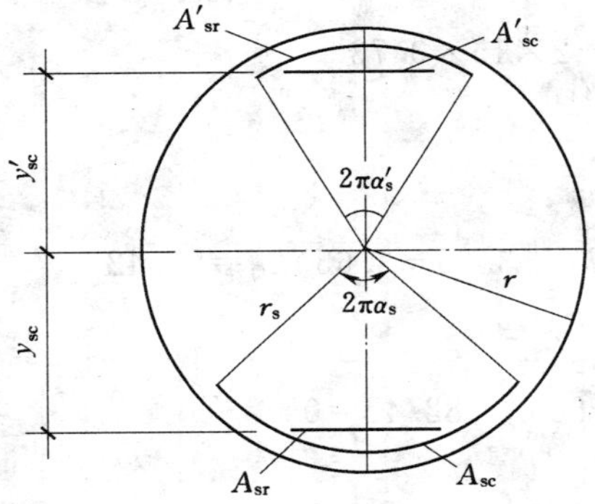

图 4-20 局部均匀配筋和集中配筋的圆形截面

2) 沿截面受拉区和受压区周边配置局部均匀纵向钢筋或集中纵向钢筋的圆形截面钢筋混凝土桩（见图4-20），其正截面受弯承载力可按下列公式计算：

$$\alpha f_{cm}A\left(1-\frac{\sin 2\pi\alpha}{2\pi\alpha}\right)+f_y(A'_{sr}+A'_{sc}-A_{sr}-A_{sc})=0 \quad (4-40)$$

$$M\leqslant\frac{2}{3}f_{cm}Ar\frac{\sin^3\pi\alpha}{\pi}+f_yA_{sr}r_s\frac{\sin\pi\alpha_s}{\pi\alpha_s}+f_yA_{sc}y_{sc}+f_yA'_{sr}r_s\frac{\sin\pi\alpha'_s}{\pi\alpha'_s}+f_yA'_{sc}y'_{sc} \quad (4-41)$$

选取的距离 y_{sc}、y'_{sc}应符合下列条件：

$$y_{sc} \geqslant r_s \cos\pi\alpha_s \tag{4-42}$$

$$y'_{sc} \geqslant r_s \cos\pi\alpha'_s \tag{4-43}$$

混凝土受压区圆心半角的余弦应符合下列要求：

$$\cos\pi\alpha \geqslant 1-\left(1+\frac{r_s}{r}\cos\pi\alpha_s\right)\xi_b \tag{4-44}$$

式中：α 为对应于受压区混凝土截面面积的圆心角，rad 与 2π 的比值；α_s 为对应于周边均匀受拉钢筋的圆心角，rad 与 2π 的比值，α_s 值宜在 1/6～1/3 之间选取，通常可取定值 0.25；α'_s 为对应于周边均匀受压钢筋的圆心角，rad 与 2π 的比值，宜取 $\alpha'_s \leqslant 0.5\alpha$；$A$ 为构件截面面积；A_{sr}、A'_{sr} 分别为均匀配置在圆心角 $2\pi\alpha_s$、$2\pi\alpha'_s$ 内沿周边的纵向受拉、受压钢筋截面面积；A_{sc}、A'_{sc} 分别为集中配置在圆心角 $2\pi\alpha_s$、$2\pi\alpha'_s$ 的混凝土弓形面积范围内的纵向受拉、受压钢筋截面面积；r 为圆形截面的半径；r_s 为纵向钢筋所在圆周的半径；y_{sc}、y'_{sc}分别为纵向受拉、受压钢筋截面面积 A_{sc}、A'_{sc}的重心至圆心的距离；f_y 为普通钢筋的抗拉强度设计值；f_{cm}为混凝土弯曲抗压强度设计值；ξ_b 为矩形截面的相对界限受压区高度，应按《混凝土结构设计规范》（GB50010—2002）的规定确定。

计算的受压区混凝土截面面积的圆心角，rad 与 2π 的比值 α 宜符合下列条件：

$$\alpha \geqslant 1/3.5 \tag{4-45}$$

当不符合上述条件时，其正截面受弯承载力可按下式计算：

$$M \leqslant f_y A_{sr}\left(0.78r+r_s\frac{\sin\pi\alpha_s}{\pi\alpha_s}\right)+f_y A_{sc}(0.78r+y_{sc}) \tag{4-46}$$

上述计算适用于截面受拉区内纵向钢筋不少于 3 根的圆形截面的情况。

沿圆形截面受拉区和受压区周边实际配置均匀纵向钢筋的圆心角应分别取为 $2\,\frac{n-1}{n}\pi\alpha_s$ 和 $2\,\frac{m-1}{m}\pi\alpha'_s$，$n$、$m$ 分别为受拉区、受压区配置均匀纵向钢筋的根数。

配置在圆形截面受拉区的纵向钢筋的最小配筋率（按全截面面积计算）不宜小于0.2%。在不配置纵向受力钢筋的圆周范围内应设置周边纵向构造钢筋，纵向构造钢筋直径不应小于纵向受力钢筋直径的1/2，且不应小于10mm；纵向构造钢筋的环向间距不应大于圆截面的半径和250mm两者的较小值，且不得少于1根。

四、锚杆计算

（一）锚杆承载力

锚杆承载力计算应符合下式规定：

$$T_d \leqslant N_u \cos\theta \tag{4-47}$$

式中：T_d 为锚杆水平拉力设计值；N_u 为锚杆轴向受拉承载力设计值；θ 为锚杆与水平面的倾角。

（二）锚杆杆体的截面面积

锚杆杆体的截面面积应按下列公式确定。

（1）普通钢筋截面面积应按下式计算：

$$A_s \geqslant \frac{T_d}{f_y \cos\theta} \tag{4-48}$$

（2）预应力钢筋截面面积应按下式计算：

$$A_p \geqslant \frac{T_d}{f_{py} \cos\theta} \tag{4-49}$$

式中：A_s、A_p 分别为普通钢筋、预应力钢筋杆体截面面积；f_y、f_{py} 分别为普通钢筋、预应力钢筋抗拉强度设计值。

（三）锚杆轴向受拉承载力设计值

锚杆轴向受拉承载力设计值应按下列规定确定：

（1）安全等级为一级及缺乏地区经验的二级基坑侧壁，应按锚杆试验的要求进行锚杆的基本试验，锚杆轴向受拉承载力设计值可取基本试验确定的极限承载力除以受拉抗力分项系数 γ_s，受拉抗力分项系数可取1.3。

（2）基坑侧壁安全等级为二级且有邻近工程经验时，可按下式计算锚杆轴向受拉承载力设计值，并应按锚杆试验的要求进行锚杆验收试验：

$$N_u=\frac{\pi}{\gamma_s}[d\sum q_{sik}l_i+d_1\sum q_{sjk}l_j+2c_k(d_1^2-d^2)] \qquad (4-50)$$

式中：N_u 为锚杆轴向受拉承载力设计值；d_1 为扩孔锚固体直径；d 为非扩孔锚杆或扩孔锚杆的直孔段锚固体直径；l_i 为第 i 层土中直孔部分锚固段长度；l_j 为第 j 层土中扩孔部分锚固段长度；q_{sik}、q_{sjk}分别为土体与锚固体的极限摩阻力标准值，应根据当地经验取值；当无经验时可按表 4－6 取值；c_k 为扩孔部分土体黏聚力标准值；γ_s 为锚杆轴向受拉抗力分项系数，可取 1.3。

表 4－6　　　　土体与锚固体极限摩阻力标准值

土的名称	土的状态	q_{sik}（kPa）
填土		16～20
淤泥		10～16
淤泥质土		16～20
黏性土	$I_L>1$	18～30
	$0.75<I_L\leqslant 1$	30～40
	$0.50<I_L\leqslant 0.75$	40～53
	$0.25<I_L\leqslant 0.50$	53～65
	$0.0<I_L\leqslant 0.25$	65～73
	$I_L\leqslant 0$	73～80
粉土	$e>0.90$	22～44
	$0.75<e\leqslant 0.90$	44～64
	$e<0.75$	64～100
粉细砂	稍密	22～42
	中密	42～63
	密实	63～85
中砂	稍密	54～74
	中密	74～90
	密实	90～120
粗砂	稍密	90～130
	中密	130～170
	密实	170～220
砾砂	中密、密实	190～260

注　表中 q_{sik}系采用直孔一次常压灌浆工艺计算值；当采用二次灌浆、扩孔工艺时，可适当提高。

（3）对于塑性指数大于17的黏性土层中的锚杆应进行蠕变试验。锚杆蠕变试验可按锚杆试验的有关规定进行。

（4）基坑侧壁安全等级为三级时，可按式（4-50）确定锚杆轴向受拉承载力设计值。

（四）锚杆自由段长度

锚杆自由段长度 l_f 宜按下式计算（见图4-21）：

$$l_f = l_t \sin\left(45° - \frac{\varphi_k}{2}\right) / \sin\left(45° + \frac{\varphi_k}{2} + \theta\right) \tag{4-51}$$

式中：l_t 为锚杆锚头中点至基坑底面以下基坑外侧荷载标准值与基坑内侧抗力标准值相等处的距离；φ_k 为土体各土层厚度加权内摩擦角标准值；θ 为锚杆倾角。

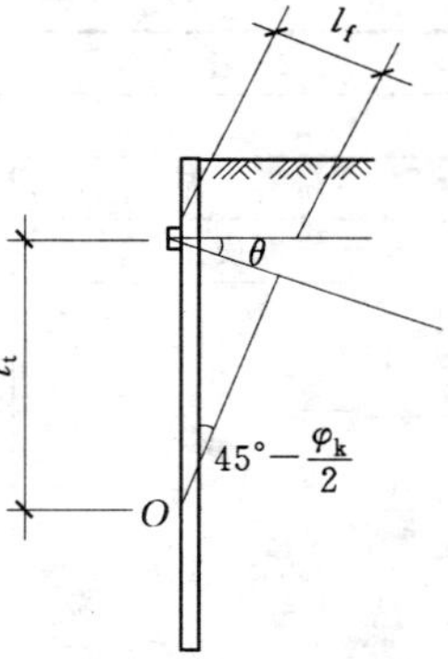

图4-21 锚杆自由段长度计算简图

（五）锚杆预加力值

锚杆预加力值（锁定值）应根据地层条件及支护结构变形要求确定，宜取为锚杆轴向受拉承载力设计值的0.50～0.65倍。

（六）锚杆试验

1. 一般规定

锚杆试验应符合以下一般规定：

（1）锚杆锚固段浆体强度达到15MPa或达到设计强度等级的75%时可进行锚杆试验。

（2）加载装置（千斤顶、油泵）的额定压力必须大于试验压力，且试验前应进行标定。

（3）加荷反力装置的承载力和刚度应满足最大试验荷载要求。

（4）计量仪表（测力计、位移计）等应满足测试要求的精度。

（5）基本试验和蠕变试验锚杆数量不应少于3根，且试验锚杆材料尺寸及施工工艺应与工程锚杆相同。

(6) 验收试验锚杆的数量应取锚杆总数的5%，且不得少于3根。

2. 基本试验

基本试验最大的试验荷载不宜超过锚杆杆体承载力标准值的0.9倍。锚杆基本试验应采用循环加、卸荷载法，加荷等级与锚头位移测读间隔时间应按表4-7确定。

表4-7　锚杆基本试验循环加卸荷等级与位移观测间隔时间

加荷标准 \ 循环数	加荷量/预估破坏荷载 (%)								
第一循环	10	—	—	—	30	—	—	—	10
第二循环	10	30	—	—	50	—	—	30	10
第三循环	10	30	50	—	70	—	50	30	10
第四循环	10	30	50	70	80	70	50	30	10
第五循环	10	30	50	80	90	80	50	30	10
第六循环	10	30	50	90	100	90	50	30	10
观测时间 (min)	5	5	5	5	10	5	5	5	5

注　1. 在每级加荷等级观测时间内，测读锚头位移不应少于3次。

2. 在每级加荷等级观测时间内，锚头位移小于0.1mm时，可施加下一级荷载，否则应延长观测时间，直至锚头位移增量在2h内小于2.0mm时，方可施加下一级荷载。

锚杆破坏应符合以下标准：

(1) 后一级荷载产生的锚头位移增量达到或超过前一级荷载产生位移增量的2倍时。

(2) 锚头位移不稳定。

(3) 锚杆杆体拉断。

试验结果宜按循环荷载与对应的锚头位移读数列表整理，并绘制锚杆荷载-位移（$Q-s$）曲线，锚杆荷载-弹性位移（$Q-s_e$）曲线和锚杆荷载-塑性位移（$Q-s_p$）曲线。

锚杆弹性变形不应小于自由段长度变形计算值的80%，且不应大于自由段长度与1/2锚固段长度之和的弹性变形计算值。

锚杆极限承载力取破坏荷载的前一级荷载，在最大试验荷载下未达到上述破坏标准时，锚杆极限承载力取最大荷载。

3. 验收试验

最大试验荷载应取锚杆轴向受拉承载力设计值 N_u。锚杆验收试验加荷等级及锚头位移测读间隔时间应符合下列规定：

（1）初始荷载宜取锚杆轴向拉力设计值的0.1倍。

（2）加荷等级与观测时间宜按表4－8规定进行。

表4－8　　验收试验锚杆加荷等级及观测时间

加荷等级	$0.1N_u$	$0.2N_u$	$0.4N_u$	$0.6N_u$	$0.8N_u$	$1.0N_u$
观测时间（min）	5	5	5	10	10	15

（3）在每级加荷等级观测时间内，测读锚头位移不应少于3次。

（4）达到最大试验荷载后观测15min，卸荷至 $0.1N_u$ 并测读锚头位移。

试验结果宜按每级荷载对应的锚头位移列表整理，并绘制锚杆荷载-位移（Q-s）曲线。

锚杆验收应符合以下标准：①在最大试验荷载作用下，锚头位移相对稳定；②应符合基本试验的规定。

4. 蠕变试验

锚杆蠕变试验加荷等级与观测时间应满足表4－9的规定，在观测时间内荷载应保持恒定。

表4－9　　锚杆蠕变试验加荷等级与观测时间

加荷等级	$0.4N_u$	$0.6N_u$	$0.8N_u$	$1.0N_u$
观测时间（min）	10	30	60	90

每级荷载按时间间隔1min、2min、3min、4min、5min、10min、15min、20min、30min、45min、60min、75min、90min

记录蠕变量。

试验结果宜按每级荷载在观测时间内不同时段的蠕变量列表整理，并绘制蠕变量-时间对数（$s-\lg t$）曲线，蠕变系数可由下式计算：

$$K_c=\frac{s_2-s_1}{\lg(t_2/t_1)} \tag{4-52}$$

式中：s_1 为 t_1 时所测得的蠕变量；s_2 为 t_2 时所测得的蠕变量。

蠕变试验和验收标准为最后一级荷载作用下的蠕变系数小于 2.0mm。

5. 计算实例

【例 4-8】 某工程采用桩锚结构，根据计算采用一排锚杆，锚杆水平拉力设计值 T_d 为 400kN，锚杆自由段长度取为 $l_f=6$m，锚杆直径 $d=150$mm，锚杆倾角 $\theta=20°$。从锚头算起，锚杆穿过的土层的参数如下：第一层黏性土，层厚 $h_1=3$m，液性指数 $I_L=0.5$；第二层粉细砂，层厚 $h_2=5$m，中密～密实。采用二次灌浆工艺，根据表 4-6 取摩阻力值，二次注浆后摩阻力提高按 20%考虑。试计算锚杆长度。

解：

查表 4-6，确定锚杆极限摩阻力 q_{sik} 取值：黏性土，$I_L=0.5$，极限摩阻力 $q_{s1k}=53$kPa，提高系数 1.2；粉细砂，中密～密实，极限摩阻力 $q_{s2k}=63$kPa，提高系数 1.2。

要求的锚杆受力承载力设计值为

$$N_u=\frac{T_d}{\cos\theta}=\frac{400}{\cos 20°}=425.7\text{kN}$$

取 $\gamma_s=1.3$。

在黏性土中的锚杆长度为

$$h_1/\sin\theta=3/\sin 20°=8.77\text{m}$$

在黏性土中的锚固段长度为

$$l_{m1}=8.77-l_f=8.77-6=2.77\text{m}$$

在黏性土中提供的轴向设计承载力为

$$N_{u1}=\pi d q_{sk1}\times 1.2 l_{m1}/\gamma_s$$
$$=3.14\times 0.15\times 53\times 1.2\times 2.77/1.3$$
$$=63.8\text{kN}$$

在粉细砂层中需要的锚固段长度 l_{m2} 按下式计算，即

$$l_{m2}=\frac{(N_u-N_{u1})\gamma_s}{\pi\times d\times q_{sk2}\times 1.2}=\frac{(425.7-63.8)\times 1.3}{3.14\times 0.15\times 63\times 1.2}=13.21\text{m}$$

锚杆总长度为

$$l=l_f+l_{m1}+l_{m2}=6+2.77+13.21=22.0\text{m}$$

五、支撑体系计算

1. 一般规定

支撑体系结构构件内力可按以下规定计算：

（1）支撑体系（含具有一定刚度的冠梁）或其与锚杆混合的支撑体系应按支撑体系与排桩、地下连续墙的空间作用协同分析方法，计算支撑体系及排桩或地下连续墙的内力与变形。

（2）支撑体系竖向荷载设计值应包括构件自重及施工荷载，构件的弯矩、剪力可按多跨连续梁计算，计算跨度取相邻立柱中心距。

（3）当基坑形状接近矩形且基坑对边条件相近时，支点水平荷载可沿腰梁、冠梁长度方向分段简化为均布荷载，水平荷载设计值应按本节支点水平力设计值确定，对撑构件轴向力可近似取水平荷载设计值乘以支撑点中心距；腰梁内力可按多跨连续梁计算，计算跨度取相邻支撑点中心距。

2. 支撑构件的受压计算长度

支撑构件的受压计算长度可按以下方法确定：

（1）当水平平面支撑交会点设置竖向立柱时，在竖向平面内的受压计算长度取相邻两立柱的中心距，在水平平面内的受压计算长度取与该支撑相交的相邻横向水平支撑的中心距。当支撑交会点不在同一水平面时，其受压计算长度应取与该支撑相交的相邻横向水平支撑或联系构件中心距的 1.5 倍。

（2）当水平平面支撑交会点处未设置立柱时，在竖向平面内

的受压计算长度取支撑的全长。

(3) 钢支撑尚应考虑构件安装误差产生的偏心弯矩作用，偏心距可取支撑计算长度的 1/1000。

3. 立柱计算

立柱计算应符合以下规定：

(1) 立柱内力宜根据支撑条件按空间框架计算；也可按轴心受压构件计算；轴向力设计值可按下列经验公式确定：

$$N_z = N_{z1} + \sum_{i=1}^{n} 0.1N_i \qquad (4-53)$$

式中：N_{z1} 为水平支撑及柱自重产生的轴力设计值；N_i 为第 i 层交会于本立柱的最大支撑轴力设计值；n 为支撑层数。

(2) 各层水平支撑间的立柱受压计算长度可按各层水平支撑间距计算；最下层水平支撑下的立柱受压计算长度可按底层高度加 5 倍立柱直径或边长。

(3) 立柱基础应满足抗压和抗拔的要求，并应考虑基坑回弹的影响。

4. 支撑预加压力值

支撑预加压力值不宜大于支撑力设计值的 0.4～0.6 倍。

六、构造

1. 一般规定

(1) 悬臂式排桩结构桩径不宜小于 600mm，桩间距应根据排桩受力及桩间土稳定条件确定。

(2) 排桩顶部应设钢筋混凝土冠梁连接，冠梁宽度（水平方向）不宜小于桩径，冠梁高度（竖直方向）不宜小于 400mm。排桩与桩顶冠梁的混凝土强度等级宜高于 C20；当冠梁作为连系梁时可按构造配筋。

(3) 基坑开挖后，排桩的桩间土防护可采用钢丝网混凝土护面、砖砌等处理方法，当桩间渗水时，应在护面设泄水孔。当基坑面在实际地下水位以上且土质较好、暴露时间较短时，可不对桩间土进行防护处理。

(4) 悬臂式现浇钢筋混凝土地下连续墙厚度不宜小于600mm，地下连续墙顶部应设置钢筋混凝土冠梁，冠梁宽度不宜小于地下连续墙厚度，高度不宜小于400mm。

(5) 水下灌注混凝土地下连续墙混凝土强度等级宜高于C20，地下连续墙作为地下室外墙时还应满足抗渗要求。

(6) 地下连续墙的受力钢筋应采用Ⅱ级或Ⅲ级钢筋，直径不宜小于ϕ20。构造钢筋宜采用Ⅰ级钢筋，直径不宜小于ϕ16。净保护层不宜小于70mm，构造筋间距宜为200～300mm。

(7) 地下连续墙墙段之间的连接接头形式，在墙段间对整体刚度或防渗有特殊要求时，应采用刚性、半刚性连接接头。

(8) 地下连续墙与地下室结构的钢筋连接可采用在地下连续墙内预埋钢筋、接驳器和钢板等，预埋钢筋宜采用Ⅰ级钢筋，连接钢筋直径大于20mm时，宜采用接驳器连接。

2. 锚杆长度

锚杆长度设计应符合以下规定：

(1) 锚杆自由段长度不宜小于5m并应超过潜在滑裂面1.5m。

(2) 土层锚杆锚固段长度不宜小于4m。

(3) 锚杆杆体下料长度应为锚杆自由段、锚固段及外露长度之和，外露长度须满足台座、腰梁尺寸及张拉作业要求。

3. 锚杆布置

锚杆布置应符合以下规定：

(1) 锚杆上下排垂直间距不宜小于2.0m，水平间距不宜小于1.5m。

(2) 锚杆锚固体上覆土层厚度不宜小于4.0m。

(3) 锚杆倾角宜为15°～25°，且不应大于45°。

沿锚杆轴线方向每隔1.5～2.0m宜设置一个定位支架。

锚杆锚固体宜采用水泥浆或水泥砂浆，其强度等级不宜低于M10。

4. 钢筋混凝土支撑

钢筋混凝土支撑应符合以下要求：

(1) 钢筋混凝土支撑构件的混凝土强度等级不应低于C20。

(2) 钢筋混凝土支撑体系在同一平面内应整体浇注，基坑平面转角处的腰梁连接点应按刚节点设计。

5. 钢结构支撑

钢结构支撑应符合下列要求：

(1) 钢结构支撑构件的连接可采用焊接或高强螺栓连接。

(2) 腰梁连接节点宜设置在支撑点的附近，且不应超过支撑间距的1/3。

(3) 钢腰梁与排桩、地下连续墙之间宜采用不低于C20的细石混凝土填充；钢腰梁与钢支撑的连接节点应设加劲板。

支撑拆除前应在主体结构与支护结构之间设置可靠的换撑传力构件或回填夯实。

第三节　水泥土墙

一、嵌固深度计算

水泥土墙嵌固深度设计值 h_d 宜按圆弧滑动简单条分法确定，具体计算方法详见本章第二节。

当基坑底为碎石土及砂土、基坑内排水且作用有渗透水压力时，水泥土墙嵌固深度设计值除应满足上述规定外，尚应进行抗渗透稳定条件验算，具体计算方法详见本章第二节。

当按上述方法确定的嵌固深度设计值 $h_d < 0.4h$ 时，宜取 $0.4h$。

二、墙体厚度计算

水泥土墙体厚度设计值 b 宜根据抗倾覆稳定条件按下列规定计算。

(1) 当水泥土墙底部位于碎石土或砂土时［图4-22 (a)］，墙体厚度设计值宜按下式确定：

$$b \geqslant \sqrt{\frac{10 \times (1.2\gamma_0 h_a \sum E_{ai} - h_p \sum E_{pj})}{5\gamma_{cs}(h+h_d) - 2\gamma_0 \gamma_w (2h+3h_d-h_{wp}-2h_{wa})}} \tag{4-54}$$

式中：$\sum E_{ai}$为水泥土墙底以上基坑外侧水平荷载标准值合力之和；h_a 为合力$\sum E_{ai}$作用点至水泥土墙底的距离；$\sum E_{pj}$为水泥土墙底以上基坑内侧水平抗力标准值的合力之和；h_p 为合力$\sum E_p$作用点至水泥土墙底的距离；γ_{cs}为水泥土墙体平均重度；γ_w 为水的重度；h_{wa}为基坑外侧水位深度；h_{wp}为基坑内侧水位深度。

（2）当水泥土墙底部位于黏性土或粉土中时［见图4-22(*b*)］，墙体厚度设计值宜按下列经验公式确定：

$$b \geqslant \sqrt{\frac{2(1.2\gamma_0 h_a \sum E_{ai} - h_p \sum E_{pj})}{\gamma_{cs}(h+h_d)}} \tag{4-55}$$

（3）当按上述规定确定的水泥土墙厚度小于 $0.4h$ 时宜取 $0.4h$。

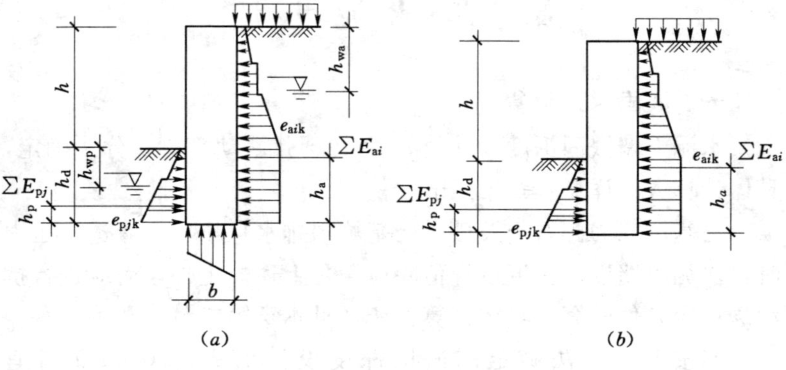

图4-22　水泥土墙宽度计算简图

(*a*) 砂土或碎石土；(*b*) 粉土或黏性土

三、正截面承载力验算

墙体厚度设计值除应符合本节介绍的墙体厚度计算的要求外，尚应按下列规定进行正截面承载力验算：

（1）压应力验算：

$$1.25\gamma_0\gamma_{cs}z+\frac{M}{W}\leqslant f_{cs} \tag{4-56}$$

式中：γ_{cs}为水泥土墙平均重度；z为由墙顶至计算截面的深度；M为单位长度水泥土墙截面弯矩设计值，可按本章第二节中的相关规定计算；W为水泥土墙截面模量；f_{cs}为水泥土开挖龄期抗压强度设计值。

（2）拉应力验算：

$$\frac{M}{W}-\gamma_{cs}z\leqslant 0.06f_{cs} \tag{4-57}$$

四、构造

水泥土墙采用格栅布置时，水泥土的置换率对于淤泥不宜小于0.8，淤泥质土不宜小于0.7，一般黏性土及砂土不宜小于0.6；格栅长宽比不宜大于2。

水泥土桩与桩之间的搭接宽度应根据挡土及截水要求确定，当考虑截水作用时，桩的有效搭接宽度不宜小于150mm；当不考虑截水作用时，搭接宽度不宜小于100mm。

当变形不能满足要求时，宜采用基坑内侧土体加固或水泥土墙插筋加混凝土面板及加大嵌固深度等措施。

五、计算实例

【例4-9】 某建筑基坑开挖深度为4.5m，安全等级为一级，现拟用悬臂式深层搅拌水泥土桩作为支护结构，其平面形式为壁状式。该工程地质条件如表4-10所示，设计时边坡上活荷载为零。桩长为7.5m，水泥土墙的容重为18kN/m³。试确定主动土压力合力和被动土压力合力及水泥土墙的最小厚度。

表4-10　工程地质条件

土层	土质	厚度（m）	γ（kN/m³）	c（kPa）	φ（°）	地下水
Ⅰ	黏土	3	17.3	9.6	9.1	无
Ⅱ	粉质黏土	9	18.9	13.2	15.1	无

解：

(1) 计算主动土压力合力。主动土压力系数为

$$K_{a1}=\tan^2\left(45°-\frac{\varphi_{1k}}{2}\right)=\tan^2\left(45°-\frac{9.1°}{2}\right)=0.73$$

$$K_{a2}=\tan^2\left(45°-\frac{\varphi_{2k}}{2}\right)=\tan^2\left(45°-\frac{15.1°}{2}\right)=0.59$$

$$\sqrt{K_{a1}}=\sqrt{0.73}=0.85$$

$$\sqrt{K_{a2}}=\sqrt{0.59}=0.77$$

计算主动土压力强度，确定主动土压力为零的点，即

$$\gamma_1 z_0 K_{a1}-2c_1\sqrt{K_{a1}}=0$$

$$z_0=\frac{2c_1\sqrt{K_{a1}}}{\gamma_1 K_{a1}}=\frac{2\times9.6\times0.85}{17.3\times0.73}=1.29$$

Ⅰ层和Ⅱ层土交界处主动土压力如下。

Ⅰ层底：

$$\begin{aligned}e_{a2}&=\gamma_1 h_1 K_{a1}-2c_1\sqrt{K_{a1}}\\&=17.3\times3.0\times0.73-2\times9.6\times0.85\\&=21.57\text{kPa}\end{aligned}$$

Ⅱ层顶：

$$\begin{aligned}e'_{a2}&=\gamma_1 h_1 K_{a2}-2c_2\sqrt{K_{a2}}\\&=17.3\times3.0\times0.59-2\times13.2\times0.77\\&=10.29\text{kPa}\end{aligned}$$

基坑底面高度处主动土压力为

$$\begin{aligned}e_{a3}&=[\gamma_1 h_1+\gamma_2(h-h_1)]K_{a2}-2c_2\sqrt{K_{a2}}\\&=[17.3\times3.0+18.9\times(4.5-3.0)]\times0.59-2\times13.2\times0.77\\&=27.02\text{kPa}\end{aligned}$$

主动土压力分布如图 4-23 所示。

上三角形：

$$E_{a1}=\frac{1}{2}\times21.57\times(h_1-z_0)$$

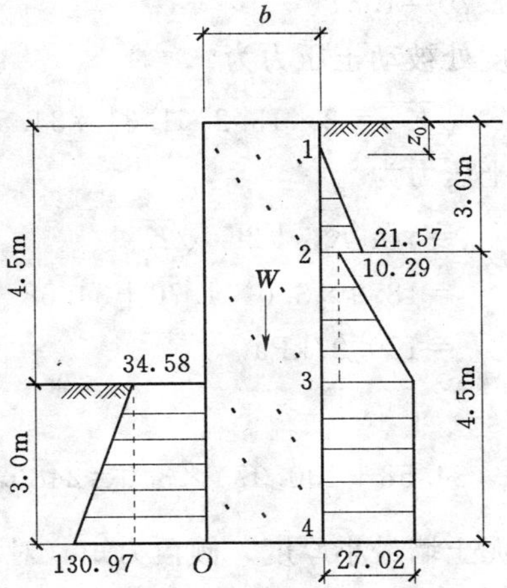

图 4-23 ［例 4-9］图

$$=\frac{1}{2}\times 21.57\times(3-1.29)$$

$$=18.44\text{kN/m}$$

中间矩形：

$$E_{a2}=10.29\times(h-h_1)$$

$$=10.29\times(4.5-3)$$

$$=15.44\text{kN/m}$$

中间三角形：

$$E_{a3}=\frac{1}{2}\times(27.02-10.29)\times 1.5=12.54\text{kN/m}$$

下矩形：

$$E_{a4}=27.02\times 3=81.06\text{kN/m}$$

所以

$$\sum E_{ai}=18.44+15.44+12.54+81.06=127.48\text{kN/m}$$

（2）计算被动土压力合力。被动土压力系数为

$$K_{p2}=\tan^2\left(45^\circ+\frac{\varphi_{2k}}{2}\right)=\tan^2\left(45^\circ+\frac{15.1^\circ}{2}\right)=1.70$$

$\sqrt{K_{p2}}=\sqrt{1.70}=1.31$

基坑底面高度处被动土压力为

$$e_{p3}=2c_2\sqrt{K_{p2}}=2\times13.2\times1.31=34.58\text{kPa}$$

墙底处被动土压力为

$$\begin{aligned}e_{p4}&=\gamma_2h_bK_{p2}+2c_2\sqrt{K_{p2}}\\&=18.9\times3.0\times1.70+34.58\\&=130.97\text{kPa}\end{aligned}$$

所以

$$\sum E_p=\frac{1}{2}(34.58+130.97)\times3.0=248.33\text{kN/m}$$

(3) 确定水泥土墙最小厚度。倾覆力矩（对墙角 O 点）为

$$\begin{aligned}M_a&=18.44\times\left(\frac{3.0-1.29}{3}+4.5\right)+15.44\times(0.75+3.0)\\&\quad+12.54\times\left(\frac{1}{3}\times1.5+3\right)+81.06\times\frac{3.0}{2}\\&=316.88\text{kN}\cdot\text{m/m}\end{aligned}$$

因为抗倾覆力矩由被动土压力和墙自重（对墙角 O 点）引起，故被动土压力为

$$\begin{aligned}M_p&=34.58\times3.0\times1.5\\&\quad+\frac{1}{2}\times(130.97-34.58)\times3\times\frac{1}{3}\times3.0\\&=300.2\text{kN}\cdot\text{m/m}\end{aligned}$$

墙自重为

$$M_{cs}=W\frac{b}{2}=\gamma_{cs}b(h+h_b)\frac{b}{2}=18\times b\times7.5\times\frac{b}{2}=67.5b^2$$

$$M_p+M_{cs}-1.2\gamma_0M_a\geqslant0$$

$$300.2+67.5b^2-1.2\times1.1\times316.88\geqslant0$$

得 $b\geqslant1.323$m，小于构造值，故取 $b=1.8$m。

【例 4-10】 某基坑属二级基坑，开挖深度为 5.5m，地面荷载 $q_0=20\text{kN/m}^2$，土的内摩擦角标准值 $\varphi_k=15°$，黏聚力 $c=8\text{kN/m}^2$，土的重度 $\gamma=18\text{kN/m}^3$，拟采用水泥土墙支护结构，

试计算水泥土墙的嵌固深度及墙体厚度。

解：

(1) 嵌固深度计算。本工程为均质黏性土且无地下水，按圆弧滑动简单条分法，查表求得土层固结快剪黏聚力系数为

$$\delta=\frac{c_k}{\gamma h}=\frac{8}{18\times5.5}=0.08$$

根据 φ、δ 查表 4-4 得 $n_0=0.69$，则嵌固深度为

$$h_0=n_0h=0.69\times5.5=3.8\text{m}$$

二级基坑重要性参数 γ_0 取 1，则嵌固深度设计值 h_d 为

$$h_d=1.1h_0=1.1\times3.8=4.18\text{m}$$

取 4.5m。

$$0.4h=0.4\times5.5=2.2\text{m}<4.5\text{m}$$

满足构造要求。

(2) 水平荷载及抗力计算（见图 4-24）。

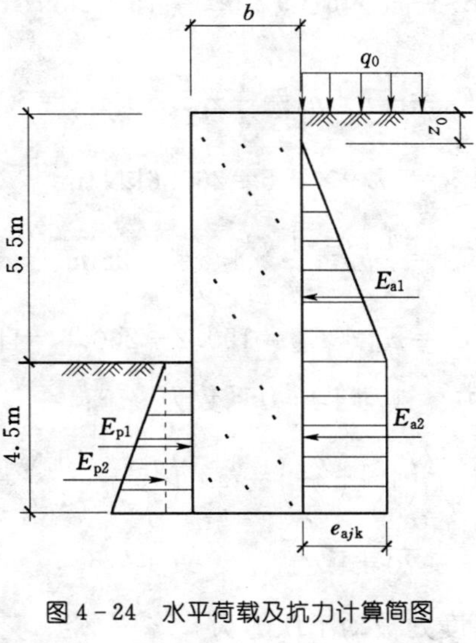

图 4-24 水平荷载及抗力计算简图

1) 水平荷载：

$$K_a=\tan^2\left(45°-\frac{\varphi_k}{2}\right)=\tan^2\left(45°-\frac{15°}{2}\right)=0.59$$

$$\sqrt{K_a}=\sqrt{0.59}=0.77$$

墙顶面：竖向应力标准值 $\sigma_{ajk}=20\text{kN/m}^2$，有

$$e_{ajk}=\sigma_{ajk}K_{ai}-2c_{ik}\sqrt{K_{ai}}=20\times0.59-2\times8\times0.77=-0.52\text{kPa}$$

基坑底面：竖向应力标准值 $\sigma_{ajk}=18\times5.5+20=119\text{kN/m}^2$，有

$$e_{ajk}=\sigma_{ajk}K_{ai}-2c_{ik}\sqrt{K_{ai}}=119\times0.59-2\times8\times0.77=57.9\text{kPa}$$

确定主动土压力为零的点，即

$$e_{ajk}=\sigma_{ajk}K_{ai}-2c_{ik}\sqrt{K_{ai}}=(20+18z_0)\times0.59-2\times8\times0.77=0$$

$$z_0=\frac{\dfrac{2\times8\times0.77}{0.59}-20}{18}=0.049\text{m}$$

因为 z_0 很小，近似取 $z_0=0$，有

$$E_{a1}=\frac{1}{2}\times57.9\times5.5=159.2\text{kN/m}$$

$$h_{a1}=\frac{1}{3}h+h_d=\frac{1}{3}\times5.5+4.5=6.33\text{m}$$

$$E_{a2}=57.9\times4.5=260.6\text{kN/m}$$

$$h_{a2}=\frac{1}{2}h_d=\frac{1}{2}\times4.5=2.25\text{m}$$

$$\sum E_a=E_{a1}+E_{a2}=159.2+260.6=419.8\text{kN/m}$$

2）水平抗力。被动土压力系数为

$$K_p=\tan^2\left(45°+\frac{\varphi_k}{2}\right)=\tan^2\left(45°+\frac{15°}{2}\right)=1.70$$

$$\sqrt{K_p}=\sqrt{1.70}=1.31$$

基坑底面高度处被动土压力为

$$e_{p1}=2c_{ik}\sqrt{K_p}=2\times8\times1.31=20.96\text{kPa}$$

墙底处被动土压力为

$$e_{p2}=\gamma hK_p+2c_{ik}\sqrt{K_p}=18\times4.5\times1.7+20.96=158.66\text{kPa}$$

所以

$$\sum E_p=20.96\times4.5+\frac{1}{2}\times(158.66-20.96)\times4.5$$

$$=94.1+309.8$$

$$=403.9\text{kN/m}$$

$$h_p=\frac{94.1\times4.5/2+309.8\times4.5/3}{403.9}=1.67\text{m}$$

(3) 墙体厚度。取墙体平均重度为 $\gamma_{cs}=19\text{kN/m}^3$，所以，有

$$b\geqslant\sqrt{\frac{2(1.2\gamma_0h_a\sum E_{ai}-h_p\sum E_{pj})}{\gamma_{cs}(h+h_d)}}$$

$$=\sqrt{\frac{2\times(1.2\times1\times3.8\times419.8-1.67\times403.9)}{19\times(5.5+4.5)}}$$

$$=3.61\text{m}$$

由于 $0.4h=0.4\times5.5=2.2\text{m}<3.61\text{m}$，故满足要求。

第四节　土　钉　墙

一、土钉抗拉承载力计算

单根土钉抗拉承载力计算应符合下式要求：

$$1.25\gamma_0T_{jk}\leqslant T_{uj} \tag{4-58}$$

式中：T_{jk}为第 j 根土钉受拉荷载标准值，可按式（4－59）确定；T_{uj}为第 j 根土钉抗拉承载力设计值，可按式（4－61）确定。

单根土钉受拉荷载标准值可按下式计算：

$$T_{jk}=\zeta e_{ajk}s_{xj}s_{zj}/\cos\alpha_j \tag{4-59}$$

式中：ζ为荷载折减系数，根据式（4－60）确定；e_{ajk}为第 j 个土钉位置处的基坑水平荷载标准值；s_{xj}、s_{zj}分别为第 j 根土钉与相邻土钉的平均水平、垂直间距；α_j 为第 j 根土钉与水平面的夹角。

荷载折减系数 ζ 可按下式计算：

$$\zeta=\tan\frac{\beta-\varphi_k}{2}\left(\frac{1}{\tan\frac{\beta+\varphi_k}{2}}-\frac{1}{\tan\beta}\right)\Big/\tan^2\left(45^\circ-\frac{\varphi_k}{2}\right) \qquad (4-60)$$

式中：β 为土钉墙坡面与水平面的夹角。

对于基坑侧壁安全等级为二级的土钉抗拉承载力设计值应按试验确定，基坑侧壁安全等级为三级时可按下式计算（见图4－25）：

$$T_{uj}=\frac{1}{\gamma_s}\pi d_{nj}\sum q_{sik}l_i \qquad (4-61)$$

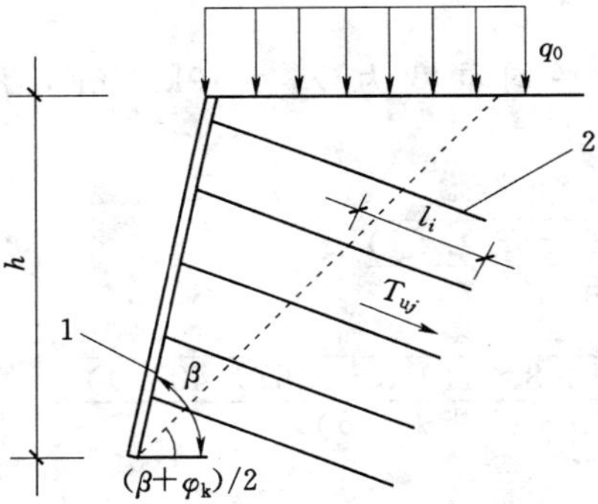

图 4－25　土钉抗拉承载力计算简图
1—喷射混凝土面层；2—土钉

式中：γ_s 为土钉抗拉抗力分项系数，取 1.3；d_{nj} 为第 j 根土钉锚固体直径；q_{sik} 为土钉穿越第 i 层土体与锚固体极限摩阻力标准值，应由现场试验确定，如无试验资料，可按表 4－11 确定；l_i 为第 j 根土钉在直线破裂面外穿越第 i 稳定土体内的长度，破裂面与水平面的夹角为 $(\beta+\varphi_k)/2$。

表 4－11　　　土钉锚固体与土体极限摩阻力标准值

土的名称	土 的 状 态	q_{sik} (kPa)
填　土		16～20
淤　泥		10～16
淤泥质土		16～20

续表

土的名称	土的状态	q_{sik} (kPa)
黏性土	$I_L>1$	18～30
	$0.75<I_L\leqslant 1$	30～40
	$0.50<I_L\leqslant 0.75$	40～53
	$0.25<I_L\leqslant 0.50$	53～65
	$0.0<I_L\leqslant 0.25$	65～73
	$I_L\leqslant 0$	73～80
粉土	$e>0.90$	22～40
	$0.75<e\leqslant 0.90$	40～60
	$e<0.75$	60～90
粉细砂	稍密	20～40
	中密	40～60
	密实	60～80
中砂	稍密	40～60
	中密	60～70
	密实	70～90
粗砂	稍密	60～90
	中密	90～120
	密实	120～150
砾砂	中密、密实	130～160

注 表中数据为低压或无压注浆值，高压注浆时可按表 4-6 取值。

二、土钉墙整体稳定性验算

土钉墙应根据施工期间不同开挖深度及基坑底面以下可能滑动面采用圆弧滑动简单条分法（见图 4-26）按下式进行整体稳定性验算：

$$\sum_{i=1}^{n} c_{ik} L_i s + s \sum_{i=1}^{n} (W_i + q_0 b_i) \cos\theta_i \tan\varphi_{ik}$$

$$+ \sum_{j=1}^{m} T_{ni} \left[\cos(\alpha_j + \theta_j) + \frac{1}{2} \sin(\alpha_j + \theta_j) \tan\varphi_{ik} \right]$$

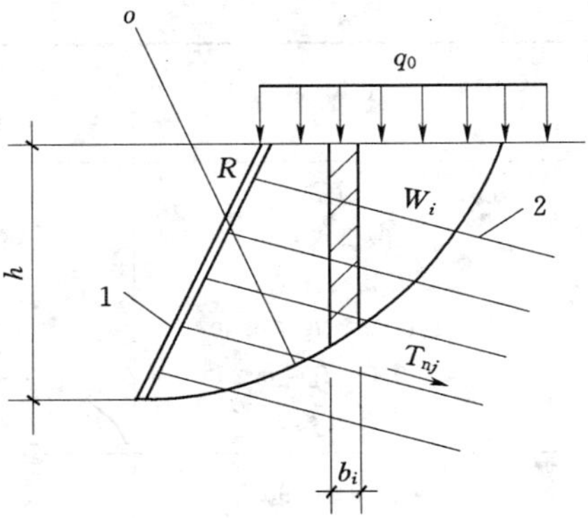

图 4-26　整体稳定性验算简图

1—喷射混凝土面层；2—土钉

$$-s\gamma_k\gamma_0\sum_{i=1}^{n}(W_i+q_0b_i)\sin\theta_i \geqslant 0 \qquad (4-62)$$

其中
$$T_{nj}=\pi d_{nj}\sum q_{sik}l_{ni} \qquad (4-63)$$

式中：n 为滑动体分条数；m 为滑动体内土钉数；γ_k 为整体滑动分项系数，可取 1.3；γ_0 为基坑侧壁重要性系数；W_i 为第 i 分条土重，滑裂面位于黏性土或粉土中时，按上覆土层的饱和土重度计算；滑裂面位于砂土或碎石类土中时，按上覆土层的浮重度计算；b_i 为第 i 分条宽度；c_{ik}为第 i 分条滑裂面处土体固结不排水（快）剪黏聚力标准值；φ_{ik}为第 i 分条滑裂面处土体固结不排水（快）剪内摩擦角标准值；θ_i 为第 i 分条滑裂面处中点切线与水平面夹角；α_j 为土钉与水平面之间的夹角；L_i 为第 i 分条滑裂面处弧长；s 为计算滑动体单元厚度；T_{nj}为第 j 根土钉在圆弧滑裂面外锚固体与土体的极限抗拉力；l_{ni}为第 j 根土钉在圆弧滑裂面外穿越第 i 层稳定土体内的长度。

三、构造

土钉墙设计及构造应符合以下规定：

(1) 土钉墙墙面坡度不宜大于 1∶0.1。

(2) 土钉必须和面层有效连接，应设置承压板或加强钢筋等构造措施，承压板或加强钢筋应与土钉螺栓连接或钢筋焊接连接。

（3）土钉的长度宜为开挖深度的 0.5～1.2 倍，间距宜为1～2m，与水平面夹角宜为 5°～20°。

（4）土钉钢筋宜采用Ⅱ、Ⅲ级钢筋，钢筋直径宜为 16～32mm，钻孔直径宜为 70～120mm。

（5）注浆材料宜采用水泥浆或水泥砂浆，其强度等级不宜低于 M10。

（6）喷射混凝土面层宜配置钢筋网，钢筋直径宜为 6～10mm，间距宜为 150～300mm；喷射混凝土强度等级不宜低于 C20，面层厚度不宜小于 80mm。

（7）坡面上下段钢筋网搭接长度应大于 300mm。

当地下水位高于基坑底面时，应采取降水或截水措施；土钉墙墙顶应采用砂浆或混凝土护面，坡顶和坡脚应设排水措施，坡面上可根据具体情况设置泄水孔。

四、计算实例

【例 4-11】 某基坑深度 $h=11$m，均质土层，土的内摩擦角标准值 $\varphi_k=25°$，采用土钉墙支护结构（见图 4-27），土钉墙坡度 $\beta=79°$，土钉墙整体稳定和局部稳定验算均满足规范要求。某排土钉距地面下深度 $h_1=3$m，土钉设计长度 $l=3$m，倾角 $\alpha=$

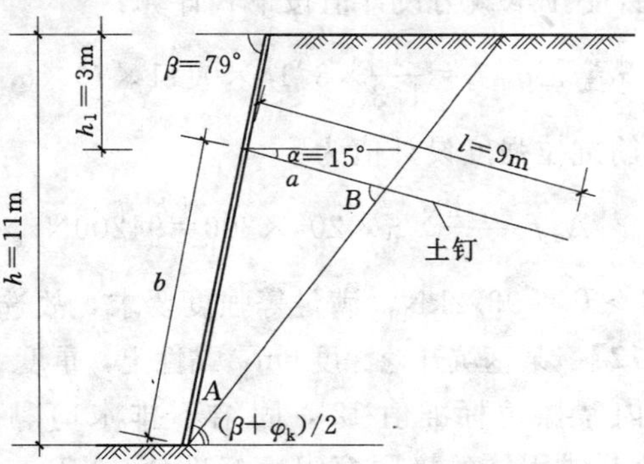

图 4-27 ［例 4-11］图

15°，土钉直径 $d=110\text{mm}$，极限摩阻力取 $q_{sk}=70\text{kPa}$，土钉水平和竖向间距均为 1.5m。经计算，该土钉处水平荷载标准值 $e_{ak}=30\text{kPa}$，荷载折减系数 $\zeta=0.741$。当土钉杆体选用 HRB335 热轧钢筋，钢筋强度设计值 $f_y=300\text{N/mm}^2$，按钢筋承载力和土钉受拉承载力等强设计，试确定此土钉宜选用的土钉杆体规格。

解：

此土钉至坡脚的距离为

$$b=\frac{h-h_1}{\cos(90°-\beta)}=\frac{11-3}{\cos(90°-79°)}=8.15\text{m}$$

由正弦定理得

$$\begin{aligned}a&=\frac{b\sin A}{\sin B}\\&=\frac{8.15\times\sin[(\beta-\varphi_k)/2]}{\sin[\alpha+(\beta+\varphi_k)/2]}\\&=\frac{8.15\times\sin[(79°-25°)/2]}{\sin[15°+(79°+25°)/2]}\\&=\frac{8.15\times0.45}{0.92}\\&=3.99\end{aligned}$$

直线滑裂面外土钉锚杆端长度为

$$l_m=l-a=9-3.99=5.01\text{m}$$

单根土钉受拉承载力设计值按下式计算：

$$T_{uj}=\frac{1}{\gamma_s}\pi d_{nj}\sum q_{sik}l_i=\frac{1}{1.3}\times3.14\times0.11\times70\times5.01=93.2\text{kN}$$

Φ20 钢筋抗拉强度设计值为

$$A_g f_y=\frac{1}{4}\times\pi\times20^2\times300=94200\text{N}$$

$94.2\text{kN}>T_u=93.2\text{kN}$，满足等强度要求，故选Φ20 钢筋。

【例 4-12】 某基坑开挖深度 6m，黏性土，重度 18kN/m^3，固结不排水剪内摩擦角标准值 12°，固结不排水剪黏聚力标准值 16kPa，土体与锚固体的极限摩阻力标准值 40kPa。土钉墙坡面与水平面夹角为 85°，地面超载 20kPa。无地下水。试设计该土钉墙。

解：

(1) 假定土钉竖向间距1.1m，水平间距1.5m。

(2) 计算土压力分布。首先按不放坡的情况计算土压力分布：

$$K_a=\tan^2\left(45°-\frac{\varphi_k}{2}\right)=\tan^2\left(45°-\frac{12°}{2}\right)=0.65$$

$$e_{ak}=(q_0+\sum\gamma_i h_i)K_{ai}-2c_{ik}\sqrt{K_{ai}}$$

由于土体具有黏聚力，所以先计算土压力0点的深度 z_0(m)。上式令 $e_{ak}=0$，得

$$z_0=\frac{\dfrac{2c_{ik}\sqrt{K_{ai}}}{K_{ai}}-q_0}{\gamma}=\frac{\dfrac{2\times16\times\sqrt{0.65}}{0.65}-20}{18}=1.094\text{m}$$

计算结果 $z_0=1.094\text{m}>0$，所以从基坑顶面到 z_0 深度范围土压力均为0。

(3) 计算各道土钉受拉荷载标准值 T_{jk} (kN)：

$$T_{jk}=\zeta e_{ajk}s_{xj}s_{zj}/\cos\alpha_j$$

本式适合于土钉竖向间距相等、第1道土钉到地面的距离与最后1道土钉到基坑底面的距离均为土钉竖向间距一半，并且土压力0点的深度 $z_0=0$ 的情况。否则应该调整计算式，应对每根土钉承受的土压力按范围求和，得到每根土钉的受拉荷载标准值 T_{jk}及土钉受拉荷载设计值 T_{uj}。本例按范围求和方法计算。本式已经考虑放坡对土压力的修正。

放坡对土压力的修正系数为

$$\zeta=\tan\frac{\beta-\varphi_k}{2}\left(\frac{1}{\tan\dfrac{\beta+\varphi_k}{2}}-\frac{1}{\tan\beta}\right)\Big/\tan^2\left(45°-\frac{\varphi_k}{2}\right)$$

$$=\tan\frac{85°-12°}{2}\left(\frac{1}{\tan\dfrac{85°+12°}{2}}-\frac{1}{\tan85°}\right)\Big/\tan^2\left(45°-\frac{12°}{2}\right)$$

$=0.8996$

$$e_{ak}=(q_0+\sum\gamma_i h_i)K_{ai}-2c_{ik}\sqrt{K_{ai}}$$

$$=(20+18h_j)\times0.65-2\times16\times\sqrt{0.65}$$

式中：h_j 为两道土钉竖向间距一半的位置到基坑顶面的距离。

第 1 道土钉承受的土压力为地面到第 1 道与第 2 道土钉间距一半的位置处之间的土压力之和。由于地面到第 l 道土钉之间有一段土压力为 0，故从土压力非 0 点（即 $z_0=1.094$m）开始计算。

第 2 道土钉承受的土压力为第 1 道与第 2 道土钉间距一半的位置处到第 2 道与第 3 道土钉间距一半的位置处之间的土压力之和。

其他依此类推。

对于最后 1 道土钉承受的压力，下面计算到基坑底面。

将土钉受拉荷载标准值 T_{jk} 计算转化成下式，即

$$T_{jk}=\zeta e_{ajk}s_{xj}s_{zj}/\cos\alpha_j$$

$$=\frac{0.5(e_{ajk1}+e_{ajk2})(h_{j2}-h_{j1})\zeta s_{xj}}{\cos\alpha_j}$$

已知 $\dfrac{\zeta s_{xj}}{\cos\alpha_j}=\dfrac{0.8996\times1.5}{\cos15°}=1.397$，具体计算如表 4 - 12 所示。

表 4 - 12　　　　土钉拉力设计值

土钉序号	h_j (m)	e_{ajk} (kPa)	$(e_{ajk1}+e_{ajk2})/2$ (kPa)	$h_{j2}-h_{j1}$ (m)	$\zeta s_{xj}/\cos\alpha_j$ (m)	T_{jk} (kN)	$1.25T_{jk}$ (kN)
	1.094	0					
1	1.65	6.678	3.339	0.556	1.397	2.59	3.24
2	2.75	19.662	19.569	1.1	1.397	20.24	25.3
3	3.85	32.645	26.154	1.1	1.397	40.19	50.2
4	4.95	45.629	39.137	1.1	1.397	60.14	75.2
5	6	58.023	51.826	1.05	1.397	76.02	95.0

（4）计算土钉受拉荷载设计值 T_j（kN）。基坑侧壁重要性系数 γ_0 取 1.0，则可由下式计算：

$$1.25\gamma_0 T_{jk} \leqslant T_{uj}$$

计算结果如表 4－12 所示。

（5）计算土钉的锚固段长度 L_m，即直线破裂面之外的长度。

由 $T_{uj}=\frac{1}{\gamma_s}\pi d_{nj}\sum q_{sik}l_i$ 得

$$l_{jm}=\frac{\gamma_s T_{uj}}{\pi d_{nj}q_{sik}}=\frac{1.3T_{uj}}{0.12\times 40\pi}$$

（6）计算土钉的自由段长度 L_j，读者可根据图形的几何关系计算（略）。

（7）计算土钉的总长度 L，土钉的总长度等于锚固段长度与自由段长度之和。

（8）受拉计算结果，受拉和上述各项的计算结果如表4－13所示。

表 4－13　　受拉计算及稳定计算结果

土钉序号	深度（m）	T_{jk}（kN）	T_j（kN）	L_m（m）	L_z（m）	L（m）	土钉长度（m）
1	1.1	2.639	3.300	0.28	3.27	3.55	11.830
2	2.2	20.238	25.297	2.18	2.54	4.72	11.716
3	3.3	40.190	50.238	4.33	1.80	6.13	11.632
4	4.4	60.143	75.178	6.48	1.07	7.55	7.549
5	5.5	76.021	95.027	8.19	0.33	8.53	8.256

（9）整体稳定计算（略）。

第五节　地下水控制

一、概述

地下水控制的设计和施工应满足支护结构设计要求，应根据场地及周边工程地质条件、水文地质条件和环境条件并结合基坑支护和基础施工方案综合分析确定。地下水控制方法可分为集水明排、降水、截水和回灌等型式单独或组合使用，可按表 4-14 选用。

表 4-14　　地下水控制方法适用条件

<table>
<tr><th colspan="2">方法名称</th><th>土　类</th><th>渗透系数
(m/d)</th><th>降水深度
(m)</th><th>水文地质特征</th></tr>
<tr><td colspan="2">集水明排</td><td rowspan="3">填土、粉土、黏性土、砂土</td><td>7<20.0</td><td><5</td><td rowspan="3">上层滞水或水量不大的潜水</td></tr>
<tr><td rowspan="3">降水</td><td>真空井点</td><td>0.1～20.0</td><td>单级<6；
多级<20</td></tr>
<tr><td>喷射井点</td><td>0.1～20.0</td><td><20</td></tr>
<tr><td>管井</td><td>粉土、砂土、碎石土、可溶岩、破碎带</td><td>0.1～200.0</td><td>>5</td><td>含水丰富的潜水、承压水、裂隙水</td></tr>
<tr><td colspan="2">截水</td><td>黏性土、粉土、砂土、碎石土、岩溶岩</td><td>不限</td><td>不限</td><td></td></tr>
<tr><td colspan="2">回灌</td><td>填土、粉土、砂土、碎石土</td><td>0.1～200.0</td><td>不限</td><td></td></tr>
</table>

当因降水而危及基坑及周边环境安全时，宜采用截水或回灌方法。截水后，基坑中的水量或水压较大时，宜采用基坑内降水。当基坑底为隔水层且层底作用有承压水时，应进行坑底突涌验算，必要时可采取水平封底隔渗或钻孔减压措施保证坑底土层稳定。

二、集水明排

1. 排水沟和集水井的布置

排水沟和集水井可按以下规定布置：

(1) 排水沟和集水井宜布置在拟建建筑基础边净距 0.4m 以外，排水沟边缘离开边坡坡脚不应小于 0.3m；在基坑四周或每隔 30～40m 应设一个集水井。

（2）排水沟底面应比挖土面低 0.3～0.4m，集水井底面应比沟底面低 0.5m 以上。

2. 沟、井截面的确定

沟、井截面根据排水量确定，排水量 V 应满足下式要求：

$$V \geqslant 1.5Q \tag{4-64}$$

式中：Q 为基坑总涌水量。

3. 基坑涌水量计算

（1）均质含水层潜水完整井基坑涌水量可按下列规定计算（见图 4－28）。

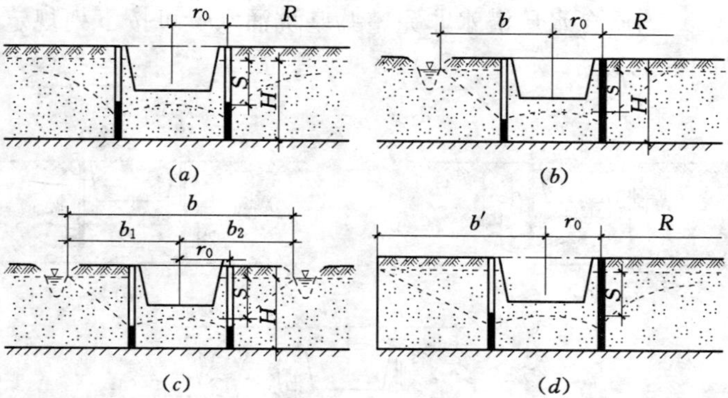

图 4－28 均质含水层潜水完整井基坑涌水量计算简图

（a）基坑远离边界；（b）岸边降水；（c）基坑位于两地表水体间；（d）基坑靠近隔水边界

当基坑远离边界时，涌水量可按下式计算：

$$Q = 1.366k\frac{(2H-S)S}{\lg\left(1+\dfrac{R}{r_0}\right)} \tag{4-65}$$

式中：Q 为基坑涌水量；k 为渗透系数；H 为潜水含水层厚度；S 为基坑水位降深；R 为降水影响半径；r_0 为基坑等效半径，按式（4－79）或式（4－80）计算。

当岸边降水时，涌水量可按下式计算：

$$Q=1.366k\frac{(2H-S)S}{\lg\frac{2b}{r_0}}\quad(b<0.5R)\tag{4-66}$$

当基坑位于两个地表水体之间或位于补给区与排泄区之间时，涌水量可按下式计算：

$$Q=1.366k\frac{(2H-S)S}{\lg\left[\frac{2(b_1+b_2)}{\pi r_0}\cos\frac{\pi(b_1-b_2)}{2(b_1+b_2)}\right]}\tag{4-67}$$

当基坑靠近隔水边界时，涌水量可按下式计算：

$$Q=1.366k\frac{(2H-S)S}{2\lg(R+r_0)-\lg r_0(2b+r_0)}\quad(b'<0.5R)\tag{4-68}$$

(2) 均质含水层潜水非完整井基坑涌水量可按下列规定计算（见图 4-29）：

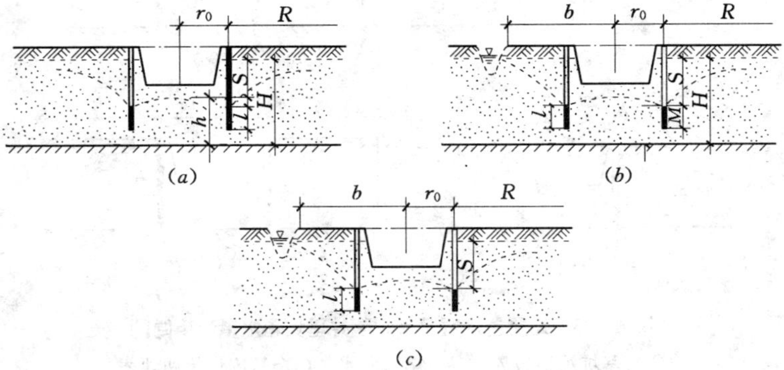

图 4-29 均质含水层潜水非完整井基坑涌水量计算简图

(a) 基坑远离边界；(b) 近河基坑含水层厚度不大；(c) 近河基坑含水层厚度很大

当基坑远离边界时，涌水量可按下式计算：

$$Q=1.366k\frac{H^2-h_m^2}{\lg\left(1+\frac{R}{r_0}\right)+\frac{h_m-l}{l}\lg\left(1+0.2\frac{h_m}{r_0}\right)}\tag{4-69}$$

其中

$$h_m=\frac{H+h}{2}\tag{4-70}$$

当近河基坑降水，含水层厚度不大时，涌水量可按下式计算：

$$Q=1.366kS\left[\frac{l+S}{\lg\frac{2b}{r_0}}+\frac{l}{\lg\frac{0.66l}{r_0}+0.25\frac{l}{M}\lg\frac{b^2}{M^2-0.14l^2}}\right]\left(b>\frac{M}{2}\right)\tag{4-71}$$

式中：M 为由含水层底板到过滤器有效工作部分中点的长度。

当近河基坑降水，含水层厚度很大时，涌水量可按下式计算：

$$Q=1.366kS\left[\frac{l+S}{\lg\frac{2b}{r_0}}+\frac{l}{\lg\frac{0.66l}{r_0}-0.22\operatorname{arsh}\frac{0.44l}{b}}\right]\quad(b>l)\tag{4-72}$$

$$Q=1.366kS\left[\frac{l+S}{\lg\frac{2b}{r_0}}+\frac{l}{\lg\frac{0.66l}{r_0}-0.11\frac{l}{b}}\right]\quad(b<l)\tag{4-73}$$

(3) 均质含水层承压水完整井基坑涌水量可按下列规定计算（见图 4-30）：

当基坑远离边界时，涌水量可按下式计算：

$$Q=2.73k\frac{MS}{\lg\left(1+\frac{R}{r_0}\right)}\tag{4-74}$$

式中：M 为承压含水层厚度。

当基坑位于河岸边时，涌水量可按下式计算：

$$Q=2.73k\frac{MS}{\lg\left(\frac{2b}{r_0}\right)}\quad(b<0.5R)\tag{4-75}$$

当基坑位于两个地表水体之间或位于补给区与排泄区之间时，涌水量可按下式计算：

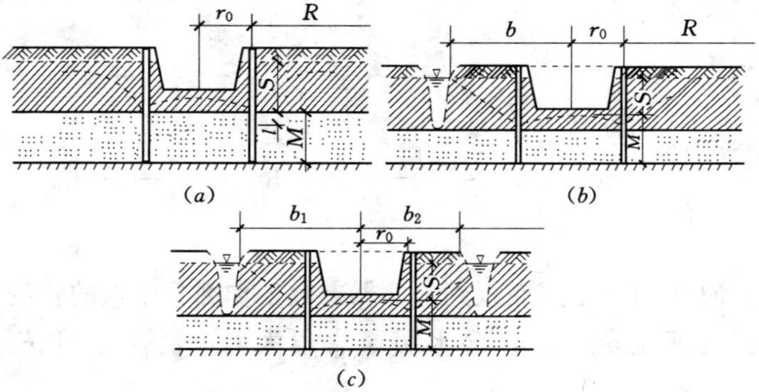

图 4-30　均质含水层承压水完整井基坑涌水量计算简图

(*a*) 基坑远离边界；(*b*) 基坑于岸边；(*c*) 基坑于两地表水体间

$$Q=2.73k\frac{MS}{\lg\left[\frac{2(b_1+b_2)}{\pi r_0}\cos\frac{\pi(b_1-b_2)}{2(b_1+b_2)}\right]}\qquad(4-76)$$

(4) 均质含水层承压水非完整井基坑涌水量可按下式计算（见图 4-31）：

$$Q=2.73k\frac{MS}{\lg\left(1+\frac{R}{r_0}\right)+\frac{M-l}{l}\lg\left(1+0.2\frac{M}{r_0}\right)}\qquad(4-77)$$

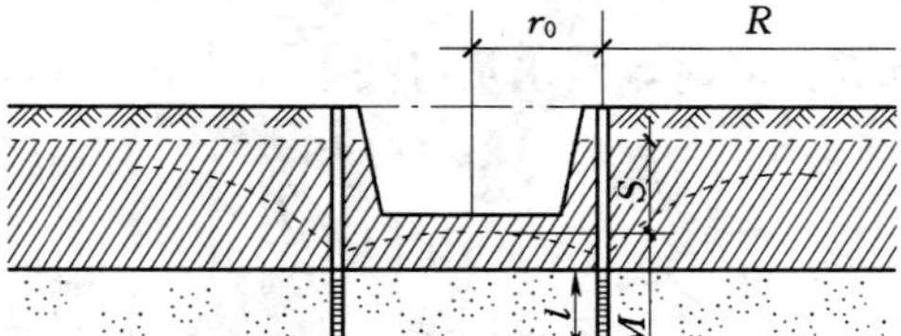

图 4-31　均质含水层承压水非完整井基坑涌水量计算简图

(5) 均质含水层承压-潜水非完整井基坑涌水量可按下式计算（见图 4-32）：

$$Q=1.366k\frac{(2H-M)M-h^2}{\lg\left(1+\frac{R}{r_0}\right)}\qquad(4-78)$$

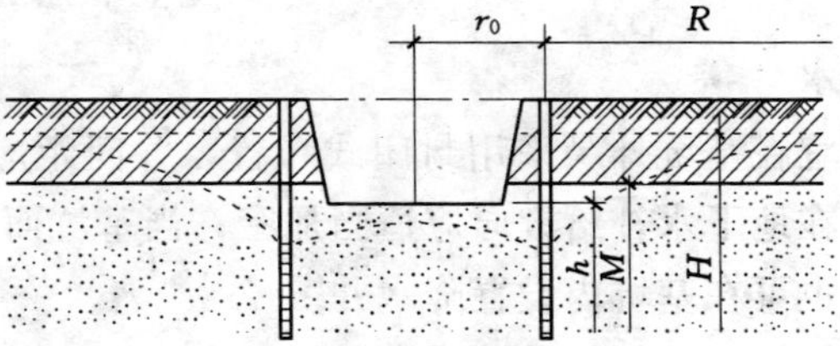

图 4-32　均质含水层承压-潜水非完整井基坑涌水量计算简图

(6) 当基坑为圆形时，基坑等效半径应取为圆半径；当基坑为非圆形时，等效半径可按下列规定计算：

矩形基坑等效半径可按下式计算：

$$r_0=0.29(a+b) \tag{4-79}$$

式中：a、b 分别为基坑的长、短边。

不规则块状基坑等效半径可按下式计算：

$$r_0=\sqrt{A/\pi} \tag{4-80}$$

式中：A 为基坑面积。

(7) 降水井影响半径宜通过试验或根据当地经验确定，当基坑侧壁安全等级为二、三级时，可按下列经验公式计算：

对于潜水含水层，有

$$R=2S\sqrt{kH} \tag{4-81}$$

式中：R 为降水井影响半径，m；k 为渗透系数，m/d；H 为含水层厚度，m。

对于承压含水层，有

$$R=10S\sqrt{k} \tag{4-82}$$

4. 抽水设备的确定

抽水设备可根据排水量大小及基坑深度确定。

当基坑侧壁出现分层渗水时，可按不同高程设置导水管、导水沟等构成明排系统；当基坑侧壁渗水量较大或不能分层明排时，宜采用导水降水方法。基坑明排尚应重视环境排水，当地表水对基坑侧壁产生冲刷时，宜在基坑外采取截水、封堵、导流等措施。

三、降水

降水井宜在基坑外缘采用封闭式布置，井间距应大于15倍井管直径，在地下水补给方向应适当加密；当基坑面积较大、开挖较深时，也可在基坑内设置降水井。

降水井的深度应根据设计降水深度、含水层的埋藏分布和降水井的出水能力确定。设计降水深度在基坑范围内不宜小于基坑底面以下0.5m。

降水井的数量n可按下式计算：

$$n=1.1\frac{Q}{q} \tag{4-83}$$

式中：Q为基坑总涌水量；q为设计单井出水量。

1. 单井出水量

设计单井出水量可按下列规定确定：

(1) 井点出水能力可按36～60m^3/d确定。

(2) 真空喷射井点出水量可按表4-15确定。

表4-15　喷射井点设计出水量

型号	外管直径(mm)	喷射管		工作水压力(MPa)	工作水流量(m^3/d)	设计单井出水流量(m^3/d)	适用含水层渗透系数(m/d)
		喷嘴直径(mm)	混合室直径(mm)				
1.5型并列式	38	7	14	0.6～0.8	112.8～163.2	100.8～138.2	0.1～5.0
2.5型圆心式	68	7	14	0.6～0.8	110.4～148.8	103.2～138.2	0.1～5.0
4.0型圆心式	100	10	20	0.6～0.8	230.4	259.2～388.8	5.0～10.0
6.0型圆心式	162	19	40	0.6～0.8	720	600～720	10.0～20.0

（3）管井的出水量 q（m^3/d）可按下列经验公式确定：

$$q=120\pi r_s l \sqrt[3]{k} \tag{4-84}$$

式中：r_s 为过滤器半径，m；l 为过滤器进水部分长度，m；k 为含水层渗透系数，m/d。

2. 过滤器长度

过滤器长度宜按下列规定确定：

（1）真空井点和喷射井点的过滤器长度不宜小于含水层厚度的 1/3。

（2）管井过滤器长度宜与含水层厚度一致。

群井抽水时，各井点单井过滤器进水部分长度，可按下式验算：

$$y_0>l \tag{4-85}$$

单井井管进水长度 y_0 可按下列规定计算：

对于潜水完整井：

$$y_0=\sqrt{H^2-\frac{0.732Q}{k}\left(\lg R_0-\frac{1}{n}\lg n r_0^{n-1} r_w\right)} \tag{4-86}$$

其中

$$R_0=r_0+R \tag{4-87}$$

式中：r_0 为圆形基坑半径，非圆形基坑可按式（4-79）或式（4-80）计算；r_w 为管井半径；H 为潜水含水层厚度；R_0 为基坑等效半径与降水井影响半径之和；R 为降水井影响半径，可按式（4-81）或式（4-82）计算。

对于承压完整井：

$$y_0=H'-\frac{0.366Q}{kM}\left(\lg R_0-\frac{1}{n}\lg n r_0^{n-1} r_w\right) \tag{4-88}$$

式中：H' 为承压水位至该承压含水层底板的距离；M 为承压含水层厚度。

当过滤器工作部分长度小于 2/3 含水层厚度时，应采用非完整井公式计算。若不满足式（4-88）条件，应调整井点数量和井点间距，再进行验算。当井距足够小仍不能满足要求时，应考虑基坑内布井。

3. 基坑中心点水位降深

基坑中心点水位降深计算可按下列方法确定：

(1) 块状基坑降水深度可按下式计算。

对于潜水完整井稳定流：

$$S=H-\sqrt{H^2-\frac{Q}{1.366k}\left[\lg R_0-\frac{1}{n}\lg(r_1r_2\cdots r_n)\right]} \quad (4-89)$$

对于承压完整井稳定流：

$$S=\frac{0.366Q}{Mk}\left[\lg R_0-\frac{1}{n}\lg(r_1r_2\cdots r_n)\right] \quad (4-90)$$

式中：S 为在基坑中心处或各井点中心处地下水位降深；r_1、r_2、…、r_n 分别为各井距基坑中心或各井中心处的距离。

(2) 对非完整井或非稳定流应根据具体情况采用相应的计算方法。

(3) 若计算出的降深不能满足降水设计要求，应重新调整井数、布井方式。

在降水漏斗范围内因降水引起的计算沉降量可按分层总和法计算。

4. 真空井点的结构及施工

真空井点的结构及施工应符合以下技术要求：

(1) 滤管直径可采用 38～110mm 的金属管，管壁上渗水孔直径为 12～18mm，呈梅花形排列，孔隙率应大于 15%；管壁外应设两层滤网，内层滤网宜采用 30～80 目的金属网或尼龙网，外层滤网宜采用 3～10 目的金属网或尼龙网；管壁与滤网间应采用金属丝绕成螺旋形隔开，滤网外应再绕一层粗金属丝。

(2) 当一级井点降水不满足降水深度要求时，亦可采用多级井点降水方法。

(3) 井点管的设置可采用射水法、钻孔法和冲孔法成孔，井孔直径不宜大于 300mm，孔深宜比滤管底深 0.5～1.0m。在井管与孔壁间及时用洁净中粗砂填灌密实均匀。投入滤料的数量应大于计算值的 85%，在地面以下 1m 范围内应用黏土封孔。

（4）井点使用前，应进行试抽水，当确认无漏水、漏气等异常现象后，应保证连续不断抽水。

（5）在抽水过程中应定时观测水量、水位和真空度，并应使真空度保持在 55kPa 以上。

5. 喷射井点的结构及施工

喷射井点的结构及施工应符合以下要求：

（1）井点的外管直径宜为 73～108mm，内管直径为 50～73mm，过滤器直径为 89～127mm，井孔直径不宜大于 600mm，孔深应比滤管底深 1m 以上。过滤器的结构与真空井点相同。喷射器混合室直径可取 14mm，喷嘴直径可取 6.5mm，工作水箱不应小于 $10m^3$。

（2）工作水泵可采用多级泵，水压宜大于 0.75MPa。

（3）井孔的施工与井管的设置方法与真空井点相同。

（4）井点使用时，水泵的起动泵压不宜大于 0.3MPa。正常工作水压力宜为 $0.25p_0$（扬水高度）；正常工作水流量宜取单井排水量。

6. 管井结构

管井结构应符合以下要求：

（1）管井井管直径应根据含水层的富水性及水泵性能选取，且井管外径不宜小于 200mm，井管内径宜大于水泵外径 50mm。

（2）沉砂管长度不宜小于 3m。

（3）钢制、铸铁和钢筋骨架过滤器的孔隙率分别不宜小于 30％、23％和 50％。

（4）井管外滤料宜选用磨圆度较好的硬质岩石，不宜采用棱角状石渣料、风化料或其他黏质岩石。滤料规格宜满足以下要求：

1）对于砂土含水层：

$$D_{50}=(6\sim8)d_{50} \tag{4-91}$$

式中：D_{50}、d_{50}分别为填料、含水层颗料分布累计曲线上重量为 50％所对应的颗粒粒径。

2）对于 $d_{20}<2mm$ 的碎石类土含水层：

$$D_{50}=(6\sim8)d_{20} \tag{4-92}$$

3）对于 $d_{20}\geqslant 2mm$ 的碎石类土含水层，可充填粒径为 10～20mm 的滤料。

4）滤料应保证不均匀系数小于 2。

7. 其他要求

抽水设备主要为深井泵或深井潜水泵，水泵的出水量应根据地下水位降深和排水量大小选用，并应大于设计值的 20%～30%。

管井成孔宜用干孔或清水钻进，若采用泥浆管井，井管下沉后必须充分洗井，保持滤网的畅通。

水泵应置于设计深度，水泵吸水口应始终保持在动水位以下。成井后应进行单井试抽检查降水效果，必要时应调整降水方案。降水过程中，应定期取样测试含砂量，保证含砂量不大于 0.5‰。

四、截水

截水帷幕的厚度应满足基坑防渗要求，截水帷幕的渗透系数宜小于 1.0×10^{-6}cm/s。落底式竖向截水帷幕应插入下卧不透水层，其插入深度可按下式计算：

$$l=0.2h_w-0.5b \tag{4-93}$$

式中：l 为帷幕插入不透水层的深度；h_w 为作用水头；b 为帷幕厚度。

当地下含水层渗透性较强、厚度较大时，可采用悬挂式竖向截水与坑内井点降水相结合或采用悬挂式竖向截水与水平封底相结合的方案。

截水帷幕施工方法，工艺和机具的选择应根据场地工程地质、水文地质及施工条件等综合确定。施工质量应满足《建筑地基处理规范》（JGJ79—2002）的有关规定。

五、回灌

回灌应符合以下要求：

(1) 回灌可采用井点、砂井和砂沟等。

(2) 回灌井与降水井的距离不宜小于6m。

(3) 回灌井的间距应根据降水井的间距和被保护物的平面位置确定。

(4) 回灌井宜进入稳定水面下1m，且位于渗透性较好的土层中，过滤器的长度应大于降水井过滤器的长度。

(5) 回灌水量可通过水位观测孔中水位变化进行控制和调节，不宜超过原水位标高。回灌水箱高度可根据灌入水量配置。

(6) 回灌砂井的灌砂量应取井孔体积的95%，填料宜采用含泥量不大于3%、不均匀系数在3～5之间的纯净中粗砂。

(7) 回灌井与降水井应协调控制。回灌水宜采用清水。

六、计算实例

【例4-13】 某基础平面尺寸为33.0m×10.0m，基坑尺寸为35.0m×12.0m，开挖深度5.50m。土层情况如下：第1层为粉质黏土，厚2.0m；第2层为粉砂，厚10.0m，渗透系数为5×10^{-6}m/s；第3层为粉质黏土。第2层粉砂为承压含水层，水头高度距地面1.50m。试计算基坑涌水量。

解：

因为水位至少需要降至基坑地面以下0.5m，所以水位降深为

$$S=5.50-1.50+0.50=4.50\text{m}$$

降水影响半径为

$$R=10S\sqrt{k}=10\times4.5\times\sqrt{5\times10^{-6}\times24\times3600}=29.6\text{m}$$

基坑等效半径为

$$r_0=0.29(a+b)=0.29\times(35+12)=13.63\text{m}$$

基坑涌水量为

$$Q=2.73k\frac{MS}{\lg\left(1+\dfrac{R}{r_0}\right)}$$

$$=2.73\times5\times10^{-6}\times24\times3600\times\frac{10\times4.5}{\lg\left(1+\frac{29.6}{13.63}\right)}$$

$$=105.9\text{m}^3/\text{d}$$

【例 4－14】 工业厂房平面为L形，尺寸如图4－33所示，该地基土层为粉质黏土。已知渗透系数 $k=1.3\text{m/d}$，影响半径 $R=13\text{m}$，含水层厚度为13.8m，其下为淤泥质粉质黏土，为不透水层。要求建筑物中心的最低水位降低值 $S=6\text{m}$，取管井井点半径 $r=0.35\text{m}$，过滤器进水部分长度1m。按完整井计算，计算建筑物范围内所规定的水位降低值时总涌水量 Q 及需设置管井井点的数量。

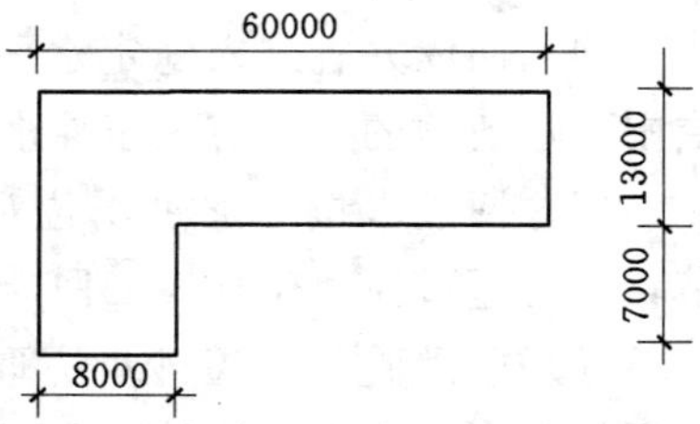

图4－33 ［例4－14］图

解：

（1）计算涌水量。根据基坑平面形状计算假想半径 r_0（对不规则块状基坑），即

$$r_0=\sqrt{\frac{A}{\pi}}=\sqrt{\frac{60\times13+7\times8}{3.14}}=17\text{m}$$

降水系统的总涌水量 Q 可采用潜水完整井计算：

$$Q=1.366k\frac{(2H-S)S}{\lg\left(1+\frac{R}{r_0}\right)}$$

$$=1.366\times1.3\times\frac{(2\times13.8-6)\times6}{\lg\left(1+\frac{13}{17}\right)}$$

$$=933\text{m}^3/\text{d}$$

（2）计算管井的数量。管井单井出水量为

$$q=120\pi r_s l\sqrt[3]{k}=120\times3.14\times0.35\times1\times\sqrt[3]{1.3}=144\text{m}^3/\text{d}$$

管井数量为

$$n=1.1\frac{Q}{q}=1.1\times\frac{933}{144}=7.13$$

取 8 口井。

【例 4-15】 有一基坑长 40m，宽 20m，设 4 口井（设在基坑四角），地下土层承压含水层厚度是 10m，地下水渗透系数 $k=1.4\text{m/d}$，基坑总涌水量 $Q=400\text{m}^3/\text{d}$，基坑的等效半径与降水影响半径之和 $R_0=15\text{m}$，试计算基坑中心点水位降深。

解：

$$S=\frac{0.366Q}{Mk}\left[\lg R_0-\frac{1}{n}\lg(r_1r_2\cdots r_n)\right]$$

$$=\frac{0.366\times400}{10\times1.4}\left[\lg15-\frac{1}{4}\lg(22.36\times22.36\times22.36\times22.36)\right]$$

$$=7.11\text{m}$$

第五章 挡 土 墙

第一节 基本规定

一、建筑边坡类型

边坡分为土质边坡和岩质边坡。岩质边坡的破坏形式应按表 5－1 划分。

表 5－1　　　　岩质边坡的破坏形式

<table>
<tr><th>破坏形式</th><th colspan="2">岩 体 特 征</th><th>破坏特征</th></tr>
<tr><td rowspan="3">滑移型</td><td rowspan="2">由外倾结构面控制的岩体</td><td>硬性结构面的岩体</td><td rowspan="2">沿外倾结构面滑移，分单面滑移与多面滑移</td></tr>
<tr><td>软弱结构面的岩体</td></tr>
<tr><td>不受外倾结构面控制和无外倾结构面的岩体</td><td>整体状岩体，巨块状、块状岩体，碎裂状、散体状岩体</td><td>沿极软岩、强风化岩、碎裂结构或散体状岩体中最不利滑动面滑移</td></tr>
<tr><td>崩塌型</td><td colspan="2">危　岩</td><td>沿陡倾、临空的结构面塌滑；由内、外倾结构不利组合面切割，块体失稳倾倒；岩腔上岩体沿竖向结构面剪切破坏坠落</td></tr>
</table>

确定岩质边坡的岩体类型应考虑主要结构面与坡向的关系、结构面倾角大小和岩体完整程度等因素，按表 5－2、表 5－3 确定。

确定岩质边坡的岩体类型时，由坚硬程度不同的岩石互层组成且每层厚度小于 5m 的岩质边坡，宜视为由相对软弱岩石组成的边坡。当边坡岩体由两层以上单层厚度大于 5m 的岩体组合时，可分段确定边坡类型。

表 5-2　　岩质边坡的岩体分类

判定条件 / 岩体类型	岩体完整程度	结构面结合程度	结构面产状	直立边坡自稳能力
Ⅰ	完整	结构面结合良好或一般	外倾结构面或外倾不同结构面的组合线倾角大于75°或小于35°	30m高边坡长期稳定，偶有掉块
Ⅱ	完整	结构面结合良好或一般	外倾结构面或外倾不同结构面的组合线倾角35°～75°	15m高边坡稳定，15～25m高边坡欠稳定
	完整	结构面结合差	外倾结构面或外倾不同结构面的组合线倾角大于75°或小于35°	
	较完整	结构面结合良好或一般或差	外倾结构面或外倾不同结构面的组合线倾角小于35°，有内倾结构面	边坡出现局部塌落
Ⅲ	完整	结构面结合差	外倾结构面或外倾不同结构面的组合线倾角35°～75°	8m高边坡稳定，15m高边坡欠稳定
	较完整	结构面结合良好或一般	外倾结构面或外倾不同结构面的组合线倾角35°～75°	
	较完整	结合面结合差	外倾结构面或外倾不同结构面的组合线倾角大于75°或小于35°	
	较完整（碎裂镶嵌）	结构面结合良好或一般	结构面无明显规律	
Ⅳ	较完整	结合面结合差或很差	外倾结构面以层面为主，倾角多为35°～75°	8m高边坡不稳定
	不完整（散体、碎裂）	碎块间结合很差		

注 1. 边坡岩体分类中未含由外倾软弱结构面控制的边坡和倾倒崩塌型破坏的边坡。

2. Ⅰ类岩体为软岩、较软岩时，应降为Ⅱ类岩体。

3. 当地下水发育时，Ⅱ、Ⅲ类岩体可根据具体情况降低一档。

4. 强风化岩和极软岩可划为Ⅳ类岩体。

5. 表中外倾结构面系指倾向与坡向的夹角小于30°的结构面。

6. 岩体完整程度按表5-3确定。

表 5－3　　岩体完整程度划分

岩体完整程度	结构面发育程度		结构类型	完整性系数 K_V	岩体体积结构面数
	组数	平均间距（m）			
完整	1～2	＞1.0	整体状	＞0.75	＜3
较完整	2～3	1.0～0.3	厚层状结构、块状结构、层状结构和镶嵌碎裂结构	0.75～0.35	3～20
不完整	＞3	＜0.3	裂隙块状结构、碎裂结构、散体结构	＜0.35	＞20

注　1. 完整性系数 $K_V=(V_R/V_P)^2$，V_R 为弹性纵波在岩体中的传播速度，V_P 为弹性纵波在岩块中的传播速度。

2. 结构类型的划分应符合现行《岩土工程勘察规范》（GB50021—2001）表 A.0.4 的规定；镶嵌碎裂结构为碎裂结构中碎块较大且相互咬合、稳定性相对较好的一种类型。

3. 岩体体积结构面数系指单位体积内的结构面数目，条/m^3。

二、边坡工程安全等级

边坡工程应按其损坏后可能造成的破坏后果（危及人的生命、造成经济损失、产生社会不良影响）的严重性、边坡类型和边坡高度等因素，根据表 5－4 确定安全等级。

表 5－4　　边坡工程安全等级

边坡类型		边坡高度 H(m)	破坏后果	安全等级
岩质边坡	岩体类型为Ⅰ或Ⅱ类	$H\leqslant30$	很严重	一级
			严　重	二级
			不严重	三级
	岩体类型为Ⅲ或Ⅳ类	$15<H\leqslant30$	很严重	一级
			严　重	二级
		$H\leqslant15$	很严重	一级
			严　重	二级
			不严重	三级

续表

边坡类型	边坡高度 H(m)	破坏后果	安全等级
土质边坡	$10<H\leqslant15$	很严重	一级
		严　重	二级
	$H\leqslant10$	很严重	一级
		严　重	二级
		不严重	三级

注 1. 一个边坡工程的各段，可根据实际情况采用不同的安全等级。
2. 对危害性极严重、环境和地质条件复杂的特殊边坡工程，其安全等级应根据工程情况适当提高。

后果很严重、严重的下列建筑边坡工程，其安全等级应定为一级：

(1) 由外倾软弱结构面控制的边坡工程。

(2) 危岩、滑坡地段的边坡工程。

(3) 边坡塌滑区内或边坡塌方影响区内有重要建（构）筑物的边坡工程。

破坏后果不严重的上述边坡工程的安全等级可定为二级。

边坡塌滑区范围可按下式估算：

$$L=\frac{H}{\tan\theta} \tag{5-1}$$

式中：L 为边坡坡顶塌滑区边缘至坡底边缘的水平投影距离，m；H 为边坡高度，m；θ 为边坡的破裂角，(°)，对于土质边坡可取 $45^\circ+\varphi_k/2$；φ_k 为土体的内摩擦角，对于岩质边坡可按本章第二节中“三、侧向岩石压力”中的要求确定。

三、设计原则

边坡工程可分为两类极限状态：一类为承载能力极限状态，对应于支护结构达到承载力破坏、锚固系统失效或坡体失稳；另一类为正常使用极限状态，对应于支护结构和边坡的变形达到结构本身或邻近建（构）筑物的正常使用限值或影响耐久性能。

1. 荷载效应最不利组合

边坡工程设计采用的荷载效应最不利组合应符合以下规定：

（1）按地基承载力确定支护结构立柱（肋柱或桩）和挡土墙的基础底面积及其埋置深度时，荷载效应组合应采用正常使用极限状态的标准组合，相应的抗力应采用地基承载力特征值。

（2）边坡与支护结构的稳定性和锚杆锚固体与地层的锚固长度计算时，荷载效应组合应采用承载能力极限状态的基本组合，但其荷载分项系数均取1.0，组合值系数按现行国家标准的规定采用。

（3）在确定锚杆、支护结构立柱、挡板、挡土墙截面尺寸、内力及配筋时，荷载效应组合应采用承载能力极限状态的基本组合，并采用现行国家标准规定的荷载分项系数和组合值系数；支护结构的重要性系数 γ_0 按有关规范的规定采用，对安全等级为一级的边坡取1.1，二、三级边坡取1.0。

（4）计算锚杆变形和支护结构水平位移与垂直位移时，荷载效应组合应采用正常使用极限状态的准永久组合，不计入风荷载和地震作用。

（5）在支护结构抗裂计算时，荷载效应组合应采用正常使用极限状态的标准组合，并考虑长期作用影响。

（6）抗震设计的荷载组合和临时性边坡的荷载组合应按现行有关标准执行。

永久性边坡的设计使用年限应不低于受其影响相邻建筑的使用年限。

2. 地震作用

边坡工程应按以下原则考虑地震作用的影响：

（1）边坡工程的抗震设防烈度可采用地震基本烈度，且不应低于边坡破坏影响区内建筑物的设防烈度。

（2）对抗震设防的边坡工程，其地震效应计算应按现行有关标准执行；岩石基坑工程可不作抗震计算。

（3）对支护结构和锚杆外锚头等，应采取相应的抗震构造措施。

3. 边坡工程的设计

边坡工程的设计应包括支护结构的选型、计算和构造，并对施工、监测及质量验收提出要求。边坡支护结构设计时应进行以下计算和验算：

（1）支护结构的强度计算。立柱、面板、挡土墙及其基础的抗压、抗弯、抗剪及局部抗压承载力以及锚杆杆体的抗拉承载力等均应满足现行相应标准的要求。

（2）锚杆锚固体的抗拔承载力和立柱与挡土墙基础的地基承载力计算。

（3）支护结构整体或局部稳定性验算。

（4）对变形有较高要求的边坡工程可结合当地经验进行变形验算，同时应采取有效的综合措施保证边坡和邻近建（构）筑物的变形满足要求。

（5）地下水控制计算和验算。

（6）对施工期可能出现的不利工况进行验算。

四、一般规定

（1）边坡工程设计时应取得以下资料：

1）工程用地红线图、建筑平面布置总图以及相邻建筑物的平、立、剖面和基础图等。

2）场地和边坡的工程地质和水文地质勘察资料。

3）边坡环境资料。

4）施工技术、设备性能、施工经验和施工条件等资料。

5）条件类同边坡工程的经验。

（2）一级边坡工程应采用动态设计法。应提出对施工方案的特殊要求和监测要求，掌握施工现场的地质状况、施工情况和变形、应力监测的反馈信息，必要时对原设计作校核、修改和补充。

（3）二级边坡工程宜采用动态设计法。

（4）边坡支护结构型式可根据场地地质和环境条件、边坡高度以及边坡工程安全等级等因素，参照表 5-5 选定。

（5）规模大、破坏后果很严重、难以处理的滑坡、危岩、泥石流及断层破碎带地区，不应修筑建筑边坡。

（6）山区地区工程建设时宜根据地质、地形条件及工程要求，

表 5-5　　边坡支护结构常用型式

条件 结构类型	边坡环境	边坡高度 H(m)	边坡工程安全等级	说　明
重力式挡土墙	场地允许，坡顶无重要建（构）筑物	土坡，$H \leqslant 8$；岩坡，$H \leqslant 10$	一、二、三级	土方开挖后边坡稳定较差时不应采用
扶壁式挡土墙	填方区	土坡，$H \leqslant 10$	一、二、三级	土质边坡
悬臂式支护		土坡，$H \leqslant 8$；岩坡，$H \leqslant 10$	一、二、三级	土层较差或对挡土墙变形要求较高时，不宜采用
板肋式或格构式锚杆挡土墙支护		土坡，$H \leqslant 15$；岩坡，$H \leqslant 30$	一、二、三级	边坡高度较大或稳定性较差时宜采用逆做法施工。对挡土墙变形有较高要求的土质边坡，宜采用预应力锚杆
排桩式锚杆挡土墙支护	坡顶建（构）筑物需要保护，场地狭窄	土坡，$H \leqslant 15$；岩坡，$H \leqslant 30$	一、二级	严格按逆做法施工。对挡土墙变形有较高要求的土质边坡，应采用预应力锚杆
岩石锚喷支护		Ⅰ类岩坡，$H \leqslant 30$	一、二、三级	
		Ⅱ类岩坡，$H \leqslant 30$	二、三级	
		Ⅲ类岩坡，$H < 15$	二、三级	
坡率法	坡顶无重要建（构）筑物，场地有放坡条件	土坡，$H \leqslant 10$；岩坡，$H \leqslant 25$	二、三级	不良地质段，地下水发育区、流塑状土时不应采用

因地制宜设置边坡，避免形成深挖高填的边坡工程。对稳定性较差且边坡高度较大的边坡宜采用后仰放坡或分阶放坡。分阶放坡时，水平台阶应有足够宽度，否则应考虑上阶边坡对下阶边坡的荷载影响。

(7) 当边坡坡体内洞室密集而对边坡产生不利影响时，应根据洞室大小、深度及与边坡的关系等因素采取相应的加强措施。

(8) 边坡工程的平面布置和立面设计应考虑对周边环境的影响，做到美化环境，体现生态保护要求。边坡坡面和坡脚应采取有效的保护措施，坡顶应设护栏。

(9) 以下边坡工程的设计及施工应进行专门论证：

1) 超过本节所列适用范围的建筑边坡工程。

2) 地质和环境条件很复杂、稳定性极差的边坡工程。

3) 边坡邻近有重要建（构）筑物、地质条件复杂、破坏后果很严重的边坡工程。

4) 已发生过严重事故的边坡工程。

5) 采用新结构、新技术的一、二级边坡工程。

(10) 在边坡的施工期和使用期，应控制不利于边坡稳定的因素产生和发展。不应随意开挖坡脚，防止坡顶超载。应避免地表水及地下水大量渗入坡体，并应对有利于边坡稳定的相关环境进行有效保护。

五、排水措施

边坡工程应根据实际情况设置地表及内部排水系统。为减少地表水渗入边坡坡体内，应在边坡潜在塌滑区后缘设置截水沟。边坡表面应设地表排水系统，其设计应考虑汇水面积、排水路径、沟渠排水能力等因素。不宜在边坡上或边坡顶部设置沉淀池等可能造成渗水的设施，必须设置时应作好防渗处理。

地下排水措施宜根据边坡水文地质和工程地质条件选择，可选用大口径管井、水平排水管或排水截槽等。当排水管在地下水位以上时，应采取措施防止渗漏。

边坡工程应设泄水孔。对岩质边坡，其泄水孔宜优先设置于裂隙发育、渗水严重的部位。边坡坡脚、分级平台和支护结构前应设排水沟。当潜在破裂面渗水严重时，泄水孔宜深入至潜在滑裂面内。

泄水孔边长或直径不宜小于 100mm，外倾坡度不宜小于 5%；间距宜为 2～3m，并宜按梅花形布置。最下一排泄水孔应高于地面或排水沟底面不小于 200mm。在地下水较多或有大股水流处，泄水孔应加密。

在泄水孔进水侧应设置反滤层或反滤包。反滤层厚度不应小于 500mm，反滤包尺寸不应小于 500mm×500mm×500mm；反滤层顶部和底部应设厚度不小于 300mm 的黏土隔水层。

六、坡顶有重要建（构）筑物的边坡工程设计

（1）坡顶有重要建(构)筑物的边坡工程设计应符合以下规定：

1）应根据基础方案、构造做法和基础到边坡的距离等因素，考虑建筑物基础与边坡支护结构的相互作用。

2）当坡顶建筑物基础位于边坡潜在塌滑区时，应考虑建筑物基础传递的垂直荷载、水平荷载和弯矩对边坡支护结构强度和变形的影响。

3）基础邻近边坡边缘时，应考虑边坡对地基承载力和基础变形的影响，并对建筑物基础稳定性进行验算。

4）应考虑建筑基础和施工过程引起地下水变化造成的影响。

（2）在已有重要建（构）筑物邻近新建永久性挖方边坡工程时，应采取以下措施防止边坡工程对建筑物产生不利影响：

1）不应使建（构）筑物的基础置于有临空且稳定性极差的外倾软弱结构面的岩体上和稳定性极差的土质边坡塌滑区外边缘。

2）无外倾软弱结构面的岩质边坡和土质边坡，支护结构底部外边缘到基础间应有一定的水平安全距离，其值可根据不同计算方法综合比较并结合当地工程经验确定。

3）抗震设防烈度大于 6 度时，不宜使重要建（构）筑物基础位于高陡的边坡塌滑区边缘。当边坡坡顶塌滑区有荷载较大的高层建筑物时，边坡工程安全等级应适当提高。

（3）在已建边坡坡顶附近新建重要建（构）筑物时，边坡支护结构和建筑物基础设计应符合以下规定：

1）新建建筑物的基础设计应满足上述（2）的规定。

2）应避免新建高、重建（构）筑物产生的垂直荷载直接作用在边坡潜在塌滑体上；应采取桩基础、加深基础、增设地下室

或降低边坡高度等措施，将建筑物的荷载传至边坡潜在破裂面以下足够深度的稳定岩土层内。

3）当新建建筑物的部分荷载作用于现有的边坡支护结构上而使后者的安全度和耐久性不满足要求时，尚应对现有支护结构进行加固处理，保证建筑物正常使用。

（4）坡顶有建（构）筑物时，应按本章第二节中的有关规定确定支护结构侧向岩土压力。

（5）在已建挡土墙坡脚新建建（构）筑物时，其基础和地下室等宜与边坡有一定的距离，避免对边坡稳定造成不利影响，否则应采取措施处理。

（6）位于稳定土质或强风化岩层边坡坡顶的挡土墙和建（构）筑物基础，其埋置深度和基础外边缘到坡顶边缘的水平距离应按现行有关标准的要求进行局部稳定性验算。

第二节　边坡支护结构上的侧向岩土压力

一、概述

侧向岩土压力分为静止岩土压力、主动岩土压力和被动岩土压力。当支护结构的变形不满足静止岩土压力、主动岩土压力或被动岩土压力产生条件时，应对侧向岩土压力进行修正。

侧向总岩土压力可采用总岩土压力公式直接计算或按岩土压力公式求和计算，侧向岩土压力和分布应根据支护类型确定。

二、侧向土压力

静止土压力标准值，可按下式计算：

$$e_{0ik} = (\sum_{j=1}^{i} \gamma_j h_j + q)K_{0i} \qquad (5-2)$$

式中：e_{0ik}为计算点处的静止土压力标准值，kN/m²；γ_j 为计算点以上第 j 层土的重度，kN/m³；h_j 为计算点以上第 j 层土的厚度，m；q 为地面均布荷载，kN/m²；K_{0i}为计算点处的静止土压力系数。

静止土压力系数宜由试验确定。当无试验条件时，对砂土可取 0.34～0.45，对黏性土可取 0.5～0.7。

根据平面滑裂面假定（见图 5-1），主动土压力合力标准值可按下式计算：

$$E_{ak}=\frac{1}{2}\gamma H^2 K_a \quad (5-3)$$

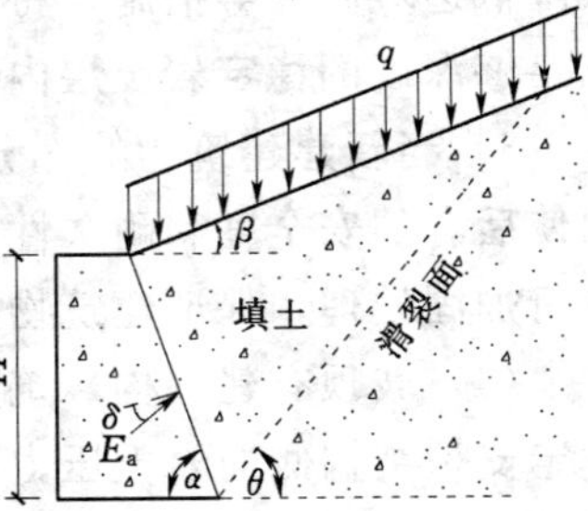

图 5-1　土压力计算

$$K_a=\frac{\sin(\alpha+\beta)}{\sin^2\alpha\sin^2(\alpha+\beta-\varphi-\delta)}\{K_q[\sin(\alpha+\beta)\sin(\alpha-\delta)+\sin(\varphi+\delta)\sin(\varphi-\beta)]$$
$$+2\eta\sin\alpha\cos\varphi\cos(\alpha+\beta-\varphi-\delta)-2\sqrt{K_q\sin(\alpha+\beta)\sin(\varphi-\beta)+\eta\sin\alpha\cos\varphi}$$
$$\times\sqrt{K_q\sin(\alpha-\delta)\sin(\varphi+\delta)+\eta\sin\alpha\cos\varphi}\} \quad (5-4)$$

其中

$$K_q=1+\frac{2q\sin\alpha\cos\beta}{\gamma H\sin(\alpha+\beta)} \quad (5-5)$$

$$\eta=\frac{2c}{\gamma H} \quad (5-6)$$

式中：E_{ak}为主动土压力合力标准值，kN/m；K_a 为主动土压力系数；H 为挡土墙高度，m；γ 为土体重度，kN/m³；c 为土的黏聚力，kPa；φ 为土的内摩擦角，(°)；q 为地表均布荷载标准值，kN/m²；δ 为土对挡土墙墙背的摩擦角，(°)，按表 5-6 取值；β 为填土表面与水平面的夹角，(°)；α 为支挡结构墙背与水平面的夹角，(°)；θ 为滑裂面与水平面的夹角，(°)。

表 5-6　土对挡土墙墙背的摩擦角 δ

挡土墙情况	摩擦角 δ
墙背平滑，排水不良	$(0\sim0.33)\varphi$
墙背粗糙，排水良好	$(0.33\sim0.50)\varphi$
墙背很粗糙，排水良好	$(0.50\sim0.67)\varphi$
墙背与填土间不可能滑动	$(0.67\sim1.00)\varphi$

当墙背直立光滑、土体表面水平时，主动土压力标准值可按

下式计算：

$$e_{aik}=(\sum_{j=1}^{i}\gamma_j h_j+q)K_{ai}-2c_i\sqrt{K_{ai}} \tag{5-7}$$

其中 $$K_{ai}=\tan^2(45°-\varphi_i/2)$$

式中：e_{aik}为计算点处的主动土压力标准值，kN/m²，当 $e_{aik}<0$ 时取 $e_{aik}=0$；K_{ai}为计算点处的主动土压力系数；c_i 为计算点处土的黏聚力，kPa；φ_i 为计算点处土的内摩擦角，(°)。

当墙背直立光滑、土体表面水平时，被动土压力标准值可按下式计算：

$$e_{pik}=(\sum_{j=1}^{i}\gamma_j h_j+q)K_{pi}-2c_i\sqrt{K_{pi}} \tag{5-8}$$

其中 $$K_{pi}=\tan^2(45°+\varphi_i/2)$$

式中：e_{pik}为计算点处的被动土压力标准值，kN/m²；K_{pi}为计算点处的被动土压力系数。

土中有地下水但未形成渗流时，作用于支护结构上的侧压力可按以下规定计算：

(1) 对砂土和粉土按水土分算原则计算。

(2) 对黏性土宜根据工程经验按水土分算或水土合算原则计算。

(3) 按水土分算原则计算时，作用在支护结构上的侧压力等于土压力和静止水压力之和，地下水位以下的土压力采用浮重度（γ'）和有效应力抗剪强度指标（c'、φ'）计算。

(4) 按水土合算原则计算时，地下水位以下的土压力采用饱和重度（γ_{sat}）和总应力抗剪强度指标（c、φ）计算。

当土中有地下水形成渗流时，作用于支护结构上的侧压力，除应按上述条件计算外，尚应计算动水压力。

当挡土墙后土体破裂面以内有较陡的稳定岩石坡面时，应视为有限范围填土情况计算主动土压力（见图 5-2）。当为有限范围填土时，主动土压力合力标准值可按下式计算：

$$E_{ak}=\frac{1}{2}\gamma H^2 K_a \tag{5-9}$$

$$K_a=\frac{\sin(\alpha+\beta)}{\sin(\alpha-\delta+\theta-\delta_R)\sin(\theta-\beta)}\times\left[\frac{\sin(\alpha+\theta)\sin(\theta-\delta_R)}{\sin^2\alpha}-\eta\frac{\cos\delta_R}{\sin\alpha}\right] \tag{5-10}$$

式中：θ 为稳定岩石坡面的倾角，(°)；δ_R 为稳定且无软弱层的岩石坡面与填土间的摩擦角，(°)，宜根据试验确定。

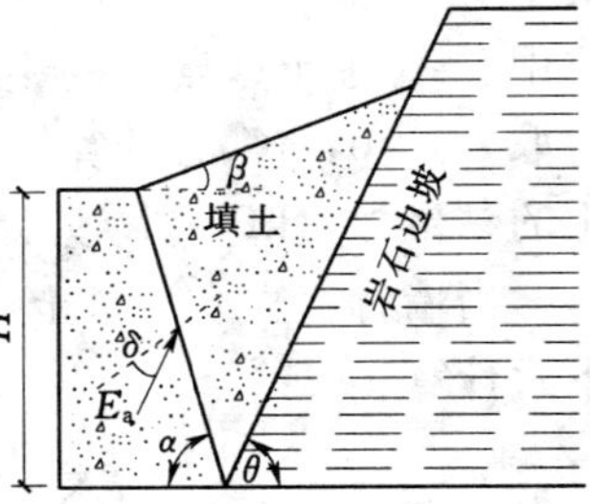

图 5-2　有限范围填土土压力计算

当无试验资料时，黏性土与粉土可取 $\delta_R=0.33\varphi$，砂性土与碎石土可取 $\delta_R=0.5\varphi$。

当坡顶作用有线性分布荷载、均布荷载和坡顶填土表面不规则时，在支护结构上产生的侧压力可按以下方法简化计算。

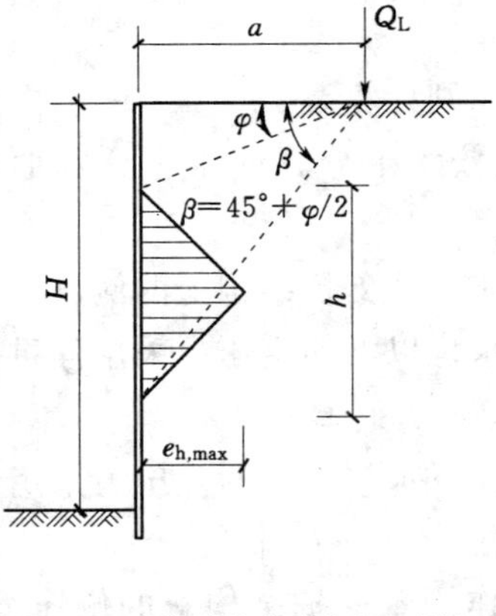

图 5-3　线荷载产生的附加侧向压力分布图

(1) 距支护结构顶端 a 处作用有线分布荷载 Q_L 时，附加侧向压力分布可简化为等腰三角形（见图 5-3）。最大附加侧向土压力标准值可按下式计算：

$$e_{h,max}=\left(\frac{2Q_L}{h}\right)\sqrt{K_a} \tag{5-11}$$

其中　$h=a(\tan\beta-\tan\varphi)$

$\beta=45°+\varphi/2$

$K_a=\tan^2(45°-\varphi/2)$

式中：$e_{h,max}$ 为最大附加侧向压力标准值，kN/m²；h 为附加侧向压力分布范围，m；Q_L 为线分布荷载标准值，kN/m；K_a 为主动土压力系数。

(2) 距支护结构顶端 a 处作用有宽度 b 的均布荷载时，附加侧向土压力标准值可按下式计算：

$$e_{hk}=K_a q_L \qquad (5-12)$$

式中：e_{hk} 为附加侧向土压力标准值，kN/m^2；K_a 为主动土压力系数；q_L 为局部均布荷载标准值，kN/m^2。

附加侧向压力分布如图 5-4 所示。

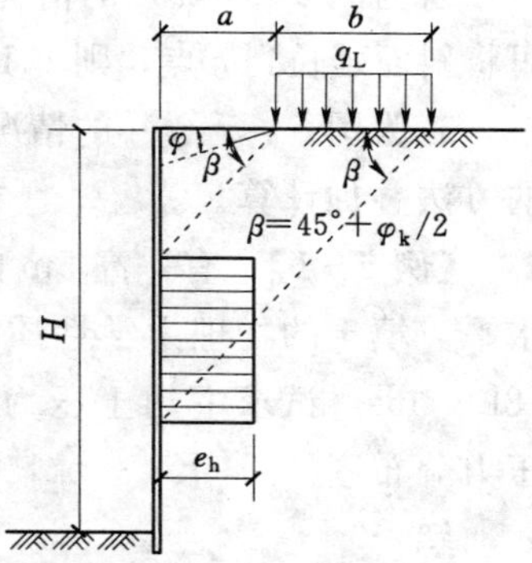

图 5-4　局部荷载产生的附加侧向压力分布图

当坡顶地面非水平时，支护结构上的主动土压力可按图 5-5 和以下规定进行计算。

若为图 5-5(a)的情况，支护结构上的主动土压力可按下式计算：

$$e_a=\gamma z\cos\beta\frac{\cos\beta-\sqrt{\cos^2\beta-\cos^2\varphi}}{\cos\beta+\sqrt{\cos^2\beta-\cos^2\varphi}} \qquad (5-13)$$

$$e_a'=K_a\gamma(z+h)-2c\sqrt{K_a} \qquad (5-14)$$

式中：β 为地表斜坡面与水平面的夹角，(°)；c 为土体的黏聚力，kPa；φ 为土体的内摩擦角，(°)；γ 为土体的重度，kN/m^3；K_a 为主动土压力系数；e_a、e_a' 分别为侧向土压力，kN/m^2；z 为计算点的深度，m；h 为地表水平面与地表斜坡和支护结构相交点的距离，m。

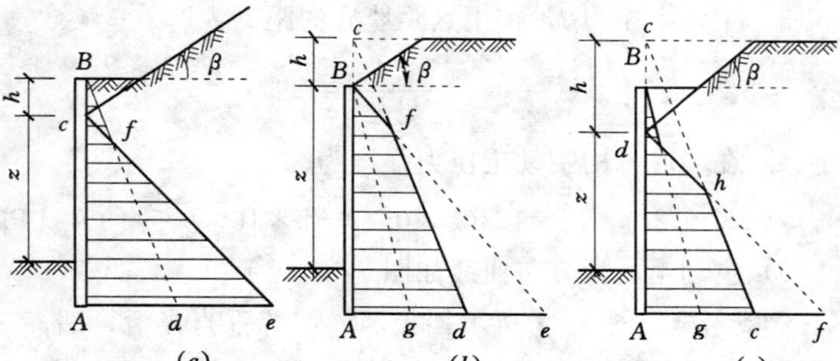

图 5-5　地面非水平时支护结构上主动土压力的近似计算

若为图 5-5（b）的情况，计算支护结构上的侧向土压力时，可将斜面延长到 c 点，则 $BAdfB$ 为主动土压力的近似分布图形。

若为图 5-5（c）的情况，可按图 5-5（a）和图 5-5（b）的方法叠加计算。

【例 5-1】 有一高 5m 的挡土墙，墙背直立光滑、填土表面水平。填土的物理力学性质指标如下：$c=10\text{kPa}$，$\varphi=20°$，$\gamma=18\text{kN/m}^3$。试求主动土压力合力及作用点位置，并绘出主动土压力分布图。

解：

（1）总主动土压力。主动土压力系数为

$$K_a=\tan^2\left(45°-\frac{\varphi_k}{2}\right)=\tan^2\left(45°-\frac{20°}{2}\right)=0.49$$

$$\sqrt{K_a}=\sqrt{0.49}=0.7$$

$$E_a=\frac{1}{2}\gamma H^2 K_a-2cH\sqrt{K_a}+\frac{2c^2}{\gamma}$$

$$=\frac{1}{2}\times18\times5^2\times0.49-2\times10\times5\times0.7+\frac{2\times10^2}{18}$$

$$=51.4\text{kN/m}$$

（2）临界深度 z_0 为

$$z_0=\frac{2c}{\gamma\sqrt{K_a}}=\frac{2\times10}{18\times0.7}=1.59\text{m}$$

（3）主动土压力 E_a 作用点距墙底的距离为

$$\frac{H-z_0}{3}=\frac{5-1.59}{3}=1.14\text{m}$$

（4）在墙底处的主动土压力强度为

$$e_a=\gamma zK_a-2c\sqrt{K_a}=18\times5\times0.49-2\times10\times0.7=30.1\text{kPa}$$

（5）主动土压力分布曲线如图 5-6 所示。

【例 5-2】 图 5-7 所示挡土墙，墙背垂直光滑，墙高 5m，墙后填土面水平，填土分两层，各层土的物理力学指标也如图 5-7 所示。试求主动土压力 E_a，绘出主动土压力分布图。

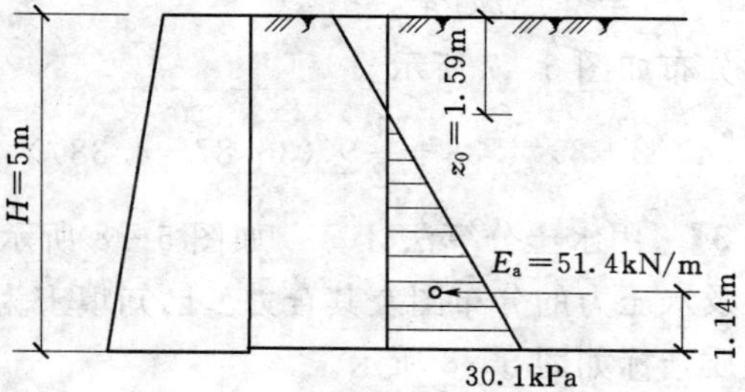

图 5-6 [例 5-1] 图

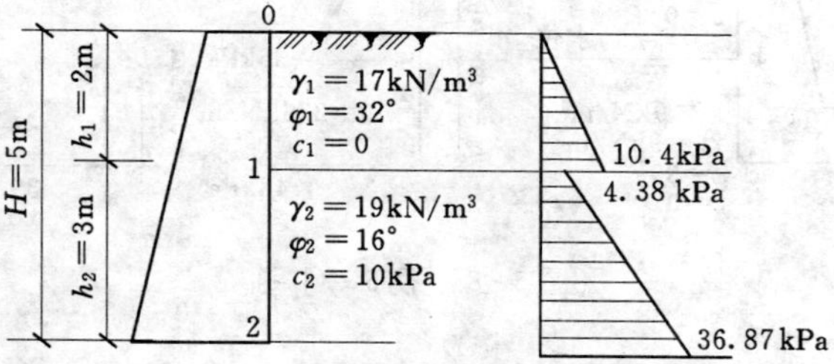

图 5-7 [例 5-2] 图

解：

$$K_{a1}=\tan^2(45°-32°/2)=0.31$$

$$\sqrt{K_{a1}}=0.55$$

1 层顶：　$e_a=0$

1 层底：　$e_a=\gamma_1 h_1 K_{a1}-2c_1\sqrt{K_{a1}}=17\times2\times0.31-0=10.4\text{kPa}$

2 层顶：　$K_{a2}=\tan^2(45°-16°/2)=0.57$

$$\sqrt{K_{a2}}=0.75$$

$$\begin{aligned}e_a&=\gamma_1 h_1 K_{a2}-2c_2\sqrt{K_{a2}}\\&=17\times2\times0.57-2\times10\times0.75\\&=4.38\text{kPa}\end{aligned}$$

2 层底：　$e_a=(\gamma_1 h_1+\gamma_2 h_2)K_{a2}-2c_2\sqrt{K_{a2}}$

$$=(17\times2+19\times3)\times0.57-2\times10\times0.75$$

$$=36.87\text{kPa}$$

土压力分布如图 5-7 所示。

$$E_a=\frac{1}{2}\times10.4\times2+3\times4.38+\frac{1}{2}\times(36.87-4.38)\times3=72.27\text{kN}$$

【例 5-3】 用水土分算法计算，如图 5-8 所示挡土墙上的主动土压力及水压力的分布图及其合力。已知填土为砂土，土的物理力学性质指标如图 5-8 所示。

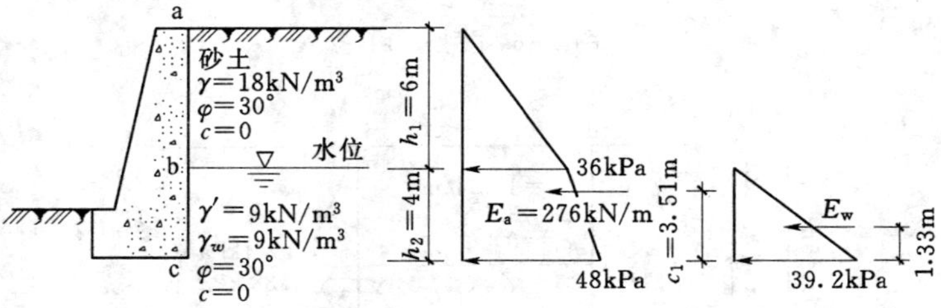

图 5-8 [例 5-3] 图

解：

$$K_a=\tan^2(45°-30°/2)=0.333$$

$$\sqrt{K_a}=0.577$$

计算墙上各点的主动土压力

a 点：$e_{a1}=0$

b 点：$e_{a2}=\gamma_1 h_1 K_a=18\times6\times0.333=36.0\text{kPa}$

由于水下土的抗剪强度指标与水上土相同，故在 b 点的主动土压力无突变现象。

c 点：
$$\begin{aligned}e_{a3}&=(\gamma_1 h_1+\gamma' h_2)K_a\\&=(18\times6+9\times4)\times0.333\\&=48.0\text{kPa}\end{aligned}$$

绘出主动土压力分布图如图 5-8 所示，并可求得其合力为

$$\begin{aligned}E_a&=\frac{1}{2}\times36\times6+36\times4+\frac{1}{2}\times(48-36)\times4\\&=108+144+24\\&=276\text{kN/m}\end{aligned}$$

合力作用点距墙脚为 c_1，即

$$c_1=\frac{1}{276}\times\left(108\times6+144\times2+24\times\frac{4}{3}\right)=3.51\text{m}$$

c 点水压力为

$$e_w=\gamma_w h_2=9.81\times4=39.2\text{kPa}$$

作用在墙上的水压力合力如图 5－8 所示，其合力为

$$E_w=\frac{1}{2}\times39.2\times4=78.4\text{kN/m}$$

E_w 作用在距墙脚 $\frac{h_2}{3}=\frac{4}{3}=1.33\text{m}$ 处。

【例 5－4】 图 5－9 所示挡土墙，墙背垂直光滑，墙高 7m，墙后填土面水平，填土分两层，第 1 层为黏土，第 2 层为砂土，地下水位在墙顶面以下 4m 处，土的性质指标如下：第 1 层黏土 $c_1=5\text{kPa}$，$\varphi_1=20°$，$\gamma_1=18\text{kN/m}^3$，厚 2m；其下为砂土，$\gamma_2=19\text{kN/m}^3$，$\gamma_{2\text{sat}}=20\text{kN/m}^3$，$\varphi_2=30°$。试求：

（1）绘出主动土压力和水压力分布图。

（2）总的侧压力（土压力和水压力之和）之大小和作用点的位置。

解：

（1）$K_a=\tan^2(45°-20°/2)=0.49$

$\sqrt{K_a}=0.70$

$$z_0=\frac{2c}{\gamma\sqrt{K_a}}=\frac{2\times5}{18\times0.7}=0.79\text{m}$$

1 层底：$e_a=\gamma zK_a-2c\sqrt{K_a}$

$=18\times2\times0.49-2\times5\times0.7$

$=10.64\text{kPa}$

2 层顶：$K_a=\tan^2(45°-30°/2)=0.333$

$\sqrt{K_a}=0.577$

$$e_a=\gamma zK_a=18\times2\times0.333=11.98\text{kPa}$$

2 层底：$e_a=\gamma zK_a=(18\times2+19\times2)\times0.333=24.64\text{kPa}$

3 层底：

土：$e_a=\gamma z K_a=(18\times2+19\times2+10\times3)\times0.333=34.63\text{kPa}$

水：$e_w=\gamma_w h=10\times3=30\text{kPa}$

土压力分布如图 5－9 所示。

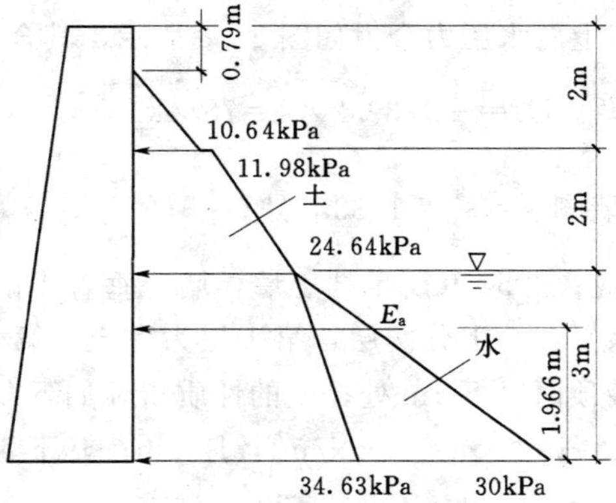

图 5－9 ［例 5－4］图

$$(2)\ E_a=\frac{1}{2}\times(2-0.79)\times10.64+2\times11.98+\frac{1}{2}\times(24.64-11.98)$$

$$\times2+3\times24.64+\frac{1}{2}\times3\times(34.63-24.64)+\frac{1}{2}\times30\times3$$

$$=6.44+23.96+12.66+73.92+15+45$$

$$=176.98\text{kN}$$

$$h=\frac{6.44\times5.4+23.96\times4+12.66\times3.67+73.92\times1.5+15\times1+45\times1}{176.98}$$

$$=1.966\text{m}$$

三、侧向岩石压力

静止岩石压力标准值可按式(5－2)计算，静止岩石压力系数 K_0 可按下式计算：

$$K_0=\frac{\nu}{1-\nu} \tag{5-15}$$

式中：ν 为岩石泊松比，宜采用实测数据或当地经验数据。

对沿外倾结构面滑动的边坡，其主动岩石压力合力标准值可按下式计算：

$$E_{ak}=\frac{1}{2}\gamma H^2 K_a \tag{5-16}$$

$$K_a=\frac{\sin(\alpha+\beta)}{\sin(\alpha-\delta+\theta-\varphi_s)\sin(\theta-\beta)}\times[K_q\sin(\alpha+\theta)\sin(\theta-\varphi_s)-\eta\sin\alpha\cos\varphi_s] \tag{5-17}$$

$$\eta=\frac{2c_s}{\gamma H} \tag{5-18}$$

式中：θ 为外倾结构面倾角，(°)；c_s 为外倾结构面黏聚力，kPa；φ_s 为外倾结构面内摩擦角，(°)；K_q 为系数，按式（5-5）计算；δ 为岩石与挡土墙背的摩擦角，(°)，取（0.33～0.5）φ；其他符号详见图 5-1。

当有多组外倾结构面时，侧向岩压力应计算每组结构面的主动岩石压力并取其大值。

对沿缓倾的外倾软弱结构面滑动的边坡（见图 5-10），主动岩石压力合力标准值可按下式计算：

$$E_{ak}=G\tan(\theta-\varphi_s)-\frac{c_s L\cos\varphi_s}{\cos(\theta-\varphi_s)} \tag{5-19}$$

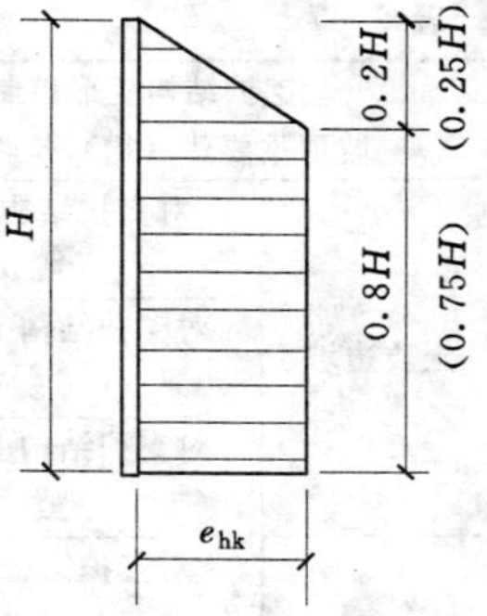

图 5-10 岩质边坡四边形滑裂时侧向压力计算

式中：G 为四边形滑裂体自重，kN/m；L 为滑裂面长度，m；θ 为缓倾的外倾软弱结构面的倾角，(°)；c_s 为外倾软弱结构面的黏聚力，kPa；φ_s 为外倾软弱结构面内摩擦角，(°)。

侧向岩石压力和破裂角计算应符合以下规定：

（1）对无外倾结构面的岩质边坡，以岩体等效内摩擦角按侧向土压力方法计算侧向岩压力；破裂角按 $45°+\varphi_k/2$ 确定，Ⅰ类岩体边坡可取 75°左右。

（2）当有外倾硬性结构面时，侧向岩压力应分别以外倾硬性结构面的参数按式（5-16）～式（5-18）方法和以岩体等效内摩擦角按侧向土压力方法计算，取两种结果的较大值；除Ⅰ类边坡岩体外，破裂角取外倾结构面倾角和 $45°+\varphi_k/2$ 两者中的较小值。

（3）当边坡沿外倾软弱结构面破坏时，侧向岩石压力按式（5－16）～式（5－18）计算，破裂角取该外倾结构面的视倾角和 $45°+\varphi_k/2$ 两者中的较小者，同时应按（1）和（2）款进行验算。

当坡顶建筑物基础下的岩质边坡存在外倾软弱结构面时，边坡侧压力应按本节“四、侧向岩土压力的修正”和上述（1）～（3）两种情况分别计算，并取其中的较大值。

四、侧向岩土压力的修正

对支护结构变形有控制要求或坡顶有重要建（构）筑物时，可按表 5－7 确定支护结构上侧向岩土压力。

表 5－7　　侧向岩土压力的修正

支护结构变形控制要求或坡顶重要建（构）筑物基础位置 a		侧向岩土压力修正方法
土质边坡	对支护结构变形控制严格；或 $a<0.5H$	E_0
	对支护结构变形控制较严格；或 $0.5H\leqslant a\leqslant 1.0H$	$E'_a=\frac{1}{2}(E_0+E_a)$
	对支护结构变形控制不严格；或 $a>1.0H$	E_a
岩质边坡	对支护结构变形控制严格；或 $a<0.5H$	$E'_0=\beta_1 E_0$ 且 $E'_0\geqslant(1.3\sim1.4)E_a$
	对支护结构变形控制不严格；或 $a\geqslant 0.5H$	E_a

注　1. E_a 为主动岩土压力；E_0 为静止岩土压力；E'_a 为修正主动土压力，E'_0 为岩质边坡修正静止岩石压力。

2. β_1 为岩质边坡静止岩石压力折减系数。

3. 当基础浅埋时，H 取边坡高度。

4. 当基础埋置深度较大，若基础周边与岩土间没有软性弹性材料隔离层或作了空位构造处理，能使基础垂直荷载传至边坡破裂面以下足够深度的稳定岩土层内，且基础水平荷载对边坡不造成较大影响，H 可从隔离下端算至坡底，否则 H 按坡高计算。

5. 基础埋置深度大于边坡高度且采取了注 4 的处理措施，基础的垂直荷载与水平荷载均不传给支护结构时，边坡支护结构侧压力可不考虑基础荷载的影响。

6. 表中 a 为坡脚到坡顶重要建（构）筑物基础外边缘的水平距离。

岩质边坡静止侧压力的折减系数 β_1，可根据边坡岩体类别按表 5－8 确定。

表 5－8　　岩质边坡静止侧压力折减系数 β_1

边坡岩体类型	Ⅰ	Ⅱ	Ⅲ	Ⅳ
静止岩石侧压力折减系数 β_1	0.30～0.45	0.40～0.55	0.50～0.65	0.65～0.85

注　当裂隙发育时取表中大值，裂隙不发育时取小值。

第三节　重力式挡土墙

一、概述

根据墙背倾斜情况，重力式挡土墙可分为俯斜式挡土墙、仰斜式挡土墙、直立式挡土墙和衡重式挡土墙以及其他形式挡土墙。采用重力式挡土墙时，土质边坡高度不宜大于 8m，岩质边坡高度不宜大于 10m。对变形有严格要求的边坡和开挖土石方危及边坡稳定的边坡，不宜采用重力式挡土墙，开挖土石方危及相邻建筑物安全的边坡，不应采用重力式挡土墙。重力式挡土墙类型应根据使用要求、地形和施工条件综合考虑确定，对岩质边坡和挖方形成的土质边坡宜采用仰斜式，高度较大的土质边坡宜采用衡重式或仰斜式。

二、计算

当重力式挡土墙墙背为平直面且坡顶地面无荷载时，侧向岩土压力可采用库仑三角形分布。重力式挡土墙设计时除应进行结构选型、计算和构造外，尚应进行抗滑移稳定性验算、抗倾覆稳定性验算。地基软弱时，还应进行地基稳定性验算。

1. 抗滑移稳定性验算

重力式挡土墙的抗滑移稳定性应按下式验算（见图 5－11）：

$$\frac{(G_n+E_{an})\mu}{E_{at}-G_t}\geqslant 1.3 \tag{5-20}$$

其中

$$G_n=G\cos\alpha_0 \tag{5-21}$$

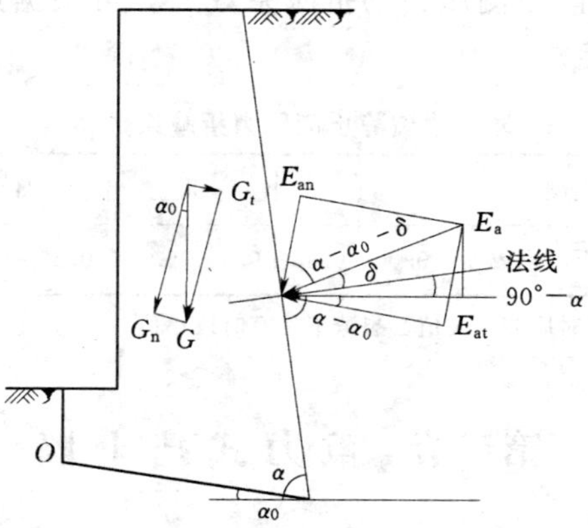

图 5-11　挡土墙的抗滑移验算

$$G_t = G\sin\alpha_0 \tag{5-22}$$

$$E_{at} = E_a\sin(\alpha-\alpha_0-\delta) \tag{5-23}$$

$$E_{an} = E_a\cos(\alpha-\alpha_0-\delta) \tag{5-24}$$

式中：G 为挡土墙每延米自重，kN/m；E_a 为每延米主动岩土压力合力，kN/m；α_0 为挡土墙基底倾角，(°)；α 为挡土墙墙背倾角，(°)；δ 为岩土对挡土墙墙背摩擦角，(°)，可按表 5-6 选用；μ 为岩土对挡土墙基底的摩擦系数，宜由试验确定，也可按表5-9选用。

表 5-9　　岩土对挡土墙基底摩擦系数 μ

岩土类别		摩擦系数 μ
黏性土	可塑	0.20～0.25
	硬塑	0.25～0.30
	坚硬	0.30～0.40
粉土		0.25～0.35
中砂、粗砂、砾砂		0.35～0.45
碎石土		0.40～0.50
极软岩、软岩、较软岩		0.40～0.60
表面粗糙的坚硬岩、较硬岩		0.65～0.75

2. 抗倾覆稳定性验算

重力式挡土墙的抗倾覆稳定性应按下式验算（见图 5－12）：

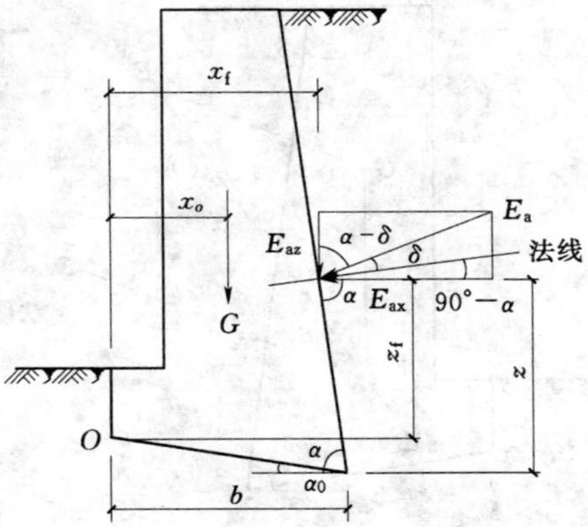

图 5－12　挡土墙的抗倾覆验算

$$\frac{Gx_0+E_{az}x_f}{E_{ax}z_f}\geqslant 1.6 \qquad (5-25)$$

其中

$$E_{ax}=E_a\sin(\alpha-\delta) \qquad (5-26)$$

$$E_{az}=E_a\cos(\alpha-\delta) \qquad (5-27)$$

$$x_f=b-z\cot\alpha \qquad (5-28)$$

$$z_f=z-b\tan\alpha_0 \qquad (5-29)$$

式中：z 为岩土压力作用点至墙踵的高度，m；x_0 为挡土墙重心至墙趾的水平距离，m；b 为基底的水平投影宽度，m。

3. 地基稳定性验算

重力式挡土墙的土质地基稳定性可采用圆弧滑动法验算，岩质地基稳定性可采用平面滑动法验算。重力式挡土墙的地基承载力计算与一般偏心受压基础验算方法相同，先求出作用在基底上的合力及其作用点位置。挡土墙重力 G 与土压力 E_a 的合力 E 可用平行四边形法则求得。如图 5－13 所示，将合力 E 作用线延长与基底相交于点 m，在 m 点处将合力 E 再分解为两个分力 E_n 及 E_t，其中 E_n 为垂直于基底的分力（即为作用在基底上的垂直合

力 N），对基底形心的偏心距为 e，可根据偏心受压计算公式计算基底压力并进行验算（见图 5－14）。

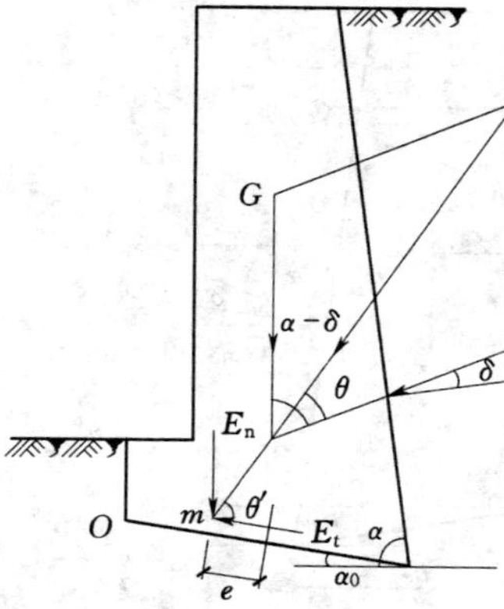

图 5－13　基底压力计算

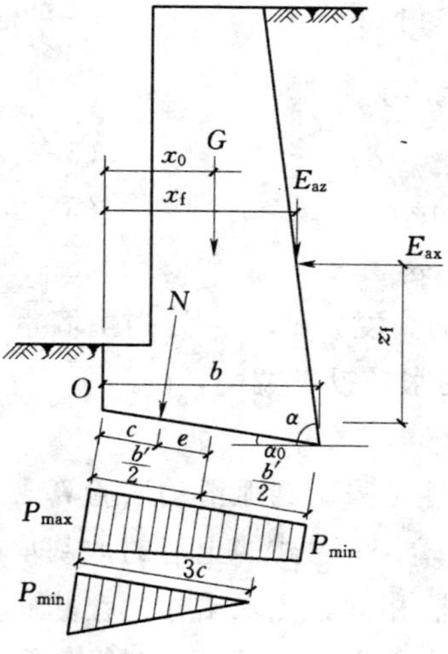

图 5－14　地基承载力验算

$$E=\sqrt{G^2+E_a{}^2+2GE_a\cos(\alpha-\delta)} \tag{5-30}$$

$$\tan\theta=\frac{G\sin(\alpha-\delta)}{E_a+G\cos(\alpha-\delta)} \tag{5-31}$$

垂直于基底的分力 E_n 为

$$E_n=E\cos(\alpha-\alpha_0-\theta+\delta) \tag{5-32}$$

如图 5－14 所示，可按下述方法求出基底合力 N 的偏心距 e：先将主动土压力分解为垂直分力 E_{az} 与水平分力 E_{ax}，然后将各力 G、E_{az}、E_{ax} 及 N 对墙趾 O 点取矩，根据合力矩等于各分力矩之和的原理，便可求得合力 N 作用点对 O 点的距离 c 及对基底形心的偏心距 e。

$$c=\frac{Gx_0+E_{az}x_f-E_{ax}z_f}{N} \tag{5-33}$$

$$e=\frac{b'}{2}-c \tag{5-34}$$

$$b'=\frac{b}{\cos\alpha_0} \tag{5-35}$$

式中：b'为基底斜向宽度。

验算挡土墙的地基承载力按下列公式进行。

当偏心距 $e\leqslant b'/6$ 时，基底压力呈梯形或三角形分布（见图 5－14）。

$$p_{max}=\frac{N}{b'}\left(1+\frac{6e}{b'}\right)\leqslant 1.2f_a \tag{5-36}$$

当偏心距 $e>b'/6$ 时，基底压力呈三角形分布（见图 5－14）。

$$p_{max}=\frac{2N}{3c}\leqslant 1.2f_a \tag{5-37}$$

式中：f_a 为修正后的地基承载力特征值，当基底倾斜时，应乘以 0.8 的折减系数。

若挡土墙墙背垂直、基底水平时，则 $\alpha=90°$，$\alpha_0=0$，$b'=b$，用它们代入上述各式计算，此时 N 垂直基底水平宽度 b，c 及 e 均为水平距离。

当基底压力超过地基土的承载力特征值时，可增大底面宽度。

4. 重力式挡土墙的墙身强度计算

重力式挡土墙一般用毛石砌筑，需验算任意墙身截面处的法向应力和剪切应力，这些应力应小于墙身材料极限承载力。对于截面转折或急剧变化的地方，应分别进行验算。也就是说，墙身强度验算取墙身薄弱截面进行，如图 5－15 所示取截面Ⅰ—Ⅰ，首先计算墙高为 h'时的土压力 $E_a{}'$及墙身 G'，用前面的方法求出合力 N 及其作用点，然后按砌体受压公式进行验算。

（1）抗压验算：

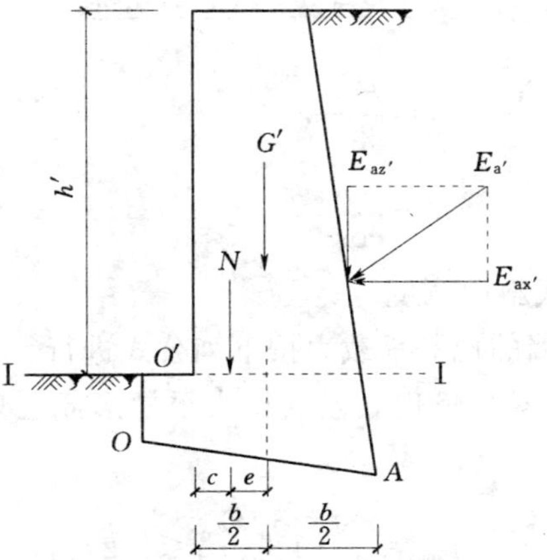

图 5-15　墙身强度验算

$$N \leqslant \gamma_a \varphi A f \tag{5-38}$$

式中：N 为由设计荷载产生的纵向力；γ_a 为结构构件的设计抗力调整系数，取 $\gamma_a = 1.0$；φ 为纵向力影响系数，根据砂浆强度等级 β、e/h 查表求得；β 为高厚比，$\beta = H_0/h$，在求纵向力影响系数时先对 β 值乘以砌体系数，对粗料石和毛石砌体为 1.5；H_0 为计算墙高，取 $2h'$（h'为墙高）；h 为墙的平均厚度；e 为纵向力的计算偏心距，$e = e_k + e_a$；e_k 为标准荷载产生的偏心距；e_a 为附加的偏心距，$e_a = h'/300 \leqslant 20\text{mm}$；$A$ 为计算截面面积，取 1m 长度；f 为砌体抗压设计强度。

（2）抗剪验算：

$$Q \leqslant \gamma_a (f_v + 0.18\sigma_u) A \tag{5-39}$$

式中：Q 为由设计荷载产生的水平荷载；f_v 为砌体设计抗剪强度；σ_u 为恒载标准值产生的平均压应力。

三、构造

（1）重力式挡土墙材料可使用浆砌块石、条石或素混凝土。块石、条石的强度等级应不低于 MU30，混凝土的强度等级应不低于 C15。

(2) 重力式挡土墙基底可做成逆坡。对土质地基，基底逆坡坡度不宜大于 0.1：1.0；对岩质地基，基底逆坡坡度不宜大于 0.2：1.0。

(3) 块石、条石挡土墙墙顶宽度不宜小于 400mm，素混凝土挡土墙墙顶宽度不宜小于 300mm。

(4) 重力式挡土墙的基础埋置深度，应根据地基稳定性、地基承载力、冻结深度、水流冲刷情况和岩石风化程度等因素确定。在土质地基中，基础最小埋置深度不宜小于 0.5～0.8m（挡土墙较高时取大值，反之取小值）；在岩质地基中，基础埋置深度不宜小于 0.3m。基础埋置深度应从坡脚排水沟底起算。

(5) 重力式挡土墙的伸缩缝间距，对条石、块石挡土墙应采用 20～25m，对素混凝土挡土墙应采用 10～15m。在地基性状和挡土墙高度变化处应设沉降缝，缝宽应采用 20～30mm，缝中应填塞沥青麻筋或其他有弹性的防水材料，填塞深度不应小于 150mm。在挡土墙拐角处，应适当加强构造措施。

(6) 挡土墙后面的填土，应优先选择透水性较强的填料。当采用黏性土作为填料时，宜掺入适量的碎石。不应采用淤泥、耕植土、膨胀性黏土等软弱有害的岩土体作为填料。

(7) 挡土墙地基纵向坡度大于 5%时，基底应做成台阶形。

四、计算实例

【例 5-5】 某挡土墙高 $H=5$m，墙背垂直光滑，墙后填土面水平，挡土墙采用 M5 水泥砂浆，MU30 毛石砌筑，砌体重度 $\gamma=22\text{kN/m}^3$，填土内摩擦角 $\varphi=30°$，黏聚力 $c=0$，填土重度 $\gamma=18\text{kN/m}^3$，地面荷载 2.5kPa，基底摩擦系数 $\mu=0.5$，地基承载力特征值 $f_a=200$kPa，试验算挡土墙的稳定性及地基承载力。挡土墙的截面尺寸如图 5-16 所示。

解：

(1) 计算主动土压力 E_a。将地面荷载换算成土层厚度 $h=\dfrac{q}{\gamma}=\dfrac{2.5}{18}=0.139$m，由于墙背垂直光滑，故有

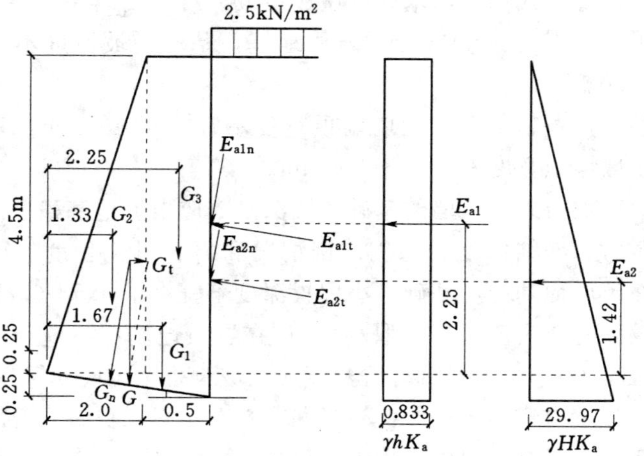

图 5-16 [例 5-5] 图

$$K_a = \tan^2\left(45° - \frac{\varphi_k}{2}\right) = \tan^2\left(45° - \frac{30°}{2}\right) = 0.333$$

$$\gamma h K_a = 18 \times 0.139 \times 0.333 = 0.833\text{kPa}$$

$$\gamma(h+H)K_a = 18 \times (0.139 + 5) \times 0.333 = 30.8\text{kPa}$$

$$30.8 - 0.833 = 29.97\text{kPa}$$

$$E_{a1} = 0.833 \times 5 = 4.17\text{kN/m}(矩形面积)$$

$$E_{a2} = \frac{1}{2} \times 29.97 \times 5 = 74.93\text{kN/m}(三角形面积)$$

$$E_a = E_{a1} + E_{a2} = 4.17 + 74.93 = 79.1\text{kN/m}$$

(2) 抗倾覆验算:

$$G_1 = \frac{1}{2} \times 2.5 \times 0.25 \times 22 = 6.875\text{kN/m}$$

$$G_2 = \frac{1}{2} \times 2 \times 4.75 \times 22 = 104.5\text{kN/m}$$

$$G_3 = 0.5 \times 4.75 \times 22 = 52.25\text{kN/m}$$

抗倾覆安全系数 K_t 为

$$K_t = \frac{6.875 \times 1.67 + 104.5 \times 1.33 + 52.25 \times 2.25}{4.17 \times 2.25 + 74.93 \times 1.42}$$

$$=\frac{268.029}{115.78}$$

$$=2.315>1.6$$

满足要求。

（3）抗滑移验算：

$$\tan\alpha_0=\frac{0.25}{2.5}=0.1$$

$$\sin\alpha_0=\frac{0.25}{\sqrt{2.5^2+0.25^2}}=0.0995$$

$$\cos\alpha_0=\frac{2.5}{\sqrt{2.5^2+0.25^2}}=0.995$$

$$E_{a1t}=E_{a1}\cos\alpha_0=4.17\times0.995=4.149\text{kN/m}$$

$$E_{a1n}=E_{a1}\sin\alpha_0=4.17\times0.0995=0.415\text{kN/m}$$

$$E_{a2t}=E_{a2}\cos\alpha_0=74.93\times0.995=74.555\text{kN/m}$$

$$E_{a2n}=E_{a2}\sin\alpha_0=74.93\times0.0995=7.456\text{kN/m}$$

$$\sum G=G_1+G_2+G_3=6.875+104.5+52.25=163.625\text{kN/m}$$

$$G_t=\sum G\sin\alpha_0=163.625\times0.0995=16.281\text{kN/m}$$

$$G_n=\sum G\cos\alpha_0=163.625\times0.995=162.81\text{kN/m}$$

抗滑移安全系数 K_s 为

$$K_s=\frac{(162.81+0.415+7.456)\times0.5}{4.149+74.555-16.281}=1.367>1.3$$

满足要求。

（4）地基承载力验算：

$$N=G_n+E_{a1n}+E_{a2n}=162.81+0.415+7.456=170.68\text{kN/m}$$

合力 N 对 O 点的距离 c 为

$$c=\frac{268.029-115.78}{170.68}=0.892\text{m}$$

$$e=\frac{b'}{2}-c$$

$$b'=\frac{b}{\cos\alpha_0}=\frac{2.5}{0.995}=2.513\text{m}$$

$$e=\frac{b'}{2}-c=\frac{2.513}{2}-0.892=0.365\text{m}$$

$$e<\frac{b'}{6}=\frac{2.513}{6}=0.418\text{m}$$

基底应力呈梯形分布，其基底应力为

$$\begin{aligned}p_{\max}&=\frac{N}{b'}\left(1+\frac{6e}{b'}\right)\\&=\frac{170.68}{2.513}\left(1+\frac{6\times0.365}{2.513}\right)\\&=67.92\times1.871\\&=127.08\text{kPa}<1.2\times200=240\text{kPa}\end{aligned}$$

$$\begin{aligned}p_{\min}&=\frac{N}{b'}\left(1-\frac{6e}{b'}\right)\\&=\frac{170.68}{2.513}\left(1-\frac{6\times0.365}{2.513}\right)\\&=67.92\times0.1285\\&=8.73\text{kPa}>0\end{aligned}$$

满足要求。

第四节　悬臂式挡土墙

一、构造

（1）当现场地基土较差或缺少石料时，可采用钢筋混凝土悬臂式挡土墙，墙高可大于5m，截面常设计成L形。

（2）悬臂式挡土墙是将挡土墙设计成悬臂梁形式(见图5-17)，$b/H_1=\frac{1}{2}\sim\frac{2}{3}$，墙趾宽度 b_1 约等于$\frac{1}{3}b$。

（3）墙身（立壁）承受着作用在墙背上的土压力所引起的弯曲应力。为了节约混凝土材料，墙身常做成上小下大的变截面，如图5-17（a）所示。有时在墙身与底板连接处设置支托［见图5-17（b）］，也有将底板反过来设置［见图5-17（c）］。

（4）墙趾和墙踵均承受着弯矩，可按悬臂板进行设计。墙趾

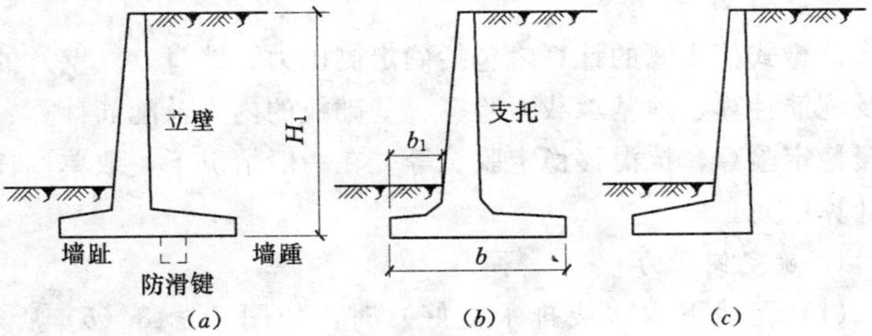

图 5－17　悬臂式挡土墙

和墙踵宜做成上斜下平的变截面，这样不但节约混凝土，而且有利于排水。基础底板的厚度宜与墙身下端相等。

（5）当采用双排钢筋时，墙身顶面最小宽度宜为 200mm；如果墙高较小，墙身较薄，墙内配筋采用单排钢筋，则墙身顶面最小宽度可适当减小。墙身面坡采用 1：0.02～0.05，底板最小宽度为 200mm，若挡土墙高超过 6m，宜加扶壁柱。

（6）挡土墙后应做好排水措施，以消除水压影响，减少墙背的水平推力。通常在墙身中每隔 2～3m 设置一个 100～150mm 孔径的泄水孔。墙后做滤水层，墙后地面宜铺筑黏土隔水层，墙后填土时，应采用分层夯填方法。在严寒气候条件下有冻胀可能时，最好以炉渣填充。

（7）一般每隔 20～25m 设一道伸缩缝，当墙面较长时，可采用分段施工以减少收缩影响。

（8）若挡土墙的抗滑移不满足要求时，可在基础底板加设防滑键。防滑键设在墙身底部，如图 5－17（*a*）的虚线所示，键的宽度应根据剪力要求，其最小值为 30cm。

（9）钢筋布置的构造要求按设计规范的规定处理。墙身受拉一侧按计算配筋，在受压一侧为了防止产生收缩与温度裂缝也要配置纵横向的构造钢筋网ϕ10@300，其配筋率不低于 0.2%。计算截面有效高度 h_0 时，钢筋保护层应取 30mm；对于底板，不小于 50mm，无垫层时不小于 70mm。

二、计算

悬臂式挡土墙的计算，包括确定侧压力、墙身（立壁）的内力及配筋计算、地基承载力验算、基础板的内力及配筋计算、抗倾覆稳定验算、抗滑移稳定验算等。在一般情况下，取单位长度为计算单元。

1. 确定侧压力

（1）无地下水（或排水良好）时，如图 5－18（b）所示。主动土压力 $E_a = E_{a1} + E_{a2}$。当墙背直立、光滑、填土面水平时，

$$K_a = \tan^2(45° - \varphi_k/2)$$

$$E_{a1} = \frac{1}{2}\gamma H^2 K_a \quad (5-40)$$

$$E_{a2} = qHK_a \quad (5-41)$$

式中：E_{a1} 为由墙后土体产生的土压力，N/m、kN/m；E_{a2} 为由填土面上均布荷载 q 产生的土压力，N/m、kN/m。

（2）有地下水时，如图 5－18（c）所示。

地下水位处：

$$e'_a = \gamma h_1 K_a \quad (5-42)$$

地下水位以下：

$$e''_a = (\gamma h_1 + \gamma' h_2)K_a + \gamma_w h_2 \quad (5-43)$$

2. 墙身内力及配筋计算

挡土墙的墙身按下端嵌固在基础板中的悬臂板进行计算，每延米的设计弯矩值为［见图 5－18（a）］

$$M = \gamma_0\left(\gamma_G E_{a1}\frac{H}{3} + \gamma_Q E_{a2}\frac{H}{2}\right) \quad (5-44)$$

式中：γ_0 为结构重要性系数，对于重要的构筑物取 $\gamma_0 = 1.1$，对于一般的构筑物取 $\gamma_0 = 1.0$，对于次要的构筑物取 $\gamma_0 = 0.9$；γ_G 为墙后填土的荷载分项系数，可取 $\gamma_G = 1.2$；γ_Q 为墙面均布活荷载的荷载分项系数，取 $\gamma_Q = 1.4$。

根据式（5－44）算出的弯矩 M 为墙身底部的嵌固弯矩。由于沿墙身高度方向的弯矩从底部（嵌固弯矩）向上逐渐变小，其

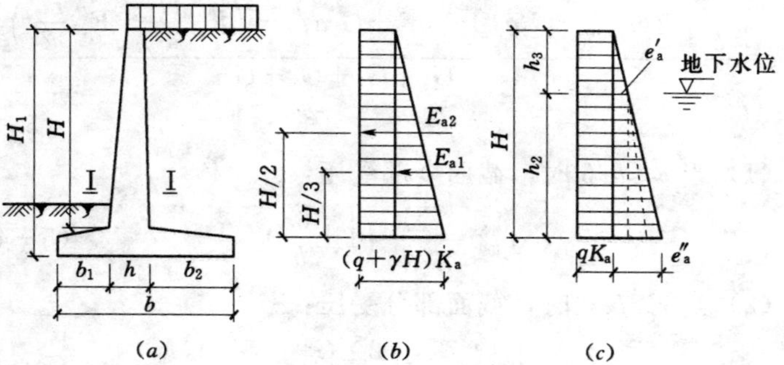

图 5-18　侧压力计算

顶部弯矩为 0，故墙身厚度和配筋可以沿墙高由下到上逐渐减少。墙身面坡可采用 1：0.02～0.05，墙身顶部最小宽度为 200mm。配筋方法：一般可将底部钢筋的 1/2～1/3 伸至顶部，其余的钢筋可交替在墙高中部的一处或两处切断。受力钢筋应垂直配置于墙背受拉边，而水平分布钢筋则应与受力钢筋绑扎在一起形成一个钢筋网片，分布钢筋可采用φ10@300。若墙身较厚，可在墙外侧面（受压的一侧）配置构造钢筋网片φ10@300（纵横两个方向），其配筋率不少于 0.2%。

受力钢筋的数量，可按下式进行计算，即

$$A_s=\frac{M}{\gamma_s f_y h_0} \tag{5-45}$$

式中：A_s 为受拉钢筋截面面积；γ_s 为系数（与受压区相对高度有关，可预先算出，列出表格）；f_y 为受拉钢筋设计强度；h_0 为截面有效高度。

3. 地基承载力验算

墙身截面尺寸及配筋确定后，可假定基础底板截面尺寸，设底板宽度为 b，墙趾宽度为 b_1，墙纵板宽度为 b_2（见图 5-19）及底板厚度为 h，并设墙身自重 G_1、基础板自重 G_2、墙踵板在宽度 b_2 内的土重 G_3、墙面的活荷载 G_4、土的侧压力 E'_{a1} 及 E'_{a2}，由下式可以求得合力的偏心距 e 值：

$$e=\frac{b}{2}-\frac{(G_1a_1+G_2a_2+G_3a_3+G_4a_4)-\left(E'_{a1}\frac{H'}{3}+E'_{a2}\frac{H'}{2}\right)}{G_1+G_2+G_3+G_4}$$

(5-46)

(1) 当 $e\leqslant b/6$ 时，截面全部受压：

$$p_{\min}^{\max}=\frac{\sum G}{b}\left(1\pm\frac{6e}{b}\right) \tag{5-47a}$$

(2) 当 $e>b/6$ 时，截面部分受压：

$$p_{\max}=\frac{2\sum G}{3c} \tag{5-47b}$$

式中：$\sum G$ 为 G_1、G_2、G_3、G_4 之和；c 为合力作用点至 O 点的距离。

(3) 要求满足条件：

$$p_{\max}\leqslant 1.2f_a \tag{5-48}$$

$$\frac{p_{\max}+p_{\min}}{2}\leqslant f_a \tag{5-49}$$

式中：f_a 为修正后的地基承载力特征值。

4. 基础板的内力及配筋计算

(1) 突出的墙趾。作用在墙趾上的力有基底反力、突出墙趾部分的自重及其上土体重量，墙趾截面上的弯矩 M 可由下式算出（见图 5-19）：

$$M_1=\frac{1}{6}(2p_{\max}+p_1)b_1^2-M_a \tag{5-50}$$

式中：M_a 为墙趾板自重及其上土体重量作用下产生的弯矩。

由于墙趾板自重很小，其上土体重量在使用过程中有可能被移走，因而一般可忽略这两项力的作用，即 $M_a=0$。式（5-50）可写为

$$M_1=\frac{1}{6}(2p_{\max}+p_1)b_1^2 \tag{5-51}$$

按式（5-45）计算求得的钢筋数量应配置在墙趾的下部。

(2) 突出的墙踵。作用在墙踵（墙身后的基础板）上的力有墙踵部分的自重（即 G_2 的一部分，见图 5-19）及其上土体重

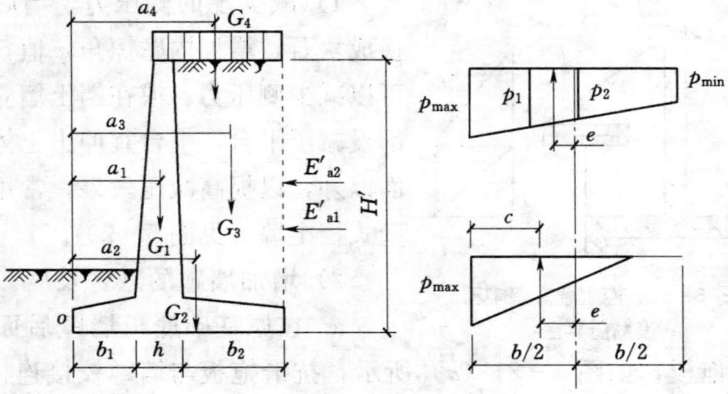

图 5-19　墙底压力计算

量 G_3、均布活荷载 G_4、基底反力，在这些力的共同作用下，使突出的墙踵向下弯曲，产生弯矩 M 可由下式算得（见图 5-19）：

$$M_2=\frac{1}{6}\left[2(q_1-p_{\min})+(q_1-p_2)\right]b_2^2 \qquad (5-52)$$

式中：q_1 为墙踵自重及 G_3、G_4 产生的均布荷载。

根据弯矩 M_2 计算求得的钢筋应配置在基础板的上部。

5. 稳定性验算

（1）抗倾覆稳定验算（见图 5-19）：

$$K_t=\frac{G_1a_1+G_2a_2+G_3a_3}{E'_{a1}\dfrac{H'}{3}+E'_{a2}\dfrac{H'}{2}}\geqslant 1.6 \qquad (5-53)$$

式中：G_1、G_2 分别为墙身自重、基础板自重；G_3 为墙踵上填土重。

（2）抗滑移稳定验算（见图 5-19）：

$$K_s=\frac{(G_1+G_2+G_3)\mu}{E'_{a1}+E'_{a2}}\geqslant 1.3 \qquad (5-54)$$

式（5-54）不考虑活荷载 G_4。当有地下水浮力 Q 时，$G_1+G_2+G_3$ 中要减去 Q 值。

（3）提高稳定性的措施。当稳定性不够时，应采取相应措施。提高稳定性的常用措施有以下几种：

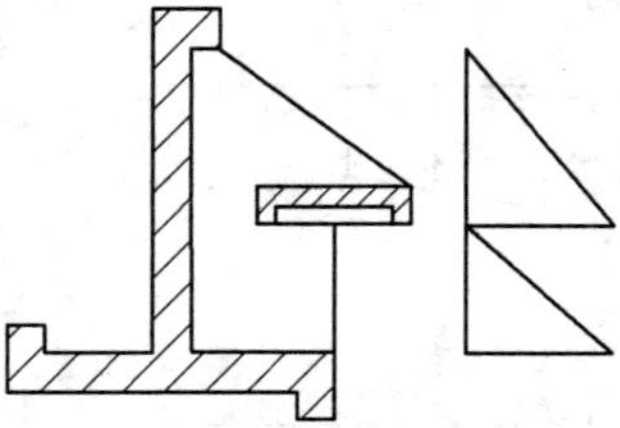

图 5-20　挡土墙立壁中部设减压平台

1）减少土的侧压力。墙后填土换成块石，增加内摩擦角 φ 值，这样可以减少侧压力。或在挡土墙立壁中部设减压平台，平台宜伸出土体滑裂面以外，以提高减压效果，常用于扶壁式挡土墙（见图 5-20）。

2）增加墙踵的悬臂长度。

a. 在原基础底板墙踵后面加设抗滑拖板，如图 5-21（*a*）所示，抗滑拖板与墙踵铰接连接。

b. 在原基础底板墙踵部分加长，如图 5-21（*b*）所示。墙背后面堆土重增加，使抗倾覆和抗滑移能力得到提高。

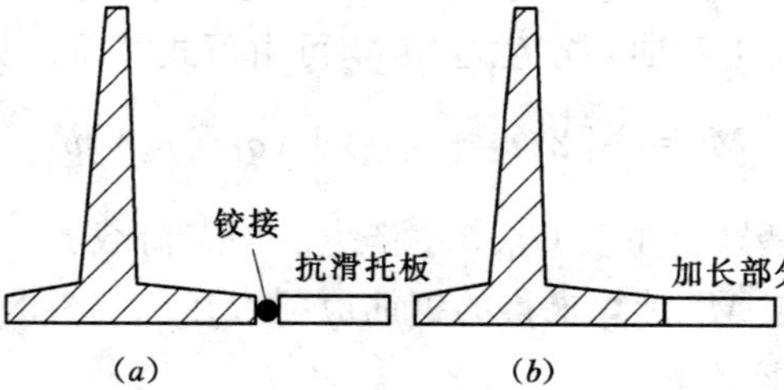

图 5-21　增加墙踵的悬臂长度

3）提高基础抗滑移能力。

a. 基础底板做成倾斜面（见图 5-22）。倾斜角 $\alpha_0 \leqslant 10°$。

$$N=\sum G\cos\alpha_0+E_a\sin\alpha_0 \tag{5-55}$$

抗滑移力为

$$\mu N=\mu[\sum G\cos\alpha_0+E_a\sin\alpha_0] \tag{5-56}$$

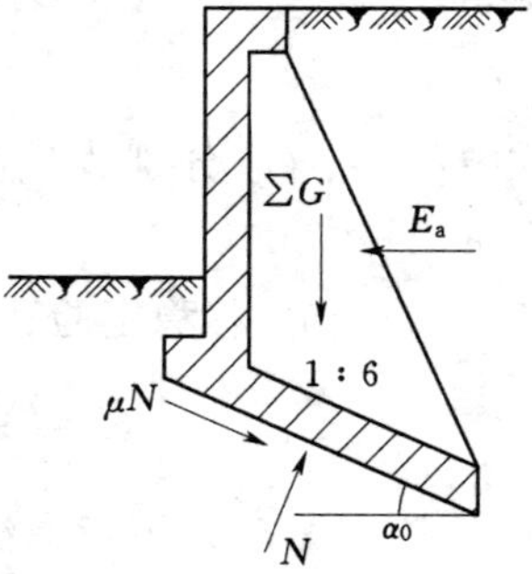

图 5-22　基础底板做成倾斜面

滑移力为

$$E_a\cos\alpha_0-\sum G\sin\alpha_0 \qquad (5-57)$$

如图 5-22 所示，如果倾斜坡度为 1∶6 时，则 $\cos\alpha_0=0.986$，$\sin\alpha_0=0.164$。由式（5-56）及式（5-57）可以看出，抗滑移力增加而滑移力却减少了。

b. 设置防滑键。如图 5-23 所示，防滑键设置于基础底板下端，键的高度 h_j 与键离墙趾端部 A 点的距离 a_j 的比例，宜满足下列条件：

$$\frac{h_j}{a_j}=\tan\left(45°-\frac{\varphi_k}{2}\right) \qquad (5-58)$$

被动土压力 E_p 值为

$$E_p=\frac{p_{max}+p_b}{2}\times\tan^2\left(45°+\frac{\varphi_k}{2}\right)h_j \qquad (5-59)$$

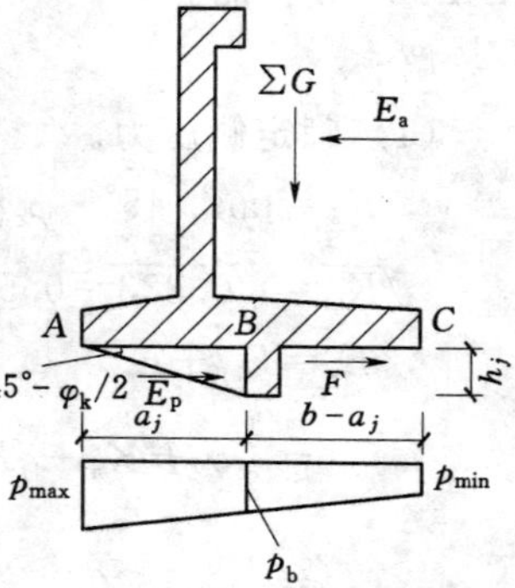

图 5-23 墙底滑移键设置

当键的位置满足式（5-58）时，被动土压力 E_p 最大。键后面土与底板间的摩擦力 F 为

$$F=\frac{p_b+p_{min}}{2}(b-a_j)\mu \qquad (5-60)$$

应满足条件：

$$\frac{\psi_p E_p+F}{E_a}\geqslant 1.3 \qquad (5-61)$$

式中：ψ_p 为考虑被动土压力 E_p 不能充分发挥的影响系数，一般可取 $\psi_p=0.5$。

c. 在基础底板底面夯填 300～500mm 厚的碎石，以增加摩擦系数 μ 值，提高挡土墙抗滑移力。

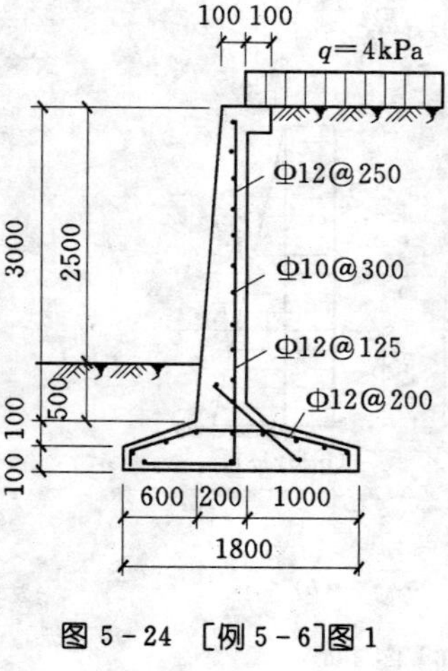

图 5-24 ［例 5-6］图 1

三、计算实例

【例 5-6】 悬臂式挡土墙截面尺寸如图 5-24 所示。墙面上活荷

载 $q=4\text{kPa}$，地基土为黏性土，承载力特征值 $f_a=100\text{kPa}$。墙后填土重度 $\gamma=18\text{kN/m}^3$，内摩擦角 $\varphi=30°$，挡土墙底面处在地下水位以上。求挡土墙墙身及基础底板的配筋，进行稳定性验算和土的承载力验算。挡土墙材料采用 C25 级混凝土及 HPB235、HRB335 级钢筋。

解：

(1) 确定侧压力。

$$K_a=\tan^2(45°-\varphi_k/2)=\tan^2(45°-30°/2)=0.333$$

$$\sqrt{K_a}=\sqrt{0.333}=0.577$$

$$\begin{aligned}E_a&=E_{a1}+E_{a2}\\&=\frac{1}{2}\gamma H^2K_a+qHK_a\\&=\frac{1}{2}\times18\times3^2\times0.333+4\times3\times0.333\\&=27+4\\&=31\text{kN/m}\end{aligned}$$

(2) 墙身内力及配筋计算（见图 5-25）。每延米设计嵌固弯矩 M 为

$$M=\gamma_0\left(\gamma_G E_{a1}\frac{H}{3}+\gamma_Q E_{a2}\frac{H}{2}\right)$$

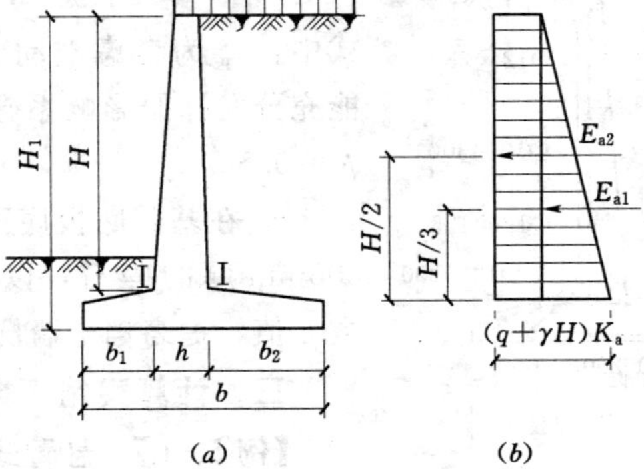

图 5-25 ［例 5-6］图 2

取结构重要性系数 $\gamma_0=1.0$，墙后填土的荷载分项系数 $\gamma_G=1.2$，墙面均布活荷载的荷载分项系数 $\gamma_Q=1.4$。代入上式得

$$M=1.0\times\left(1.2\times27\times\frac{3}{3}+1.4\times4\times\frac{3}{2}\right)=40.8\text{kN}\cdot\text{m/m}$$

对于 HRB335 级钢筋：

$$f_c=11.9\text{N/mm}^2$$

$$f_y=300\text{N/mm}^2$$

墙身净保护层取 35mm，于是有

$$\alpha_s=\frac{M}{\alpha_1 f_c b h_0^2}=\frac{40800000}{1\times11.9\times1000\times165^2}=0.126$$

查表得 $\gamma_s=0.932$。

$$A_s=\frac{M}{\gamma_s f_y h_0}=\frac{40800000}{0.932\times300\times165}=884\text{mm}^2/\text{m}$$

沿墙身每米配置 8 Φ 12（$A_s=905\text{mm}^2$）的竖向受力钢筋，钢筋的 1/2 伸至顶部，其余的在墙高中部（1/2 墙高处）截断。在水平方向配置构造分布筋φ 10@300。

(3) 地基承载力验算。每延米墙身自重 G_1 为

$$G_1=\frac{1}{2}(0.1+0.2)\times3\times25=11.3\text{kN/m}$$

每延米基底板自重 G_2 为

$$G_2=\frac{1}{2}(0.1+0.2)\times1.6\times25+0.2\times0.2\times25=7\text{kN/m}$$

每延米墙踵板在宽度 b_2 内的土重 G_3 为

$$G_3=\left(3+\frac{0.1}{2}\right)\times1\times18=54.9\text{kN/m}$$

每延米墙面活荷载 G_4 为

$$G_4=4\times1=4\text{kN/m}$$

挡土墙压力分别为

$$E'_{a1}=\frac{1}{2}\gamma H'^2K_a=\frac{1}{2}\times18\times3.2^2\times0.333=30.7\text{kN/m}$$

$$E'_{a2}=qH'K_a=4\times3.2\times0.333=4.3\text{kN/m}$$

计算基础底面土反力的偏心距：

$$e=\frac{b}{2}-\frac{(G_1a_1+G_2a_2+G_3a_3+G_4a_4)-\left(E'_{a1}\frac{H'}{3}+E'_{a2}\frac{H'}{2}\right)}{G_1+G_2+G_3+G_4}$$

$$=\frac{1.8}{2}-\frac{(11.3\times0.72+7\times0.87+54.9\times1.3+4\times1.3)-\left(30.7\times\frac{3.2}{3}+4.3\times\frac{3.2}{2}\right)}{11.3+7+54.9+4}$$

$$=0.9-\frac{51.2}{77.2}$$

$$=0.237\text{m}$$

$e<\frac{b}{6}=\frac{1.8}{6}=0.3\text{m}$，截面全部受压。

$$p_{max}=\frac{\sum G}{b}\left(1+\frac{6e}{b}\right)$$

$$=\frac{77.2}{1.8}\left(1+\frac{6\times0.237}{1.8}\right)$$

$$=76.8\text{kPa}<1.2\times100=120\text{kPa}$$

$$p_{min}=\frac{\sum G}{b}\left(1-\frac{6e}{b}\right)$$

$$=\frac{77.2}{1.8}\left(1-\frac{6\times0.237}{1.8}\right)$$

$$=9.0\text{kPa}>0$$

$$\frac{p_{max}+p_{min}}{2}=\frac{76.8+9}{2}=42.9\text{kPa}<f_a=100\text{kPa}$$

计算结果满足要求。

（4）基础底板的内力及配筋计算。计算底板配筋时要采用设计荷载，故自重和填土自重要乘以荷载分项系数 1.2，活荷载要乘以荷载分项系数 1.4，代入上式得

$$e=\frac{1.8}{2}-\frac{(11.3\times0.72+7\times0.87+54.9\times1.3)\times1.2+4\times1.3\times1.4}{(11.3+7+54.9)\times1.2+4\times1.4}$$

$$-\frac{\left(30.7\times\frac{3.2}{3}+4.3\times\frac{3.2}{2}\right)}{(11.3+7+54.9)\times1.2+4\times1.4}$$

$$=0.9-\frac{110-39.62}{93.44}$$

$$=0.9-0.75$$

$$=0.15\text{m}$$

$e<\frac{b}{6}=\frac{1.8}{6}=0.3\text{m}$，截面全部受压。

$$p_{\max}=\frac{\sum G}{b}\left(1+\frac{6e}{b}\right)=\frac{93.44}{1.8}\left(1+\frac{6\times0.15}{1.8}\right)=77.9\text{kPa}$$

$$p_{\min}=\frac{\sum G}{b}\left(1-\frac{6e}{b}\right)=\frac{93.44}{1.8}\left(1-\frac{6\times0.15}{1.8}\right)=26\text{kPa}$$

$$\frac{p_{\max}+p_{\min}}{2}=\frac{77.9+26}{2}=51.95\text{kPa}<f_a=100\text{kPa}$$

1）墙趾部分（见图 5-19 和图 5-24）：

$$p_1=26+(77.9-26)\times\frac{1+0.2}{1.8}=60.6\text{kPa}$$

$$M_1=\frac{1}{6}(2p_{\max}+p_1)b_1^2$$

$$=\frac{1}{6}(2\times77.9+60.6)\times0.6^2$$

$$=12.98\text{kN}\cdot\text{m/m}$$

基础底板厚 $h_1=200\text{mm}$，所以

$$h_{01}=200-45=155\text{mm}(\text{有垫层})$$

$$\alpha_s=\frac{M_1}{\alpha_1 f_c b h_0^2}=\frac{12980000}{1\times11.9\times1000\times155^2}=0.045$$

查表得 $\gamma_s=0.977$，则

$$A_s=\frac{M_1}{\gamma_s f_y h_0}=\frac{12980000}{0.977\times300\times155}=286\text{mm}^2/\text{m}$$

可利用墙身竖向受力钢筋下弯。

2）墙踵部分：

$$q_1=\frac{\gamma_G G_3+\gamma_Q G_4+\gamma_G G_2'}{b_2}$$

$$\gamma_G G_2'=1.2\times1\times0.15\times25=4.5\text{kN/m}$$

$$q_1=\frac{1.2\times54.9+1.4\times4+4.5}{1.0}=75.98\text{kN/m}$$

$$p_2=26+(77.9-26)\times\frac{1.0}{1.8}=54.83\text{kPa}$$

$$M_2=\frac{1}{6}[2(q_1-p_{\min})+(q_1-p_2)]b_2^2$$

$$=\frac{1}{6}[2\times(75.98-26)+(75.98-54.83)]\times1^2$$

$$=20.19\text{kN}\cdot\text{m/m}$$

墙趾与墙踵根部高度相同，即 $h_1=h_2$，则 $h_{01}=h_{02}=155\text{mm}$，可得

$$\alpha_s=\frac{M_2}{\alpha_1f_cbh_{02}^2}=\frac{20190000}{1\times11.9\times1000\times155^2}=0.071$$

查表得 $\gamma_s=0.963$，则

$$A_s=\frac{M_2}{\gamma_sf_yh_{02}}=\frac{20190000}{0.963\times300\times155}=450\text{mm}^2/\text{m}$$

因此选用Φ 12@200（$A_s=565\text{mm}^2$）。

（5）稳定性验算。

1）抗倾覆稳定性计算：

$$K_t=\frac{M_r}{M_s}\geqslant1.6$$

抗倾覆力矩 M_r 为

$$M_r=G_1a_1+G_2a_2+G_3a_3$$

$$=11.3\times0.72+7\times0.87+54.9\times1.3$$

$$=85.6\text{kN}\cdot\text{m/m}$$

倾覆力矩 M_s 为

$$M_s=E'_{a1}\frac{H'}{3}+E'_{a2}\frac{H'}{2}$$

$$=30.7\times\frac{3.2}{3}+4.3\times\frac{3.2}{2}$$

$$=39.6\text{kN}\cdot\text{m/m}$$

$$K_t=\frac{M_r}{M_s}=\frac{85.6}{39.6}=2.16>1.6$$

抗倾覆稳定性满足要求。

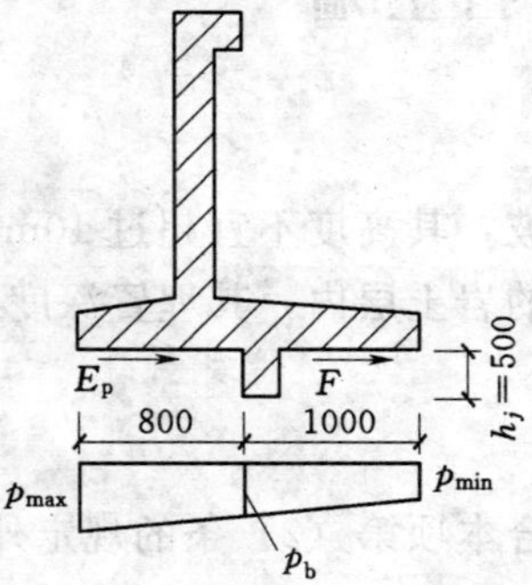

图 5-26 [例 5-6] 图 3

2）抗滑移验算。对黏性土取基底摩擦系数 $\mu=0.3$，则

$$K_s=\frac{(G_1+G_2+G_3)\mu}{E'_{a1}+E'_{a2}}$$

$$=\frac{(11.3+7+54.9)\times0.3}{30.7+4.3}$$

$$=0.63<1.3$$

抗滑移验算结果不满足要求。选用底面夯填 300～500mm 厚碎石提高 μ 值后，仍不满足要求，所以采用底板加设防滑键的办法来解决（见图 5-26）：

$$p_b=p_{min}+(p_{max}-p_{min})\frac{b-a_j}{b}=9+(76.8-9)\frac{1.0}{1.8}=46.7\text{kPa}$$

$$h_i=a_i\sqrt{K_a}=0.8\times0.577=0.46\text{m}$$

$$E_p=\frac{p_{max}+p_b}{2}\tan^2(45°+\varphi_k/2)h_i$$

$$=\frac{76.8+46.7}{2}\tan^2(45°+30°/2)\times0.46$$

$$=85.22\text{kN/m}$$

$$F=\frac{p_{min}+p_b}{2}(b-a_i)\mu$$

$$=\frac{46.7+9}{2}(1.8-0.8)\times0.3$$

$$=8.36\text{kN/m}$$

$$\frac{\psi E_p+F}{E'_a}=\frac{0.5\times85.22+8.36}{30.7+4.3}=1.46>1.3$$

计算结果满足要求，防滑键计算高度为 0.46m，实际工程可取 0.5m。

第五节 扶壁式挡土墙

一、概述

扶壁式挡土墙适用于土质填方边坡，其高度不宜超过10m。

扶壁式挡土墙的基础应置于稳定的岩土层内，其埋置深度应符合本章第二节第三项有关的规定。

二、计算

（1）扶壁式挡土墙的计算除应符合本项第（2）条的规定外，还应进行结构内力计算和配筋设计。

（2）挡土墙侧向土压力宜按第二破裂面法进行计算。当不能形成第二破裂面时，可用墙踵下缘与墙顶内缘的连线或通过墙踵的竖向面作为假想墙背计算，取其中不利状态的侧向压力作为设计控制值。

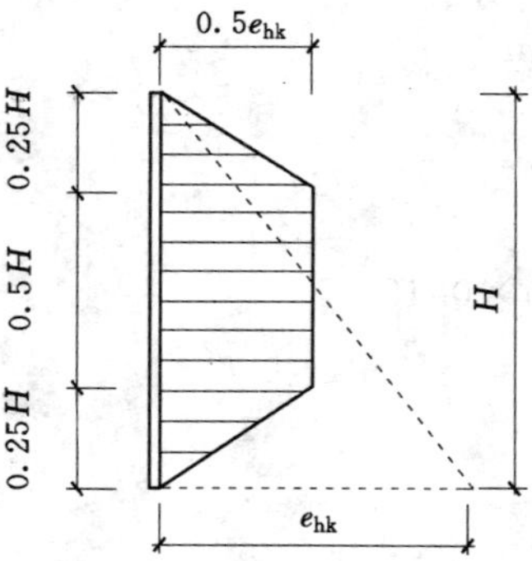

图5-27 扶壁式挡土墙侧向压力分布图

（3）计算立板内力时，侧向压力分布可按图5-27或根据当地经验图形确定。

（4）对扶壁式挡土墙，根据其受力特点可按以下简化模型进行内力计算：

1）立板和墙踵板可根据边界约束条件按三边固定、一边自由的板或连续板进行计算。

2）墙趾底板可简化为固定在立板上的悬臂板进行计算。

3）扶壁可简化为悬臂的T形梁进行计算，其中立板为梁的翼，扶壁为梁的腹板。

（5）计算挡土墙整体稳定性和立板内力时，可不考虑挡土墙前底板以上土体的影响；在计算墙趾板内力时，应计算底板以上填土的自重。

（6）挡土墙结构应进行混凝土裂缝宽度的验算。迎土面裂缝宽度不应大于0.2mm，背土面裂隙宽度不应大于0.3mm，并应符合现行《混凝土结构设计规范》（GB50010—2002）的有关规定。

三、构造

（1）扶壁式挡土墙的混凝土强度等级不应低于C20，受力钢筋直径不应小于12mm，间距不宜大于250mm。混凝土保护层厚度不应小于25mm。

（2）扶壁式挡土墙尺寸应根据强度和变形计算确定，并应符合以下规定：

1）两扶壁之间的距离宜取挡土墙高度的1/3～1/2。

2）扶壁的厚度宜取扶壁间距的1/8～1/6，可采用300～400mm。

3）立板顶端和底板的厚度应不小于200mm。

4）立板在扶壁处的外伸长度，宜根据外伸悬臂固端弯矩与中间跨固端弯矩相等的原则确定，可取两扶壁净距的0.35倍左右。

（3）扶壁式挡土墙应根据其受力特点进行配筋设计，其配筋率、钢筋的搭接和锚固等应符合现行《混凝土结构设计规范》（GB50010—2002）的有关规定。

（4）当挡土墙受滑动稳定控制时，应采取提高抗滑能力的构造措施。宜在墙底下设防滑键，其高度应保证键前土体不被挤出。防滑键厚度应根据抗剪强度计算确定，且不应小于300mm。

（5）扶壁式挡土墙位于纵向坡度大于5%的斜坡时，基底宜做成台阶形。

（6）对软弱地基或填方地基，当地基承载力不满足设计要求时，应进行地基处理或采用桩基础方案。

（7）扶壁式挡土墙纵向伸缩缝间距宜采用20～25m，并应符合本章第二节的规定。

（8）宜在不同结构单元处和地层性状变化处设置沉降缝。沉降缝与伸缩缝宜合并。

(9) 扶壁式挡土墙的墙后填料质量和回填质量应符合本章第二节的要求。

四、计算实例

【例 5－7】 试设计 8.5m 高的扶壁式挡土墙，截面尺寸如图 5－28 所示。扶壁间距为 3.5m。墙后填土重度 $\gamma=18\text{kN/m}^3$，内摩擦角 $\varphi=30°$，挡土墙材料采用 C25 混凝土及 HRB335 级钢筋。

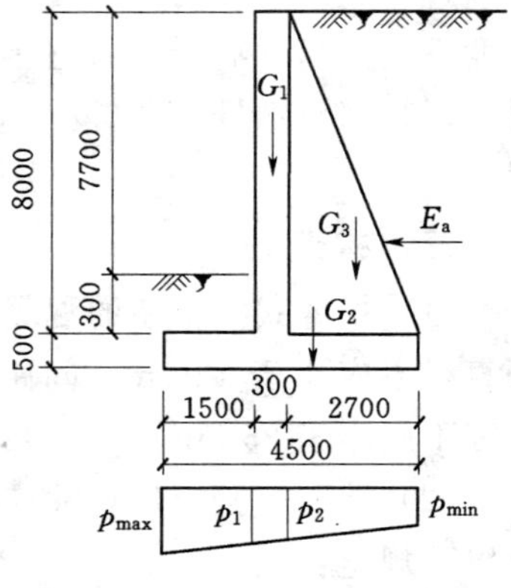

图 5－28 ［例 5－7］图

解：

(1) 确定侧压力。

$$K_a=\tan^2(45°-\varphi/2)=\tan^2(45°-30°/2)=0.333$$

$$\sqrt{K_a}=\sqrt{0.333}=0.577$$

$$E_a=\frac{1}{2}\gamma H^2K_a=\frac{1}{2}\times18\times8^2\times0.333=192\text{kN/m}$$

(2) 墙身（立壁）的计算：

$$\frac{l_y}{l_x}=\frac{8}{3.5}=2.29>2$$

按连续单向板计算内力及配筋。由于土压力呈三角形分布，水平弯矩自上而下增大，配置水平钢筋时，可近似地按三段加密。

设跨中弯矩为 M_x、支座弯矩为 M_x^0，则

$$M_x=0.078ql^2$$

$$M_x^0=-0.105ql^2$$

1) 第一段：

$$q_1=\gamma HK_a=18\times8\times0.333=48\text{kN/m}$$

$$M_x=0.078ql^2=0.078\times48\times3.5^2=45.86\text{kN}\cdot\text{m}$$

$$M_x^0=-0.105ql^2=-0.105\times48\times3.5^2=-61.74\text{kN}\cdot\text{m}$$

对于 HRB335 级钢筋：

$$f_c=11.9\text{N/mm}^2$$

$$f_y=300\text{N/mm}^2$$

$$\alpha_s=\frac{M_{x1}}{\alpha_1 f_c b h_0^2}=\frac{45860000}{1\times 11.9\times 1000\times 260^2}=0.057$$

查表得 $\gamma_s=0.971$，则

$$A_s=\frac{M_{x1}}{\gamma_s f_y h_0}=\frac{45860000}{0.971\times 300\times 260}=605\text{mm}^2/\text{m}$$

选用Φ 12@180（$A_s=628\text{mm}^2$）。

$$\alpha_s^0=\frac{M_{x1}^0}{\alpha_1 f_c b h_0^2}=\frac{61740000}{1\times 11.9\times 1000\times 260^2}=0.077$$

查表得 $\gamma_s^0=0.960$，则

$$A_s^0=\frac{M_{x1}^0}{\gamma_s f_y h_0}=\frac{61740000}{0.960\times 300\times 260}=825\text{mm}^2/\text{m}$$

选用Φ 12@130（$A_s=870\text{mm}^2$）。

2）第二段：

$$q_2=48\times\frac{2}{3}=32\text{kN/m}$$

$$M_{x2}=0.078ql^2=0.078\times 32\times 3.5^2=30.58\text{kN}\cdot\text{m}$$

$$M_{x2}^0=-0.105ql^2=-0.105\times 32\times 3.5^2=-41.16\text{kN}\cdot\text{m}$$

跨中配筋选用Φ 10@180，支座配筋选用Φ 12@130（配筋计算略）。

3）第三段：

$$q_3=48\times\frac{1}{3}=16\text{kN/m}$$

$$M_{x3}=0.078ql^2=0.078\times 16\times 3.5^2=15.3\text{kN}\cdot\text{m}$$

$$M_{x3}^0=-0.105ql^2=-0.105\times 16\times 3.5^2=-20.6\text{kN}\cdot\text{m}$$

跨中配筋选用Φ 10@200，支座配筋选用Φ 10@200（配筋计算略）。

（3）基础底板计算。每延米墙身自重 G_1 为

$$G_1=0.3\times 8\times 25=60\text{kN/m}$$

每延米基础底板自重 G_2 为

$$G_2=0.5\times4.5\times25=56.25\text{kN/m}$$

每延米墙踵板在其宽度范围内的土重 G_3 为

$$G_3=2.7\times8\times18=388.8\text{kN/m}$$

挡土墙土压力为

$$E_a=\frac{1}{2}\gamma H'^2K_a=\frac{1}{2}\times18\times8.5^2\times0.333=216.53\text{kN/m}$$

计算基础底板时，采用设计荷载，自重及填土自重要乘以荷载分项系数 1.2：

$$e=\frac{b}{2}-\frac{(G_1a_1+G_2a_2+G_3a_3)\times1.2-E'_a\frac{H'}{3}}{(G_1+G_2+G_3)\times1.2}$$

$$=\frac{4.5}{2}-\frac{(60\times1.65+56.25\times2.25+388.8\times3.15)\times1.2-216.53\times\frac{8.5}{3}}{(60+56.25+388.8)\times1.2}$$

$$=2.25-\frac{1450.282\times1.2-614}{505.05\times1.2}$$

$$=2.25-1.86$$

$$=0.39\text{m}$$

$e<\frac{b}{6}=\frac{4.5}{6}=0.75\text{m}$，截面全部受压。

$$p_{max}=\frac{\sum G}{b}\left(1+\frac{6e}{b}\right)=\frac{505.05\times1.2}{4.5}\left(1+\frac{6\times0.39}{4.5}\right)=204.7\text{kPa}$$

$$p_{min}=\frac{\sum G}{b}\left(1-\frac{6e}{b}\right)=\frac{505.05\times1.2}{4.5}\left(1-\frac{6\times0.39}{4.5}\right)=64.6\text{kPa}$$

1）墙趾部分（见图 5-28）：

$$p_1=64.6+(204.7-64.6)\times\frac{2.7+0.3}{4.5}=158\text{kPa}$$

作用在墙趾上的力有基底反力、墙趾自重及其上土体自重。但由于墙趾板自重很小，其上土体重量在使用过程中可能被移走，因而可以忽略这两项力的作用。这样，墙趾在基底反力作用

下的弯矩为

$$M_1=\frac{1}{6}(2p_{max}+p_1)b_1^2$$

$$=\frac{1}{6}(2\times204.7+158)\times1.5^2$$

$$=212.8\text{kN}\cdot\text{m/m}$$

基础底板厚为

$$h_1=500\text{mm}$$

$$h_{01}=500-40=460\text{mm}$$

$$\alpha_s=\frac{M_1}{\alpha_1 f_c b h_{01}^2}=\frac{212800000}{1\times11.9\times1000\times460^2}=0.085$$

查表得 $\gamma_s=0.956$，则

$$A_s=\frac{M_1}{\gamma_s f_y h_{01}}=\frac{212800000}{0.956\times300\times460}=1613\text{mm}^2/\text{m}$$

采用Φ16@120（$A_s=1675\text{mm}^2/\text{m}$）。

2）墙踵部分（见图 5-28）：

$$p_2=64.6+(204.7-64.6)\times\frac{2.7}{4.5}=148.66\text{kPa}$$

作用在墙踵上的力有墙踵的自重（G_2 的一部分）及其上土体重量 G_3，基底反力为

$$\frac{l_x}{l_y}=\frac{3.5}{2.7}=1.3<2$$

墙踵板的长边与短边之比小于 2，可近似地按三边固定、一边自由的双向板计算内力及配筋。作用在墙踵板上的均布荷载可近似地计算如下：

$$q_1=\frac{1.2\times0.5\times2.7\times25+388.8}{2.7}=159\text{kN/m}$$

墙踵板的基底反力呈梯形分布，为了简化计算和安全，把基底反力视为均布荷载，其作用方向与 q_1 相反，故墙踵在 q_1 及基

底反力作用下的荷载 q 为

$$q=159-64.6=94.4\text{kN/m}$$

内力计算：

$$ql_x^2=94.4\times3.5^2=1156.4\text{kN}\cdot\text{m}$$

$$\frac{l_y}{l_x}=\frac{2.7}{3.5}=0.77$$

查有关内力计算表格得弯矩系数和弯矩值、配筋列于表5-10中。

表 5-10　　弯矩系数和弯矩值、配筋

项　目	弯矩系数	M=弯矩系数×ql^2 (kN·m)	配　筋
M_x^0	−0.0540	−62.44	Φ12@180
M_y^0	−0.0561	−64.87	Φ12@180
M_{xz}^0	−0.0871	100.7	Φ12@120
M_x	0.0220	25.44	Φ10@200
M_y	0.0084	9.71	Φ10@200
M_{0x}	0.0378	43.71	Φ10@180

(4) 扶壁的计算。扶壁按 T 形梁计算，斜筋为梁的受拉钢筋，其所受到的拉力 T 为

$$T=\frac{\frac{H}{3}E_a\cos\delta}{b_2+\frac{h}{2}-a}=\frac{\frac{8}{3}\times192\times1}{2.7+\frac{0.3}{2}-0.07}=\frac{512}{2.78}=184\text{kN}$$

所需钢筋截面面积 A_s 为

$$A_s=\frac{T}{f_y}=\frac{184000}{300}=613\text{mm}^2$$

采用 3Φ16 ($A_s=603\text{mm}^2$)，其余钢筋按构造要求配置。

第六章 场地、地基和基础抗震

第一节 抗震设计的基本要求

一、建筑抗震设防分类和设防标准

建筑应根据其使用功能的重要性分为甲类、乙类、丙类、丁类四个抗震设防类别。甲类建筑应属于重大建筑工程和地震时可能发生严重次生灾害的建筑，乙类建筑应属于地震时使用功能不能中断或需尽快恢复的建筑，丙类建筑应属于除甲、乙、丁类以外的一般建筑，丁类建筑应属于抗震次要建筑。

建筑抗震设防类别的划分应符合《建筑抗震设防分类标准》(GB50223—2004）的规定。

各抗震设防类别建筑的抗震设防标准应符合以下要求：

(1）甲类建筑，地震作用应高于本地区抗震设防烈度的要求，其值应按批准的地震安全性评价结果确定。抗震措施，当抗震设防烈度为6～8度时，应符合本地区抗震设防烈度提高1度的要求；当为9度时，应符合比9度抗震设防更高的要求。

(2）乙类建筑，地震作用应符合本地区抗震设防烈度的要求。抗震措施，一般情况下当抗震设防烈度为6～8度时，应符合本地区抗震设防烈度提高1度的要求；当为9度时，应符合比9度抗震设防更高的要求；地基基础的抗震措施，应符合有关规定。

对较小的乙类建筑，当其结构改用抗震性能较好的结构类型时，应允许仍按本地区抗震设防烈度的要求采取抗震措施。

(3）丙类建筑，地震作用和抗震措施均应符合本地区抗震设防烈度的要求。

(4) 丁类建筑，一般情况下，地震作用仍应符合本地区抗震设防烈度的要求。抗震措施应允许比本地区抗震设防烈度的要求适当降低，但抗震设防烈度为6度时不应降低。

抗震设防烈度为6度时，除《建筑抗震设计规范》(GB50011—2001)有具体规定外，对乙、丙、丁类建筑可不进行地震作用计算。

二、场地和地基

选择建筑场地时，应根据工程需要，掌握地震活动情况、工程地质和地震地质的有关资料，对抗震有利、不利和危险地段作出综合评价。对不利地段，应提出避开要求，当无法避开时应采取有效措施；不应在危险地段建造甲、乙、丙类建筑。

建筑场地为Ⅰ类时，甲、乙类建筑应允许仍按本地区抗震设防烈度的要求采取抗震构造措施；丙类建筑应允许按本地区抗震设防烈度降低1度的要求采取抗震构造措施，但抗震设防烈度为6度时，仍应按本地区抗震设防烈度的要求采取抗震构造措施。

建筑场地为Ⅲ、Ⅳ类时，对设计基本地震加速度为0.15g和0.30g的地区，除《建筑抗震设计规范》(GB50011—2001)另有规定外，宜分别按抗震设防烈度8度(0.20g)和9度(0.40g)时各类建筑的要求采取抗震构造措施。

地基和基础设计应符合以下要求：

(1) 同一结构单元的基础不宜设置在性质截然不同的地基上。

(2) 同一结构单元不宜部分采用天然地基，部分采用桩基。

(3) 地基为软弱黏性土、液化土、新近填土或严重不均匀土时，应估计地震时地基不均匀沉降或其他不利影响，并采取相应的措施。

第二节　场地、地基和基础

一、场地

选择建筑场地时应按表6-1划分对建筑抗震有利、不利和危险的地段。建筑场地的类别划分应以土层等效剪切波速和场地覆盖层厚度为准。

表 6-1　　有利、不利和危险地段的划分

地段类别	地质、地形、地貌
有利地段	稳定基岩，坚硬土，开阔、平坦、密实、均匀的中硬土等
不利地段	软弱土，液化土，条状突出的山嘴，高耸孤立的山丘，非岩质的陡坡，河岸和边坡的边缘，平面分布上成因、岩性、状态明显不均匀的土层（如故河道、疏松的断层破碎带、暗埋的塘浜沟谷和半填半挖地基）等
危险地段	地震时可能发生滑坡、崩塌、地陷、地裂、泥石流等及发震断裂带上可能发生地表位错的部位

1. *土层剪切波速*

土层剪切波速的测量应符合以下要求：

(1) 在场地初步勘察阶段，对大面积的同一地质单元，测量土层剪切波速的钻孔数量，应为控制性钻孔数量的 1/3～1/5，山间河谷地区可适量减少，但不宜少于 3 个。

(2) 在场地详细勘察阶段，对单栋建筑，测量土层剪切波速的钻孔数量不宜少于 2 个，数据变化较大时，可适量增加；对小区中处于同一地质单元的密集高层建筑群，测量土层剪切波速的钻孔数量可适量减少，但每栋高层建筑下不得少于 1 个。

(3) 对丁类建筑及层数不超过 10 层且高度不超过 30m 的丙类建筑，当无实测剪切波速时可根据岩土名称和性状按表 6-2 划分土的类型，再利用当地经验在表 6-2 的剪切波速范围内估计各土层的剪切波速。

2. *建筑场地覆盖层厚度*

建筑场地覆盖层厚度的确定，应符合以下要求：

(1) 一般情况下应按地面至剪切波速大于 500m/s 的土层顶面的距离确定。

表 6-2　　　　土的类型划分和剪切波速范围

土的类型	岩土名称和性状	土层剪切波速范围（m/s）
坚硬土或岩石	稳定岩石，密实的碎石土	$v_s>500$
中硬土	中密、稍密的碎石土，密实、中密的砾、粗、中砂，$f_{ak}>200$ 的黏性土和粉土，坚硬黄土	$500\geqslant v_s>250$
中软土	稍密的砾、粗、中砂，除松散外的细、粉砂，$f_{ak}\leqslant 200$ 的黏性土和粉土，$f_{ak}>130$ 的填土，可塑黄土	$250\geqslant v_s>140$
软弱土	淤泥和淤泥质土，松散的砂，新近沉积的黏性土和粉土，$f_{ak}\leqslant 130$ 的填土，流塑黄土	$v_s\leqslant 140$

注　f_{ak}为由载荷试验等方法得到的地基承载力特征值，kPa；v_s 为岩土剪切波速。

（2）当地面 5m 以下存在剪切波速大于相邻上层土剪切波速 2.5 倍的土层，且其下卧岩土的剪切波速均不小于 400m/s 时，可按地面至该土层顶面的距离确定。

（3）剪切波速大于 500m/s 的孤石透镜体应视同周围土层。

（4）土层中的火山岩硬夹层，应视为刚体，其厚度应从覆盖土层中扣除。

3. 土层的等效剪切波速

土层的等效剪切波速应按下列公式计算：

$$v_{se}=d_0/t \tag{6-1}$$

$$t=\sum_{i=1}^{n}(d_i/v_{si}) \tag{6-2}$$

式中：v_{se}为土层等效剪切波速，m/s；d_0 为计算深度，m，取覆盖层厚度和 20m 两者的较小值；t 为剪切波在地面至计算深度之间的传播时间；d_i 为计算深度范围内第 i 土层的厚度，m；v_{si}为计算深度范围内第 i 土层的剪切波速，m/s；n 为计算深度范围内土层的分层数。

4. 建筑的场地类别

建筑的场地类别，应根据土层等效剪切波速和场地覆盖层厚度按表 6－3 划分为四类。当有可靠的剪切波速和覆盖层厚度且其值处于表 6－3 所列场地类别的分界线附近时，应允许按插值方法确定地震作用计算所用的设计特征周期。

表 6－3　各类建筑场地的覆盖层厚度

等效剪切波速（m/s）	场地类别（m）			
	Ⅰ	Ⅱ	Ⅲ	Ⅳ
$v_{se}>500$	0			
$500\geqslant v_{se}>250$	<5	≥5		
$250\geqslant v_{se}>140$	<3	3～50	>50	
$v_{se}\leqslant 140$	<3	3～15	>15～80	>80

5. 断裂的工程影响

场地内存在发震断裂时，应对断裂的工程影响进行评价，并应符合以下要求：

（1）对符合下列规定之一的情况，可忽略发震断裂错动对地面建筑的影响：

1）抗震设防烈度小于 8 度。

2）非全新世活动断裂。

3）抗震设防烈度为 8 度和 9 度时，前第四纪基岩隐伏断裂的土层覆盖厚度分别大于 60m 和 90m。

（2）对不符合上述第（1）条规定的情况，应避开主断裂带。其避让距离不宜小于表 6－4 对发震断裂最小避让距离的规定。

表 6－4　发震断裂的最小避让距离

抗震设防烈度	建筑抗震设防类别			
	甲	乙	丙	丁
8	专门研究	300m	200m	—
9	专门研究	500m	300m	—

6. 地震影响系数

当需要在条状突出的山嘴、高耸孤立的山丘、非岩石的陡坡、河岸和边坡边缘等不利地段建造丙类及丙类以上建筑时，除保证其在地震作用下的稳定性外，尚应估计不利地段对设计地震动参数可能产生的放大作用，其地震影响系数最大值应乘以增大系数。其值可根据不利地段的具体情况确定，但不宜大于 1.6。

场地岩土工程勘察应根据实际需要划分对建筑有利、不利和危险的地段，提供建筑的场地类别和岩土地震稳定性（如滑坡、崩塌、液化和震陷特性等）评价，对需要采用时程分析法补充计算的建筑，尚应根据设计要求提供土层剖面、场地覆盖层厚度和有关的动力参数。

7. 计算实例

【例 6-1】 有一工程的结构自振周期 $T=1.0\text{s}$，阻尼比为 0.05，8 度地震区，设计分组为第一组。场地分布依次如下：0～3m 为杂填土，$v_s=165\text{m/s}$；3～6m 为黏性土，$v_s=160\text{m/s}$；6～10m 为细砂，$v_s=180\text{m/s}$；10～16.5m 为卵石，$v_s=300\text{m/s}$；16.5～21m 为基岩，$v_s=600\text{m/s}$。试判断场地类别。

解：

（1）建筑场地覆盖层厚度按地面至剪切波速大于 500m/s 的土层顶面的距离确定，其值为 16.5m。

（2）计算等效剪切波速。

$$t=\sum_{i=1}^{n}(d_i/v_{si})=\frac{3}{165}+\frac{3}{160}+\frac{4}{180}+\frac{6.5}{300}=0.081\text{ s}$$

$$v_{se}=d_0/t=\frac{16.5}{0.081}=203.7\text{m/s}$$

根据覆盖土层的厚度和等效剪切波速，查表 6-3，场地类别为Ⅱ。

二、天然地基和基础

以下建筑可不进行天然地基和基础的抗震承载力验算：

（1）砌体房屋。

（2）地基主要受力层范围内不存在软弱黏性土层的下列建筑：

1）一般的单层厂房和单层空旷房屋。

2）不超过 8 层且高度在 25m 以下的一般民用框架房屋。

3）基础荷载与 2）相当的多层框架厂房。

（3）本章第一节“一、建筑抗震设防分类和设防标准”中规定可不进行上部结构抗震验算的建筑。

注意：软弱黏性土层指 7 度、8 度和 9 度时地基承载力特征值分别小于 80kPa、100kPa 和 120kPa 的土层。

天然地基基础抗震验算时，应采用地震作用效应标准组合，且地基抗震承载力应取地基承载力特征值乘以地基抗震承载力调整系数计算。

地基抗震承载力应按下式计算：

$$f_{aE}=\zeta_a f_a \tag{6-3}$$

式中：f_{aE}为调整后的地基抗震承载力；ζ_a 为地基土抗震承载力调整系数，应按表 6-5 采用；f_a 为深宽修正后的地基承载力特征值。

表 6-5　　地基土抗震承载力调整系数

岩土名称和性状	ζ_a
岩石，密实的碎石土，密实的砾、粗、中砂，$f_{ak}\geqslant 300$ 的黏性土和粉土	1.5
中密、稍密的碎石土，中密和稍密的砾、粗、中砂，密实和中密的细粉砂，$150\leqslant f_{ak}<300$ 的黏性土和粉土，坚硬黄土	1.3
稍密的细、粉砂，$100\leqslant f_{ak}<150$ 的黏性土和粉土，可塑黄土	1.1
淤泥，淤泥质土，松散的砂，杂填土，新近堆积黄土及流塑黄土	1.0

验算天然地基地震作用下的竖向承载力时，按地震作用效应标准组合的基础底面平均压力和边缘最大压力应符合以下各式要求：

$$p\leqslant f_{aE} \tag{6-4}$$

$$p_{max} \leqslant 1.2 f_{aE} \qquad (6-5)$$

式中：p 为地震作用效应标准组合的基础底面平均压力；p_{max}为地震作用效应标准组合的基础边缘的最大压力。

高宽比大于 4 的高层建筑，在地震作用下基础底面不宜出现拉应力；其他建筑，基础底面与地基土之间零应力区面积不应超过基础底面面积的 15%。

【例 6-2】 某一建筑物按抗震要求为乙类建筑，条形基础宽度 $b=2.0$m，埋置深度 $d=2.0$m，地基剖面如图 6-1 所示，基础底面下各层土的厚度、土性指标等如表 6-6 所示。荷载按地震效应组合计算，作用在基础顶面的竖向荷载标准值 $F_k=450$kN。试进行天然地基抗震验算。

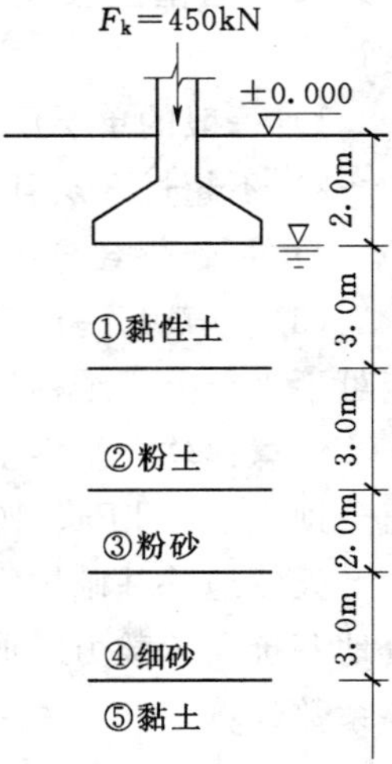

图 6-1 ［例 6-2］图

表 6-6　　各层土的厚度及土性指标

土层名称	土层厚度（m）	γ（kN/m³）	e	I_L	f_{ak}（kPa）
①黏性土	5	18.0	0.82	0.70	200
②粉土	3	17.0	0.90		150
③粉砂	2	17.5	0.90		
④细砂	3	18.0	0.90		
⑤黏土		18.5	0.75		

解：

持力层为①黏性土层，其 $f_{ak}=200$kPa，则经深宽修正后得

$$\begin{aligned} f_a &= f_{ak}+\eta_b\gamma(b-3)+\eta_d\gamma_m(d-0.5) \\ &=200+0+1.0\times18.0\times(2-0.5) \\ &=227\text{kPa} \end{aligned}$$

则地基抗震承载力为

$$f_{aE}=\zeta_a f_a=1.3\times227=295\text{kPa}$$

$$p_k = \frac{F_k + G_k}{b}$$

$$= \frac{450 + 2 \times 1 \times 2 \times 20}{2}$$

$$= 265\text{kPa} < f_{aE} = 295\text{kPa}$$

地基抗震承载力满足要求。

三、液化土和软土地基

(一) 液化判别和地基处理

1. 液化判别

饱和砂土与饱和粉土（不含黄土）的液化判别和地基处理，6 度时，一般情况下可不进行判别和处理；但对液化沉陷敏感的乙类建筑可按 7 度的要求进行判别和处理；7～9 度时，乙类建筑可按本地区抗震设防烈度的要求进行判别和处理。

存在饱和砂土和饱和粉土（不含黄土）的地基，除 6 度设防外，应进行液化判别；存在液化土层的地基，应根据建筑的抗震设防类别、地基的液化等级，结合具体情况采取相应的措施。

饱和的砂土或粉土（不含黄土），当符合下列条件之一时，可初步判别为不液化或可不考虑液化影响：

(1) 地质年代为第四纪晚更新世（Q_3）及其以前时，7 度、8 度时可判为不液化。

(2) 粉土的黏粒（粒径小于 0.005mm 的颗粒）含量百分率，7 度、8 度和 9 度时分别不小于 10、13 和 16 时可判为不液化土。

注意：用于液化判别的黏粒含量系采用六偏磷酸钠作分散剂测定，采用其他方法时应按有关规定换算。

(3) 天然地基的建筑，当上覆非液化土层厚度和地下水位深度符合下列条件之一时，可不考虑液化影响：

$$d_u > d_0 + d_b - 2 \tag{6-6}$$

$$d_w > d_0 + d_b - 3 \tag{6-7}$$

$$d_u + d_w > 1.5d_0 + 2d_b - 4.5 \tag{6-8}$$

式中：d_w 为地下水位深度，m，宜按设计基准期内年平均最高水位采用，也可按近期内年最高水位采用；d_u 为上覆盖非液化土层厚度，m，计算时宜将淤泥和淤泥质土层扣除；d_b 为基础埋置深度，m，不超过 2m 时应采用 2m；d_0 为液化土特征深度，m，可按表 6-7 采用。

表 6-7　液化土特征深度　单位：m

饱和土类别	7 度	8 度	9 度
粉土	6	7	8
砂土	7	8	9

当初步判别认为需进一步进行液化判别时，应采用标准贯入试验判别法判别地面下 15m 深度范围内的液化；当采用桩基或埋置深度大于 5m 的深基础时，尚应判别 15～20m 范围内土的液化。当饱和土标准贯入试验锤击数（未经杆长修正）小于液化判别标准贯入试验锤击数临界值时，应判为液化土。当有成熟经验时，尚可采用其他判别方法。

在地面下 15m 范围内，液化判别标准贯入试验锤击数临界值可按下式计算：

$$N_{cr}=N_0[0.9+0.1(d_s-d_w)]\sqrt{3/\rho_c}\quad (d_s\leqslant 15)\qquad (6-9)$$

在地面下 15～20m 范围内，液化判别标准贯入试验锤击数临界值可按下式计算：

$$N_{cr}=N_0(2.4-0.1d_s)\sqrt{3/\rho_c}\quad (15\leqslant d_s\leqslant 20)\qquad (6-10)$$

式中：N_{cr}为液化判别标准贯入试验锤击数临界值；N_0 为液化判别标准贯入试验锤击数基准值，应按表 6-8 采用；d_s 为饱和土标准贯入点深度，m；ρ_c 为黏粒含量百分率，当小于 3 或为砂土时应采用 3。

表 6-8　标准贯入试验锤击数基准值

设计地震分组	7 度	8 度	9 度
第一组	6（8）	10（13）	16
第二、三组	8（10）	12（15）	18

注　括号内数值用于设计基本地震加速度为 0.15g 和 0.30g 的地区。

对存在液化土层的地基，应探明各液化土层的深度和厚度，按下式计算每个钻孔的液化指数，并按表 6－9 综合划分地基的液化等级：

$$I_{\mathrm{lE}}=\sum_{i=1}^{n}\left(1-\frac{N_i}{N_{\mathrm{cr}i}}\right)d_iW_i \qquad (6-11)$$

式中：I_{lE}为液化指数；n 为在判别深度范围内每一个钻孔标准贯入试验点的总数；N_i、$N_{\mathrm{cr}i}$分别为 i 点标准贯入试验锤击数的实测值、临界值，当实测值大于临界值时应取临界值的数值；d_i 为 i 点所代表的土层厚度，m，可采用与该标准贯入试验点相邻的上下两标准贯入试验点深度差的一半，但上界不高于地下水位深度，下界不深于液化深度；W_i 为 i 土层单位土层厚度的层位影响权函数值，m^{-1}。

对于 W_i 若判别深度为 15m，当该层中点深度不大于 5m 时应采用 10，等于 15m 时应采用 0，5～15m 时应按线性内插法取值；若判别深度为 20m，当该层中点深度不大于 5m 时应采用 10，等于 20m 时应采用 0，5～20m 时应按线性内插法取值。

表 6－9　　液化等级

液化等级	轻微	中等	严重
判别深度为 15m 时的液化指数	$0<I_{\mathrm{lE}}\leqslant 5$	$5<I_{\mathrm{lE}}\leqslant 15$	$I_{\mathrm{lE}}>15$
判别深度为 20m 时的液化指数	$0<I_{\mathrm{lE}}\leqslant 6$	$6<I_{\mathrm{lE}}\leqslant 18$	$I_{\mathrm{lE}}>18$

当液化土层较平坦且均匀时，宜按表 6－10 选用地基抗液化措施；尚可计入上部结构重力荷载对液化危害的影响，根据液化震陷量的估计适当调整抗液化措施。

不宜将未经处理的液化土层作为天然地基持力层。

2. 地基处理

(1) 全部消除地基液化沉陷的措施，应符合以下要求：

表 6-10 抗液化措施

建筑抗震设防类别	地基的液化等级		
	轻微	中等	严重
乙类	部分消除液化沉陷，或对基础和上部结构处理	全部消除液化沉陷，或部分消除液化沉陷且对基础和上部结构处理	全部消除液化沉陷
丙类	基础和上部结构处理，亦可不采取措施	基础和上部结构处理，或更高要求的措施	全部消除液化沉陷，或部分消除液化沉陷且对基础和上部结构处理
丁类	可不采取措施	可不采取措施	基础和上部结构处理，或其他经济的措施

1）采用桩基时，桩端伸入液化深度以下稳定土层中的长度（不包括桩尖部分），应按计算确定，且对碎石土，砾、粗、中砂，以及坚硬黏性土和密实粉土尚不应小于 0.5m；对其他非岩石土尚不宜小于 1.5m。

2）采用深基础时，基础底面应埋入液化深度以下的稳定土层中，其深度不应小于 0.5m。

3）采用加密法（如振冲、振动加密、挤密碎石桩、强夯等）加固时，应处理至液化深度下界；振冲或挤密碎石桩加固后，桩间土的标准贯入试验锤击数不宜小于按式（6-9）或式（6-10）确定的液化判别标准贯入试验锤击数临界值。

4）用非液化土替换全部液化土层。

5）采用加密法或换土法处理时，在基础边缘以外的处理宽度应超过基础底面下处理深度的 1/2 且不小于基础宽度的 1/5。

（2）部分消除地基液化沉陷的措施应符合以下要求：

1）处理深度应使处理后的地基液化指数减少，当判别深度为 15m 时其值不宜大于 4，当判别深度为 20m 时其值不宜大于 5；对独立基础和条形基础，尚不应小于基础底面下液化土特征深度和基础宽度的较大值。

2）采用振冲或挤密碎石桩加固后，桩间土的标准贯入试验锤击数不宜小于按式（6－9）或式（6－10）确定的液化判别标准贯入试验锤击数临界值。

3）基础边缘以外的处理宽度应超过基础底面下处理深度的1/2且不小于基础宽度的1/5。

（3）减轻液化影响的基础和上部结构处理可综合采用以下各项措施：

1）选择合适的基础埋置深度。

2）调整基础底面积，减少基础偏心。

3）加强基础的整体性和刚度，如采用箱基、筏基或钢筋混凝土交叉条形基础，加设基础圈梁等。

4）减轻荷载，增强上部结构的整体刚度和均匀对称性，合理设置沉降缝，避免采用对不均匀沉降敏感的结构形式等。

5）管道穿过建筑处应预留足够尺寸或采用柔性接头等。

液化等级为中等液化和严重液化的故河道及现代河滨、海滨，当有液化侧向扩展或流滑可能时，在距常时水线约100m以内不宜修建永久性建筑，否则应进行抗滑动验算、采取防土体滑动措施或结构抗裂措施。

注意：常时水线宜按设计基准期内年平均最高水位采用，也可按近期年最高水位采用。

地基主要受力层范围内存在软弱黏性土层与湿陷性黄土时，应结合具体情况综合考虑，采用桩基、地基加固处理或减轻液化影响的基础和上部处理的各项措施，也可根据软土震陷量的估计，采取相应措施。

（二）计算实例

【例6－3】 某场地拟建6层住宅，经岩土工程勘察，已知该场地地层为第四纪全新世冲积层，由上至下依次分为5层：

（1）素填土，天然重度 $\gamma_1=18kN/m^3$，层厚 $h_1=0.8m$。

（2）粉质黏土，天然重度 $\gamma_2=18.5kN/m^3$，层厚 $h_2=0.7m$。

（3）中密粉砂，层厚 $h_3=2.3m$，标准贯入试验值：深度2.00～2.30m，$N=12$；深度3.00～3.30m，$N=13$。

(4) 中密细砂，层厚 $h_4=4.3m$，标准贯入试验值：深度 5.00～5.30m，$N=15$；深度 7.00～7.30m，$N=16$。

(5) 可塑～硬塑粉质黏土，层厚 $h_5=5.60m$。

地下水位埋藏深度 2.50m，位于第③层粉细砂的中部。当地抗震设防烈度为 8 度。设计考虑砖混结构，条形基础，基础底面宽度 $b=1.2m$，基础埋置深度 $d=1.8m$。试判别该地基土层是否液化。（设计地震分组为第一组）

解：

(1) 初步判别。根据勘察结果，该场地地基为第四纪全新世冲积层，在更新世 Q_3 以后。当地抗震设防烈度为 8 度，液化土特征深度 $d_0=8m$，上覆非液化土层厚度 $d_u=2.50m$；地下水位深度 $d_w=2.50m$。d_b 取 2.0m。

$$d_u=2.50m<d_0+d_b-2=8+2-2=8m$$

$$d_w=2.50m<d_0+d_b-3=8+2-3=7m$$

$$d_u+d_w=5.0m<1.5d_0+2d_b-4.5=11.5m$$

初步判别需考虑液化。

(2) 进一步判别。标准贯入试验法判别如下：

1) 深度 2.00～2.30m，位于地下水位以上，为不液化土。

2) 深度 3.00～3.30m，$N=13$，标准贯入点深度 $d_s=3.15m$，黏粒含量 $\rho_c=3$，查表 6-8 取 $N_0=10$，则标准贯入试验锤击数临界值为

$$\begin{aligned}N_{cr}&=N_0[0.9+0.1(d_s-d_w)]\sqrt{3/\rho_c}\\&=10\times[0.9+0.1\times(3.15-2.5)]\times\sqrt{3/3}\\&=9.65<N=13\end{aligned}$$

不会液化。

3) 深度 5.00～5.30m，$N=15$，$d_s=5.15m$，则

$$\begin{aligned}N_{cr}&=N_0[0.9+0.1(d_s-d_w)]\sqrt{3/\rho_c}\\&=10\times[0.9+0.1\times(5.15-2.5)]\times\sqrt{3/3}\\&=11.65<N=15\end{aligned}$$

不会液化。

4）深度7.00～7.30m，$N=16$，$d_s=7.15m$，则

$$N_{cr}=N_0[0.9+0.1(d_s-d_w)]\sqrt{3/\rho_c}$$
$$=10\times[0.9+0.1\times(7.15-2.5)]\times\sqrt{3/3}$$
$$=13.65<N=16$$

不会液化。

故该地基土层无液化可能。

【例6-4】 某一场地地层为第四纪全新世冲积层及新近沉积层，地下水位埋藏深度2.8m。该地抗震设防烈度为8度，岩土工程勘察钻孔深度为15m。土层自上而下为5层：

(1) 粉细砂，稍湿、饱和，松散，层厚$h_1=3.5m$。

(2) 细砂，饱和，松散，层厚$h_2=3.7m$。

(3) 中粗砂，稍密～中密，层厚$h_3=3.2m$。

(4) 粉质黏土，可塑～硬塑，层厚$h_4=3m$。

(5) 粉土，硬塑。

现场进行标准贯入试验的结果如表6-11所示。

表6-11　现场标准贯入试验结果

编号	1	2	3	4	5	6	7
深度(m)	2.15～2.45	3.15～3.45	4.15～4.45	5.65～5.95	6.65～6.95	7.65～7.95	8.65～8.95
实测 N	6	2	2	4	8	13	18

根据此勘察结果，试判别此地基是否会液化。若为液化土，判别液化等级。

解：

(1) 初步判别。

1）从地质年代判别。此场地为第四纪全新世冲积层及新近沉积层，在第四纪更新世之后，因此不能判别为液化土。

2）场地表土即为粉细砂，地下水埋藏深度$d_w=2.80m$，上

覆非液化土层即 $d_u=2.80m$。对于抗震设防烈度 8 度区的砂土，特征深度 $d_0=8m$：

$$d_u=2.80m<d_0+d_b-2=8+2-2=8m$$

$$d_w=2.80m<d_0+d_b-3=8+2-3=7m$$

$$d_u+d_w=5.6m<1.5d_0+2d_b-4.5=11.5m$$

均不符合要求，故需进一步进行判别。

（2）标准贯入试验法判别。

1）深度 2.15～2.45m 处：位于地下水位（$d_w=2.80m$）以上，因此不会液化。

2）深度 3.15～3.45m 处：$N_0=10$，$d_s=3.30m$，$\rho_c=3$，则临界标准贯入试验锤击数为

$$\begin{aligned}N_{cr}&=N_0[0.9+0.1(d_s-d_w)]\sqrt{3/\rho_c}\\&=10\times[0.9+0.1\times(3.3-2.8)]\times\sqrt{3/3}\\&=9.5>N=2\end{aligned}$$

为液化土。

同理，对于其余各点有：

深度 4.15～4.45m 处：$N_{cr}=10.5>N=2$，为液化土。

深度 5.65～5.95m 处：$N_{cr}=12>N=4$，为液化土。

深度 6.65～6.95m 处：$N_{cr}=13.0>N=8$，为液化土。

深度 7.65～7.95m 处：$N_{cr}=14>N=13$，为液化土。

深度 8.65～8.95m 处：$N_{cr}=15<N=18$，为非液化土。

（3）液化等级判别。

1）计算液化指数：$n=5$，$d_1=1.0m$，$W_1=10$；$d_2=1.25m$，$W_2=10$；$d_3=1.25m$，$W_3=9.2$；$d_4=1.0m$，$W_4=8.2$；$d_5=1.0m$，$W_5=7.2$。将以上数据代入下式：

$$I_{lE}=\sum_{i=1}^{n}\left(1-\frac{N_i}{N_{cri}}\right)d_iW_i=29.3$$

2）液化等级判别：$I_{lEi}=29.3>15$，为严重液化等级。

【例 6-5】 有一条形基础，埋置深度 1.5m，基底下为粉土层，粉土黏粒含量为 6%，其下为粉砂层，再往下为黏土层，地

下水位在地表下 1.5m，该建筑场地抗震设防烈度为 8 度，设计地震分组为第一组，标准贯入试验深度及标准贯入试验锤击数如图6-2 所示，试计算该场地地基液化指数并判断该场地地基液化等级。

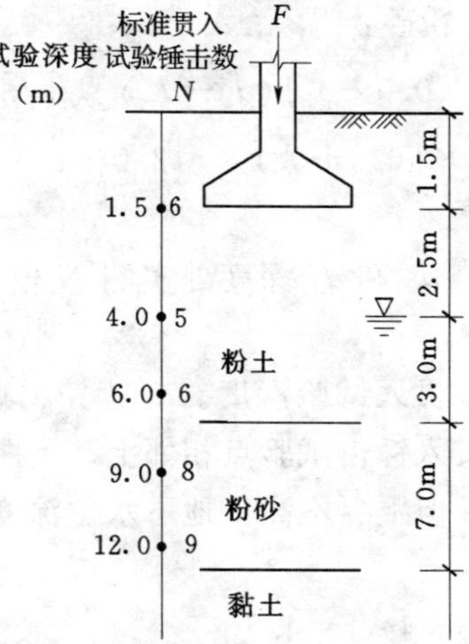

图 6-2 ［例 6-5］图

解：

(1) 计算地面下 15m 深度范围内液化判别标准贯入试验锤击数临界值。地表下 1.5m 处位于地下水位之上，属于非液化土。

$d_1=4.0$m，粉土：

$$N_{cr}=N_0[0.9+0.1(d_s-d_w)]\sqrt{3/\rho_c}$$
$$=10\times[0.9+0.1\times(4.0-4.0)]\times\sqrt{3/6}$$
$$=6.4$$

$d_2=6.0$m，粉土：

$$N_{cr}=N_0[0.9+0.1(d_s-d_w)]\sqrt{3/\rho_c}$$
$$=10\times[0.9+0.1\times(6.0-4.0)]\times\sqrt{3/6}$$
$$=7.8$$

$d_3=9.0\text{m}$，粉砂：

$$N_{cr}=N_0[0.9+0.1(d_s-d_w)]\sqrt{3/\rho_c}$$
$$=10\times[0.9+0.1\times(9.0-4.0)]\times\sqrt{3/3}$$
$$=14$$

$d_4=12.0\text{m}$，粉砂：

$$N_{cr}=N_0[0.9+0.1(d_s-d_w)]\sqrt{3/\rho_c}$$
$$=10\times[0.9+0.1\times(12.0-4.0)]\times\sqrt{3/3}$$
$$=17$$

由于 d_1、d_2、d_3 和 d_4 深度处实测 N 值均小于临界值 N_{cr}，判别为液化土层。

(2) 计算标准贯入试验深度。d_i 为第 i 点代表的土层厚度，可采用与该标准贯入锤击试验点相邻上、下两标准贯入锤击试验点深度差的一半，但上界不高于地下水位深度，下界不深于液化深度。

4m 处：$4+(5-4)/2=4.5\text{m}$。

6m 处：$5+(7-5)/2=6\text{m}$。

9m 处：$7+(10.5-7)/2=8.75\text{m}$。

12m 处：$10.5+(14-10.5)/2=12.25\text{m}$。

(3) 计算第 i 土层单位土层厚度的层位影响权函数值 W_i。若判别深度为 15m，当该层中点深度不大于 5m 时应采用 10，等于 15m 时应采用 0，5～15m 时应按线性内插法取值。

4m 处（该层中点深度 4.5m）：$W_i=10\text{m}^{-1}$。

6m 处（该层中点深度 6m）：$W_i=9\text{m}^{-1}$。

9m 处（该层中点深度 8.75m）：$W_i=6.25\text{m}^{-1}$。

12m 处（该层中点深度 12.25m）：$W_i=2.75\text{m}^{-1}$。

(4) 计算各土层厚度。

第一层厚度：$5-4=1\text{m}$。

第二层厚度：$7-5=2\text{m}$。

第三层厚度：$10.5-7=3.5\text{m}$。

第四层厚度：14－10.5＝3.5m。

(5) 计算液化指数。

$$
\begin{aligned}
I_{lE} &= \sum_{i=1}^{n}\left(1-\frac{N_i}{N_{cri}}\right)d_i W_i \\
&= \left(1-\frac{5}{6.4}\right)\times 1\times 10+\left(1-\frac{6}{7.8}\right)\times 2\times 9 \\
&\quad +\left(1-\frac{8}{14}\right)\times 3.5\times 6.25+\left(1-\frac{9}{17}\right)\times 3.5\times 2.75 \\
&= 2.188+4.154+9.375+4.529 \\
&= 20.25
\end{aligned}
$$

(6) $I_{lE}=20.25>15$，属于严重液化等级。

四、桩基

承受竖向荷载为主的低承台桩基，当地面下无液化土层且桩承台周围无淤泥、淤泥质土和地基承载力特征值不大于100kPa的填土时，以下建筑可不进行桩基抗震承载力验算：

(1) 本节“二、天然地基和基础”中规定无需抗震承载力验算的建筑。

(2) 7度和8度时的下列建筑：

1) 一般的单层厂房和单层空旷房屋。

2) 不超过8层且高度在25m以下的一般民用框架房屋。

3) 基础荷载与第2)项相当的多层框架厂房。

非液化土中低承台桩基的抗震验算应符合以下规定：

(1) 单桩的竖向和水平向抗震承载力特征值，可均比非抗震设计时提高25%。

(2) 当承台周围的回填土夯实至干密度不小于《建筑地基基础设计规范》(GB50007—2002) 对填土的要求时，可由承台正面填土与桩共同承担水平地震作用；但不应计入承台底面与地基土间的摩擦力。

存在液化土层的低承台桩基抗震验算应符合以下规定：

(1) 对一般浅基础，不宜计入承台周围土的抗力或刚性地坪对水平地震作用的分担作用。

（2）当桩承台底面上下分别有厚度不小于 1.5m、1.0m 的非液化土层或非软弱土层时，可按下列两种情况进行桩的抗震验算，并按不利情况设计：

1）桩承受全部地震作用，桩承载力按上述非液化土中低承台桩基的抗震验算的有关规定取用，液化土的桩周摩阻力及桩水平抗力均应乘以表 6－12 中的折减系数。

表 6－12　　土层液化影响折减系数

N/N_{cr}	深度 d_s (m)	折减系数
≤0.6	$d_s \leqslant 10$	0
	$10 < d_s \leqslant 20$	1/3
>0.6～0.8	$d_s \leqslant 10$	1/3
	$10 < d_s \leqslant 20$	2/3
>0.8～1.0	$d_s \leqslant 10$	2/3
	$10 < d_s \leqslant 20$	1

注　N 为实际标准贯入试验锤击数；N_{cr} 为临界标准贯入试验锤击数。

2）地震作用按水平地震影响系数最大值的 10％采用，桩承载力可均比非抗震设计时提高 25％取用，但应扣除液化土层的全部摩阻力及桩承台下 2m 深度范围内非液化土的桩周摩阻力。

3）打入式预制桩及其他挤土桩，当平均桩距为 2.5～4 倍桩径且桩数不少于 5×5 时，可计入打桩对土的加密作用及桩身对液化土变形限制的有利影响。当打桩后桩间土的标准贯入试验锤击数值达到不液化的要求时，单桩承载力可不折减，但对桩尖持力层作强度校核时，桩群外侧的应力扩散角应取为 0。打桩后桩间土的标准贯入试验锤击数宜由试验确定，也可按下式计算：

$$N_1 = N_p + 100\rho(1 - e^{-0.3N_p}) \tag{6-12}$$

式中：N_1 为打桩后的标准贯入试验锤击数；ρ 为打入式预制桩的面积置换率；N_p 为打桩前的标准贯入试验锤击数。

处于液化土中的桩基承台周围，宜用非液化土填筑夯实，若用砂土或粉土则应使土层的标准贯入试验锤击数不小于式（6－9）和式（6－10）规定的液化判别标准贯入试验锤击数临界值。

液化土中桩的配筋范围，应自桩顶至液化深度以下符合全部消除液化沉陷所要求的深度，其纵向钢筋应与桩顶部相同，箍筋应加密。

在有液化侧向扩展的地段，距常时水线100m范围内的桩基除应满足本节中的其他规定外，尚应考虑土流动时的侧向作用力，且承受侧向推力的面积应按边桩外缘间的宽度计算。

【例6－6】 有一截面积为0.4m×0.4m的预制方桩（C30），桩长18m，桩顶面在地面下4m处，地面下土层分布情况如下：0～6m为粉质黏土，$q_{sk}=26$kPa；6～12.5m为粉土，$q_{sk}=30$kPa，黏粒含量为1.5%；12.5～20m为粉砂，$q_{sk}=36$kPa；20～23m为砾砂，$q_{sk}=52$kPa，$q_{pk}=3200$kPa。地下水位1.5m。

（1）按粉土和粉砂不发生液化，求非液化土中单桩竖向抗震承载力特征值。

（2）若粉土和粉砂发生液化，且在11m处标准贯入试验锤击数$N=9$，18m处标准贯入试验锤击数$N=18$，地下水位3.5m，抗震设防烈度8度区。当桩承受全部地震作用时，求单桩竖向抗震承载力特征值。

（3）条件同（2），当地震作用按水平地震影响系数最大值的10%采用时，求单桩竖向抗震承载力特征值。

解：

（1）粉土和粉砂层不发生液化时，单桩极限承载力标准值为

$$Q_{uk}=4\times0.4\times(2\times26+6.5\times30+7.5\times36+2\times52)+3200\times0.4^2$$
$$=1505.6\text{kN}$$

所以单桩承载力特征值为

$$R_a=1505.6/2=752.8\text{kN}$$

非液化土中单桩竖向抗震承载力特征值，可比非抗震设计时提高25%，所以单桩竖向承载力特征值为

$$R_{aE}=752.8\times1.25=941\text{kN}$$

（2）当桩承受全部地震作用，粉土和粉砂发生液化时：

在 11m 处：

$$N_{cr}=N_0[0.9+0.1(d_s-d_w)]\sqrt{3/\rho_c}$$
$$=10\times[0.9+0.1\times(11-3.5)]\times\sqrt{3/3}$$
$$=16.5$$

9/16.5=0.55<0.6，查表 6-12，得其折减系数为 1/3。

在 18m 处：

$$N_{cr}=N_0[0.9+0.1(d_s-d_w)]\sqrt{3/\rho_c}$$
$$=10\times[0.9+0.1\times(18-3.5)]\times\sqrt{3/3}$$
$$=23.5$$

18/23.5=0.77，查表 6-12，得其折减系数为 2/3，所以

$$Q_{uk}=4\times0.4\times(2\times26+6.5\times30\times1/3+7.5\times36\times2/3+2\times52)+3200\times0.4^2=1153.6\text{kN}$$

考虑液化时单桩竖向承载力特征值为

$$R_{aE}=Q_{uk}/2=1153.6/2=576.8\text{kN}$$

（3）当地震作用按水平地震影响系数最大值的 10%采用时，应扣除液化土层的全部摩阻力及桩承台下 2m 深度范围内非液化土的桩周摩阻力：

$$Q_{uk}=4\times0.4(2\times0+6.5\times0+7.5\times0+2\times52)+3200\times0.4^2=678.4\text{kN}$$

考虑液化时单桩竖向承载力特征值为

$$R_{aE}=Q_{uk}/2=678.4/2=339.2\text{kN}$$

【例 6-7】 在某一抗震设防烈度 8 度区，有一场地表层 0～3m 为黏性土，承载力特征值 $f_{ak}=160\text{kPa}$，在其底下 6～10m 有一液化粉砂层，平均标准贯入试验锤击数 $N=10$，地下水位于地面下 1.5m，若要对粉砂层进行抗液化处理，采用锤击沉管法成孔然后灌入砂石，桩径采用 0.4m，正方形布桩，要求复合地

基承载力特征值$f_{spk}=180kPa$。试设计砂石桩复合地基。

解：

(1) 计算粉砂层液化判别标准贯入试验锤击数临界值。10m处粉砂，抗震设防烈度 8 度区，设计分组为第一组，$N_0=10$，则

$$N_{cr}=N_0[0.9+0.1(d_s-d_w)]\sqrt{3/\rho_c}$$
$$=10\times[0.9+0.1\times(10-1.5)]\times\sqrt{3/3}$$
$$=17.5\approx18$$

(2) 确定砂石桩面积置换率。砂石桩采用沉管挤密碎石桩对土有挤密作用，根据式（6-12）计算挤土桩面积置换率：

$$N_1=N_p+100\rho(1-e^{-0.3N_p})$$

则

$$18=10+100\rho(1-e^{-0.3\times10})$$

求得

$$\rho=0.084$$

(3) 砂石桩设计。砂石桩桩径 0.4m，桩长为 10m，采用沉管挤密碎石桩，正方形布桩，$m=\rho=0.084$，$m=d^2/d_e^2$，$d_e=1.13s$，则

$$0.084=\frac{0.4^2}{(1.13s)^2}$$

据此得桩距

$$s=1.22m$$

(4) 确定桩体承载力特征值。将已知数据代入

$$f_{spk}=mf_{pk}+(1-m)f_{sk}$$

得

$$180=0.084f_{pk}+(1-0.084)\times160$$
$$f_{pk}=398.1kPa$$

参考文献

1 中华人民共和国国家标准. 建筑地基基础设计规范（GB50007—2002）. 北京：中国建筑工业出版社，2002
2 中华人民共和国国家标准. 建筑地基处理技术规范（JGJ79—2002）. 北京：中国建筑工业出版社，2002
3 中华人民共和国行业标准. 建筑基坑支护技术规程（JGJ120—99）. 北京：中国建筑工业出版社，1999
4 中华人民共和国国家标准. 建筑边坡工程技术规范（GB50330—2002）. 北京：中国建筑工业出版社，2002
5 中华人民共和国国家标准. 建筑抗震设计规范（GB50011—2001）. 北京：中国建筑工业出版社，2001
6 华南理工大学，东南大学，浙江大学，湖南大学. 地基及基础. 第一版、第二版、第三版 . 北京：中国建筑工业出版社，1981、1991、1998
7 唐业清. 简明地基基础设计施工手册. 北京：中国建筑工业出版社，2003
8 孙维东. 土力学与地基基础. 北京：机械工业出版社，2003
9 黄林青. 地基基础工程. 北京：化学工业出版社，2003
10 华南理工大学，浙江大学，湖南大学. 基础工程. 北京：中国建筑工业出版社，2006
11 袁聚云，李境培，楼晓明，等. 基础工程设计原理. 上海：同济大学出版社，2004
12 袁聚云，汤永净. 基础工程复习与习题全解. 上海：同济大学出版社，2005
13 李境培，赵春风. 土力学. 北京：高等教育出版社，2005
14 高大钊. 土力学与基础工程. 北京：中国建筑工业出版社，2001
15 米祥友，徐前. 注册岩土工程师专业考试辅导习题、考题、解题. 北

京：地震出版社，2004
16　中国土木工程学会. 注册岩土工程师专业考试复习教程. 第二版 . 北京：中国建筑工业出版社，2003
17　钱德玲. 注册岩土工程师专业考试模拟题集. 北京：中国建筑工业出版社，2004